高等学校电子信息与通信工程类专业系列教材·新形态

U0394510

DSP原理及应用

——TMS320DM6437

主　编　伍永峰

副主编　车　进　尚　奎

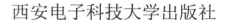

西安电子科技大学出版社

内 容 简 介

本书共 9 章，全面介绍了 DSP 芯片 TMS320DM6437 的硬件结构、指令系统、软件开发环境、程序优化方法、片内资源、外设接口及典型算法等，并给出了典型的数字信号处理算法的 MATLAB 设计与仿真以及基于 TMS320DM6437 的 DSP 程序开发实例，旨在使读者掌握 DSP 系统的设计与开发方法。本书每章末均配有习题，可供学习者进行自我检测。另外，本书配有微课视频、电子课件、习题解答、程序实例等教学辅助资料(详见出版社网站)，能够满足课堂讲授、课程实验和课程设计各个环节的教学需求。

本书在论述 DSP 原理及应用的同时，结合学科发展和应用领域变革，浓缩知识内容，构建知识体系，充分体现 OBE(Outcome Based Education，成果导向教育)教学理念，努力做到理论与实践并重，注重工程实践能力的培养；根据课程特点，挖掘课程蕴含的思政资源，把握课程思政与专业课教学的融合方法，将思政教育与专业课教学深度融合、匹配互动，以便教师开展符合课程实际和专业特点的课程思政教育。

本书可作为普通高等学校电子信息类及相近专业的本科生或硕士研究生的教材，也可作为非电子信息类专业硕士研究生的教材，还可供相关专业工程技术人员参考。

图书在版编目(CIP)数据

DSP 原理及应用：TMS320DM6437 / 伍永峰主编. --西安：西安电子科技大学出版社，2023.9
ISBN 978 - 7 - 5606 - 7027 - 0

Ⅰ. ①D…　Ⅱ. ①伍…　Ⅲ. ①数字信号处理—高等学校—教材　Ⅳ. ①TN911.72

中国国家版本馆 CIP 数据核字(2023)第 168291 号

策　　划　黄薇谚
责任编辑　赵远璐　武翠琴
出版发行　西安电子科技大学出版社（西安市太白南路 2 号）
电　　话　(029)88202421　88201467　　邮　　编　710071
网　　址　www.xduph.com　　　　　　电子邮箱　xdupfxb001@163.com
经　　销　新华书店
印刷单位　咸阳华盛印务有限责任公司
版　　次　2023 年 9 月第 1 版　　2023 年 9 月第 1 次印刷
开　　本　787 毫米×1092 毫米　1/16　印张 22.25
字　　数　526 千字
印　　数　1~2000 册
定　　价　55.00 元
ISBN 978 - 7 - 5606 - 7027 - 0 / TN
XDUP 7329001-1

＊＊＊ 如有印装问题可调换 ＊＊＊

前　言

数字信号处理器(Digital Signal Processor，DSP)是针对数字信号处理需要而设计的一种具有特殊结构的微处理器，它是现代电子技术、计算机技术和信号处理技术相结合的产物。随着信息处理技术的飞速发展，数字信号处理技术已逐渐发展成为一门主流技术，在电子信息、通信、软件无线电、自动控制、仪器仪表、信息家电等高科技领域得到了越来越广泛的应用。数字信号处理器具有运算速度快、可编程和接口灵活等特点，在电子产品的研制、开发与应用中发挥着十分重要的作用。

为了满足现代信号与信息处理的要求，很多高校开设了 DSP 技术的理论课程和实验课程。同时为深入贯彻落实教育部关于进一步加强高等学校本科教学工作的若干意见，固化本科教学质量与教学改革工程建设所取得的成果，各高校先后制(修)订了 2022 版本科专业人才培养方案，修改了本课程的内容和学时。但目前有关这方面的书籍大部分是关于 DSP 技术本身的介绍，理论知识过多，实现方法和实际应用较少。为了适应 DSP 技术的发展，满足教学和产业市场的需求，让更多的本科生、研究生和工程技术人员尽快学习、掌握 DSP 技术及应用，促进我国 DSP 技术水平的不断提高，我们以课程特点和教学实际的要求为依据编写了本书。

TMS320C6000 系列芯片是 TI 公司在 1997 年推出的高端 DSP，是多处理通道、多功能和高数据处理速度的 DSP 芯片的代表。其中，TMS320C62x/C64x 系列为定点 DSP，TMS320C67x 系列为浮点 DSP。TMS320C62x、TMS320C64x 及 TMS320C67x 之间代码兼容，且均采用高性能、支持超长指令字(VLIW)的 VelociTI 处理器结构。TMS320C64x 是 TI 公司开发的第六代高性能 DSP 芯片，该器件的关键特性(如 VLIW 架构、两级存储器/高速缓存体系和 EDMA3 引擎)使其成为计算密集型视频/图像应用领域的理想选择。

TMS320DM6437 是 TI 公司在 2006 年推出的定点 DSP 芯片，是 TMS320C6000 系列中专门用于高性能、低成本视频应用开发，支持 DaVinci 技术的一款重要的单核 DSP 芯片。TMS320DM6437 低廉的开发套件与芯片价格使其可以面向低成本应用场合，在图像处理和流媒体领域得到广泛应用。

本书以 TMS320DM6437 为研究对象，以 DSP 应用系统设计为主线，系统介绍了 TMS320DM6437 的体系结构、原理、软硬件开发与程序设计方法，并给出了典型的数字信号处理算法的设计实例，旨在使读者熟悉 TMS320DM6437 的体系结构和基本原理，从而掌握 DSP 系统的设计与开发方法。

本书共 9 章，内容包括绪论、TMS320DM6437 的硬件结构、ICETEK-DM6437-AF 实验系统、软件开发环境、TMS320C64x 系列 DSP 的 C 程序设计与优化、TMS320DM6437 的流水线与中断、增强型内存直接访问控制器(EDMA3)、主机接口(HPI)与多通道缓冲串口(McBSP)、通用输入/输出接口(GPIO)与定时器等。

本书具有以下特点：

(1) 以立德树人为根本，根据课程特点，挖掘课程蕴含的思政资源，把握课程思政与专业课教学的融合点、融合载体、融合方法，将思政教育与专业课教学深度融合、匹配互动，以便教师开展符合课程实际和专业特点的课程思政教育，使学生树立正确的人生观、世界观与价值观，实现知识与能力、创新与创业、理论与实践、科学性与价值性的辩证统一，铸就学生的工匠精神与科学精神。

(2) 遵循"夯实基础、拓宽口径、重视设计、突出综合、强化实践"的原则，以学生为中心，采用线上与线下相结合的方式，通过 DSP 技术及应用的理论课与实验课教学，对学生进行系统的专业理论与工程项目训练，培养学生的工程意识、工程素养、工程研究与工程创新能力。

(3) 以 OBE(Outcome Based Education，成果导向教育)教学理念为基准，依据"新工科"人才培养目标的要求，立足于电子信息领域高素质人才培养，发挥实践需求引领、工程特色鲜明的优势，可有力支撑雷达探测、卫星导航、通信技术、图像处理、模式识别、人工智能、地震监测、家用电器、医疗设备、环境监测、汽车产业等研究方向。对于一些重点的分析方法、算法、设计方法等，书中给出了完整的 MATLAB 仿真，并对新技术条件下基于模型的 DSP 技术及应用系统的设计方法和基于模型的 DSP 系统 C 语言自动代码生成技术进行了详细讲解，注重应用现代技术条件和方法分析解决工程实际问题的综合能力的培养。

(4) 将每章的学习目标分为知识目标、能力目标和素质目标。全书总的知识目标要求是：掌握数字信号处理的算法与 DSP 实现、语音信号处理的算法与 DSP 实现、数字图像处理的算法与 DSP 实现、数字滤波器的设计与 DSP 实现、高速自动化控制系统的 DSP 实现等。总的能力目标要求是：通过理论课的学习，培养理论分析能力；通过进行综合实验，增强实际操作能力；通过解决通信系统、数字图像处理中的实际问题，提高工程应用能力。总的素质目标要求是：培养创新理念与创新精神；通过进行工程实践，培养工匠精神、科学精神等。

(5) 实验采用"3 + 2 + 3"的模式，即算法实验 3 个、设计性实验 2 个和探究性实验 3 个。算法实验的内容相对固定，主要考查学生对基本理论的理解和掌握情况；设计性实验主要是基于 MATLAB、C 语言的 DSP 技术及应用的程序设计、仿真与实现；探究性实验是从工程案例库中选取的，只给出工程背景和技术指标，按照工程项目的方式来组织和验收，例如，对于语音信号处理实验，教师给出一个复合信号，在对信号进行谱分析的基础上，要求学生自行设计实验，撰写实验方案，完成对信号的分离与提取，最终根据完成的难易度、参与度、完整性进行课程答辩评价。

(6) 充分汲取经典教材和课程改革的精华，根据当前 DSP 技术及应用的发展现状，系统、全面地阐述 DSP 技术及应用的理论知识，突出基本概念、基本原理、基本分析方法、实现方法和相关应用，满足多层次的教学需求。对于一些难以理解的问题，做出详尽而易于理解的解释；对于典型算法的实现方法，以传统的 MATLAB 仿真为切入点。

(7) 充分利用 MATLAB 语言在数字信号处理中的优势，采用三步教学方法：第一步从讨论基本理论和算法开始；第二步给出一些 MATLAB 设计与计算实例；第三步用 MATLAB 推演讲解并最终完成 DSP 实现。开始教学时尽量提供详细的 MATLAB 源程序和详尽的注释，以便学生在计算机上验证这些例子。本书中所罗列的程序不一定是执行速度最快的，也不一定是最简洁的，但表达是相当清晰的。

(8) 内容设置能够满足多种讲授方法(如讨论法、任务驱动法、自主学习法)的需求。对于了解性内容居多的章节，以讨论法为主；对于工程实践性较强的问题，比如综合性设计实验，可采用任务驱动法，即教师给出工程背景和技术指标，学生在任务的驱动下进行实验设计，撰写实验方案，完成实验内容；根据新人才培养方案，由于课程学时压缩，针对大纲中要求了解或相对容易掌握的内容，学生可采用自主学习法进行学习。

"DSP 原理及应用"课程是宁夏大学国家级"一流专业"电子信息工程专业、自治区"一流专业"通信工程专业的重点建设课程。本书获宁夏大学高水平教材出版基金资助。

由于编者水平有限，书中难免存在不妥之处，恳请读者批评指正。读者可以通过电子邮件将反馈信息发送至 wyf646590@nxu.edu.cn。

编　者
2023 年 3 月

目　录

第1章 绪 论

学习导读

DSP 既是 Digital Signal Processing 的缩写，又是 Digital Signal Processor 的缩写。前者为关于数字信号处理的基本理论、算法和仿真，是大学阶段数字信号处理课程学习的内容；后者为数字信号处理器，是在各种数字信号处理理论方法基础上发展起来的，可以高速实时地对数字信号进行滤波、变换、增强、压缩、估计和识别等的专用处理器，是 DSP 原理及应用课程重点学习的内容。如无特别说明，本书中的 DSP 均指数字信号处理器。

学习目标

1. 知识目标

(1) 了解 DSP 芯片的发展概况、发展趋势、特点、分类、应用。

(2) 理解 DSP 系统的构成、设计流程及设计时应注意的要点问题。

(3) 理解 TMS320C6000 系列 DSP 的结构、CPU 组成、特点及应用。

2. 能力目标

(1) 掌握时域采样和频域采样的 MATLAB 仿真与实现，提升应用 MATLAB 语言分析、解决复杂数字信号处理问题的能力。

(2) 初步掌握 DSP 系统 C 语言程序设计的方法和应注意的问题。

3. 素质目标

(1) 建立数字观：既要对数字量与模拟量、数字器件与模拟器件、数字信号与模拟信号、数字信号处理系统与模拟信号处理系统有所区分，又要把握它们的内在联系与互补性。

(2) 建立系统观：系统观是马克思主义基本原理的重要内容，强调系统是由相互作用、相互依赖的若干组成部分结合而成的具有特定功能的有机整体，要从事物的总体与全局上研究事物的运动与发展，找出规律，实现整个系统的优化。

(3) 建立实践观：本课程是一门工程实践特色非常鲜明的专业课，要求具备较高的实践动手能力，必须通过大量的实验来巩固和验证所学理论知识，并且要求能够举一反三，注重学思结合、知行统一，在实践中增长智慧才干，在艰苦奋斗中锤炼意志品质，真正做到"从工程实践中来，到工程实践中去"。

1.1　数字信号处理概述

　　数字信号处理是指利用计算机或专用的处理设备，采用数值计算的方法对信号进行分析、采集、合成、变换、滤波、估算、压缩、识别等加工处理，提取有用的信息并进行有效的传输与应用。数字信号处理包括以下两个方面的内容：数字信号处理(Digital Signal Processing)理论方法和数字信号处理器(Digital Signal Processor)。其中，数字信号处理理论方法主要指理论和算法研究，数字信号处理器是指实现算法的通用或专用可编程微处理器芯片以及由这些芯片架构的各种微处理器系统。

　　数字信号处理是一门既经典又年轻的学科，可以追溯到 18 世纪的傅里叶、拉普拉斯、高斯等科学家的研究成果，但真正得以广泛应用迄今不过半个多世纪。以 1965 年库利(T. W. Cool)和图基(J. W. Tuky)在《计算数学》上提出快速傅里叶变换(Fast Fourier Transform，FFT)算法为里程碑，伴随着计算机和大规模集成电路技术的迅猛发展，数字信号处理在实际应用中才有了突飞猛进的发展，它从根本上改变了信息产业的面貌，使人类社会由电子化、数字化发展到了信息化与智能化。

　　数字信号处理器主要针对描述连续信号的数字信号进行数学运算，从而得到相应的处理结果。这种运算是以快速傅里叶变换为基础对数字信号进行实时处理的。随着集成电路技术的高速发展，用硬件来实现各种数字滤波和快速傅里叶变换成为可能，从而使得 DSP 得到快速的发展和广泛的应用。

　　1982 年，美国德州仪器(Texas Instruments，TI)公司推出了第一款商用 DSP 芯片，很快该公司的 DSP 芯片就以其特有的稳定性、可重复性、可大规模集成和易于实现数字信号处理算法等优点，为数字信号处理技术带来了更大的发展和应用前景。在过去几十年的时间里，DSP 以其高性能、低功耗、强融合和多扩展的技术特点与优势，已经在通信、自动化控制、航空航天、军事、仪器仪表、家用电器等众多领域得到了极为广泛的应用。从数字信号处理领域来看，无论是 DSP 算法、理论研究，还是 DSP 开发与应用，都需要大量高素质的研发人才，所以数字信号处理课程得到了相关专业的高度重视。

1.1.1　算法研究

　　算法研究是指研究如何以最小的运算量和存储器的用量来完成指定的任务，涉及语音和图像的压缩编码、识别与鉴别，信号的调制与解调、加密与解密，信道的辨识与均衡，频谱分析等各种快速算法。算法研究以众多学科为理论基础，所涉及的范围极其广泛。如在数学领域中，微积分、概率统计、随机过程、数值分析等都是算法研究的基础工具。算法研究与网络理论、信号与系统、控制理论、通信理论、故障诊断等密切相关。近年来一些新兴学科，如人工智能、模式识别、神经网络等都与算法研究密不可分。

　　经典数字信号处理算法及其主要内容如下：

(1) 信号的采集：A/D(模/数)转换技术、采样定理、量化噪声分析等。

(2) 离散信号的分析：时域和频域分析、各种变换技术、信号特征的描述等。

(3) 离散系统的分析：系统的描述，系统的单位抽样响应、转移函数及频率特性等。

(4) 信号处理中的快速算法：快速傅里叶变换、快速卷积、快速相关等。

(5) 信号的估值：各种估值理论、相关函数与功率谱估计等。

(6) 信号滤波技术：各种数字滤波器的设计和实现。

(7) 信号的建模：最常用的模型有 AR、MA、ARMA、PRONY 等。

(8) 信号处理中的特殊算法：抽取、插值、奇异值分解、反卷积、信号重构等。

(9) 信号处理技术的实现：软件实现和硬件实现。

(10) 信号处理技术的应用。

自 20 世纪 80 年代以来，电子技术的高速发展，尤其是移动通信、无线通信和卫星通信的广泛使用，推动了很多数字信号处理技术的进一步应用和改进，同时也产生了一些较新的数字信号处理算法，这些算法一般称为现代数字信号处理算法。现代数字信号处理算法一般包括现代滤波方法(维纳滤波、卡尔曼滤波、陷波理论、自适应滤波等)、现代谱估计方法、高阶谱估计方法、小波变换、非均匀采样、混沌理论等，这些算法已经逐渐应用于各种信号处理领域。例如，自适应滤波方法应用于回音抵消，现代谱估计方法应用于微弱信号检测，小波变换应用于图像压缩，非均匀采样应用于高频信号采样，混沌理论应用于保密通信和传感技术领域等。

现代数字信号处理算法一般都比较复杂，从算法仿真到 DSP 应用都需要有很深的理论基础知识和实际应用经验。很多现代数字信号处理算法都固化在特定的芯片内，用户直接调用该算法就可以实现数字信号处理，有些算法(如 C64x 系列 DSP 中的 C6414 处理器集成的图像压缩和传输算法)甚至不需要用户做任何调用就可以直接使用。

1.2.1　数字信号处理的实现

数字信号处理的实现是指用硬件、软件或软硬件结合的方法来实现各种信号处理。软件实现是按照原理和算法结构设计软件并在计算机上运行来实现信号处理。硬件实现则是按照设计的算法结构，利用乘法器、加法器、延时器、控制器、存储器等基本部件组成专用设备来实现信号处理。利用数字信号处理器实现数字信号处理是软硬件结合的方法。与模拟信号处理系统相比，数字信号处理系统具有精确、灵活、易于模块化设计、可重复使用、可靠性高、抗环境干扰能力强、易于维护等优点，因此数字信号处理已成为数字化社会最重要的技术之一。

1. 利用 X86 处理器实现实时数字信号处理

随着 CPU 技术的不断进步，X86 处理器的处理能力不断提高，基于 X86 处理器的处理系统(X86 系统)已经不仅局限于以往的模拟和仿真，也能满足部分数字信号的实时处理要求，同时各种便携式或工业标准的推出，改善了 X86 系统的性能，扩展了 X86 系统的应用范围。但使用 X86 处理器进行实时数字信号处理的缺点也是十分明显的，比如它没有为数字信号处理提供专用乘法器等资源，也没有为数字信号处理进行寻址方式优化，而实时数字信号处理对中断的响应延迟时间要求十分严格，通用操作系统并不能满足这一要求。此外，X86 处理器的硬件组成较为复杂，抗环境影响能力较弱，温度、湿度、振动、电磁干扰等都会给系统正常工作带来影响。

2. 利用通用微处理器(Microprocessor Unit，MPU)实现实时数字信号处理

通用微处理器的种类很多，包括 51 系列及其扩展系列、MSP430 系列、ARM 系列等。利用通用微处理器进行信号处理，硬件组成简单，这类处理器一般都包括各种串行、并行接口，可以方便地与各种 A/D、D/A 转换器进行连接。然而，利用通用微处理器进行信号处理的缺点也是明显的：首先，没有专用的硬件乘法器(Multiply Accumulator，MAC)，或者有但性能不能满足执行高速实时数字信号处理任务的要求；其次，内部直接存储器访问(Direct Memory Access，DMA)通道数量较少甚至没有，这也将影响信号处理的效率。针对这些缺点，当前的发展趋势是在通用处理器中内嵌硬件数字信号处理单元，如 TI 公司的开放式多媒体应用平台(Open Multimedia Application Platform，OMAP)处理器及最新的 DaVinci 视频处理器。这些处理器采用 MCU+DSP 架构，把 TI 公司的高性能 DSP 核与其他控制性能强的 ARM 微处理器结合起来，成为高性能的片上系统(System on Chip，SoC)。OMAP 是 TI 公司为支持无线终端应用而专门设计的应用处理器体系结构。该平台结合了 TI 公司的 DSP 核心以及 ARM 公司的 RISC 架构处理器，是一款高度整合的片上系统。OMAP 提供了语音、数据和多媒体所需的带宽和功能，能够使高端 3G 无线设备以极低的功耗实现极佳的性能。OMAP 嵌入式处理器包括应用处理器及集成的基带应用处理器，目前已广泛应用于实时多媒体数据处理、语音识别、互联网通信、无线通信、PDA、Web 记事本、医疗器械等领域。

3. 利用现场可编程门阵列(Field Programmable Gate Array，FPGA)器件实现实时数字信号处理

随着微电子技术的快速发展，FPGA 的制作工艺已经进入 7 nm 时期。在一片集成电路当中可以集成更多的晶体管，芯片运行更快，功耗更低。当前先进的 FPGA，如 Altera 公司的 Stratix Ⅱ、Ⅲ系列，Xilinx 公司的 Virtex-4、Virtex-5 系列都提供了专用的数字信号处理单元，这些单元由专用的乘法累加器组成，乘法累加器减少了逻辑资源的使用，其结构更加适合实现数字滤波、FFT 等数字信号处理算法。

4. 利用数字信号处理器实现实时数字信号处理

数字信号处理器是一种专门为实时、快速实现各种数字信号处理算法而设计的具有特殊结构的微处理器。20 世纪 70 年代末，世界上第一片可编程 DSP 芯片的诞生为数字信号处理的实际应用开辟了道路。随着数字信号处理理论、计算机和大规模集成电路技术的迅猛发展，数字信号处理在实际应用中发展迅速，从根本上改变了信息产业的面貌。在过去几十年的时间里，DSP 芯片的发展突飞猛进，其功能日益强大，性价比不断上升，开发手段不断改进，运算能力不断提高。目前 DSP 芯片已成为众多电子产品的核心器件，DSP 技术也成为众多领域的核心技术，DSP 系统也被广泛应用于当今技术革命的各个领域，而且新的应用领域还在不断拓展。

1.2　DSP 芯片

数字信号处理器是一种特别适合进行数字信号处理运算的微处理器，主要用于实时、快速实现各种数字信号处理算法。在 20 世纪 80 年代以前，受实现方法的限制，数字信号处理的理论未得到广泛的应用。直到 1978 年，世界上第一片单片可编程 DSP 芯片的诞生，才使理论研究成果广泛应用到实际的系统中，并且推动了新的理论和应用领域的发展。

1.2.1　DSP 芯片的发展概况

DSP 芯片诞生于 20 世纪 70 年代末，其发展经历了以下 3 个阶段。

(1) 雏形阶段(1980 年前后)。在 DSP 芯片出现之前，数字信号处理依靠通用微处理器(MPU)来完成。然而 MPU 处理速度较低，难以满足高速实时处理的要求。

1978 年，AMI 公司生产出世界上第一片 DSP 芯片 S2811。1979 年，美国 Intel 公司发布了商用可编程 DSP 芯片 Intel2920，由于内部没有单周期的硬件乘法器，因此芯片的运算速度、数据处理能力和运算精度受到了很大的限制，运算速度大约为单指令周期 200～250 ns，应用仅局限于军事或航空航天领域。这个时期的代表性器件主要有 Intel 公司的 Intel2920、NEC 公司的 μPD7720、TI 公司的 TMS32010、AT&T 公司的 DSP16、AMI 公司的 S2811、AD 公司的 ADSP-21 等。值得一提的是 TI 公司的第一代 DSP 芯片 TMS32010，它采用了改进的哈佛结构，允许数据在程序存储空间与数据存储空间之间传输，大大提高了运行速度和编程灵活性。

(2) 成熟阶段(1990 年前后)。这个时期，许多国际上著名的集成电路厂家都相继推出了自己的 DSP 产品，如 TI 公司的 TMS320C20、30、40、50 系列，Motorola 公司的 DSP5600、9600 系列，AT&T 公司的 DSP32 等。这个时期的 DSP 芯片在硬件结构上更满足数字信号处理的要求，能进行硬件乘法、硬件 FFT 和单指令滤波处理，其单指令周期为 80～100 ns。TI 公司的 TMS320C20 采用了 CMOS 制造工艺，其存储容量和运算速度成倍提高，为语音处理、图像硬件处理技术的发展奠定了基础。

(3) 完善阶段(2000 年以后)。这个时期，各 DSP 制造商生产的 DSP 芯片不仅信号处理能力更加完善，而且系统开发更加方便、程序编辑调试更加灵活、功耗进一步降低、成本不断下降。尤其是各种通用外设集成到片上，大大地提高了 DSP 芯片的数字信号处理能力。这个时期的 DSP 芯片，运算速度可达到单指令周期 10 ns 左右，可在 Windows 环境下直接用 C 语言编程，使用方便灵活，在通信、计算机领域以及人们日常消费领域得到了广泛应用。

1.2.2　DSP 芯片的发展趋势

未来，全球 DSP 产品将向着高性能、低功耗、加强融合和拓展多种应用的趋势发展，DSP 芯片将越来越多地渗透到各种电子产品当中，成为各种电子产品尤其是通信类电子产品的技术核心。DSP 芯片将会有以下一些发展趋势。

1. DSP 的内核结构进一步改善

多通道结构、单指令多数据流(Single Instruction Multiple Datastream，SIMD)和超长指令字(Very Long Instruction Word，VLIW)将在新的高性能处理器中占主导地位。如 TMS320C6201 有 8 个并行处理单元(包括 6 个 32 位 ALU 和 2 个 16 位乘法器)、片内 1M 位的 SRAM、32 位外部总线、32 个 32 位运算寄存器、2 个定时器、4 个外部中断、2 个串行口、1 个 16 位主机接口、4 个 DMA 通道，其流水线分为取值、解码和执行 3 个阶段，共计 11 级。另外，它还是一种主频为 200 MHz 的定点 DSP，一个时钟周期可执行 8 条指令，每秒最高可进行 16 亿次的定点运算。

2. 运算速度更快、运算精度更高、动态范围更大

经过四十多年的发展，DSP 的指令周期从 400 ns 缩短到 10 ns 以下，运算速度更快，如 TMS320DM6437 的处理速度最高可达 5600 MIPS(百万条指令每秒)，TMS320C6201 执行一次 1024 点复数 FFT 运算的时间只有 66 μs。由于输入信号动态范围和迭代算法可能带来误差积累，因此对单片 DSP 的精度提出了较高的要求。DSP 的字长从 8 位已增加到 64 位，累加器的长度也增加到 40 位。同时，采用超长指令字(VLIW)结构和高性能的浮点运算，扩大了数据处理的动态范围。

3. DSP 与 MPU、CPU 融合

MPU 是一种执行智能定向控制任务的通用处理器，它能很好地执行智能控制任务，但是对数字信号的处理能力很差。而 DSP 的功能正好与之相反。在许多应用中均需要同时具有智能控制和数字信号处理两种功能，如数字蜂窝电话就需要有监测和声音处理功能。因此，把 DSP 和微处理器结合起来，用单一芯片的处理器实现这两种功能，将加速个人通信机(PCB)、智能电话、无线网络产品的开发，同时简化设计，减小 PCB 体积，降低功耗和整个系统的成本。

4. DSP 与 SoC 融合

SoC 是指把一个系统集成在一块芯片上，称为片上系统。这个系统包括 DSP 和系统接口软件等。例如，Virata 公司购买了 LSI Logic 公司的 ZSP400 处理器内核使用许可证，将其与系统软件(如 USB、10BASE-T、以太网、UART、GPIO、HDLC 等)一起集成在芯片上并应用于 xDSL，收到了良好的经济效益。因此，DSP 与 SoC 融合也必然是 DSP 芯片的一个发展趋势。

5. DSP 与 FPGA 融合

将 FPGA 和 DSP 集成在一块芯片上，可实现宽带信号处理，大大提高信号处理速度。例如，Xilinx 公司的芯片中有自由的 FPGA 可供编程。Xilinx 公司还开发出了一种称作 Turbo 卷积编译码器的高性能内核，设计者可以在 FPGA 中集成一个或多个 Turbo 内核，从而支持多路大数据流，使功能的增加或性能的改善非常容易。因此，在无线通信、多媒体等领域，DSP 与 FPGA 融合将有广泛应用。

6. DSP 与实时操作系统结合

最初，DSP 系统的开发者除了开发需要实时实现的核心算法，还要自己设计系统软件框架，作为目标代码的一部分一起运行。由于应用的不同，核心算法和控制框架也是多种多样的，有时核心算法可以从专业公司购买，再结合自己的应用开发系统组成新的产品。随着 DSP 处理能力的增强，芯片结构越来越复杂，甚至有些芯片的片内集成了多个芯核，如何充分使用器件的资源，已成为 DSP 开发中的重点和难点之一。另外，DSP 系统越来越复杂，使得软件的规模越来越大，往往需要运行多个任务，各任务间的通信、同步等问题就变得非常突出。实时操作系统(Real Time Operating System，RTOS)是针对不同处理器优化设计的高效率实时多任务内核，可以对几十个系列的嵌入式处理器(如 MPU、MCU、DSP、SoC 等)提供类同的应用程序接口(Application Programming Interface，API)，这是 RTOS 基

于设备独立的应用程序开发的基础。因此，基于 RTOS 的 C 语言程序具有极大的可移植性，在优秀的 RTOS 中跨处理器平台的程序移植只需要修改 1%～4% 的内容。此外，在 RTOS 基础上可以编写出各种硬件驱动程序、专家库函数、行业库函数、产品库函数，它们和通用性的应用程序一起，可以作为产品来销售，从而促进行业的知识产权交流。因此，RTOS 又是一个软件开发平台。随着 DSP 性能和功能的日益增强，对 DSP 应用提供 RTOS 的支持已成为必然的结果。

7. 采用并行处理结构

为了提高 DSP 芯片的运算速度，各 DSP 厂商纷纷在 DSP 芯片中引入并行机制。DSP 的并行机制主要分为片内并行和片间并行。TI 公司采用的是紧耦合、多指令多数据流 (Multiple Instruction Multiple Datastream，MIMD) 的单片多处理器系统。该系统利用交叉开关结构来代替传统的总线互连。这样，可以在同一时刻将不同的 DSP 与不同的任一存储器连通，大大提高数据传输的速率，使得多处理器并行处理数据传输的瓶颈问题得以缓解。TI 公司的另一类高端产品 TMS320C6200 系列则是通过超长指令字 (VLIW) 结构来实现并行处理。在 CPU 内部，多个功能单元并发工作，共享大型的寄存器堆，由 VLIW 的长指令来同步各个功能单元并行执行各种操作，这款 DSP 芯片采用的是片内并行。AD 公司的 ADSP2106x 和 ADSP21160 则可以实现多 DSP 片间并行处理。

8. 功耗不断降低

新一代消费性商品和宽带通信是 DSP 技术最重要的应用市场，如移动电话、个人医疗产品等都采用电池供电，并需要尽可能长的使用时间。DSP 芯片是这些产品的核心器件，降低它的功耗可以延长电池的寿命，增加产品的使用时间。随着超大规模集成电路技术和先进的电源管理设计技术的发展，DSP 芯片内核的电源电压将会越来越低，如从 TMS320C6200 系列产品中的 TMS320C6201 的 1.5 V 内核电压下降到目前 TMS320C6400 系列的 1.1 V，甚至更低。除了内核单元，外围装置、存储器的功耗也在不断下降。这样，整个 DSP 的功耗随之下降。

9. 开发工具越来越完善

完善的软件和硬件开发工具，如软件仿真器 Simulator、在线仿真器 Emulator、C 编译器等，可给开发应用带来很大方便。值得一提的是 CCS(Code Composer Studio) 开发工具，它是 TI 公司针对自己的 DSP 产品开发的集成开发环境。CCS 的功能十分强大，它集成了代码的编辑、编译、链接和调试等诸多功能，而且支持 C/C++ 和汇编的混合编程，开放式的结构允许用户外扩自身的模块。CCS 的出现大大简化了 DSP 的开发工作。

1.2.3 DSP 芯片的特点

数字信号处理不同于普通的科学计算与分析，它强调运算的实时性。因此，针对实时数字信号处理的特点，DSP 芯片除了具备普通微处理器所强调的高速运算和控制能力，还在处理器的结构、指令系统、指令流程上做了很大的改进，其主要特点如下。

1. 采用哈佛(Harvard)结构

DSP 芯片普遍采用数据总线和程序总线分离的哈佛结构或改进的哈佛结构，比传统处理器的冯·诺依曼(John von Neumann)结构有更快的指令执行速度。

1) 冯·诺依曼结构

冯·诺依曼结构采用单存储空间，即程序指令和数据共用一个存储空间，使用单一的地址和数据总线，取指令和取操作数都是通过一条总线分时进行的。当进行高速运算时，不但不能同时进行取指令和取操作数，而且会造成数据传输通道的瓶颈现象，工作速度较慢。图 1-1 给出了冯·诺依曼结构。

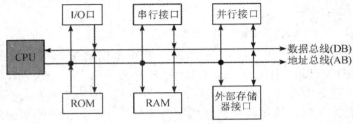

图 1-1　冯·诺依曼结构

2) 哈佛结构

哈佛结构采用双存储空间，即程序存储器和数据存储器分开，有各自独立的程序总线和数据总线，可独立编址和独立访问，可对程序和数据进行独立传输，取指令操作、指令执行操作、数据吞吐可并行完成，大大提高了数据处理能力和指令的执行速度，非常适合于实时的数字信号处理。微处理器的哈佛结构如图 1-2 所示。

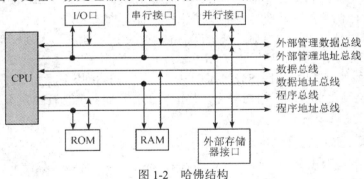

图 1-2　哈佛结构

3) 改进的哈佛结构

改进的哈佛结构采用双存储空间和数条总线，即一条程序总线和多条数据总线。其特点如下：

(1) 允许在程序空间和数据空间之间相互传送数据，这些数据可以由算术运算指令直接调用，增强了芯片的灵活性。

(2) 提供了存储指令的高速缓存器(Cache) 和相应的指令，当重复执行这些指令时，只需读入一次就可连续使用，不需要再次从程序存储器中读出，从而减少了指令执行所需要的时间。如 TMS320C6200 系列的 DSP 的整个片内程序存储器都可以配制成高速缓存结构。

2. 采用多通路、多总线结构

DSP 芯片采用多总线结构，可同时进行取指令和多个数据存取操作，这使得 CPU 在一个机器周期内可多次对程序空间和数据空间进行访问，大大提高了 DSP 的运行速度。TI

公司的 TMS320 C6000 系列芯片的程序取指、指令分配和指令译码单元在每 CPU 时钟周期可以传送高达 8 个 32 位指令到功能单元。对指令的处理分别在两条数据通路(A 和 B)中进行，每条数据通路含 4 个功能单元(.L、.S、.M、.D)和 16 个(TMS320 C62x、TMS320 C67x)或 32 个(TMS320 C64x)32 位通用寄存器。控制寄存器组提供了配置和控制多种处理器操作的方法。

3. 采用流水线操作

流水线(Pipeline)操作是将指令的执行分解为预取指(Prefetch)、取指(Fetch)、译码(Decode)、寻址(Access)、取操作数(Read)和执行(Execute)等几个阶段。在程序运行过程中，不同指令的不同阶段在时间上是重叠的。当执行一个含多条指令的程序块时，每条指令可通过片内多功能单元完成预取指、取指、译码、寻址、取操作数和执行等多个步骤的并行执行，从而在不提高系统时钟频率的条件下减少程序的执行时间，有助于保证数字信号处理的实时性。TMS320C64xx 系列 DSP 采用 3 级流水线结构。利用这种流水线结构，加上执行重复操作，就能保证在单指令周期内完成数字信号处理中用得最多的乘法累加运算。

4. 配有专用的硬件乘法-累加器

数字信号处理中有大量的乘法累加运算。为了适应数字信号处理的需要，当前的 DSP 芯片都配有专用的硬件乘法-累加器。通过 DSP 指令集中的 MAC 指令实现单周期的乘法累加运算，有效地提高了数字信号处理的速度。

5. 具有特殊的指令

为了满足数字信号处理的需要，在 DSP 的指令系统中，设计了一些完成特殊功能的指令。如 TMS320C64x 中的 FIRS 和 LMS 指令，专门用于完成系数对称的 FIR 滤波器和 LMS 算法。为了实现 FFT、卷积等运算，当前的 DSP 指令系统中大多设置了"循环寻址"及"位码倒置"指令和其他特殊指令，大大提高了寻址、排序及计算速度。如 TMS320 C64x 系列采用 C64 内核、增强型超长指令字结构和改进的流水线结构，支持 32 位或 64 位宽度存储器访问，指令周期在 2.5 ns 以内，最高处理能力达到 9600 MIPS。

6. 设置独立的 DMA 总线和总线控制器

高速数据传输能力是 DSP 进行高速实时处理的关键之一。新型的 DSP 大多设置了单独的 DMA 总线和总线控制器，如 TMS320C64x 系列 DSP 中使用了 64 个独立通道的增强型 DMA(EDMA3)总线和控制器，这些 DMA 总线和控制器通过与 CPU 的程序总线和数据总线并行工作，在不影响或基本不影响 DSP 处理速度的情况下，提高了数据吞吐率，加快了信号处理速度。

7. 具有较强的硬件配置

新一代的 DSP 芯片具有较强的接口功能，除了具有串行口、定时器、主机接口(HPI)、DMA 控制器、软件可编程等待状态发生器等片内外设，还配有中断处理器、PLL、片内存储器、测试接口等功能单元，从而提高了 DSP 的处理速度，降低了功耗，简化了接口设计，方便了多处理器扩展，非常适用于嵌入式便携数字信号处理设备。

8. 支持多处理器结构

尽管当前的 DSP 芯片已达到较高的水平，但在一些实时性要求很高的场合，单片 DSP

的处理能力还不能满足要求。如在图像压缩、雷达定位等应用中，单处理器则无法胜任。因此，支持多处理器系统就成为提高 DSP 应用性能的重要途径之一。为满足多处理器系统的设计，许多 DSP 芯片都采用支持多处理器的结构。如 TMS320C40 提供了 6 个用于处理器间高速通信的 32 位专用通信接口，使处理器之间可直接对通，以达到应用灵活、使用方便的效果。再如 TMS320C80 是一个多处理器芯片，其内部有 5 个微处理器，通过共享数据存储空间来交换信息。

1.2.4　DSP 芯片的分类

为了使数字信号处理适应各种各样的实际应用，DSP 厂商生产出了多种类型和档次的 DSP 芯片。对于众多的 DSP 芯片，可以按照下列 3 种方式进行分类。

1. 按基础特性分类

依据基础特性，即工作时钟和指令类型的不同，DSP 芯片可分为静态 DSP 芯片和一致性 DSP 芯片。

如果 DSP 芯片在某时钟频率范围内的任何频率上都能正常工作，且除计算速度有变化外，没有性能的下降，则这类 DSP 芯片一般称为静态 DSP 芯片。例如，TI 公司的 TMS320 系列芯片、日本 OKI 公司的 DSP 芯片都属于这一类芯片。

如果有两种或两种以上的 DSP 芯片，它们的指令集和相应的机器代码及引脚结构相互兼容，则这类 DSP 芯片称为一致性 DSP 芯片。例如，TI 公司的 TMS320C54x 系列芯片就属于一致性 DSP 芯片。

2. 按用途分类

按照用途的不同，DSP 芯片可分为通用型芯片和专用型芯片两大类。

通用型 DSP 芯片一般是指可以用指令编程的 DSP。这类芯片适合于普通的 DSP 应用，具有可编程性和强大的处理能力，可完成复杂的数字信号处理算法，如 TI 公司的一系列 DSP 芯片。

专用型 DSP 芯片是为特定的 DSP 运算而设计的，通常只针对某一种应用，相应的算法由内部硬件电路实现，适合于数字滤波、FFT、卷积等特殊的运算，主要用于信号处理速度快的特殊场合。这类芯片主要有 Motorola 公司的 DSP56200、Zoran 公司的 ZR34881、Inmos 公司的 IMSA100 等。

3. 按数据格式分类

根据 DSP 芯片工作的数据格式，即精度或动态范围的不同，DSP 芯片可分为定点 DSP 芯片和浮点 DSP 芯片。

数据以定点格式工作的 DSP 芯片称为定点 DSP 芯片，如 TI 公司的 TMS320C1x/C2x、TMS320C2x/C5x、TMS320C54x/C62x 系列，AD 公司的 ADSP21x 系列，AT&T 公司的 DSP16/16A，Motorola 公司的 MC56000 等。大多数定点 DSP 芯片都采用 16 位定点运算，只有少数 DSP 芯片为 24 位定点运算。

数据以浮点格式工作的 DSP 芯片称为浮点 DSP 芯片，主要产品有 TI 公司的

TMS320C3x/C4x/C67x、AD 公司的 ADSP21xx 系列、AT&T 公司的 DSP32/32C、Motorola 公司的 MC96002 等。不同的浮点 DSP 芯片所采用的浮点格式有所不同，有的 DSP 芯片采用自定义浮点格式，有的 DSP 芯片则采用 IEEE 标准浮点格式。如 TI 公司的 TMS320C3x 芯片为自定义的浮点格式，而 Motorola 公司的 MC96002、Fujitsu 公司的 MB86232 和 Zoran 公司的 ZR35325 等为 IEEE 标准浮点格式

1.2.5　DSP 芯片的应用

DSP 芯片自 20 世纪 70 年代末诞生以来，得到了飞速的发展，这主要得益于集成电路技术的发展和巨大的应用市场。在近几十年时间里，DSP 芯片已经在许多领域得到了广泛的应用。目前，随着价格的下降和性价比的提高，DSP 芯片展现出巨大的应用潜力。DSP 芯片的应用主要有：

(1) 信号处理，如数字滤波、自适应滤波、快速傅里叶变换、Hilbert 变换、相关运算、频谱分析、卷积、模式匹配、窗函数、波形产生等。

(2) 通信领域，如调制解调器、自适应均衡、数据加密、数据压缩、回波抵消、多路复用、传真、扩频通信、移动通信、纠错编译码、可视电话、路由器等。

(3) 语音信号处理，如语音编码、语音合成、语音识别、语音增强、语音邮件、文本语音转换等。

(4) 图形/图像处理，如二维和三维图形处理、图像压缩与传输、图像鉴别、图像增强、图像转换、模式识别、动画、电子地图、机器人视觉等。

(5) 军事领域，如保密通信、雷达处理、声呐处理、导航、导弹制导、全球定位(GPS)、电子对抗、搜索与跟踪、情报收集与处理等。

(6) 仪器仪表，如频谱分析、函数发生、数据采集、锁相环、暂态分析、石油/地质勘探、地震预测与处理等。

(7) 自动控制，如引擎控制、发动机控制、声控、自动驾驶、机器人控制、磁盘/光盘伺服控制、神经网络控制等。

(8) 医疗工程，如助听器、X 射线扫描、心电图/脑电图、超声设备、核磁共振、诊断工具、病人监护等。

(9) 家用电器，如高保真音响、音乐合成、音调控制、玩具与游戏、数字电话/电视、高清晰度电视(HDTV)、变频空调、机顶盒等。

(10) 计算机，如震裂处理器、图形加速器、工作站、多媒体计算机等基站。

1.3　DSP 系统

1.3.1　DSP 系统的构成

通常，一个典型的 DSP 系统应包括抗混叠滤波器、数据采集 A/D 转换器(ADC)、数字信号处理器(DSP)、D/A 转换器(DAC)和低通滤波器等，其组成框图如图 1-3 所示。

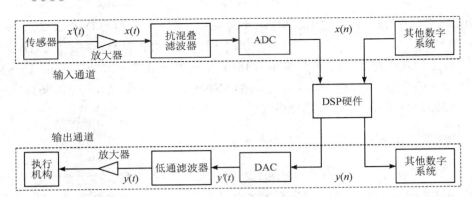

图 1-3 典型的实时 DSP 系统组成框图

系统的输入信号 $x(t)$ 有各种各样的形式,可以是语音信号、传真信号,也可以是视频信号,还可以是来自电话线的已调数据信号。DSP 系统的处理过程如下:

(1) 将输入信号 $x(t)$ 进行抗混叠滤波,滤掉高于折叠频率的分量,以防止信号频谱的混叠。

(2) 经采样和 A/D 转换,将滤波后的信号转换为数字信号 $x(n)$。

(3) 由数字信号处理器对 $x(n)$ 进行处理,得到数字信号 $y(n)$。

(4) 经 D/A 转换,将 $y(n)$ 转换成模拟信号。

(5) 经低通滤波,滤除高频分量,得到平滑的模拟信号 $y(t)$。

需要指出的是,DSP 系统可以由一个 DSP 芯片和外围电路组成,也可以由多个 DSP 芯片和外围电路组成,这完全取决于对信号处理的要求。另外,并不是所有的 DSP 系统都必须包含框图中的所有部分。例如,语音识别系统的输出并不是连续变化的波形,而是识别的结果,如数字、文字等。

1.3.2 DSP 系统的设计流程

对于一个 DSP 应用系统,其设计流程如图 1-4 所示。

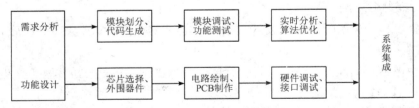

图 1-4 DSP 应用系统设计流程图

由图 1-4 可知,DSP 系统的设计可以分为如下几个阶段。

(1) 明确设计任务,确定设计目标。在进行 DSP 应用系统设计之前,要明确设计任务,写出设计任务书。在设计任务书中,应根据设计要求,准确、清楚地描述系统的功能和应完成的任务,描述采用的方式可以是人工语言,也可以是流程图或算法。然后根据任务书来选择设计方案,确定设计目标。

(2) 进行算法模拟,确定性能指标。此阶段主要是根据设计任务和设计目标,确定系统的性能指标。首先应根据系统的要求进行算法仿真和高级语言(如 MATLAB)模拟实现,以确定最佳算法；然后根据算法初步确定相应的参数。

(3) 选择 DSP 芯片和外围芯片。根据算法的要求(如运算速度、运算精度和存储器的需求等)选择 DSP 芯片和外围芯片。

(4) 设计实时的 DSP 应用系统。这个阶段主要完成系统的硬件设计和软件设计。首先，应根据选定的算法和 DSP 芯片，对系统的各项功能是用软件实现还是用硬件实现进行初步分工。然后，根据系统的要求进行硬件设计和软件设计。硬件设计要根据设计要求，完成 DSP 芯片外围电路和其他电路(如转换、控制、存储、输出、输入等电路)的设计。而软件设计主要根据系统的要求和所设计的硬件电路，采用汇编语言编写相应的 DSP 程序，也可以采用 C 语言或 C 语言与汇编语言混合编程。

(5) 硬件和软件调试。硬件和软件调试可借助开发工具完成。硬件调试一般采用硬件仿真器进行，而软件调试一般借助 DSP 开发工具进行，如软件模拟器、DSP 开发系统或仿真器等。进行软件调试时，可在 DSP 上执行实时程序和模拟程序，通过比较运行的结果来判断软件设计是否正确。

(6) 系统集成和测试。当完成系统的软、硬件设计和调试后，将进入系统的集成和测试阶段。所谓系统的集成，是将软、硬件结合组装成一台样机，并在实际系统中运行，以评估样机是否达到所要求的性能指标。若系统测试结果符合指标，则样机的设计完成。在实际的测试过程中，由于软、硬件调试阶段的环境是模拟的，所以往往会出现精度不够、稳定性不好等问题。对于这种情况，一般通过修改软件的方法来解决。如果仍无法解决，则必须调整硬件，此时的问题就比较严重了。

1.3.3 DSP 系统中芯片的选择

在进行 DSP 系统设计时，选择合适的 DSP 芯片是非常重要的一个环节。通常依据系统的运算速度、运算精度和存储器的需求等来选择 DSP 芯片。只有选定了 DSP 芯片，才能进一步设计其外围电路及系统的其他电路。总的来说，DSP 芯片的选择应根据实际应用系统的需要而定。不同的 DSP 应用系统由于应用场合、应用目的不同，对 DSP 芯片的选择也不同。一般来说，选择 DSP 芯片时应考虑如下因素。

1. DSP 芯片的运算速度

运算速度是 DSP 芯片的一个重要的性能指标，也是选择 DSP 芯片时所需要考虑的一个主要因素。DSP 芯片的运算速度可以用以下几种指标来衡量。

(1) 指令周期：执行一条指令所需的时间，通常以 ns(纳秒)为单位。如 TMS320LC549-80 在主频为 80 MHz 时的指令周期为 12.5 ns。

(2) MAC 时间：一次乘法加上一次加法的时间。大部分 DSP 芯片可在一个指令周期内完成一次乘法和加法操作，如 TMS320LC549-80 的 MAC 时间就是 12.5 ns。

(3) FFT 执行时间：运行一个 N 点 FFT 程序所需的时间。由于 FFT 运算在数字信号处理中很有代表性，因此 FFT 执行时间常作为衡量 DSP 芯片运算能力的一个指标。

(4) MIPS：每秒执行百万条指令。如 TMS320LC549-80 的处理能力为 80 MIPS，即每秒可执行八千万条指令。

(5) MOPS：每秒执行百万次操作。如 TMS320C40 的运算能力为 275 MOPS。

(6) MFLOPS：每秒执行百万次浮点操作。如 TMS320C31 在主频为 40 MHz 时的处理能力为 40 MFLOPS。

(7) BOPS：每秒执行十亿次操作。如 TMS320C80 的处理能力为 2 BOPS。

2. DSP 芯片的价格

DSP 芯片的价格也是选择 DSP 芯片所需考虑的一个重要因素。如果采用价格昂贵的 DSP 芯片，即使性能再好，其应用范围也会受到一定的限制，尤其是民用产品。因此根据实际系统的应用情况，需确定价格适中的 DSP 芯片。当然，由于 DSP 芯片发展迅速，DSP 芯片的价格往往下降较快，因此在开发阶段选用某种价格稍贵的 DSP 芯片，等到系统开发完毕，其价格可能已经下降一半甚至更多。

3. DSP 芯片的硬件资源

不同的 DSP 芯片所提供的硬件资源是不相同的，如片内 RAM、ROM 的数量，外部可扩展的程序和数据空间，总线接口，I/O 接口等。即使是同一系列的 DSP 芯片(如 TI 公司的 TMS320C54x 系列)，也具有不同的内部硬件资源，可以适应不同的需要。

4. DSP 芯片的运算精度

DSP 算法格式主要分为定点运算和浮点运算。通常定点 DSP 的字长有 16 位、20 位、24 位或 32 位，浮点 DSP 的字长为 32 位。由于浮点算法较复杂，所以浮点 DSP 的成本和功耗一般比定点 DSP 的高。在算法确定后，通过理论分析或软件仿真可确定算法所需的动态范围和精度。如果应用系统对成本和功耗的要求较严格，一般选用字长较小的定点 DSP；如果应用系统要求易于开发、动态范围宽、精度高，则可以考虑采用字长较大的定点 DSP 或浮点 DSP。

5. DSP 芯片的开发工具

在 DSP 系统的开发过程中，开发工具是必不可少的。如果没有开发工具的支持，要想开发一个复杂的 DSP 系统几乎是不可能的。如果有功能强大的开发工具的支持，如 C 语言的支持，则开发的时间就会大大缩短。所以，在选择 DSP 芯片的同时必须注意其开发工具的支持情况，包括软件和硬件的开发工具。

6. DSP 芯片的功耗

在某些 DSP 应用场合，功耗也是一个需要特别注意的问题。如便携式的 DSP 设备、手持设备、野外应用的 DSP 设备等都对功耗有特殊的要求。目前，3.3 V 供电的低功耗高速 DSP 芯片已大量使用。

7. 其他

除了上述因素，选择 DSP 芯片还应考虑到封装的形式、质量标准、供货情况、生命周期等。有的 DSP 芯片可能有 DIP、PGA、PLCC、PQFP 等多种封装形式。有些 DSP 系统可能最终要求的是工业级或军用级标准，在选择时就需要注意到所选的芯片是否有工业级或军用级的同类产品。如果所设计的 DSP 系统不仅仅是一个实验系统，而是需要批量生产并可能有几年甚至十几年的生命周期，那么需要考虑所选的 DSP 芯片供货情况如何，是否也有同样甚至更长的生命周期等。

一般而言，定点 DSP 芯片的价格较便宜，功耗较低，但运算精度稍低。而浮点 DSP 芯片的优点是运算精度高，且 C 语言编程调试方便，但价格稍贵，功耗也较大。例如 TI

公司的 TMS320C2x/C54x 系列属于定点 DSP 芯片，低功耗和低成本是其主要的特点；而 TMS320C3x/C4x/C67x 系列属于浮点 DSP 芯片，运算精度高，用 C 语言编程方便，开发周期短，但其价格和功耗也相对较高。

1.4 TI 公司 DSP 产品简介

目前，在生产通用 DSP 的厂家中，最有影响力的公司有 TI 公司、AT&T 公司(现在的 Lucent 公司)、Motorola 公司、AD 公司、NEC 公司等。

1982 年，TI 公司的 TMS320 系列 DSP 芯片的第一代处理器 TMS320C10 问世。经过十几年的发展，TI 公司又相继推出了 TMS320C2000、TMS320C5000 和 TMS320C6000 这 3 个系列的 DSP 产品。现如今，TI 公司的 TMS320 系列已成为 DSP 市场中的主流产品，占有最大的市场份额，TI 公司也成为世界最大的 DSP 芯片供应商。下面简单介绍 TI 公司的 DSP 产品。

1.4.1 TMS320C2000 系列

TMS320C2000 系列 DSP 一般应用于控制领域，有 C20x、C24x、C28x 系列。

C20x 是 16 位定点 DSP 芯片，速度为 20～40 MIPS，片内 RAM 比较少，如 C204 片内只有 512 字节的 DARAM。有些型号的 C20x DSP 芯片中带有闪速存储器(Flash Memory)，如 F206 就带有 32 KB×16 bit 的闪速存储器。C20x 的主要应用范围为数字电话、数码相机、自动售货机等。

C24x 是 16 位定点 DSP 芯片，速度为 20 MIPS，一般用于数字马达(电动机)控制、工业自动化、电力变换系统、空调等。为了在有限的空间里提高数字控制设备的性能，TI 公司推出了 TMS320LF2401A、TMS320LF2403A 和 TMS320LC2402A，这 3 款 DSP 降低了业界的原始设备生产商(OEM)的系统成本，进一步实现了系统的小型化、智能化，使产品设计更趋完善。

C28x 是 TI 公司在 C2000 位处理器平台的基础上推出的新一代 32 位定点/浮点 DSP 芯片。如 TMS320F2812 定点 32 位 DSP 芯片，运行时钟可达 150 MHz，处理性能可达 150 MIPS，每条指令周期为 6.67 ns；I/O 口丰富，内核 1.8 V 供电，I/O 3.3 V 供电；具有 12 位的 0～3.3 V 的 A/D 转换等；具有 128 KB×16 bit 的片内 Flash、18 KB×16 bit 的 SRAM，一般的应用系统可以不要外扩存储器，适合用于工业控制、电机控制等。与 TMS320F2812 定点 DSP 相比，TMS320F28335 DSP 具有 32 位浮点处理单元，增加了单精度浮点运算单元(FPU)和高精度 PWM，且 Flash 增加了一倍(256 KB×16 bit)，同时增加了 DMA 功能，可将 ADC 转换结果直接存入 DSP 的任一存储空间。此外，它还增加了 CAN 通信模块、SCI 和 SPI。TMS320F28355 的主频最高为 150 MHz，同时具有外部存储扩展接口、看门狗、3 个定时器、18 个 PWM 输出和 16 通道的 12 位 A/D 转换器。在系统设计时，可以通过这些片上外设接口很方便地扩展片外存储器和其他外设，独立设置它们的控制室，这对于电力电子变流装置的控制十分重要。因为片上外设往往不能满足系统全部的控制要求，所以需要系统具有良好的可扩展性。与前代 DSP 相比，TMS320F28355 的平均性能提升了 50%，并与定点

C28x 控制器软件兼容,从而可以简化软件开发、缩短开发周期、降低开发成本。

1.4.2 TMS320C5000 系列

TMS320C5000 系列是 16 位定点 DSP 芯片,速度为 40~200 MIPS,具有可编程、低功耗和高性能的特点,主要用于有线或无线通信、互联网协议(Internet Protocol,IP)电话、便携式信号系统、手机及助听器等。

目前,TMS320C5000 系列中有 3 种具有代表性的常用芯片。第一种是 TMS320C5402,速度为 100 MIPS,片内存储空间较小,RAM 为 16 KB×16 bit,ROM 为 4 KB×16 bit,主要用于无线调制解调器、新一代个人数字助理(Personal Digital Assistant,PDA)、网络电话和数字电话系统以及消费类电子产品。第二种是 TMS320C5420,它是当今集成度较高的定点 DSP,适用于多通道基站、服务器调制解调器和电话系统等要求高性能、低功耗、小尺寸的场合。第三种是 TMS320C5416,它是 TI 公司 0.15 μm 器件中的第一款 DSP 芯片,128 KB×16 bit 片内 RAM 的速度为 16 MIPS,有 3 个多通道缓冲串口(Multi-channel Buffered Serial Port,McBSP),能够直接与 T1 或 E1 线路连接,不需要外部逻辑电路,主要用于 IP 语音、通信服务器、专用小型交换机和计算机电话系统等。

为满足对性能、尺寸、价格和功耗有严格要求的设备的需求,TI 公司设计了一种属于 TMS320C5000 系列的 DSP 产品 TMS320C5500DSP(以下简称 TMS320C55x)。TMS320C55x 与 TMS320C54x 代码兼容,且每个 MIPS 功耗只有 0.05 mW,是目前市场上 TMS320C54x 产品功耗的 0.4 倍。TMS320C55x 有强大的电源管理功能,能进一步增强省电功能,可使网络音频播放器用两节 AA 电池工作 200 个小时以上(相当于目前播放器工作时间的 10 倍)。TMS320C55x 系列的代表产品有 TMS320C5509 和 TMS320C5502。TMS320C5509 DSP 芯片主要用于网络媒体娱乐终端、个人医疗、图像识别、保密技术、数码相机、个人摄像机等设备。

1.4.3 TMS320C6000 系列

TMS320C6000 系列 DSP 是 TI 公司 1997 年 2 月推向市场的高性能 DSP,其综合了 DSP 性价比高、功耗低等一些优点。TMS320C6000 系列中又分为定点 DSP 和浮点 DSP 两类。

TMS320C62x 系列是 TMS320C6000 系列中的 32 位定点 DSP,内部集成了多个功能单元,可同时执行 8 条指令,运算速度为 1200~2400 MIPS,指令周期为 5 ns,运算能力为 1600 MIPS。该系列 DSP 的主要特点如下:内部结构不同于一般 DSP 芯片,其内部同时集成了 2 个乘法器和 6 个算术运算单元,且它们之间是高度正交的,使得其在一个指令周期内最多能支持 8 条 32 位的指令;使用了 VelociTI 超长指令字(VLIW)结构,可充分发挥其内部集成的各执行单元的独立运行能力;在一条指令中组合了几个执行单元,结合其独特的内部结构,可在一个时钟周期内并行执行几个指令;具有大容量的片内存储器和大范围的寻址能力,片内集成了 512 KB 程序存储器和 512 KB 数据存储器,并拥有 32 位的外部存储器界面;内部集成了 4 个 DMA 接口、2 个多通道缓存串口、2 个 32 位计时器。这种芯片适用于无线基站、无线 PDA、组合调制解调器、GPS 导航等需要较强运算能力的应用场合。

TMS320C67xx 系列是 TMS320C6000 系列中的 32 位浮点 DSP，其内部集成了多个功能单元，可同时执行 8 条指令，运算速度为 1 GFLOPS。该系列 DSP 除了具有 TMS320C62x 系列的特点，还有如下特点：运行速度快，指令周期为 6 ns，峰值运算能力为 1336 MIPS，对于单精度运算可达 1 GFLOPS，对于双精度运算可达 250 MFLOPS；硬件支持 IEEE 格式的 32 位单精度与 64 位双精度浮点操作，集成了 32 位×32 位的乘法器，其结果可为 32 位或 64 位。TMS320C67x 的指令集在 TMS320C62x 的指令集基础上增加了浮点执行能力，可以看作是 TMS320C62x 指令集的超集。TMS320C62x 指令能在 TMS320C67x 上运行，而无须任何改变。与 TMS320C62x 系列芯片一样，由于出色的运算能力、高效的指令集、智能外设、大容量的片内存储器和大范围的寻址能力，这个系列的芯片适用于基站数字波束形成、图像处理、语音识别、3D 图形等对运算能力和存储量有高要求的应用场合。目前，TMS320C6000 系列主要向两个方向发展：一是追求更高的性能；二是在保持高性能的同时向廉价型发展。

TMS320C64x 系列是 TMS320C6000 系列 DSP 中性能处于领先水平的定点 DSP 芯片，其软件和 TMS320C62x 完全兼容。该系列 DSP 的主要特点如下：采用 VelociTI.2 结构的 DSP 核，增强的并行机制可以在单周期内完成 4 个 16 位×16 位或 8 个 8 位×8 位乘法累加操作；采用两级缓冲机制，第一级中程序和数据各有 16 KB，而第二级中程序和数据共用 128 KB；采用增强的 32 通道 DMA 控制器，具有高效的数据传输引擎，可以提供超过 2 Gb/s 的持续带宽。与 TMS320C62x 相比，TMS320C64x 的总体性能提高了 10 倍。

1. TMS320C6000 系列 DSP 的结构

TMS320C6000 系列 DSP 主要由中央处理器(CPU)、程序高速缓存/程序存储器、数据高速缓存/数据存储器、DMA 控制器、外部存储器接口(External Memory Interface，EMIF)、系统外设、省电逻辑等组成，其结构框图如图 1-5 所示。

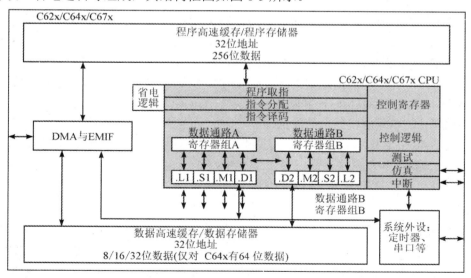

图 1-5　TMS320C6000 系列 DSP 的结构框图

TMS320C6000 系列 DSP 片内采用哈佛结构，程序总线与数据总线分开，程序存储器与数据存储器分开；但片外的总线与存储器都不分开，二者是统一的。其全部存储空间(包括程序存储器和数据存储器，片内和片外)都以字节为单位统一编址。无论是从片外读取指令，还是与片外交换数据，都要通过 DMA 与 EMIF。在片内，程序总线仅在取指令时用到。

TMS320C6000 系列 DSP 的其他模块包括：4 通道自加载 DMA 协处理器，可用于数据的 DMA 传输；16 位宿主机接口，可以将 C6000 系列 DSP 配置为宿主机的 DSP 加速器；灵活的锁相环路时钟产生器(×1，×2，×4)，可以对输入时钟进行不同的倍频处理。此外，该系列 DSP 芯片内部还有 IEEE 1149.1 标准边界扫描仿真器，可用于芯片的自检和开发。这种芯片采用球栅阵列(Ball Grid Array，BGA)封装，可以获得较强的高频电气性能，并采用了 0.18 μm 工艺(C6203 采用了 0.15 μm 工艺，芯片尺寸只有 18 mm^2)。

2. TMS320C6000 系列 DSP 的 CPU 组成

TMS320C6000 系列 DSP 的 CPU 内核(图 1-5 中阴影部分)主要包括程序取指单元，指令分配单元，指令译码单元，2 条数据通路(每条数据通路有 4 个功能单元)，2 个寄存器组(C62x 和 C67x 每个寄存器组有 32 个 32 位通用寄存器，C64x 每个寄存器组有 64 个 32 位通用寄存器)，控制寄存器，控制逻辑，测试、仿真和中断逻辑。C6000 系列 DSP 的 CPU 有 2 条类似的可进行数据处理的数据通路 A 和 B，每条数据通路各有 4 个功能单元(.L、.S、.M 和.D)和 1 个包括 16 个(C64x 则有 32 个)32 位通用寄存器的寄存器组。功能单元执行指令指定的操作，除读取和存储类指令以及程序转移类指令外，其他所有算术逻辑运算指令均以通用寄存器为源操作数和目的操作数，从而使程序能够高速运行。读取和存储类指令用于使寄存器组与片内数据存储器之间进行数据交换,此时 2 个数据寻址单元(.Dl 和.D2)负责产生数据存储器地址。每条数据通路的 4 个功能单元都有单一的数据总线连接到另一侧的寄存器上，使得两侧的寄存器组可以交换数据。

3. TMS320C6000 系列 DSP 的特点

TMS320C6000 系列 DSP 的主要特点如下：

(1) 采用具有 8 个功能单元的高级 VLIW 体系结构的 CPU，8 个功能单元包括 2 个乘法器和 6 个算术逻辑单元(ALU)。每个周期执行 8 条指令，其性能是其他系列 DSP 的 10 倍；允许设计者开发高效的类似于精简指令集(RISC)的代码，从而加快开发进度。

(2) 具有指令打包功能，给定代码大小等效于 8 条指令，可以串行和并行执行，减少代码的大小，降低程序取指时间和功耗。

(3) 独立功能单元中代码可高效执行。

(4) 支持 40 位的算术运算，能够为各种高强度计算和编码提供更高的精度。硬件支持 IEEE 标准的单精度和双精度指令。

(5) 定点和浮点 DSP 系列引脚兼容。

4. TMS320C6000 系列 DSP 的应用

TMS320C6000 系列 DSP 解决了传统信号处理问题，表现出优越的性能。每秒执行 48 亿条指令和高效的 C 语言编译器，使得其在不同产品中得到最大限度的应用。其主要应用于共享调制解调器、无线本地环基站、远程访问服务器、数字用户回线系统、电缆调制器、多通道电话系统、面相和指纹识别的家庭安全系统、具有 GPS 导航的巡航控制系统、细微的医学诊断、波束形成基站、虚拟真实的 3D 图像、语音识别、音频系统、雷达系统、气象建模系统、有限元分析等。

1.5 实验和程序实例

时域采样和频域采样是贯穿数字信号处理的重要理论，主要涉及模拟信号采样前后频谱的变化，如何选择采样频率才能使采样后的信号信息不丢失，频域采样引起时域周期化，频域采样定理及其对频域采样点数选择的指导作用等。本实验在讨论时域采样和频域采样的 MATLAB 实现的基础上，给出如何应用 DM6437 系统实现时域采样和频域采样。

1.5.1 时域采样和频域采样的 MATLAB 实现

1. 时域采样定理

信号有模拟信号、时域离散信号和数字信号之分。按照输入、输出信号的类型不同，系统也分为模拟系统、时域离散系统和数字系统。当然，也存在由模拟网络和数字网络构成的混合系统。数字信号是幅度、时间均离散化的模拟信号，或者说是幅度离散化的离散时间信号。时域离散信号和数字信号之间的差别仅在于数字信号存在量化误差。

对模拟信号 $x_a(t)$ 以间隔 T 进行时域理想采样，形成的采样信号的频谱 $\hat{X}_a(\mathrm{j}\Omega)$ 是原模拟信号频谱 $X_a(\mathrm{j}\Omega)$ 以采样角频率 Ω_s ($\Omega_s = 2\pi/T$) 为周期进行的周期延拓，其计算公式为

$$\hat{X}_a(\mathrm{j}\Omega) = \mathrm{FT}[\hat{x}_a(t)] = \frac{1}{T} \sum_{n=-\infty}^{\infty} X_a(\mathrm{j}\Omega - \mathrm{j}n\Omega_s) \tag{1-1}$$

采样频率必须大于等于模拟信号最高频率的两倍以上，才能使采样信号的频谱不产生混叠。

【例 1-1】 给定模拟信号

$$x_a(t) = A\mathrm{e}^{-\alpha t} \sin(\Omega_0 t) u(t)$$

式中，$A = 444.128$，$\alpha = 50\pi$，$\Omega_0 = 50\pi$ rad/s。分别以 $F_s = 1000$ Hz，$F_s = 500$ Hz 和 $F_s = 250$ Hz 的采样频率对信号采样，观测时间均为 $T_p = 64$ ms，对实验结果进行对比分析，验证总结时域采样定理。

解 时域采样定理要求在对模拟信号采样时必须同时满足原信号是带限信号且采样频率大于等于原信号最高频率的两倍。本例中原信号持续时间无限长，采样时首先截取一段，截取观测时间 $T_p = 64$ ms，注意截取频域必然发生混叠。以下是 MATLAB 程序及其运行结果，可以看出混叠随着采样频率的增大而减小。

```
% ---------exp1.m 时域采样定理验证程序--------
clf;
close all;
Tp = 64/1000;              % 观测时间
Fs = 1000; T = 1/Fs;
M = round(Tp*Fs); n = 0:M-1;
A = 444.128; alph = pi*50; omega = pi*50;
```

```
xnt = A*exp(-alph*n*T).*sin(omega*n*T);
Xk = T*fft(xnt, M);              %M 点 FFT
yn = 'xa(nT)'; subplot(3, 2, 1);
stem(xnt);                       %采样频率 Fs = 1000 Hz 时的采样信号 xa(nT)时域波形
box on; title('Fs = 1000Hz');
k = 0:M-1; fk = k/Tp;
subplot(3, 2, 2); stem(fk, abs(Xk));
title('T*FT[xa(nT)], Fs = 1000Hz');
xlabel('f(Hz)'); ylabel('幅度');
axis([0, Fs, 0, 1.2*max(abs(Xk))]);
```

采样频率 $F_s=500\,\text{Hz}$ 和 $F_s=250\,\text{Hz}$ 时的程序与 $F_s=1000\,\text{Hz}$ 时的相同,请读者自行编程并运行程序。

程序运行结果如图 1-6 所示。

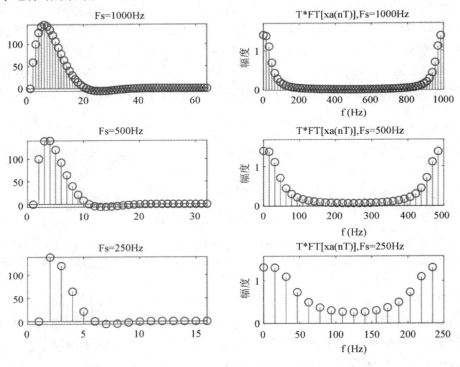

图 1-6 时域采样定理验证程序运行结果

2. 频域采样定理

设序列 $x(n)$ 的长度为 M,其 N 点 DFT 为 $X(k)$,则当频域采样点数 $N \geqslant M$ 时,才有

$$x_N(n) = \text{IDFT}[X_N(k)]_N = \sum_{i=-\infty}^{\infty} x(n+iN)R_N(n) \tag{1-2}$$

即只有满足频域采样点数 $N \geqslant M$ 才能够由 $X(k)$ 恢复原序列。

【例 1-2】 给定一个长度为 $M=26$ 的三角波序列:

$$x(n) = \begin{cases} n+1, & 0 \leqslant n \leqslant 13 \\ 27-n, & 14 \leqslant n \leqslant 26 \\ 0, & \text{其他} \end{cases}$$

编写 MATLAB 程序，分别对 $x(n)$ 的频谱 $X(e^{j\omega}) = \mathrm{FT}[x(n)]$ 在 $[0，2\pi]$ 上等间隔采样 32 点和 16 点，得到 $X_{32}(k)$ 和 $X_{16}(k)$：

$$X_{32}(k) = X(e^{j\omega})\Big|_{\omega=\frac{2\pi}{32}k}, \quad k = 0, 1, 2, \cdots, 31$$

$$X_{16}(k) = X(e^{j\omega})\Big|_{\omega=\frac{2\pi}{16}k}, \quad k = 0, 1, 2, \cdots, 15$$

再分别对 $X_{32}(k)$ 和 $X_{16}(k)$ 进行 32 点和 16 点的 IFFT，得到 $x_{32}(n)$ 和 $x_{16}(n)$：

$$x_{32}(n) = \mathrm{IFFT}[X_{32}(k)]_{32}, \quad n = 0, 1, 2, \cdots, 31$$

$$x_{16}(n) = \mathrm{IFFT}[X_{16}(k)]_{16}, \quad n = 0, 1, 2, \cdots, 15$$

分别画出 $X(e^{j\omega})$、$X_{32}(k)$ 和 $X_{16}(k)$ 的幅度谱，并绘出 $x(n)$、$x_{32}(n)$ 和 $x_{16}(n)$ 的波形，进行对比分析，验证总结频域采样定理。

解 本例的 MATLAB 程序见资源库 MATLAB 程序 exp2.m。程序运行结果如图 1-7 所示。

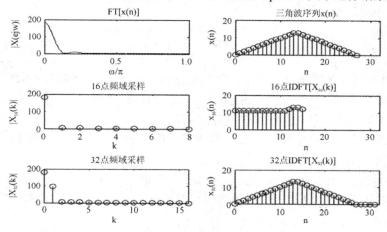

图 1-7 频域采样定理验证程序运行结果

由图 1-7 可知，对信号 $x(n)$ 的频谱函数 $X(e^{j\omega})$ 在 $[0，2\pi]$ 上等间隔采样，当 $N=16$ 时，$x_{16}(n)=\mathrm{IFFT}[X_{16}(k)]_{16}$，$n=0, 1, 2, \cdots, 15$ 与原序列 $x(n)$ 不相等，发生了时域混叠失真；当 $N=32$ 时，$x_{32}(n)=\mathrm{IFFT}[X_{32}(k)]_{32}$，$n=0, 1, 2, \cdots, 31$ 与原序列 $x(n)$ 相等，未产生时域混叠，可以不失真地恢复原序列。

1.5.2 基于 ICETEK-DM6437-AF 的信号时域采样和频域采样的 DSP 实现

在应用 DSP 进行信号处理的过程中，经常需要对信号进行采样，而采样一般通过 A/D 转换器件完成。A/D 转换器件在工作时间隔一段时间进行一次转换，得到转换结果后再进行下一次转换。这样，对连续变换的信号只能在离散时间点上进行采样，这也称为抽样过程。

抽样是在离散时间间隔上对连续时间信号(例如模拟信号)进行采集，它是实时信号处理中的基本概念。模拟信号由一些离散时间的值来代表，这些抽样的值等于原始的模拟信号在离散时间点的取值。

1. 实验原理

DSP 只能通过抽样的方法得到离散的信号，如何对信号进行抽样才能获得原有信号所具备的所有频率特征，这是抽样定理所涉及的问题。抽样定理规定对模拟信号应该以多大的速率抽样，以保证能够捕捉到包含在信号中的相关信息。

抽样定理：如果信号的最高频率分量是 f_{max}，为了使抽样值能够完整地描述信号，那么至少应该以 $2f_{max}$ 的频率进行抽样。也就是说，应满足 $F_s \geq 2f_{max}$，其中 F_s 是抽样频率或抽样率。

例如，如果模拟信号中的最大频率分量为 4 kHz，那么为了保留或捕捉信号中的所有信息，应该以 8 kHz 或者更高的抽样率进行抽样。以小于抽样定理规定的抽样率进行抽样将导致频谱折叠，或者相频混叠进入到希望的频带内，从而在把抽样的数据传回到模拟信号时不能恢复出原始信号。信号有很多能量常常在感兴趣的最高频率之外或者包含噪声，且信号的能量在很宽的频率范围内是不变的。例如，在电话中感兴趣的最高频率大约是 3.4 kHz，而语音信号可能超过 10 kHz。因此，如果我们没有将感兴趣的带宽之外的信号和噪声移去，那么将违反抽样定理。在实际应用中，让信号通过一个模拟抗混叠滤波器，可以达到滤除感兴趣频带之外的信号的目的。

2. 实验步骤

1) 仿真连接

(1) 检查 ICETEK-XDS100 仿真器插头是否连接到 ICETEK-DM6437-KB 板的仿真插头 J1。使用实验箱附带的 USB 电缆连接 PC 上的 USB 插座和仿真器的 USB 接口插座，ICETEK-XDS100 仿真器上红色电源指示灯点亮。

(2) 关闭实验箱左上角电源开关后，使用实验箱附带的电源线连接实验箱左侧电源插座和电源接线板。

(3) 将实验箱左上角电源总开关拨动到"开"的位置，将实验箱右下角控制 ICETEK-DM6437-AF4 板电源的评估板电源开关拨动到"开"的位置。接通电源后，ICETEK-DM6437-AF4 板上电源模块指示灯(红色)D2 点亮。

(4) 设置 ICETEK-SG-A 信号源输出。

(5) 设置波形输出 A，具体操作如下：

① 长按信号源的"波形切换 A"按钮，直到标有正弦波的指示灯点亮。

② 长按信号源的"频率调整 A"按钮，直到标有 100-1 kHz 的指示灯点亮。

③ 调节幅值调整旋钮，将波形输出 A 的幅值调到最大。

2) CCS 启动与设置

点击桌面上相应图标启动 CCS5，在 CCS5 窗口中选择菜单项 Project→Import Existing CCS Eclipse Project，进行如下具体操作：

(1) 点击 Select search-directory 右侧的 Browse 按钮。

(2) 选择 C:\ICETEK\ICETEK-DM6437-AF4\Lab0406-Nyquist，点击"OK"按钮。

(3) 点击"Finish"按钮，CCS5 窗口左侧的工程浏览窗口中会增加一项 Lab0406-Nyquist。

(4) 点击 Lab0406-Nyquist 使之处于激活状态，项目激活时会显示成粗体的 Lab0406-Nyquist [Active-Debug]。

(5) 展开工程，双击其中的 main.c，打开这个源程序文件，浏览内容。

3) 函数调用

通过 EVMDM6437_init()函数对 ICETEK-DM6437-AF4 进行初始化。EVMDM6437_init() 函数属于 ICETEK-DM6437-AF4 的板级支持库(BSL)，在编译连接时使用库文件 C:\ICETEK\ ICETEK-DM6437-AF4\common\lib\Debug\evmdm6437bsl.lib，EVMDM6437_init()函数位于源文件 C:\ICETEK\ICETEK-DM6437-AF4\common\lib\evmdm6437.c。

(1) 整板初始化完成后，main 函数调用 InitMcBSP0()函数初始化 DM6437 的 McBSP0 接口。此接口为 16 位 SPI 模式，时钟频率为 386.7 kHz，估算对 2 个通道的最大采样频率为 12 kHz(参见实验原理部分)。

(2) 继续调用 InitInterrupt 函数初始化中断系统，每次中断对 TLV0832 的 2 个通道进行采样，中断服务程序为 extint14_isr()。

(3) 通过 McBSP 接口向 TLV0832 发送 16 位数据 0xF000，控制 TLV0832 转换 CH1 通道数据。取得转换结果后右移 7 位，将校验位去除，得到最终的转换结果，将其保存在工作数组 inp[length1]中。利用 vecs_timer.asm 设置 DM6437 的中断服务程序入口。

基于 ICETEK-DM6437-AF 的信号时域采样的 DSP 实现程序流程图如图 1-8 所示。

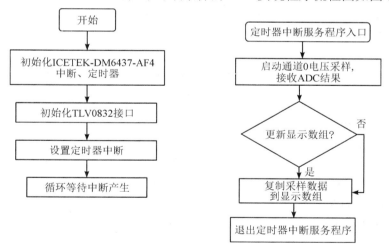

图 1-8 基于 ICETEK-DM6437-AF 的信号时域采样的 DSP 实现程序流程图

4) 软件断点和观察窗口设置

打开源程序 main.c，在有注释"break point"的行上加软件断点。

打开观察窗口，观察波形的时域统计结果；选择菜单项 Tools→Graph→Single Time 进行设置，如图 1-9 所示。

打开观察窗口，观察波形的频域统计结果；选择菜单项 Tools→Graph→FFT Magnitude 进行设置，如图 1-10 所示。

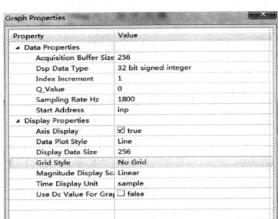 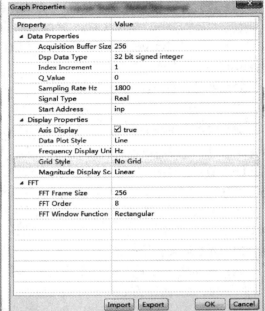

图 1-9　时域统计结果设置　　　　　图 1-10　频域统计结果设置

选择菜单项 View→Break points 打开断点观察窗口，在刚才设置的断点上右键点击 Break point properties，调出断点的属性设置界面，设置 Action 为 Refresh all windows，则程序每次运行到断点时，所有的观察窗口值都会被刷新。

3. 实验结果

用示波器测试 ADC 采样频率，示波器探头地线可以连接到"测试点"模块的"AGND"上。调节示波器旋钮，测出正弦波的频率，这一频率是 ADC 采样频率的 1/2。如果调节信号源的频率测得的频率为 161 Hz，那么 ADC 的采样频率为 322 Hz。

1）时域波形和频域波形

(1) 按 F8 运行程序，观察两个窗口中的显示情况。

(2) 观察示波器的频率统计，对照 FFT 窗口的尖峰指示(可以用鼠标将光标移动到尖峰位置，然后按住鼠标左键，此时会显示出此处的坐标值，横坐标为实际频率值)，看是否相近。注意：打开窗口中横轴的单位为 Hz。

信号的时域波形和频域波形分别如图 1-11 和图 1-12 所示。

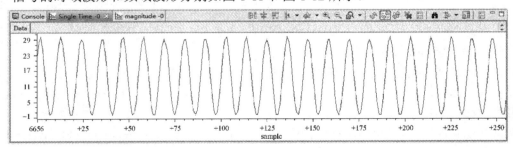

图 1-11　信号的时域波形

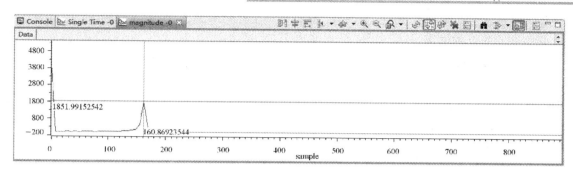

图 1-12　信号的频域波形

2) 信号频率变化时的采样

顺时针微调信号源 I 的"频率微调"旋钮，使频率增大，观察到 FFT 尖峰向频率高端(右侧)移动。信号频率增大后的时域波形和频域波形分别如图 1-13 和图 1-14 所示。

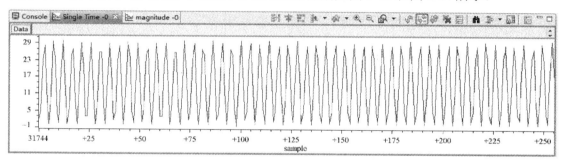

图 1-13　信号频率增大后的时域波形

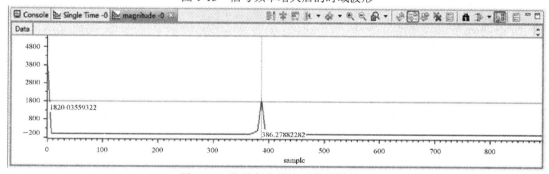

图 1-14　信号频率增大后的频域波形

将信号源 I 的"频率选择"旋钮切换到 10 kHz～30 kHz 挡，对照频率测量值和 FFT 计算值，可发现此时的频率测量值和 FFT 计算值不相符合。

3) 实验结果分析

FFT 窗口峰值频率随频率值的微调而增大，到达某个频率后，FFT 窗口峰值频率会出现减小(向左移动)的现象，这就是信号频率超越了奈奎斯特(Nyquist)频率(也就是采样频率的 1/2)后发生的频率混叠现象。这时由 FFT 窗口的频率计算值已经无法正确得到实际信号的频率值。

假设在固定的频率 100 Hz 采样，那么所能测量的信号最高频率不能高于 50 Hz。换句话说，要测量最高频率在 50 Hz 的信号，必须保证采样频率大于 Nyquist 频率(即 2×50 Hz)，才能得到不失真的结果。

4. C 源程序

C 源程序如下：

```c
#include "ICETEK-DM6437-AF.h"
#include "cslr.h"
#include "math.h"
#include "stdio.h"
#include "evmdm6437.h"
#include "evmdm6437_led.h"
#define MCWA*(char *)0x460F8FF8
extern far cregister volatile unsigned int IER;        //中断使能寄存器
extern far cregister volatile unsigned int CSR;        //控制状态寄存器
extern far cregister volatile unsigned int ICR;        //中断清除寄存器
extern far cregister volatile unsigned int ISTP;       //中断向量首地址
void initMcBSP0(void);                                 //初始化 McBSP0 接口
void interrupt Timer( void );                          //初始化定时器
void initInterrupt(void);                              //初始化中断配置
int uWork = 0;
int uWork1 = 0;
int inp[256];                                          //存放 ADC 数据
int length1 = 0;
void main()
{
    int i;
    EVMDM6437_init();                                  //6437 初始化
    for(i = 0; i < 256; i++)                           //初始化 ADC 数据存放数组
    {
        inp[i] = 0;
    }
    MCWA=0x0001;
    initMcBSP0();                                      //初始化 ADC 接口
    Delay(2);
    initInterrupt();                                   //设置定时器中断
    while(1)
    {
    }
}
```

```
/*
 *  中断服务函数，完成 ADC 采集
 */
interrupt void extint14_isr(void)
{
    LBDS=LBDS^1;
    Delay(2);
    McBSP0_DXR_16BIT=0xf000;              //选择通道 CH1
    Delay(3);
    uWork1=McBSP0_DRR_16BIT;              //接收到的数据
    Delay(10);
    uWork1=uWork1>>7;
    uWork1&=0x00ff;
    inp[length1]=uWork1;
    length1++;
    length1%=256;
    if(length1==0)
        asm("nop");                       //在此处添加断点
}
/*
 *  6437 中断配置
 */
void initInterrupt(void)
{
    CSR=0x100;                            // 禁止所有中断
    IER=1;                                // 禁用除 NMI 外的所有中断
    ICR=0xffff;                           // 清除所有挂起的中断
    ISTP=0x10800400;                      // 中断向量表的首地址
    INTC_INTMUX3=0x00040000;              // 绑定定时器 0 事件和中断 14
    TIMER0_TGCR=0x00000001;               // 控制 TGCR 和 TRC 寄存器禁止定时器 0
    TIMER0_TRC=0x00000000;
    TIMER0_TIM12=0x00000000;
    TIMER0_PRD12=0x00000303;
    TIMER0_TGCR=0x00000005;
    TIMER0_TRC=0x00000080;
    IER |= 0x00004002;                    // 使能中断 14
    CSR=0x01;                             // 使能全局中断
}
/*
```

```
* 6437 的 McBSP 接口配置
*/
void initMcBSP0(void)
{
    CFG_PINMUX1=0x0;
    CFG_PINMUX1&=0xffbfffff;
    CFG_PINMUX1|=0x00400000;
        CFG_VDD3P3V_PWDN &=0xff7f;
    McBSP0_SPCR&=0xFFFDFFFF; //XRST=0      1111 1111 1111 1101 1111 1111 1111 1111
    McBSP0_SPCR&=0xFFFFFFFE; //RRST=0      1111 1111 1111 1111 1111 1111 1111 1110
    McBSP0_SPCR&=0xFFBFFFFF; //GRST=0      1111 1111 1011 1111 1111 1111 1111 1111
    McBSP0_SPCR&=0xff7fffff; //FRST=0      1111 1111 0111 1111 1111 1111 1111 1111
    McBSP0_SRGR&=0xEFFFFFFF; //FSGM=0      1110 1111 1111 1111 1111 1111 1111 1111
    asm(" nop");
    asm(" nop");
    Delay(1);
    McBSP0_SRGR|=0x00fFfFFF; //CLKGDV=3H   0000 0000 0000 0000 0000 0000 0001 0000
    McBSP0_PCR |=0x00000200; //FSRM=FSXM=CLKRM=CLKXM=1
    McBSP0_PCR |=0x00000400; //FSRM=FSXM=CLKRM=CLKXM=1
    McBSP0_PCR |=0x00000800; //FSRM=FSXM=CLKRM=CLKXM=1
    McBSP0_PCR &=0xFFFFFFFD; //CLKXP=0     1111 1111 1111 1111 1111 1111 1111 1101
    McBSP0_RCR |=0x00010000; //RDATDLY=1   0000 0000 0000 0001 0000 0000 0000 0000
    McBSP0_XCR |=0x00010000; //XDATDLY=1   0000 0000 0000 0001 0000 0000 0000 0000
    McBSP0_XCR |=0x00000040; //XWDLEN1=2   0000 0000 0000 0000 0000 0000 0100 0000
    McBSP0_RCR |=0x00000040; //RWDLEN1=2   0000 0000 0000 0000 0000 0000 0100 0000
    McBSP0_SPCR|=0x00001800; //CLKSTP=11   0000 0000 0000 0000 0001 1000 0000 0000
    McBSP0_XCR |=0x00040000; //XFIG=1      0000 0000 0000 0100 0000 0000 0000 0000
    McBSP0_RCR |=0x00040000; //RFIG=1      0000 0000 0000 0100 0000 0000 0000 0000
    McBSP0_PCR |=0x00000008; //FSXP=1      0000 0000 0000 0000 0000 0000 0000 1000
    asm(" nop");
        asm(" nop");
    Delay(1);
    McBSP0_PCR &=0xFFFFFF7F; //SCLKME=0    1111 1111 1111 1111 1111 1111 0111 1111
    McBSP0_SRGR|=0x20000000; //CLKSM=1     0010 0000 0000 0011 0000 0011 0000 0000
    asm(" nop");
        asm(" nop");
    Delay(1);
    McBSP0_SPCR|=0x00400000; //GRST=1      0000 0000 0100 0000 0000 0000 0000 0000
    Delay(1);
```

```
        asm(" nop");
            asm(" nop");
        McBSP0_SPCR|=0x00010000; //XRST=1    0000 0000 0000 0001 0000 0000 0000 0000
        Delay(1);
        asm(" nop");
            asm(" nop");
        McBSP0_SPCR&=0xfffeffff; //XRST=0    1111 1111 1111 1110 1111 1111 1111 1111
        McBSP0_SPCR|=0x00010001; //RRST=1    0000 0000 0000 0000 0000 0000 0000 0001
        McBSP0_DXR_16BIT=0xc000;
        Delay(1);
        McBSP0_SPCR|=0x00800000; //FRST=1    0000 0000 1000 0000 0000 0000 0000 0000
        McBSP0_SPCR|=0x00010000; //XRST=1    0000 0000 0000 0001 0000 0000 0000 0000
        Delay(1);
        asm(" nop");
            asm(" nop");
        asm(" nop");
            asm(" nop");
        asm(" nop");
            asm(" nop");
        McBSP0_DXR_16BIT=0xc000;
        Delay(1);
        asm(" nop");
            asm(" nop");
        asm(" nop");
            asm(" nop");
        asm(" nop");
            asm(" nop");
        uWork=MCBSP0_DRR_16BIT;
        Delay(1);
        asm(" nop");
            asm(" nop");
        asm(" nop");
            asm(" nop");
        asm(" nop");
            asm(" nop");
        McBSP0_SPCR|=0x00000002; //XRDY=RRDY=1    0000 0000 0000 0000 0000 0000 0000 0010
        McBSP0_SPCR|=0x00020000; //XRDY=RRDY=1    0000 0000 0000 0010 0000 0000 0000 0000
        uWork=McBSP0_DRR_16BIT;
}
```

本 章 小 结

本章作为 DSP 的绪论，首先对数字信号处理理论、算法研究、实现，DSP 芯片的发展概况、发展趋势、特点、分类、应用做了简要介绍；然后比较详细地介绍了 DSP 系统的构成和设计流程；接着对 TI 公司的 DSP 产品进行了简单的介绍；最后给出了时域采样和频域采样的 MATLAB 实现和 DSP 实现。通过本章的学习，读者会对数字信号处理基本理论、DSP 芯片、DSP 系统、DSP 产品、有关实验和程序等有所了解，为后续内容的学习奠定一定的基础。

习 题 1

一、填空题

1. 数字信号处理的任务包括_____和_____两个方面的内容。

2. DSP 技术是利用计算机或_____，以_____的形式对信号进行加工处理，以便提取有用信息并进行有效的传输与应用。

3. 算法研究是指研究如何以最小的_____和_____来完成指定的任务。

4. DSP 芯片普遍采用_____和_____分离的_____结构，比传统的冯·诺依曼结构有更快的指令执行速度。

5. MIPS 表示_____；MOPS 表示_____；MAC 时间表示_____。

6. DSP 按照数据格式分为_____和_____。

7. 改进的哈佛结构提供了存储指令的高速缓存器(Cache)和相应的指令，当重复执行这些指令时，只需读入_____次就可以连续使用，不需要再次从_____中读取，从而减少了执行指令所需的时间，提高了运行速度。

8. 改进的哈佛结构允许_____和_____之间相互传送数据，这些数据可以由算术运算指令直接调用，增强了芯片的灵活性。

9. DSP 芯片均配有专用的_____，可在一个周期内完成一次乘法和一次累加运算，从而实现数据的_____操作。

10. TI 公司的 TMS320 系列的 DSP 芯片有三个系列，_____系列的 DSP 芯片主要用于数字控制系统，_____系列的 DSP 芯片主要用于高性能的数字信号处理任务。

二、选择题

1. 关于哈佛结构，下列叙述错误的是(　　)。

A. 程序空间和数据空间之间可以直接传送数据

B. 支持流水线操作

C. 有独立的程序存储空间和数据存储空间

D. 取指令和取操作数可以同时进行

2. 关于数字信号处理的实现方法，下列叙述错误的是(　　)。

A. 采用 DSP 系统实现属于软硬件结合的实现

B. 新一代 FPGA 芯片中都提供了由专用的乘法-累加器组成的数字信号处理单元

C. TI 公司的 OMAP 系列芯片采用单片集成 ARM + DSP 结构

D. DSP 芯片的字长决定了 DSP 的运行速度

3. TMS320DM6437 的运行速度可达 5600 MIPS，即每秒执行(　　)条指令。

A. 56 亿　　　　　　　　B. 5600 亿　　　　　　　C. 5600 万　　　　　　　D. 56 万

4. 有关专用的 DSP 芯片，下列叙述正确的是(　　)。

A. 需要用户编程实现　　　　　　　　　　　B. 专用性强

C. 应用范围广　　　　　　　　　　　　　　D. 用于简单的数字信号处理任务

5. 关于 DSP 芯片，下列说法错误的是(　　)

A. 浮点芯片的运行速度低于定点芯片

B. DSP 芯片的字长决定了 DSP 的运行精度

C. TMS320DM6437 的数据通路(A 和 B)之间可由寄存器交叉通路实现数据传输

D. DMA 总线和控制器与 CPU 的程序总线和数据总线并行工作

三、问答与思考题

1. 数字信号处理的实现方法一般有哪些？

2. 简述 DSP 芯片的发展历程。

3. 可编程 DSP 芯片有哪些特点？

4. 什么是哈佛结构和冯·诺依曼结构？它们有什么区别？

5. 什么是定点 DSP 芯片和浮点 DSP 芯片？它们各有什么优缺点？

6. DSP 芯片的发展趋势主要体现在哪些方面？

7. 简述 DSP 系统的构成和工作过程。

8. 简述 DSP 系统的设计步骤。

9. 在进行 DSP 系统设计时，应如何选择合适的 DSP 芯片？

10. 简述 TI 公司 OMAP 和 DaVinci 系列产品的特点。

第2章　TMS320DM6437 的硬件结构

学习导读

　　TMS320DM6437 是 TMS320C64x+系列产品中一款支持达芬奇(DaVinci)技术的定点 DSP，片内时钟频率最高可达 700 MHz，峰值处理能力高达 5600 MIPS。该 DSP 包含 2 组 32 位通用寄存器(共 64 个)和 8 个高度独立的功能单元。其中，2 组通用寄存器(A 和 B) 各包含 32 个寄存器，支持 8～64 位的数据类型；8 个功能单元分为 2 个用于 32 位数据 处理的乘法器和 6 个算术逻辑单元(ALU)，用于执行视频加速或成像应用等方面的指令，并且每一个时钟周期都可执行一次指令。更重要的是，在功能更为强大的同时，TMS320DM6437 的成本比上一代处理器的降低 50%，有助于更多开发人员在全新的领域进行开发。

学习目标

1. 知识目标

(1) 理解 TMS320DM6437 的硬件结构与架构特点。

(2) 理解 TMS320DM6437 CPU 的结构与架构特点。

(3) 理解 TMS320DM6437 的片内存储器结构的特点。

(4) 了解 TMS320DM6437 的系统控制、片内外设的功能。

2. 能力目标

(1) 提高应用 MATLAB 分析数字信号复杂问题的能力。

(2) 掌握线性卷积算法的 DSP 实现方法及 C 程序设计，提升自身 C 语言程序设计 能力。

3. 素质目标

(1) 通过对 TMS320DM6437 的硬件结构演变过程的学习，深刻体会工匠精神。

　　工匠精神是职业道德、职业能力、职业品质的总体体现。工匠精神包括高超的技艺和 精湛的技能，严谨细致、专注负责的工作态度，精雕细琢、精益求精的工作理念，以及对职业的认同感、责任感。新时代中国的工匠精神既是对中国传统工匠精神的继承和发扬，又是对外国工匠精神的学习借鉴；既是为适应我国现代化强国建设需要而产生的，又是劳动精神在新时代的一种新的实现形式，它与劳模精神、劳动精神构成一个完整的体系，成为实现中华民族伟大复兴中国梦的强大精神力量。

(2) 通过对 TMS320DM6437 硬件结构的学习，理解以求实、创新为核心的科学精神。

科学精神是人们在长期的科学实践活动中形成的共同信念、价值标准和行为规范的总称，是指由科学性质所决定并贯穿于科学活动之中的基本的精神状态和思维方式，是体现在科学知识中的思想或理念。科学精神是贯穿于整个科学发展史以及全部科学活动过程中的思想意识，是人类社会中带有共通性价值的精神。科学精神具有丰富的内涵和多方面特征，主要表现为求实精神、实证精神、探索精神、理性精神、创新精神、怀疑精神、独立精神和原理精神。科学精神是科学的灵魂，以求实和创新为核心诉求，是现实可能性和主观能动性的结合。其中，现实可能性来自对客观性的追求，主观能动性则体现为强烈的创新意识。

2.1　TMS320DM6437 的基本结构

TMS320DM6437 是 TI 公司开发的采用 TMS320C64x+DSP 内核、支持达芬奇(DaVinci)技术、具有先进的 VelociTI 超长指令字(VLIW)架构的高性能 32 位定点处理器。在 700 MHz 时钟频率下，其处理速度最高可达 5600 MIPS，每秒可执行 28 亿次 16 位的乘加运算或 56 亿次 8 位的乘加运算。TI 公司推出的支持达芬奇技术的 DSP 包括 C64x、C674x、C66x 等类型。下面分别对 TMS320DM6437、TMS320DM642、TMS320DM6713 三款芯片的性能进行比较，如表 2-1 所示。

表 2-1　DSP 芯片性能比较

型　号	TMS320DM6437	TMS320DM642	TMS320DM6713
类型	32 位定点	32 位定点	32 位浮点
运算速度	700 MHz	600 MHz	300 MHz
视频端口(VP 口)个数	2	3	0
价格	较低	较低	较高

从表 2-1 可以看到，TMS320DM6437 的运算速度是三款芯片里最快的，并且它提供了视频输入与输出缓冲口，价格相对较低。TMS320DM6437 的硬件结构如图 2-1 所示。

由图 2-1 可知，TMS320DM6437 主要由以下 5 个部分组成：以 C64x+DSP 内核为核心的 DSP 子系统(数字信号处理单元)、系统控制、视频处理子系统(VPSS)、片内外设(系统外设、串行接口、连接器、外部存储器接口)、符合 IEEE 1149 标准的 JTAG 接口及相应的控制器。

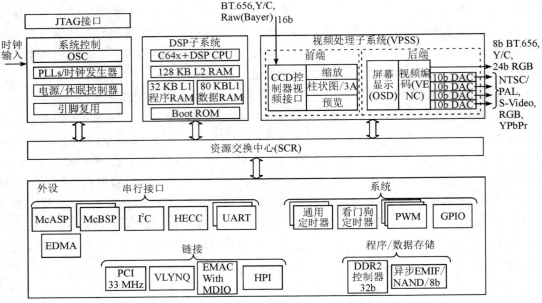

图 2-1 TMS320DM6437 的硬件结构框图

2.2 TMS320DM6437 的 DSP 子系统结构

TMS320DM6437 的 DSP 子系统内部结构框图如图 2-2 所示。

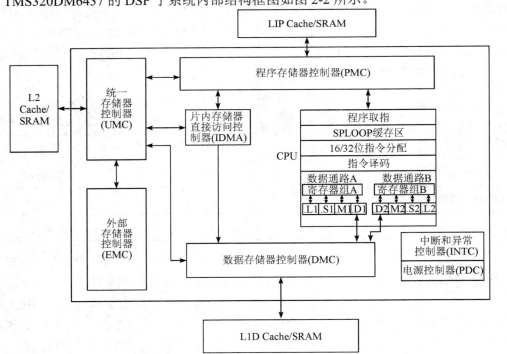

图 2-2 TMS320DM6437 的 DSP 子系统内部结构框图

由图 2-2 可知，TMS320DM6437 的 DSP 子系统主要包括以下部分：

(1)　TMS320C64x+CPU；

(2)　240 KB RAM，其中有 32 KB L1 程序 RAM、80 KB L1 数据 RAM、128 KB L2 RAM；

(3)　64 KB 启动 ROM；

(4)　中断和异常控制器(INTC)；

(5)　电源控制器(PDC)；

(6)　程序存储器控制器(PMC)；

(7)　数据存储器控制器(DMC)；

(8)　统一存储器控制器(UMC)；

(9)　外部存储器控制器(EMC)；

(10)　片内存储器直接访问控制器(IDMA)。

另外，DSP 子系统也负责管理和控制所有的外围设备。

2.3　TMS320DM6437 的 CPU 结构

2.3.1　CPU 的组成

TMS320DM6437 采用 TMS320C64x+CPU 体系结构，其 CPU 包括程序取指单元、16/32 位指令分配单元(采用先进的指令封装)、指令译码单元、数据通路 A 和 B(每条数据通路各包含 4 个功能单元)、寄存器组 A 和 B(共包含 64 个 32 位寄存器)等。

TMS320DM6437 的 CPU 具有 64 个 32 位通用寄存器和 8 个独立计算功能单元。其中，8 个功能单元包括 2 个用于存储 32 位结果的乘法器和 6 个算术逻辑单元(ALU)。TMS320DM6437 的内核采用 TI 公司开发的第三代高性能支持超长指令字(VLIW)的 VelociTI.2 结构，VelociTI.2 在 8 个功能单元里扩展了新的指令以增强其在视频处理中的性能。在 8 个功能单元中，2 个乘法器在每个时钟周期内可执行 4 个 16 位×16 位或 8 个 8 位×8 位的乘法，6 个算术逻辑单元在每个时钟周期内能执行 2 个 16 位或 4 个 8 位的加、减、移位等运算。因此，在 700 MHz 时钟频率下，TMS320DM6437 的 CPU 每秒可执行 28 亿次 16 位的乘加运算或 56 亿次 8 位的乘加运算。

此外，程序取指、指令分配和指令译码单元能够在每个 CPU 时钟周期内传送高达 8 条 32 位指令到功能单元中，对这些指令的处理分别在 2 条数据通路(A 和 B)中的各个单元内进行。

2.3.2　CPU 的通用寄存器组

TMS320DM6437 CPU 的每个通用寄存器组包含 32 个 32 位寄存器(A0～A31 为寄存器组 A、B0～B31 为寄存器组 B)，如表 2-2 所示。这些寄存器可用于数据、数据地址指针或状态寄存器。通用寄存器组支持的数据范围从封装的 8 位到 64 位定点，其值大于 32 位的，如 40 位和 64 位，被存储到寄存器对中，即低 32 位数据存放到偶数序列寄存器中，剩余的高 8 位或高 32 位存放到紧邻的下一个奇数序列寄存器中。封装数据类型既可通过 4 个 8 位或双 16 位值存储在单个 32 位寄存器中，也可通过 4 个 16 位值存储在一个 64 位的寄存器对中。DSP 内核中有 32 个有效寄存器对用于存储 40 位或 64 位数据。在汇编语言语法中，寄存器名间的冒号表示寄存器对，奇数序列的寄存器首先被指定。图 2-3 显示了 40 位长数据的寄存器存储方法，一个长整型输入的操作将忽略奇寄存器中的高 24 位，即奇寄存器中的高 24 位自动补 0，偶寄存器以操作码方式进行编码。

表 2-2　40 位/60 位寄存器组

寄 存 器 组		可应用的器件
A	B	
A1:A0	B1:B0	
A3:A2	B3:B2	
A5:A4	B5:B4	
A7:A6	B7:B6	
A9:A8	B9:B8	TMS320C62x/C64x/C67x
A11:A10	B11:B10	
A13:A12	B13:B12	
Al5:A14	B15:B14	
A17:A16	B17:B16	
A19:A18	B19:B18	
A21:A20	B21:B20	
A23:A22	B23:B22	
A25:A24	B25:B24	TMS320C64x
A27:A26	B27:B26	
A29:A28	B29:B28	
A31:A30	B31:B30	

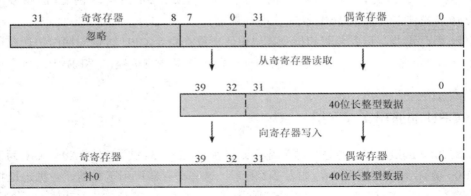

图 2-3　40 位长数据的寄存器存储方法

2.3.3　CPU 的控制寄存器组

用户可以通过控制寄存器组来选用 CPU 的部分功能。编程时应注意，仅功能单元.S2 可通过搬移指令 MVC 访问控制寄存器，从而对控制寄存器进行读写操作。表 2-3 列出了 TMS320 C62x/C64x/C67x 共有的控制寄存器组，并对每个控制寄存器做了简单描述。

表 2-3　控制寄存器组各寄存器名称及描述

寄存器名称	缩写	描　述
寻址模式寄存器	AMR	分别指定 8 个寄存器的寻址模式(线性寻址或循环寻址)，也包括循环寻址的大小
控制状态寄存器	CSR	包含全局中断使能定位、高速缓存控制位及其他控制和状态位
中断标志寄存器	IFR	显示中断状态
中断设置寄存器	ISR	允许手动设置挂起的中断
中断清除寄存器	ICR	允许手动清除挂起的中断
中断使能寄存器	IER	允许使能/禁止单个中断
中断服务表指针	ISTP	指向中断服务表的起点
中断返回指针	IRP	含有从可屏蔽中断返回的地址
非可屏蔽中断返回指针	NRP	含有从非可屏蔽中断返回的地址
程序计数器，E1 节拍	PCE1	含有 E1 节拍中获取包的地址

下面重点介绍控制状态寄存器(CSR)的各字段及其功能，对于其余控制寄存器，读者可查阅相关技术手册进行配置。

控制状态寄存器(CSR)包括控制位和状态位，如图 2-4 所示。图中：R 代表可读，对控制寄存器必须使用 MVC 指令才可进行读操作；W 代表可写，对控制寄存器必须使用 MVC 指令才可进行写操作；+x 代表在复位后数值不定；+0 代表在复位后数值为 0(若为 +1，则代表在复位后数值为 1)；C 代表可清零，对控制寄存器需用 MVC 指令清零。

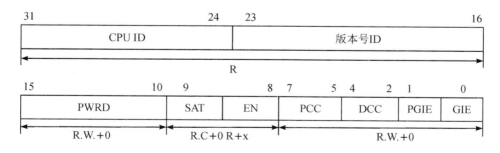

图 2-4　控制状态寄存器(CSR)

表 2-4 详细说明了控制状态寄存器(CSR)各状态位的功能。对于 EN、PWRD、PCC 和 DCC，要查看有关数据手册来确定所使用的芯片是否支持这些字段控制选择。

表 2-4　控制状态寄存器(CSR)域描述

位	域	值	功　能
31～24	CPU ID	10h	C64x+ CPU
23～16	版本号 ID	0～FFh	识别 CPU 的硅版本
15～10	PWRD	0～3Fh	节电模式域，仅在管理员模式下通过 MVC 指令可写
		0	无节电模式
		1h～8h	保留
		9h	节电模式 PD1，使能中断唤醒
		Ah～10h	保留
		11h	节电模式 PD1，使能或非使能中断唤醒
		12h～19h	保留
		1Ah	节电模式 PD2，装置复位唤醒
		1Bh	保留
		1Ch	节电模式 PD3，装置复位唤醒
		1Dh～3Fh	保留
9	SAT		饱和位，仅通过 MVC 指令清零，通过功能单元置位，饱和发生时，SAT 位置 1。
		0	0：没有功能单元产生饱和结果。
		1	1：一个或多个功能单元执行算术操作产生饱和结果
8	EN		字节存储次序模式。
		0	0：大字节存储模式。
		1	1：小字节存储模式
7～5	PCC		程序高速缓存控制模式
4～2	DCC		数据高速缓存控制模式
1	PGIE	0	禁止中断
		1	中断使能
0	GIE	0	禁止全部中断(除了复位和不可屏蔽中断)
		1	使能全部中断

2.3.4　CPU 的数据通路

1. CPU 数据通路的组成

TMS320DM6437 CPU 有 2 条数据通路(A 和 B)，如图 2-5 所示。数据通路的组成包括：2 个通用寄存器组(A 和 B)、2 个存储器读取数据通路(LD1 和 LD2)、2 个存储器存储数据通路(ST1 和 ST2)、2 个数据寻址通路(DA1 和 DA2)和 2 个寄存器数据交叉通路(1x 和 2x)。2 条数据通路(A 和 B)共有 8 个功能单元，分别为.L1、.S1、.M1、.D1、.L2、.S2、.M2 和.D2。

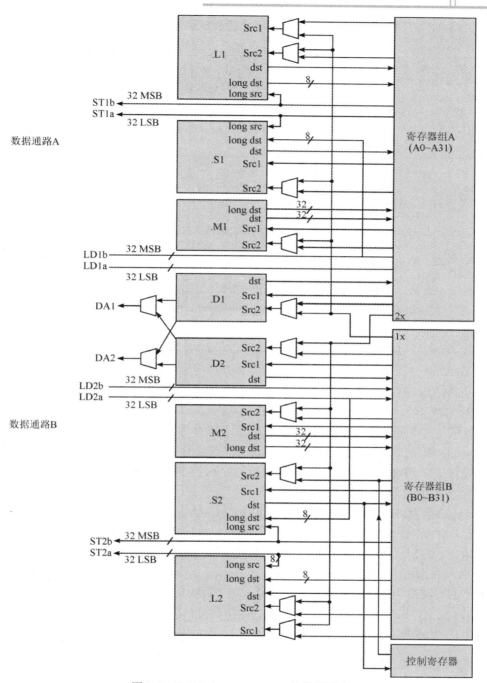

图 2-5　TMS320DM6437 CPU 的数据通路

2. CPU 数据通路的功能单元

由图 2-5 可知，数据通路 A 的 4 个功能单元为：.L1、.S1、.M1 与.D1；数据通路 B 的 4 个功能单元为.L2、.S2、.M2 与.D2。这 8 个功能单元都能够在单个时钟周期内执行一条指令。.M 单元主要完成乘法运算，.D 单元是唯一能产生地址的功能单元，.L 单元和.S 单元是主要的算术逻辑运算单元。各个功能单元能完成的定点操作如表 2-5 所示。

表 2-5　各个功能单元能完成的定点操作

功能单元	定点操作
.L 单元 (.L1，.L2)	32/40 位算术运算、32 位比较运算、32 位逻辑运算、32 位最左面的 1 或 0 计数、32 位和 40 位的归一化计算、字节移位、数据压缩/解压、5 位常数生成、双 16 位算术运算、4 个 8 位算术运算、双 16 位最小/最大值运算、4 个 8 位最小/最大值运算
.S 单元 (.S1，.S2)	32 位算术运算、32 位逻辑运算、32/40 位移位和 32 位位操作、分支操作、常数生成、寄存器与控制寄存器组(仅.S2)之间的传输、字节移位、数据压缩/解压、双 16 位比较运算、4 个 8 位比较运算、双 16 位移位运算、双 16 位带饱和的算术运算、4 个 8 位带饱和的算术运算
.M 单元 (.M1，.M2)	16×16 位乘法运算、16×32 位乘法运算、4 个 8×8 位乘法运算、双 16×16 位乘法运算、双 16×16 位乘加/乘减运算、4 个 8×8 位乘加运算、位扩展运算、位交叉/解交叉、变量移位运算/反转、有限域(Galois Filder)乘法运算
.D 单元 (.D1，.D2)	32 位加、减、线性和循环寻址运算，带有 5 位常数偏移量的装载和存储，带有 15 位常数偏移量的装载和存储(仅对.D2)，带有 5 位常数偏移量的双字装载与存储，非对齐的字与双字装载与存储，5 位常数产生，32 位逻辑运算

3. CPU 寄存器交叉通路

每个功能单元直接对各自数据通路中的寄存器进行读和写。即.L1、.S1、.M1 和.D1 单元写入寄存器组 A；.L2、.S2、.M2 和.D2 单元写入寄存器组 B。8 个功能单元还可通过内部设置的 2 个寄存器交叉通路与另一个寄存器组的功能单元相连，这 2 个交叉通路允许一个数据通路的功能单元访问另一个数据通路寄存器的 32 位操作数。数据通路 A 中的功能单元通过交叉通路 1x 访问寄存器 B 的资源，数据通路 B 中的功能单元通过交叉通路 2x 访问寄存器 A 的资源。

C64x 的全部 8 个功能单元均可通过交叉通路访问另一个数据通路的寄存器。其中，.M1、.M2、.S1、.S2、.D1 和.D2 单元的 Src2 输入可为交叉通路或本数据通路寄存器，而.L1 和.L2 的 Src1 和 Src2 输入都可为交叉通路或本数据通路寄存器。

在 C6000 结构中，只有 1x 和 2x 两个交叉通路。这样就造成了在每个周期只能从另一个数据通路的寄存器中读一个资源，也就是说，每个时钟周期总共只有两个资源交叉读取。对 C62x/C67x 而言，每个执行包中，一个数据通路中只有一个功能单元可以从另一个数据通路的寄存器中获得操作数，而对 C64x 而言，一个数据通路中多个单元可以同时读取同一交叉通路的资源，因此在一个执行包中，一个交叉通路的操作数可以最多被两个功能单元使用。

对 C64x 而言，当一条指令通过交叉通路读取一个被上一周期更新的寄存器时，将引入一个延时时钟周期，这个周期称为交叉通路阻塞，这种阻塞是由硬件自动插入的，无需 NOP 指令。需要注意的是，如果读取的寄存器中存放了 LDx 指令的结果数据，将不会发生阻塞。

4. CPU 存储器存取通路

C64x 支持双字的读取和存储，利用 4 个 32 位的通路将存储器中的数据读取到寄存器中。在寄存器组 A 中，LD1a 是低 32 位(LSBs)数据的读取通路，LD1b 是高 32 位(MSBs)数据的读取通路。在寄存器组 B 中，LD2a 是低 32 位(LSBs)数据的读取通路，LD2b 是高 32 位(MSBs)数据的读取通路。同时有 4 个 32 位通路将数据从寄存器组中存储到存储器里。ST1a 和 ST1b 分别是寄存器组 A 中的低 32 位和高 32 位的写通路，ST2a 和 ST2b 分别是寄存器组 B 中的低 32 位和高 32 位的写通路。

5. CPU 数据地址通路

数据地址通路 DA1 和 DA2 都与两个数据通路中的 .D 单元相连接，这意味着任一侧通路产生的数据地址均可以访问任何寄存器的数据。

DA1 和 DA2 资源及其相关的数据通路分别表示为 T1 和 T2。T1 由 DA1 地址通路和 LD1 及 ST1 数据通路组成。C64x 的 LD1 包括 LD1a 和 LD1b，支持 64 位读取。C64x 的 ST1 包括 ST1a 和 ST1b，支持 64 位存储。同样，T2 由 DA2 地址通路和 LD2 及 ST2 数据通路组成。C64x 的 LD2 包括 LD2a 和 LD2b，支持 64 位读取。C64x 的 ST2 包括 ST2a 和 ST2b，支持 64 位读取和存储指令，T1 和 T2 出现在功能单元区。

2.4　TMS320DM6437 的片内存储器结构与数据访问

2.4.1　片内存储器的基本结构

DSP 中存储器的访问速度对处理器性能有很大影响。现在的微处理器为提升片内存储访问速度，会在芯片内部集成高速缓存(Cache)，而不采用在片内增加 ROM 和 RAM 的方式。因为一般微处理器处理的程序很大，使用大量片内存储器虽然可以增加芯片的存储能力，但是并不能增加微处理器的运算能力。通常 DSP 上运行的算法中会有大量的加法和乘法这样较为简单的计算，因此直接将需要运行的程序和数据存放在片内可以将指令的传输时间有效减少。同时，指令在存取过程中给总线接口带来的压力也会有效降低。除了增加片内集成的高速缓存，集成在 DSP 内部的数据 RAM 可提升数据的访问速度，且不影响总线的访问，从而提升 DSP 的处理速度。同时，为了更大程度地提升运算能力，还可以使用软件代码将 DM6437 内部的程序 RAM 和数据 RAM 配置成程序 Cache 和数据 Cache。

TI 公司对高性能 C64x 核进行了改进，使其性能大大提升，称为 C64x+DSP 核。基于 C64x+DSP 核开发的 TMS320DM6437 的存储器框图如图 2-6 所示。

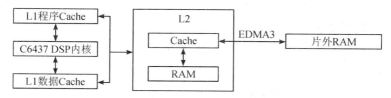

图 2-6　TMS320DM6437 的存储器框图

由图 2-6 可知，TMS320DM6437 的存储器分为三级：第一级是 L1，包含程序存储器(L1P)和数据存储器(L1D)；第二级是程序和数据共用存储器(L2)；第三级是外部存储器，主要是 DDR2 存储器。L1P、L1D 和 L2 的 Cache 功能分别由相应的 L1P 控制器、L1D 控制器和

L2 控制器完成。

　　TMS320DM6437 片内存储器采用两级缓存结构，如图 2-7 所示。

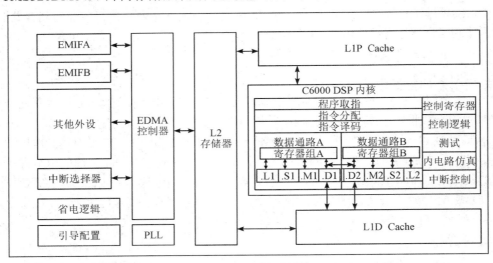

图 2-7　TMS320DM6437 片内存储器两级缓存结构

　　第一级 L1 采用哈佛结构，包括程序缓存区 L1P(32 KB)和数据缓存区 L1D(80 KB)两个独立的高速缓存模块，这一级可直接与 DSP 内核进行数据交换。第二级 L2(128 KB)不能直接与 DSP 内核进行数据交换，但 L2 可以整体作为 SARM 映射到存储空间，或者作为第二级 Cache，或者直接配置成 SARM 和 Cache 混合使用。配置为 SARM 的部分起始地址为 0x00800000，可直接寻址，而配置成 Cache 的部分容量必须是 0 KB、32 KB、64 KB 或 128 KB。

　　对 Cache 大小进行配置的原则是将尽量多的关键数据分配在片内，Cache 越大越好，对不同的应用需要用不同的配置。最优配置需要在开发中根据经验和实际测试结果进行选择。

2.4.2　存储器空间分配

　　TMS320DM6437 片内 L1P、L1D 及 L2 存储器的映射地址范围如表 2-6 所示。

表 2-6　存储器的映射地址范围

类别	起始地址	结束地址	空间大小/KB	存储器映射
局部	0x0080 0000	0x0080 FFFF	128	L2 RAM/Cache
	0x00E0 0000	0x00E0 FFFF	32	L1P RAM/Cache
	0x00F0 4000	0x00F0 FFFF	48	L1D RAM
	0x00F1 0000	0x00F1 FFFF	32	L1D RAM/Cache
全局	0x1080 0000	0x1081 FFFF	128	L2 RAM/Cache
	0x10E0 0000	0x10E0 FFFF	32	L1P RAM/Cache
	0x10F0 4000	0x10F0 FFFF	48	L1D RAM
	0x10F1 0000	0x10F1 FFFF	32	L1D RAM/Cache

L1P RAM/Cache 的空间大小为 32 KB，L1D RAM 的空间大小为 48 KB，L1D RAM/Cache 的空间大小为 32 KB，L2 RAM/Cache 的空间大小为 128 KB。L1P、L1D 及 L2 均存在两个地址，例如同一个 L2 存储器有一个局部地址 0x00800000，也有一个全局地址 0x10800000。DSP 核内访问 L2 时，可以使用局部地址 0x00800000；其他外设如 EDMA 和 PCI 等在访问 L2 时需要使用全局地址 0x10800000。

2.4.3　片内一级程序存储器

1. 片内一级程序存储器的结构

片内一级程序存储器(Level 1 Program Memory and Cache) L1P 的主要功能是最大化代码执行的性能，L1P 的可配置性提高了系统的灵活性，其配置成 Cache 的容量支持 0 KB、4 KB、8 KB、16 KB 和 32 KB。

L1P 存储器最大可支持 1 MB 的 RAM 和 ROM，其存储空间可分割成 2 个区域，每个区域不大于 512 KB。L1P 存储器的基址被约束在 1 MB 范围内，其总的大小必须是 16 KB 的倍数。

L1P 存储器被分割成的 2 个区域表示为 L1P 区域 0 和 L1P 区域 1，它们的主要特点是：每个区域有不同数量的等待状态，且每个区域有单独的存储保护条目。这 2 个区域在存储空间中是连续的，区域 0 可以是 0 KB(禁用)或 16～256 KB 范围内 2 的幂次方。当区域 0 有效时，区域 1 的大小必须小于或等于区域 0 的大小。L1P 的 2 个区域将存储保护条目分割成 2 组，共有 32 个存储保护页，前 16 页涉及区域 0，后 16 页涉及区域 1。当区域 0 为 0 KB 时，存储保护页将不被使用。

L1P 区域只能使用 EDMA3 或 IDMA 访问写入，而不能使用 CPU 保存写入；L1P 区域可使用 EDMA3 或 IDMA 访问读取，而 CPU 访问只限于程序取指，即使 L1P 被内存映射，CPU 也不能读取 L1P。L1P 的 2 个区域有不同的等待状态，其等待状态的最大数目为 3，且等待状态数目不可在软件中进行配置，在芯片生产时，等待状态数就已被定义。典型的 L1P SRAM 有 0 个等待状态，而 L1 级 ROM 有多于 0 个等待状态。

2. 片内一级程序存储器的高速缓存

L1P 高速缓存是直接映射的高速缓存，这意味着系统内存中的每个位置都精确地对应于 L1P Cache 中的一个位置。当 DSP 尝试获取一段代码时，L1P 必须检查所请求的地址是否位于 L1P 高速缓存中。为此，将 DSP 提供的 32 位地址划分为 3 个字段，如图 2-8 所示。

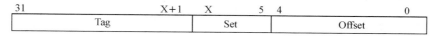

图 2-8　L1P Cache 结构

5 位的 Offset 说明 L1P 行大小为 32 个字节。高速缓存控制逻辑忽略地址的位 0 到 4。 Set 字段指示数据将驻留的 L1P 缓存行地址(如果已缓存)。Set 字段的宽度取决于配置为缓存的 L1P 的数量。L1P 使用 Set 字段来查找并检查标签中是否有来自该地址的任何已缓存数据以及有效位，该有效位指示标签中的地址是否实际上表示缓存中保存的有效地址。Tag 字段是地址的上部，用于标识数据元素的真实物理位置。在程序读取时，如果标签匹配且设置了相应的有效位，则为"命中"，直接从 L1P 缓存位置读取数据并将其返回给 DSP。否则，是一个"缺失"，请求将被发送到 L2，从系统中的位置获取数据。遗漏可能会(也可能不会)直接导致 DSP 停顿。

3. 片内一级程存储器的控制

L1P Cache 操作受控于如表 2-7 所示的寄存器。

表 2-7 L1P Cache 控制寄存器

地　　址	寄存器描述	寄存器功能
0184 0020h	L1PCFG (Level 1 Program Configuration Register)	L1P 配置寄存器
0184 0024h	L1PCC (Level 1 Program Cache Control Register)	L1P Cache 控制寄存器
0184 4020h	L1PIBAR (Level 1 Program Invalidate Base Address Register)	L1P 无效基址寄存器
0184 4024h	L1PIWC (Level 1 Program Invalidate Word Count Register)	L1P 无效字计数寄存器
0184 5028h	L1PINV (Level 1 Program Invalidate Register)	L1P 无效寄存器

L1P 配置寄存器(L1PCFG)各字段的描述如表 2-8 所示。L1P 结构允许在运行时选择 L1P Cache 的大小，可通过写请求模式到寄存器的 L1PMODE 字段来选择 L1P Cache 的大小。

表 2-8 L1P 配置寄存器(L1PCFG)各字段的描述

位	字　段	值	描　　述
31~3	保留	0	保留
2~0	L1PMODE	0~7h	定义 L1P Cache 的大小
		0	L1P Cache 禁用
		1h	4 KB
		2h	8 KB
		3h	16 KB
		4h	32 KB
		5h	最大 Cache
		6h	最大 Cache
		7h	最大 Cache

L1P Cache 控制寄存器(L1PCC)控制 L1P 是否为冻结模式；L1P 无效基址寄存器(L1PIBAR)定义了具有一致性操作作用的无效块的基址；L1P 无效字计数寄存器(L1PIWC)定义了具有一致性操作作用的无效块的大小；L1P 无效寄存器(L1PINV)控制 L1P Cache 的全局无效。有关 L1PCC、L1PIBAR、L1PIWC、L1PINV 各字段的描述，请读者查阅 TMS320DM6437 技术手册。

2.4.4 片内一级数据存储器

1. 片内一级数据存储器的结构

片内一级数据存储器(Level 1 Data Memory and Cache) L1D 的主要功能是最大化数据处理性能，L1D 的可配置性为系统使用 L1D 提供了灵活性。它具有以下特点：可配置 Cache 的大小，如 0 KB、4 KB、8 KB、16 KB 和 32 KB，支持存储保护，提供块缓存和全局一致操作。
L1D 存储器最大可支持 1 MB 的存储映射 RAM 和 ROM，L1D 存储器的基址被约束在

1 MB 范围内，其总的大小必须是 16 KB 的倍数。

　　L1D 存储器被分割成 2 个区域，表示为 L1D 区域 0 和 L1D 区域 1，这 2 个区域在存储中是连续出现的，区域 0 可以是 0 KB(禁用)或 16～512 KB 范围内 2 的幂次方。区域 1 开始于区域 0 之后，其大小为 16～512 KB 范围内 16 KB 的倍数。当区域 0 使能时，区域 1 的大小必须小于或等于区域 0 的大小。L1D 的 2 个区域将存储保护条目分割成 2 组，共有 32 个数据存储保护页，前 16 页涉及区域 0，后 16 页涉及区域 1。当区域 0 为 0 KB 时，存储保护页将不被使用。

2. 片内一级数据存储器的高速缓存

　　L1D 存储器和高速缓存的目的是使数据处理的性能最大化。L1D 存储器和高速缓存的可配置性提供了在系统中使用 L1D 高速缓存或 L1D 存储器的灵活性。L1D 存储器和高速缓存体系结构允许将 L1D 的部分或全部转换为读分配、写返回和双向集关联的高速缓存。高速缓存对于促进以全 DSP 时钟速率读写数据是必需的，同时能够确保仍具有较大的系统内存。

　　L1D 高速缓存是双向设置关联的高速缓存，这意味着系统中的每个物理内存位置在高速缓存中可以驻留的位置都有两个可能。　当 DSP 尝试访问一条数据时，L1D 高速缓存必须检查请求的地址是否以 L1D 高速缓存的任何一种方式驻留。为此，DSP 提供的 32 位地址被分为 6 个字段，如图 2-9 所示。

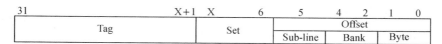

图 2-9　L1D Cache 结构

3. 片内一级数据存储器的控制

L1D Cache 操作受控于如表 2-9 所示的寄存器。

表 2-9　L1D Cache 控制寄存器

操作类型	寄存器	地　址	功　能
模式选择	L1DCFG	0184 0040h	配置 L1D Cache 大小
	L1DCC	0184 0044h	控制 L1D 操作模式(冻结/正常)
块 Cache 操作	L1DWIBAR	0184 4030h	在 L1D 中指定的范围被写回并置为无效
	L1DWIWC	0184 4034h	
	L1DWBAR	0184 4040h	指定的范围从 L1D 写回并置为有效
	L1DWWC	0184 4044h	
	L1DIBAR	0184 4048h	在 L1D 中指定的范围无写回并置为无效
	L1DBAR	0184 404Ch	
全局 Cache 操作	L1DWB	0184 5040h	L1D 中全部内容被写回并置为有效
	L1DWBINV	0184 5044h	L1D 中全部内容被写回并置为无效
	L1DINV	0184 5048h 或在 CCFG 中的 ID 位	L1D 中全部内容无写回并置为无效

Cache 命中时，会涉及 Cache 的更新策略。Cache 的更新策略分为写直通和写回。

(1) 写直通(write through)：当 CPU 要写一个数据并在 Cache 命中时，会更新 Cache 和内存中的数据，这样 Cache 和内存中的数据会始终保持一致。

(2) 写回(write back)：当 CPU 要写一个数据并在 Cache 命中时更新 Cache 中的数据称"写回"。此时，除非 Cache line 被替换或者进行缓存同步操作，不然内存的数据不会更新，可能存在 Cache 和内存内容不同的情况，所以需要注意缓存一致性的问题。

L1D 配置寄存器(L1DCFG)各字段的描述如表 2-10 所示。L1D 结构允许在运行时选择 L1D Cache 的大小，可通过写请求模式到寄存器的 L1DMODE 字段来选择 L1D Cache 的大小。有关其他控制的配置，请读者查阅 TMS320DM6437 技术手册。

表 2-10　L1D 配置寄存器(L1DCFG)各字段的描述

位	字 段	值	描 述
31～3	保留	0	保留
2～0	L1DMODE	0～7h	定义 L1D Cache 的大小
		0	L1D Cache 禁用
		1h	4 KB
		2h	8 KB
		3h	16 KB
		4h	32 KB
		5h	最大 Cache
		6h	最大 Cache
		7h	最大 Cache

2.4.5　片内二级存储器

1. 片内二级存储器的结构

片内二级存储器(Level 2 Memory and Cache)为较快的片内一级存储器(L1D、L1P)和较慢的外部存储器之间数据传送提供了一个片上存储解决方案。其优点在于：它提供了比 L1 存储器更大的存储空间，同时提供了比外部存储器更快的访问速度。与 L1 存储器类似，我们可以将 L2 存储器配置为同时提供缓存和非缓存(即可寻址)存储器。

L2 存储器提供了设备需要的灵活存储方式，包括 2 个存储端口(Port0 和 Port1)、可配置的 L2 Cache 大小(32 KB/64 KB/128 KB/256 KB)、存储保护、支持缓存块和全局一致操作，并具备 4 个可配置的节电模式页。

L2 存储器提供的 2 个 256 位宽的存储端口称为 Port0 和 Port1，这两个端口的使用依赖于设备。在多数设备中，这 2 个存储端口的使用如下：

(1) Port0：L2 RAM、L2 Cache。

(2) Port1：L2 ROM、L2RAM、共享存储接口。

对于每个端口，L2 控制器支持存储大小范围为 64 KB 到 819 KB。L2 存储器的 2 个存储端口各自独立，且每个存储端口可控制 4×128 位 Banks、2×128 位 Banks、1×256 位 Banks 任意一种。

2. 片内二级存储器的控制

C64x+CPU 的默认配置将全部的 L2 存储器映射为 RAM/ROM，L2 控制器的 Port0 支持 32KB、64KB、128KB 或 256KB 的四路集关联 Cache，Port0 超过 256KB 的剩余存储和连接到 Port1 的全部存储总是 RAM 或 ROM。

L2 Cache 的操作由寄存器控制，表 2-11 对这些控制寄存器进行了说明。有关这些寄存器的配置，请读者查阅 TMS320DM6437 技术手册。

表 2-11　L2 Cache 控制寄存器

地　址	名称缩写	寄　存　器　描　述
0184 0000h	L2CFG	L2 配置寄存器(Level 2 Configuration Register)
0184 4000h	L2WBAR	L2 写回基址寄存器(Level 2 Writeback Base Address Register)
0184 4004h	L2WWC	L2 写回字计数寄存器(Level 2 Writeback Word Count Register)
0184 4010h	L2WIBAR	L2 无效写回基址寄存器(Level 2 Writeback Invalidate Base Address Register)
0184 4014h	L2WIWC	L2 无效写回字计数寄存器(Level 2 Writeback Invalidate Word Count Register)
0184 4018h	L2IBAR	L2 无效基址寄存器(Level 2 Invalidate Base Address Register)
0184 401Ch	L2IWC	L2 无效字计数寄存器(Level 2 Invalidate Word Count Register)
0184 5000h	L2WB	L2 写回寄存器(Level 2 Writeback Register)
0184 5004h	L2WBINV	L2 无效写回寄存器(Level 2 Writeback Invalidate Register)
0184 5008h	L2INV	L2 无效寄存器(Level 2 Invalidate Register)
0184 8000h～ 0184 83FCh	MARn	L2 内存属性寄存器(Memory Attribute Registers)

L2 配置寄存器(L2CFG)控制 L2 Cache 操作，可设置 L2 内存作为 Cache 的大小、控制 L2 冻结模式及保持 L1D/L1P 无效位，如图 2-10 和表 2-12 所示。

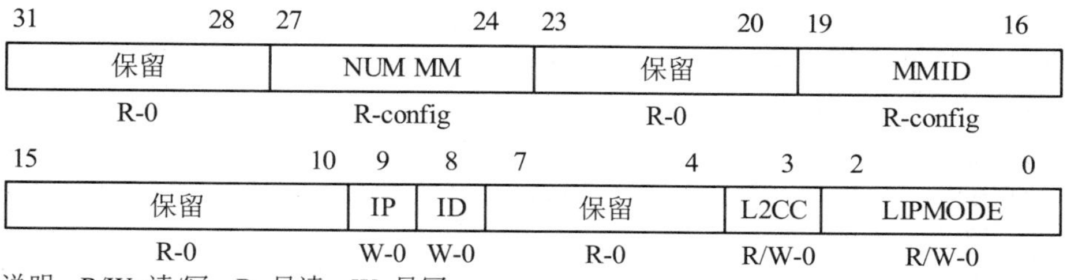

31		28	27		24	23		20	19		16
	保留			NUM MM			保留			MMID	
	R-0			R-config			R-0			R-config	

15			10	9	8	7		4	3	2		0
	保留			IP	ID		保留		L2CC		LIPMODE	
	R-0			W-0	W-0		R-0		R/W-0		R/W-0	

说明：R/W=读/写，R=只读，W=只写。

图 2-10　L2 配置寄存器(L2CFG)

表 2-12　L2 配置寄存器(L2CFG)各字段描述

位	字段	值	描　述
31~28	保留	0	保留
27~24	NUM MM	0~Fh	Megamodules 数减 1，用于多进程环境
23~20	保留	0	保留
19~16	MMID	0~Fh	包含 Megamodule ID，用于多模块的多进程环境
15~10	保留	0	保留
9	IP	0	L1P 全局无效位，用于向下兼容，新应用使用 L1IPINV 寄存器。 0：正常 L1P 操作。
		1	1：全部 L1P 线无效
8	ID	0	L1D 全局无效位，用于向下兼容，新应用使用 L1DINV 寄存器。 0：正常 L1D 操作。
		1	1：全部 L1D 线无效
7~4	保留	0	保留
3	L2CC	0	控制冻结模式。 0：正常操作。
		1	1：L2 Cache 冻结模式
2~0	L2MODE	0~7h	定义 L2 Cache 的大小
		0	L2 Cache 禁用
		1h	32 KB
		2h	64 KB
		3h	128 KB
		4h	256 KB
		5h	最大 Cache
		6h	最大 Cache
		7h	最大 Cache

2.4.6　数据访问

TMS320DM6437 进行数据访问的过程如图 2-11 所示。当 CPU 请求数据时，首先查看 L1 中是否存在该数据。若 L1 中存在该数据，则直接从 L1 读写数据；若 L1 中没有存储该数据，则访问二级缓存 L2；若 L2 也没有存储该数据，则通过 EMIF 访问外部 SDRAM，把数据从外部 SDRAM 复制到 L2 缓存区，再从 L2 缓存区复制到 L1，最后由 TMS320DM6437 从 L1 读写该数据。

当 CPU 想要访问一段数据的时候，会先访问缓存。当需要的数据在 Cache 中有缓存时，就称为一次"命中"；当数据不存在时，就称为一次"缺失"。当 CPU 在进行数据访问的时候会逐级进行查找。

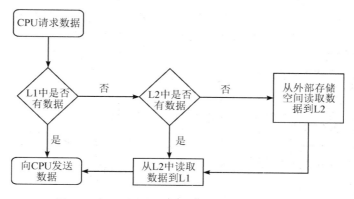

图 2-11　TMS320DM6437 进行数据访问的过程

2.5　TMS320DM6437 的视频处理子系统

TMS320DM6437 视频处理子系统(Video Processing Subsystem，VPSS)的结构框图如图 2-12 所示。它包括一个视频处理前端(Video Processing Front End，VPFE)和一个视频处理后端(Video Processing Back End，VPBE)。VPFE 对输入的视频数据进行前端处理，通过配置视频前端寄存器可以对采集的图像进行缩放、亮度和对比度调节、直方图功能化等预处理；VPBE 用于视频数据的输出处理，驱动液晶屏实时显示视频图像。

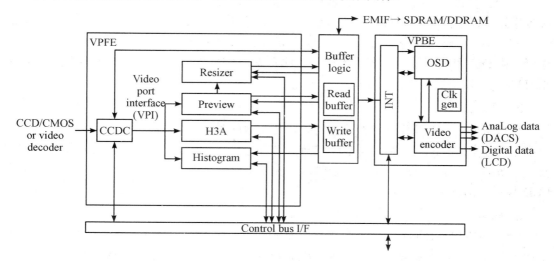

图 2-12　TMS320DM6437 视频处理子系统的结构框图

2.5.1　视频处理前端

视频处理前端(VPFE)由 CCDC(CCD 控制器)、预览引擎、H3A 统计发生器、图像大小调整器和柱状图等模块组成，其内部结构框图如图 2-13 所示。这些模块组合起来为外部数据输入提供了一个强大而灵活的视频处理前端接口。

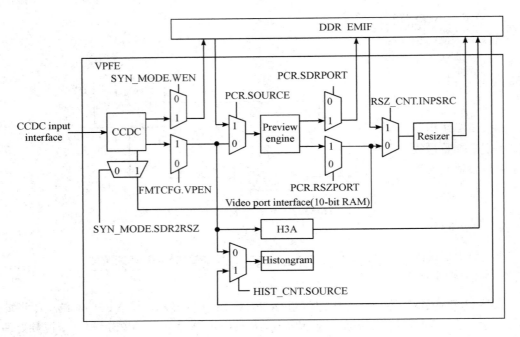

图 2-13   视频处理前端内部结构框图

1. CCDC(CCD 控制器)

CCDC 提供一个链接图像传感器和数字视频源的接口。CCDC 从传感器(CCD/CMOS)接收原始图像/视频数据，或者从视频解码芯片接收多种形式的 YUV 视频数据。CCDC 的输出要求将原始输入图像转换成最终处理过的图像，这种处理既可以由预览引擎来完成，也可以由 DSP 和图像协处理器子系统的软件完成。此外，输入 CCDC 的原始数据也可以用于 H3A 统计发生器和柱状图模块。

2. 预览引擎

预览引擎是一个图像处理模块，可以对传感器的类型、图像的质量和数码相机的预览及视频帧速率进行配置，将传感器(CCD/CMOS)的原始图像或视频数据转换成 YCbCr4:2:2 格式的数据。预览引擎的输出用于视频压缩和外部显示器件，例如模拟 SDTV 显示、数字 LCD 显示、HDTV 视频编码等。

3. H3A

H3A 模块用于控制自动聚焦、自动白平衡和自动曝光三个模块的控制环路。它有两个主要组成部分：自动聚焦引擎以及自动曝光和自动白平衡引擎。自动聚焦引擎用于从输入的图像/视频数据中提取和过滤红色、蓝色和绿色数据，并可以将数据在指定范围内累加或者提供数据的最大值。指定范围是一个二维的数据块，在自动聚焦的情况下，称为一个像素。自动曝光和自动白平衡引擎用于累计数据和检查二次采样视频数据得到的值。在自动曝光或者自动白平衡的情况下，二维的数据块称为一个窗口，一个像素和一个窗口本质上是相同的。尽管如此，自动聚焦的像素和自动曝光或者自动白平衡窗口的数量、尺度和开始位置是独立编程的。

4. 图像大小调整器

图像大小调整器可以将输入图像数据的大小调整到希望显示的大小，也可以将视频编码器的分辨率放大 10 倍。另外，图像大小调整器可以从预览引擎或者 DDR2 SDRAM 接收图像/视频数据，其输出发送到 DDR2 SDRAM。

5. 柱状图

柱状图模块用于接收原始图像/视频数据和成块输入的彩色像素，并提供执行各种 H3A 运算法则和调整最终图像/视频输出所需要的统计数据。该模块并不存储像素的值，但是每个模块包含适当设置范围内的像素。柱状图模块的原始数据可以从 CMOS 或者 CCD 传感器(经过 CCD 控制器)获取，也可以从 DDR2 SDRAM 中获取。

2.5.2　视频处理后端

视频处理后端(VPBE)由屏幕显示(OSD)和视频编码(VENC)两个模块组成，其内部结构框图如图 2-14 所示。

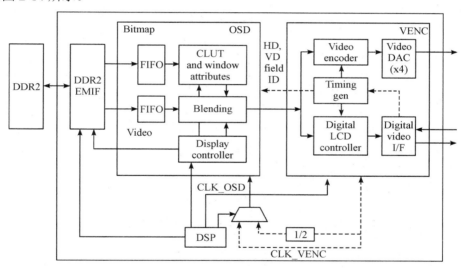

图 2-14　视频处理后端内部结构框图

1. 屏幕显示(OSD)

OSD 模块的主要特点有：支持同时显示两个视频窗口和两个 OSD 窗口，支持可编程背景颜色选择，每一个窗口的宽和高可以通过编程独立进行控制。OSD 模块的主要功能是从外部 DDR2 内存中读取视频图像数据，然后以 YCbCr 的格式传输至 VENC 模块中，可以通过配置 OSD 相应寄存器来设置其工作模式，能够配置输出图像在显示器上显示的位置、起始坐标以及文字显示的功能，最多可配置成 2 个视频窗口和图形窗口，支持水平和垂直方向 2 倍和 4 倍的图像尺寸放大。

2. 视频编码(VENC)

VENC 模块不仅能将数字信号进行编码转换成模拟 AV 信号,以供 AV 模拟显示器显示；又能为数字信号显示屏提供各种所需的控制时序信号。其主时钟输入为 27 MHz,支持

SDTV 和 HDTV、4 个 10 位 54 MHz DAC 转换器、16～235 / 0～255 的可选输入幅度、可编程亮度延迟、主/从操作及产生内部彩条(100%/75%)。

2.6 TMS320DM6437 的片内外设

TMS320DM6437 是一个具有高集成度的硬件和软件平台，为用户提供了丰富的、方便易用的外围设备接口。通过存储器映射寄存器可以配置这些外围设备接口，外围设备总线控制器仲裁片内外设的访问。TMS320DM6437 的片内外设包括系统外设、串行接口、连接器、外部存储器接口，如表 2-13 所示。

表 2-13 TMS320DM6437 的片内外设

外 设 模 块		英文缩写
系统外设	2 个 64 位通用定时器	Timer
	1 个 64 位看门狗定时器	WDT
	3 个脉冲宽度调制器	PWM
	111 个通用输入/输出引脚	GPIO
串行接口	多通道音频串口	McASP
	2 个多通道缓冲串口	McBSP
	1 个 I²C 总线接口	I²C
	1 个高端控制器局域网(CAN)控制器	HECC
	2 个通用异步收发器接口	UART
连接器	1 个外围设备互连接口	PCI
	4 个收发 VLYNQ(FPGA)接口	VLYNQ
	10/100 Mb/s 以太网媒体访问控制器/管理数据输入输出模块	EMAC/MDIO
	1 个可编程主机接口	HPI
外部存储器接口	64 个增强型内存直接访问控制器	EDMA3
	1 个 8 位异步外部存储器接口	EMIFA
	1 个 DDR2 存储控制器接口	DDR2

下面简要介绍脉冲宽度调制器(PWM)、多通道音频串口(McASP)、I²C 总线接口、高端控制器局域网(CAN)控制器(HECC)、通用异步收发器(UART)、外围设备互连接口(PCI)、EMAC/MDIO 模块、DDR2 存储控制器及其主要特性,而定时器、通用输入/输出引脚(GPIO)、多通道缓冲串口(McBSP)、主机接口(HPI)、增强型内存直接访问控制器(EDMA3)等相关内容将在后续章节中给出。

1. 脉冲宽度调制器(PWM)

脉冲宽度调制器(Pulse Width Modulator, PWM)在嵌入式系统中很常见,可产生周期性脉冲波形,用于电动机控制,或者作为一些外部器件的 D/A 转换器。PWM 的基本构成是一个带周期计数器的定时器和一个初相持续时间比较器。其中，周期的位宽度和初相持续时间都可编程。PWM 的主要特性有：32 位周期计数器；32 位初相持续时间计数器；8 位循环计数器，用于一次性操作，产生波形的 $N+1$ 个周期，N 是循环计数器的值；一次性或连续操作模式运行可配置；可以将 PWM 输出引脚配置为不活动状态；中断和产生 EDMA3 同步事件；一次性操作可由视频处理子系统的 CCD VSYNC 输出触发，并允许任意的 PWM 实例作为 CCD 定时器。

2. 多通道音频串口(McASP)

作为一个通用的音频串口，多通道音频串口(Multichannel Audio Serial Port，McASP)通常用于时分多路复用(TDM)、内部集成音频(I²S)协议、内部器件数字音频接口传输(DIT)。TMS320DM6437 有一个 McASP 外围设备(McASPO)，McASPO 包括发送部分和接收部分，这两部分可以通过不同的数据格式、单独的主时钟、位时钟、同步帧完全独立操作，也可以是同步的。McASPO 中有一个 16 位的移位寄存器，该寄存器可以被独立地配置成发送数据和接收数据。

在时分多路复用(TDM)同步串行格式或者数字音频接口格式下，McASP 的传输部分能够传送数据，McASP 的接收部分支持时分多路复用同步串行格式。McASP 的发送移位寄存器采用相同的数据格式(TDM 格式或者 DIT 格式)，接收移位寄存器也采用相同的格式。尽管如此，发送和接收的格式不一定相同。McASP 的发送部分和接收部分支持用于非音频数据的突发模式。

3. 内部集成电路(I²C)模块

内部集成电路(Inter-Integrated Circuit，I²C)模块提供了一个 TMS320DM6437 和外部设备的接口，这些外部设备必须与飞利浦半导体 I²C 总线 2.1 版本兼容，外部器件连接到这个 2 线串行总线上后，通过 I²C 模块可以传输/接收 8 位数据。TMS320DM6437 的 I²C 总线接口具有以下特性：快速模式的传输速度可以达到 400 kb/s，7 位或者 10 位的设备地址模式，支持主/从模式，支持 DMA、中断或者轮询事件，支持字节形式转换，自由数据格式，CPU 可以使用 7 个中断，模块可以使能/禁止。

4. 高端控制器局域网(CAN)控制器(HECC)

HECC 与 CAN 协议完全兼容，用于在恶劣的环境下建立串行通信协议。HECC 的关键特性如下：32 位 RX/TX 消息对象，32 位接收识别码，可编程唤醒总线控制，可编程中断方案，自动应答远程请求，自动重传错误的事件或者丢失的仲裁，32 位时间戳，本地网络计时器，对每一条信息的可编程优先级寄存器，可编程传输或接收超时控制，HECC/SCC 操作模式，识别码唯一标识符，自我诊断模式。

5. 通用异步收发器(UART)

TMS320DM6437 内部集成了 2 路通用异步收发器(Universal Asynchronous Receiver/Transmitter，UART)控制器，支持 2 个 UART 外设连接。通用异步收发器将从外设器件或者调制解调器接收的数据进行串/并转换，将从 TMS320DM6437 处理器或者 DMA 接收的数据进行并/串转换。CPU 可以在任何时候读取 UART 的状态。UART 具有以下特性：可编程的波特率(频率预标定值为 1～65 535)，全面的可编程串口特性，16 字节深度的发送和接收 FIFO，对于接收和发送数据的 DMA 信令能力，对于接收和发送数据的 CPU 中断能力，错误开始位的检测能力，内部诊断能力，可编程的自动流程控制，使用 RTS 和 CTS 信号。

6. 外围设备互连接口(PCI)

TMS320DM6437 支持与外围设备互连接口(Peripheral Component Interconnect，PCI)兼容的设备进行连接，该连接的建立依靠集成的 PCI 主/从总线接口。PCI 接口通过数据资源交换中心(Switched Central Resource，SCR)与 DSP 内部进行数据交换。

TMS320DM6437 多媒体处理上的 PCI 符合 PCI 局部总线规范(2.3 版本)，PCI 总线采用 32 位数据/地址总线进行操作，速度可达 33 MHz。TMS320DM6437 上的 PCI 外围设备引脚与 VPSS、EMIFA、GPIO、HPI、VLYNQ 和 EMAC 外围设备引脚是复用的。

7. EMAC/MDIO 模块

以太网媒体访问控制器(Ethernet Media Access Controller，EMAC)、物理层(PHY)设备和管理数据输入输出(Management Data Input/Output，MDIO)模块遵从以太网协议，用于在同一网络的 TMS320DM6437 和其他主机之间进行数据传送。EMAC 为 TMS320DM6437 和网络之间提供了一个高效的接口，支持全双工/半双工的 10Base-T(10Mb/s)或者 100Base-TX (100 Mb/s)传输。EMAC 同时支持硬件流控制和服务质量(Quality of Service，QoS)。

EMAC 控制由 TMS320DM6437 传向物理层(PHY)的数据包流，MDIO 模块控制物理层芯片配置和状态监控，EMAC 和 MDIO 模块通过一个允许以高效率发送和接收数据的接口与 TMS320DM6437 相连。EMAC/MDIO 模块的结构框图如图 2-15 所示。

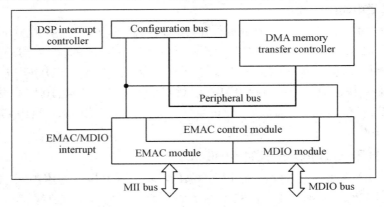

图 2-15　EMAC/MDIO 模块的结构框图

EMAC/MDIO 控制器的主要特性如下：

(1) 标准的对物理层(PHY)设备的媒介独立接口(Media Independent Interface，MII)；

(2) 对于外部或者内部设备的存储空间来说，EMAC 作为 DMA 主模式；

(3) 8 个接收通道均可以在实现接收服务质量(QoS)控制的同时支持 VLAN 标识区分；

(4) 8 个发送通道均可采用优先级机制或者轮环机制实现发送端的服务质量(QoS)控制；

(5) 单通道接收的组播框架选择；

(6) 单通道混合接收模式框架选择；

(7) 为了使单个中断调用能够完成更多的工作，允许可编程中断逻辑驱动软件来限制循环中断的产生。

8. DDR2 存储控制器

DDR2 存储控制器用于进行与 JESD79D-2A 标准兼容的 DDR2 SDRAM 器件的连接,不支持 DDR1 SDRAM、SDR SDRAM、SBSRAM 和异步存储器。DDR2 存储控制器是存储程序和数据的主要存储控制器,具有如下特性:与 JESD79D-2A 标准兼容的 DDR2 SDRAM 连接,256 MB 存储空间,数据总线宽度为 16 位或者 32 位,内部分块为 1、2、4 或 8,突发类型为顺序,突发长度为 8 个时钟周期,1 个片选(CS)信号,自动进行 SDRAM 初始化,自动按照优先级进行自我刷新,可编程定时参数。

2.7　TMS320DM6437 的复位、中断和启动

2.7.1　复位

TMS320DM6437 有不同的复位,一般根据如何进行初始化和对芯片的不同影响来划分复位的类型。常见复位类型及其描述如表 2-14 所示,其中前三种是全局复位,后两种是局部复位。

表 2-14　常见复位类型及其描述

复位类型	引起复位原因	影　响
上电复位 (Power-On-Reset,POR)	$\overline{POR}$ 引脚为低电平	芯片全部复位(冷复位),复位包括存储器模块和仿真模块在内的全部模块。复位过程中芯片的 boot 和 configuration 被锁存
热复位 (Warm Reset)	$\overline{RESET}$ 引脚为低电平	复位除仿真模块外的全部模块。在热复位的过程中,仿真器接口部分依然工作,芯片的 boot 和 configuration 被锁存
Max Reset	DSP 仿真器或者 WD Timer(Timer2)	复位除仿真模块外的全部模块。在热复位的过程中,仿真器接口部分依然工作,芯片的 boot 和 configuration 不被锁存
模块/外设本地复位 (Module/Peripheral Local Reset)	DSP 或者外部主机软件	独立地复位一个专门的模块。模块复位是作为一个调试工具预先设置的,对于一个产品来说不是必需的
DSP 本地复位 (DSP Local Reset)	外部主机软件	复位 DSP CPU,DSP 内部存储器(L1P、L1D 和 L2)不复位

2.7.2　中断

嵌入式微处理器都具有实时处理功能,对外部随机事件能够及时响应和处理,这是靠中断技术来实现的。中断也是 DSP 处理随机事件和响应外来信号的主要方式。当外部中断申请引脚或片内外设发出中断申请时,CPU 将中止主程序的正常执行,转而执行中断服务程序(ISR),当中断事件处理完毕后,再返回主程序被打断位置继续执行主程序。

一般来说,中断表明一个特别的事件(如定时器完成计数)的开始或结束。一个 DSP 系统需要和多个事件打交道,这些事件可能是内部的也可能是外部的,而且这些事件发生的

时间是不确定的，也就是这些事件可能是异步的。异步事件的发生具有时间上的不确定性。一旦异步事件发生，就要求 DSP 能够随之做出相应的反应和处理。中断就可以提供这样的一种机制，一旦异步事件发生，DSP 立即暂停 CPU 当前的处理任务，按预先的安排对该事件进行处理，处理完毕后，CPU 再继续执行原来的任务。

中断源可以是时钟、A/D 转换单元或其他外围设备。中断可由外部设备(如 A/D 转换器)向 DSP 产生，也可以由 DSP 自己产生(如定时器中断)。由硬件或软件驱动的中断信号可使 DSP 中止当前程序并执行另一个程序，该程序一般称为中断服务程序。和其他 CPU 一样，TMS320DM6437 的中断处理过程也可以分为保存中断现场、执行中断程序和恢复中断现场 3 个步骤。

TMS320DM6437 通过中断控制器(INTC)来管理 CPU 的中断。TMS320DM6437 共有 128 个中断源，INTC 将所有的中断源映射为 12 个 CPU 中断，由用户通过编程来选择每个级别的中断源。此外，INTC 控制 CPU 异常中断，包括非屏蔽中断(NMI)和仿真中断的产生。

2.7.3 启动

TMS320DM6437 能够通过异步外部存储器(EMIFA)/NOR Flash 或者内部 64 KB boot ROM 引导启动。当设备没有复位时，Boot 的输入状态和引脚配置被锁存进 BOOTCFG 寄存器。在所有的 Boot 模式下，TMS320DM6437 CPU 立即从以下两个地址中的一个开始启动：① EMIFA 接口芯片选择 space 2(4200 0000h)；② 内部 Boot ROM(0010 0000h)。在从内部 Boot ROM 开始的 Boot 模式下，ROM Boot Loader(RBL)软件负责完成 Boot 次序。

TMS320DM6437 的 Boot 模式取决于设备管脚，即 BOOTMODE[3:0]、FASTBOOT 和 AEM[2:0]的状态。根据设备管脚的状态，Boot 模式可以分为以下三类：

(1) 非 Fastboot 模式(FASTBOOT=0)；

(2) 固定倍频 Fastboot 模式(FASTBOOT=1，AEM[2:0]=001b)；

(3) 用户选择倍频 Fastboot 模式(FASTBOOT=1，AEM[2:0]=000b、011b、100b 或 101b)。

2.8 实验和程序实例

线性卷积是数字信号处理中最基本的一种运算，不仅可用于系统分析，还可用于系统设计。离散傅里叶变换(Discrete Fourier Transformation，DFT)的快速算法 FFT 的出现，使 DFT 在数字通信、语音信号处理、图像处理、功率谱估计、系统分析与仿真、雷达信号处理、光学、医学、地震以及数值分析等各个领域都得到广泛应用。由于各种应用一般都以卷积和相关运算的具体计算为依据，或者以 DFT 作为连续傅里叶变换的近似为基础，所以本节主要介绍利用 DFT 计算卷积的基本原理。

2.8.1 卷积的 MATLAB 实现

1. 线性卷积

设系统的输入序列为 $x(n)$，系统输出的初始状态为零，系统的单位脉冲响应是 $h(n)$，

则系统的输出 $y_1(n)$ 为

$$y_1(n) = \sum_{m=-\infty}^{\infty} x(m)h(n-m) = x(n) * h(n) \tag{2-1}$$

式(2-1)表示线性移不变系统的输出序列 $y_1(n)$ 是输入序列 $x(n)$ 与系统的单位脉冲响应 $h(n)$ 的线性卷积，也称为卷积和。

2. 循环卷积

设序列 $x(n)$ 和 $h(n)$ 的长度分别为 M 和 N，则 $x(n)$ 和 $h(n)$ 的 L 点循环卷积可定义为

$$y_c(n) = x(n) \circledast h(n) = \left[\sum_{m=0}^{L-1} h(m)x(n-m)_L\right] R_L(n) \tag{2-2}$$

式中，L 为循环卷积区间长度，$L \geqslant \max[N, M]$。

3. 用循环卷积计算线性卷积的实现方法

1) 快速傅里叶变换法

设 $h(n)$ 和 $x(n)$ 的长度分别为 N 和 M，当满足 $L \geqslant N+M-1$ 时，两个序列的线性卷积等于循环卷积，即

$$y_1(n) = h(n) * x(n) = h(n) \circledast x(n) = y_c(n) \tag{2-3}$$

实现方法可以归纳如下：

将长度为 N 的序列 $h(n)$ 后补 $L-N$ 个零使其长度延长到 L，将长度为 M 的 $x(n)$ 序列后补 $L-M$ 个零，如果 $L \geqslant N+M-1$，则线性卷积与循环卷积相等。利用快速傅里叶变换计算循环卷积的流程图如图 2-16 所示。

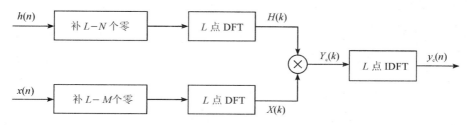

图 2-16 利用快速傅里叶变换计算循环卷积的流程图

在上述流程中用到了 2 次 DFT 运算和 1 次 IDFT 运算，实际 DSP 系统实现时 DFT 和 IDFT 运算的子程序可以共用，而且都采用快速傅里叶变换算法实现，因此循环卷积又称为快速卷积。一般取 $L \geqslant N+M-1$ 且 $L=2^r$ (r 为正整数)，以便利用快速傅里叶变换算法计算循环卷积。

上述结论适用于参与卷积的两个序列的长度相等或者比较接近的情况。如果两个序列的长度相差很多，例如，$h(n)$ 是一个线性移不变系统的单位取样响应，长度有限，用来处理一个很长的信号或者连续不断的信号(如周期信号)会产生以下三个弊端：

(1) 对 $h(n)$ 要补很多个零，由于卷积是乘法累加运算，这会极大地增加运算量，严重降低系统的运行速度，或者根本不能实现。

(2) 系统必须分配更多的存储单元来存储这些数据，对系统的存储量要求极大，而且往往一组数据占用不同的存储单元也会极大地降低系统的运行速度。

(3) 系统延时大，必须等长序列的数据全部输入才能进行卷积运算，不能实现信号的实时处理。

实际上，只有当两个序列的长度接近时，利用循环卷积计算线性卷积的速度和效率才会高。对于长序列和短序列的循环卷积运算，实际中总是将长序列分为若干段，使每一段子序列的长度与短序列的长度相近或相等，然后每个子序列和短序列进行循环卷积。最后将得到的各个子序列与短序列的卷积结果组合，得到长序列与短序列的线性卷积的结果。下面介绍常用的重叠相加法和重叠保留法。

2) 重叠相加法

设序列 $h(n)$ 的长度为 N，序列 $x(n)$ 是长度为 L 的长序列。将 $x(n)$ 等长分段，每段长度取为 M，则

$$x(n) = \sum_{i=0}^{L} x_i(n), \quad x_i(n) = x(n)R_M(n-iM) \tag{2-4}$$

于是，$h(n)$ 与 $x(n)$ 的线性卷积可表示为

$$y_1(n) = h(n) * x(n) = h(n) * \sum_{i=0}^{L} x_i(n) = \sum_{i=0}^{L} h(n) * x_i(n) = \sum_{i=0}^{L} y_i(n)$$

式中

$$y_i(n) = h(n) * x_i(n) \tag{2-5}$$

式(2-5)说明，$h(n)$ 与 $x(n)$ 的线性卷积等于 $h(n)$ 与 $x_i(n)$ 的卷积之和。每一分段卷积 $y_i(n)$ 的长度为 $N+M-1$，因此，相邻分段卷积 $y_i(n)$ 与 $y_{i+1}(n)$ 有 $N-1$ 个点重叠，必须把 $y_i(n)$ 与 $y_{i+1}(n)$ 的重叠部分相加，才能得到正确的卷积序列 $y(n)$。显然，可用图 2-17 所示的循环卷积计算分段卷积 $y_i(n)$。

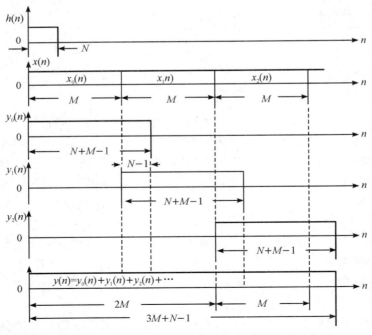

图 2-17   用重叠相加法计算线性卷积的时域关系示意图

由图 2-17 可以看出，当第二个分段卷积 $y_1(n)$ 计算完后，叠加重叠点便可得到输出序列 $y(n)$ 的前 $2M$ 个值。同理，当分段卷积 $y_i(n)$ 与 $y_{i+1}(n)$ 计算完后，就可得到 $y(n)$ 第 i 段的 $2M$ 个序列值。这种方法不要求大的存储容量，且计算量和延时也大大减少，这样，就实现了边输入边计算边输出，从而实现实时处理。

MATLAB 信号处理工具箱中提供了一个函数 fftfilt，该函数用重叠相加法实现线性卷积的计算。调用格式为：

y = fftfilt(h, x, M)

调用参数中，"h" 是系统单位脉冲响应向量；"x" 是输入序列向量；"y" 是系统输出序列向量（"h" 与 "x" 的卷积结果）；"M" 是由用户选择的输入序列 "x" 的分段长度，缺省 "M" 时，默认输入序列 "x" 的分段长度为 512。

3) 重叠保留法

设序列 $h(n)$ 的长度为 N，序列 $x(n)$ 为长度 T 的长序列，$T \gg N$，下面应用重叠保留法求解线性卷积。

实际计算中，若 N 为 2 的整数次幂，则直接计算；若 N 不是 2 的整数次幂，则将 N 补零使其长度为 2 的整数次幂（这样有利于后续利用 FFT 计算循环卷积）。将 $x(n)$ 分段，每一段 $x_i(n)$ 的长度均为 M，则 $h(n)$ 与 $x_i(n)$ 的线性卷积序列的长度为 $L = M + N - 1$。因此，计算 $h(n)$ 与 $x_i(n)$ 的循环卷积时，循环卷积的长度应取为 L。在子序列 $x_0(n)$（注意每个子序列长度均为 M）前加 $N-1$ 个零使其长度恰好为 $N+M-1$，满足循环卷积的条件，并将此时的子序列记作 $x_0'(n)$。之后把 $x_0(n)$ 后 $N-1$ 个值作为第二个子序列的前 $N-1$ 个值，则第二个子序列长度也为 $N+M-1$，将此时的第二个子序列记作 $x_1'(n)$。依次处理后续子序列，使得每个子序列长度均为 $N+M-1$。

用 DFT 计算 $h(n)$ 与 $x_0'(n)$、$x_1'(n)$、$\cdots$、$x_{i-1}'(n)$、$x_i'(n)$、$\cdots$ 的循环卷积，得 $y_{c0}'(n)$、$y_{c1}'(n)$、$\cdots$、$y_{c,\,i-1}'(n)$、$y_{c,\,i}'(n)$、$\cdots$，去掉以上 $y_{c0}'(n)$、$y_{c1}'(n)$、$\cdots$、$y_{c,\,i-1}'(n)$、$y_{c,\,i}'(n)$、$\cdots$ 每个序列的前 $N-1$ 个值，保留其余的值，所构成的一个新序列即序列的循环卷积 $y_c(n)$。这就是重叠保留法的基本计算思想，这种方法省去了重叠相加法的叠加环节。

4. 卷积的 MATLAB 实现

【例 2-1】 设 $h(n) = R_6(n)$，$x(n) = 0.8^n R_{12}(n)$，用 FFT 计算 $y(n) = x(n)*h(n)$，作出 $h(n)$、$x(n)$ 和 $y(n)$ 的波形。

解　两个序列 $h(n) = R_6(n)$ 和 $x(n) = 0.8^n R_{12}(n)$ 长度相差不大，直接利用 FFT 计算。MATLAB 源程序如下：

```
N=6; M=12;
n=0:5; m=0:11;
hn=ones(1, N); xn=0.8.^m;
L=N+M-1; l=0:L-1;
Xk=fft(xn, L); Hk=fft(hn,L);
Yk=Xk.*Hk;
yn=ifft(Yk, L);
subplot(2, 2, 1); stem(n, hn); xlabel('n'); ylabel('h(n)');
```

```
subplot(2, 2, 2); stem(m, xn); xlabel('n'); ylabel('x(n)');
subplot(2, 2, 3); stem(l, yn); xlabel('n'); ylabel('y(n)');
subplot(2, 2, 4);
x=0:L-1; stem(x, yn); xlabel('x'); ylabel('y(n)')
```

程序运行结果如图 2-18 所示。

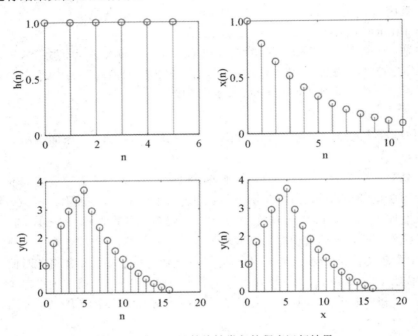

图 2-18　用 FFT 计算线性卷积的程序运行结果

【例 2-2】 设 $h(n) = R_5(n)$，$x(n) = [\cos(\pi n/10) + \cos(2\pi n/5)]u(n)$，用重叠相加法计算 $y(n) = x(n)*h(n)$，作出 $h(n)$、$x(n)$ 和 $y(n)$ 的波形。

解　$h(n)$ 的长度为 $N = 5$，$x(n)$ 为无限长序列。对 $x(n)$ 截取 $L_x = 41$，分为 4 段，每段长度 $M = 10$，计算 $h(n)$ 与 $x(n)$ 各段的分段卷积。调用 MATLAB 数字信号处理工具箱函数 $y_0(n)$、$y_1(n)$、$y_2(n)$ 和 $y_3(n)$，将重叠部分对应相加得到 $y_1(n)$。

MATLAB 源程序如下：

```
Lx=41; N=5; M=10;
n=0:Lx-1;
hn=ones(1, N);
hn1=[hn zeros(1, Lx-N)];
xn=cos(pi*n/10)+cos(2*pi*n/5);
yn=fftfilt(hn, xn, M);
subplot(3,1,1); stem(n,hn1); xlabel('n'); ylabel('h(n)');
subplot(3,1,2); stem(n,xn); xlabel('n'); ylabel('x(n)');
subplot(3,1,3); stem(n,yn); xlabel('n'); ylabel('y(n)');
```

程序运行结果如图 2-19 所示。

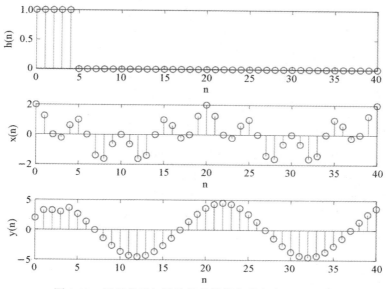

图 2-19　用重叠相加法计算线性卷积的程序运行结果

2.8.2　基于 ICETEK-DM6437-AF 的卷积 DSP 实现

1. 实验原理

1) 卷积算法基础理论

卷积是数字信号处理中常用的一种运算，对离散系统进行"卷积和"也是求线性时不变系统输出响应(零状态响应)的主要方法，其计算公式如下：

$$y(n) = \sum_{m=-\infty}^{\infty} x(m)h(n-m) = x(n) * h(n)$$

卷积和的运算过程可分为以下四步：

(1) 翻褶：在亚变量坐标 m 上作出 $x(m)$ 和 $h(m)$，以 $m=0$ 的垂直轴为轴翻褶成 $h(-m)$。

(2) 移位：将 $h(-m)$ 移位 n，即得 $h(n-m)$。当 n 为正整数时，右移 n 位；当 n 为负整数时，左移 n 位。

(3) 相乘：将 $h(n-m)$ 和 $x(m)$ 的相同 m 值的对应点值相乘。

(4) 相加：把以上所有对应点的乘积叠加起来，即得 $y(n)$ 值。

根据上述过程，取 $n=\cdots, -2, -1, 0, 1, 2, 3, \cdots$ 各值，即可得全部 $y(n)$ 值。

2) 源程序的自编函数及其功能

(1) processing1(int　*input2, int　*output2)：

参数解释：input2、output2 为两个整型指针数组。

返回值解释：返回了一个"TRUE"，让主函数的 while 循环保持连续。

功能说明：对输入的 input2　buffer 波形进行 m 点截取，再以零点的 Y 轴为对称轴进行翻褶，把生成的波形上各点的值存入以 output2 指针开始的一段地址空间中。

(2) processing2(int　*output2, int　*output3)：

参数解释：output2、output3 为两个整型指针数组。

返回值解释：返回了一个"TRUE"，让主函数的 while 循环保持连续。

功能说明：对输出的 output2 buffer 波形进行 n 点移位，然后把生成的波形上各点的值存入以 output3 指针开始的一段地址空间中。

(3) processing3(int *input1, int *output2, int *output4)：

参数解释：output2、output4、input1 为三个整型指针数组。

返回值解释：返回了一个"TRUE"，让主函数的 while 循环保持连续。

功能说明：对输入的 input2 buffer 波形和输入的 input1 buffer 波形作卷积和运算，然后把生成的波形上各点值存入以 output4 指针开始的一段地址空间中。

(4) processing4(int *input2, int *output1)：

参数解释：output1、input2 为两个整型指针数组。

返回值解释：返回了一个"TRUE"，让主函数的 while 循环保持连续。

功能说明：对输入的 input2 buffer 波形进行 m 点截取，然后把生成的波形上各点的值存入以 output1 指针开始的一段地址空间中。

2. 实验步骤

本实验是基于 ICETEK-DM6437-AF 的软件仿真实验，实验过程如下：

(1) 准备进行软件仿真，设置方法参考 CCS 5.0。

(2) 启动 CCS，打开工程，浏览程序，工程目录为 C：\ICETEK\ICETEK-DM6437-AF v3.0\Lab0404_Convolve。

(3) 编译和下载程序。

(4) 设置输入数据文件，打开工程的 volume.c 文件。

① 在程序如下 2 行代码处设置断点：

```
dataIO1();  // break point
dataIO2();  // break point
```

② 使用菜单的 View→Break points 打开断点观察窗口，在刚才设置的断点处通过右键点击 Breakpoint Properties 调出断点的属性设置界面，如图 2-20 所示。两个断点在 Start Address 处分别填写 inp1_buffer 和 inp2_buffer。

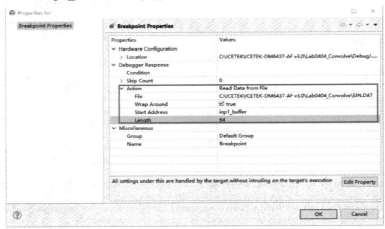

图 2-20　CCS 断点属性设置窗口

(5) 打开观察窗口。

① 选择菜单 Tools→Graph→Dual Time，进行如图 2-21 所示的 CCS 波形观察窗口设置。

② 选择菜单 Tools→Graph→Single Time，进行时域波形观察窗口设置，如图 2-22 所示。

图 2-21　CCS 波形观察窗口设置

图 2-22　时域波形观察窗口设置

3. 实验结果

按 F8 键运行程序，待程序停留在：asm("NOP")，观察打开的图形窗口，其中显示的是输入和输出的时域波形。

当输入波形均为 sin11.dat 时，得到的卷积时域波形如图 2-23 所示。

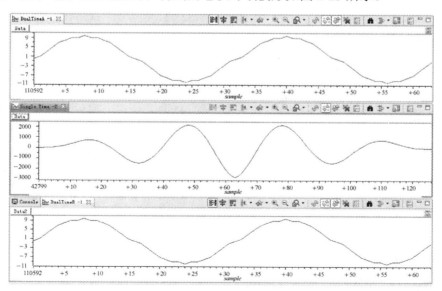

图 2-23　输入波形均为 sin11.dat 时的卷积时域波形

将输入波形改成其他波形，如 sin22.dat 等，观察运行结果。

4．C 源程序

```
#include <stdio.h>
#include "volume.h"
//程序执行过程中,各过程所需数组
int inp1_buffer[BUFSIZE];
int inp2_buffer[BUFSIZE];
int out1_buffer[BUFSIZE];
int out2_buffer[BUFSIZE];
int out3_buffer[BUFSIZE];
int out4_buffer[BUFSIZE*2];
int size = BUFSIZE;
int ain = MINGAIN;
int zhy=0;
int sk=64;
/*各功能函数*/
int processing1(int *output1, int *output2);
int processing2(int *output2, int *output3);
int processing3(int *input1,int *output2,int *output4);
int processing4(int *input2, int *output1);
void dataIO1(void);
void dataIO2(void);
void main()
{
    int *input1 = &inp1_buffer[0];
    int *input2 = &inp2_buffer[0];
    int *output1 = &out1_buffer[0];
    int *output2 = &out2_buffer[0];
    int *output3 = &out3_buffer[0];
    int *output4 = &out4_buffer[0];
    while(TRUE)
    {
        dataIO1();                              //设置断点，读取一段波形
        dataIO2();                              //设置断点，读取一段波形
        processing4(input2,output1);
        processing1(output1, output2);
        processing2(output2, output3);
        processing3(input1,output2,output4) ;   // 设置断点，查看运算结果
```

```
    }
}
/*将输入的波形 input2#buffer 截取一段(0～sk)放到 output1 中*/
int processing4(int *input2,int *output1)
{   int m=sk;
    for(; m>=0; m--)
    {
        *output1++ = *input2++ * ain;
    }
    for(; (size-sk-m)>0; m++)
    {
        output1[sk+m]=0;
    }
    return 0;
}
/*
 * 将 output1 的波形截取一段放到 output2 中
 */
int processing1(int *output1,int *output2)
{
    int m=sk-1;
    for(; m>0; m--)
    {
        *output2++ = *output1++ * ain;
    }
    return 0;
}
/*
 * 将 output2 的波形放到 output3 中
 */
int processing2(int *output2, int *output3)
{
    int n=zhy;
    size=BUFSIZE;
    for(; (size-n)>0; n++)
    {
        *output3++ = output2[n];
    }
    return 0;
```

```
}
    /* 对输入的 input2    buffer 波形和输入的 input1    buffer 浪形作卷积和运算,然后把生成的波形
上各点的值存入以 output4 指针开始的一段地址空间中
    */
    int processing3(int *input1,int *output2,int *output4)
    {   int m=sk;
        int y=zhy;
        int z,x,w,i,f,g;
        for(; (m-y)>0; )
        {   i=y;
            x=0;
            z=0;
            f=y;
            for(; i>=0; i--)
            {   g=input1[z]*output2[f];
                x=x+g;
                z++;
                f--;
            }
            *output4++ = x;
            y++;
        }
        m=sk;
        y=sk-1;
        w=m-zhy-1;
        for(; m>0; m--)
        {
            y--;
            i=y;
            z=sk-1;
            x=0;
            f=sk-y;
            for(; i>0; i--,z--,f++)
            {   g=input1[z]*output2[f];
                x=x+g;
            }
            out4_buffer[w]=x;
            w++;
        }
```

```
        return 0;
    }
    void dataIO1()                    //通过断点设置，读取波形 1
    {
        return;
    }
    void dataIO2()                    //通过断点设置，读取波形 2
    {
        return;
    }
```

本 章 小 结

　　本章主要介绍了 TMS320DM6437 的基本结构和各部分的功能。首先介绍了 DSP 子系统，该子系统包括 TMS320C64x+CPU 模块、240 KB RAM 和 64 KB 启动 ROM；其次介绍了 TMS320DM6437 CPU 结构、片内存储器结构与数据访问；再次介绍了 TMS320DM6437 的视频处理子系统，包括视频处理前端和视频处理后端；接着介绍了 TMS320DM6437 丰富的片内外设，以及复位、中断和启动；最后介绍了卷积的 MATLAB 实现和基于 ICETEK-DM6437-AF 的卷积 DSP 实现。通过本章的学习，读者能够提高应用 MATLAB 分析数字信号复杂问题的能力和自身 C 语言程序设计能力。

习 题 2

一、填空题

1. TMS320DM6437 采用 TMS320C64x + DSP 内核，是 TI 公司开发的高性能、支持达芬奇技术的_____位_____点处理器。

2. TMS320DM6437 的工作频率最高可达_____MHz，峰值处理速度为_____。

3. TMS320DM6437 有_____个 32 位通用寄存器和 8 个独立的计算功能单元，这些功能单元包括 2 个用于存储 32 位结果的乘法器和_____个算术逻辑单元(ALU)。

4. TMS320DM6437 的内核采用 TI 公司开发的第三代高性能支持超长指令字的_____结构，这一结构在 8 个功能单元里扩展了新的指令以增强其在_____处理中的性能。

5. TMS320DM6437 片内存储器采用 2 级缓存结构。第一级 L1 包含了_____(32 KB)和_____(80 KB)2 个独立的高速缓冲模块，这体现了哈佛结构的特点，提高了 DSP 的并行运行效率。

6. TMS320DM6437 的第一级缓冲区 L1_____(填"能"或"不能")直接与 DSP 内核进行数据交换；第二级缓冲区 L2_____(填"能"或"不能")直接与 DSP 内核进行数据交换。

7. TMS320DM6437 第二级缓冲区 L2 可以整体作为_____映射到存储空间，或者整体作为第二级的_____。

8. TMS320DM6437 内部设置了 2 个_____的通用定时器和 1 个_____看门狗定时器，每个通用定时器可分别配置成 2 个独立的 32 位定时器。

9. TMS320DM6437 设置了多种串口，包括多通道音频串口_____、2 个多路缓冲串口_____、1 个 I²C 总线接口、高端控制器局域网(CAN)控制器和 2 个异步收发器(UART)接口。

10. TMS320DM6437 配置的连接器包括 1 个_____(PCI)(33 MHz)、4 个收发 VLYNQ 接口、10/100 Mb/s 以太网媒体访问控制器及 1 个可编程的 16 位_____。

二、选择题

1. TMS320DM6437 有 2 条数据通路(A 和 B)，在每一个数据通路上有 4 个功能单元，其中执行算术逻辑运算的单元是(   )。

A. .M 单元　　　　B. .S 单元　　　　C. .L 单元　　　　D. .D 单元

2. TMS320C64x+ 中 .M 单元在单个指令周期内不能完成的运算是(   )。

A. 1 个 32×32 位的乘法运算　　　　B. 1 个 16×32 位的乘法运算
C. 2 个 16×16 位的乘法运算　　　　D. 8 个 8×8 位的乘法运算

3. 关于 TMS320DM6437 的两条数据通路(A 和 B)中的通用寄存器，下列说法错误的是(   )。

A. 每个寄存器组包含 32 个 32 位寄存器
B. 支持数据的范围从封装的 8 位到 64 位定点数
C. 每个功能单元通过其各自的数据通路可直接读/写寄存器组
D. 一个功能单元可以通过数据交叉通路读取另一个功能单元的数据

4. 关于数据交叉通路 1x 和 2x，下列说法正确的是(   )。

A. 1x 数据交叉通路允许数据通路 A 上的一个功能单元访问 A 的别的功能单元
B. 1x 数据交叉通路允许数据通路 A 的功能单元从寄存器 B 中读取源操作数
C. 2x 数据交叉通路允许数据通路 B 上的一个功能单元访问 B 的别的功能单元
D. 2x 数据交叉通路允许数据通路 B 的功能单元从寄存器 A 中读取源操作数

5. TMS320C64x+ 的状态控制寄存器(CSR)包含控制位和状态位，下列说法中错误的是(   )。

A. 仅功能单元 .S 可通过 MVC 指令访问控制寄存器
B. TMS320DM6437 的 L1P 区域可通过 EDMA、IDMA、CPU 写入或读取
C. TMS320DM6437 中 L1P 配置寄存器(L1PCFG)的 L1PMODE 定义 L1P Cache 的大小
D. L1P 只能作为缓存，不能设置为映射存储器

三、问答与思考题

1. 简述 TMS320DM6437 DSP 的基本硬件结构的组成。

2. 简述 TMS320DM6437 DSP 的 CPU 的结构。

3. 简述 TMS320DM6437 DSP 的数据通路的组成及各个功能单元的作用。

4. TMS320DM6437 的片内存储器有哪几部分？每一个部分可配置的大小是多少？说明 TMS320DM6437 读取存储器数据的过程。

第 3 章　ICETEK-DM6437-AF 实验系统

 学习导读

　　ICETEK-DM6437-AF 实验系统是结合当今 DSP 图像处理课程教学与改革而研制开发的。它可完成的实验有：CCS 集成开发环境实验、基于 DSP 系统的实验、DSP 外部接口实验、DSP 算法实验、语音信号采集与分析实验、基于蓝牙的物联网实验、数字图像处理实验、直流和步进电机控制实验、网络通信与应用实验。本章在介绍该实验系统的基础上，使读者熟悉 DM6437 硬件系统的架构及开发环节。

 学习目标

1. 知识目标

(1) 理解 DSP 最小系统的组成与设计。

(2) 掌握基于 TMS320DM6437 CPU 的语音信号处理单元的原理与组成。

(3) 理解基于 TMS320DM6437 的视频信号处理系统的原理与组成。

2. 能力目标

(1) 提高应用 MATLAB 分析数字信号复杂问题的能力。

(2) 掌握 FFT 的 DSP 实现，提升自身 C 语言程序设计能力。

(3) 初步了解 DSP 硬件系统的组成与设计。

3. 素质目标

(1) 通过基于 ICETEK-DM6437-AF 的实验系统组成的学习具备初步的系统观。

　　系统是由一些相互联系、相互制约的若干组成部分结合而成的、具有特定功能的有机整体。对于不同的嵌入式系统，虽然其设备类型和复杂度有较大差异，但它们的基本组成不变，所以指导学生从整个系统的视角来看待实际生活中存在的各种不同类型的应用。

　　(2) 通过基于 TMS320DM6437 的实验系统与各子单元模块的学习理解系统观的内涵。

　　一个完整系统的主要特点有：整体性、相关性、结构性、层次性、动态平衡性、目的性、开放性、多样性等。系统是其构成要素的集合，这些要素可能是一些个体、元件、零件或基本组件，也可能其本身就是一个系统(或称之为子系统)，这些要素相互联系、相互制约。系统内部各要素之间相对稳定的联系方式、组织秩序及失控关系的内在表现形式，

就是系统的结构。而系统的功能是指系统与外部环境相互联系和相互作用中表现出来的性质、能力和功能。

(3) 通过课程实验教学培养学生的系统观。

在 DSP 实验项目中，各个功能模块、测试仪器仪表、外围电路构成一个相对独立且完整的系统，同时实验的预习报告、实验准备、实验原理讲解、实操实验、数据记录与整理、实验报告撰写等环节构成一个完整的系统工程，每个环节环环相扣，缺一不可。通过理论教学、实验教学完成课程的全面讲授，实现理论与实践相结合，专业培养与思政教育相结合。

3.1 ICETEK-DM6437-AF 实验系统的组成

ICETEK-DM6437-AF 实验系统是一个综合的 DSP 教学实验系统，其功能框图如图 3-1 所示。系统采用模块化分离式结构，主板是基于 TMS320DM6437 的核心板+底板，DM6437 能够直接对外设模块(液晶屏、蜂鸣器、步进电机、直流电机、交通灯、9 键数字键盘等)进行控制，使用灵活，方便用户二次开发。用户可根据自己的需求选用不同类型的 CPU 适配板，在不需要改变任何配置的情况下即可做 TI 公司的不同类型的 DSP 相关实验。

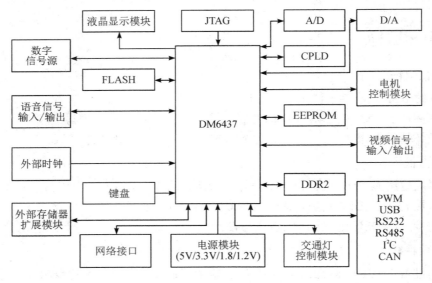

图 3-1 ICETEK-DM6437-AF 实验系统功能框图

3.2 ICETEK-DM6437-AF 实验系统的硬件模块

ICETEK-DM6437-AF 评估板实物如图 3-2 所示，其功能框图如图 3-3 所示。ICETEK-DM6437-AF 实验系统主要包括 TMS320DM6437 最小系统、视频信号处理单元、语音信号处理单元、步进电机与直流电机控制单元、增强版仿真器、独立的数字信号源、PAL 制式模拟摄像头、7 寸 PAL 制式液晶屏、键盘、电源供电模块等。

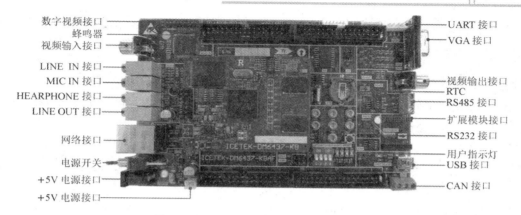

图 3-2　ICETEK-DM6437-AF 评估板实物

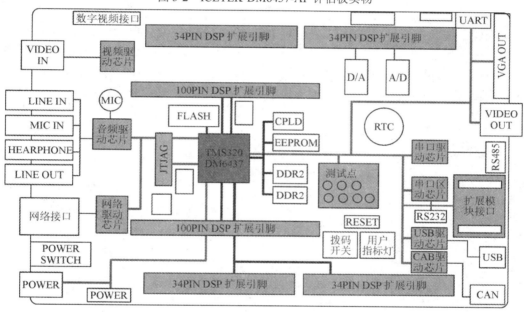

图 3-3　ICETEK-DM6437-AF 评估板功能框图

3.2.1　CPU 单元

内核为 C64x+ 的 TMS320DM6437 与 64x(DM642 的内核)完全兼容。CPU 单元包括 32 KB 的 L1P、80 KB 的 L1D、128KB 的 L2、增强的 DMA 控制器、3 路 PWM 输出(已扩展在外部接口上)、1 个 64 位的看门狗定时器、板上外扩 1GB DDR2、128Mb Flash。

3.2.2　电源模块

电源模块是 DSP 系统最基本的组成部分,主处理器 DM6437 需要供电的电源产生高精度、高稳定的电平。一方面,如果电源输出存在噪声,即存在震荡的现象,则对芯片的工作状态产生较大的影响。同时,电源噪声还会产生一些其他的后果,比如会对晶振产生影响,使晶振的频率不稳定,导致芯片不能正常工作。因此,在设计电源模块时,需保持输出电平稳定，并控制噪声。另一方面，电源系统给 DSP 供电时要注意电源的上电时序问题。如果 DSP 内核先上电，一般不会影响外围 I/O 口；如果外围 I/O 口先上电，但内核没上电，则可能会造成芯片的缓冲驱动部分处于未知状态，导致 DSP 芯片损坏。所以，电源的上电时序最好是内核上电先于外围 I/O 口上电或两者同时上电。

TMS320DM6437 实验系统正常工作电压共包括 5 V、3.3 V、1.8 V、1.2 V 四种。系统的工作电压及电压范围如表 3-1 所示。

表 3-1　系统的工作电压及电压范围

芯　片	电　压	最小值	典型值	最大值
TMS320DM6437	内核电压	1.14 V	1.2 V	1.26 V
	I/O、FLASH、外设	2.97 V	3.3 V	3.63 V
	DDR2、PLL	1.71 V	1.8 V	1.89 V

本实验系统的电源芯片采用 TI 公司的 TPS65023。TPS65023 是一块集成了电源管理和多种输出的电源芯片，输入电压范围是 2.5 V 到 6.5 V，采用超小尺寸的 5 mm×5 mm QFN 封装，可提供三路降压式 DC/DC 转换器输出、两路线性低压降 LDO 调节器输出、一路实时时钟电压输出。TPS65023 芯片内部集成了 I^2C 串行接口，通信频率最高可达 400 kHz，能够实现对 DC/DC 和 LDO 的输出电压动态调节。TPS65023 的引脚如图 3-4 所示。

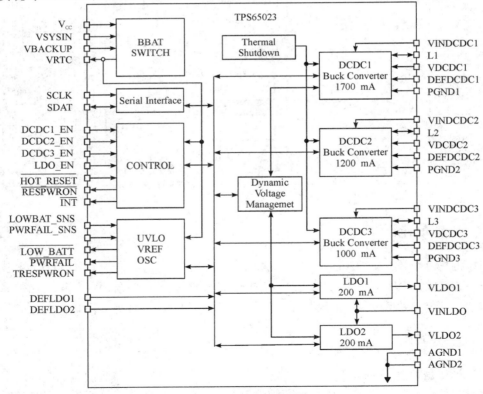

图 3-4　TPS65023 的引脚

TPS65023 提供的 3 个高效的降压转换模块可以提供不同电平的电压，同时满足平台中的多种电平需求。

(1) VDCDC1 降压转换器。该转换器输出最大电流为 1.7 A，转换效率高达 90%，一般为处理器核心供电。VDCDC1 降压转换器能够根据 DEFDCDC1 配置引脚的状态输出 1.2 V 或 1.6 V 的直流电压。若 DEFDCDC1 接地，则 VDCDC1 输出电压为 1.2 V。如果 DEFDCDC1 直接与 V_{CC} 相连，那么 VDCDC1 输出电压为 1.6 V。DCDC1_EN 是 VDCDC1 转换器使能引脚。高电平使能转换器，低电平禁止 VDCDC1 转换器工作。转换器输出电压设置原理如图 3-5 所示。

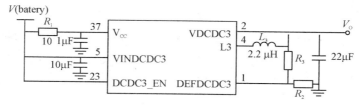

图 3-5　转换器输出电压设置原理

由图 3-5 可知

$$V_{OUT} = V_{DEFDCDCX} \times \frac{R_3 + R_2}{R_2}$$

解得

$$V_{DEFDCDCX} = 0.6\,\text{V}$$

(2) VDCDC2 降压转换器。该转换器输出最大电流为 1.2 A，转换效率高达 95%，为系统外设和 I/O 供电。VDCDC2 降压转换器能够根据 DEFDCDC2 配置引脚的状态输出 1.8 V 或 3.3 V 的直流电压。若 DEFDCDC2 接地，则 VDCDC2 输出电压为 1.8 V。如果 DEFDCDC2 直接与 V_{CC} 相连，那么 VDCDC2 输出电压为 3.3 V。DCDC2_EN 是 VDCDC2 转换器使能引脚。高电平使能转换器，低电平禁止 VDCDC2 转换器工作。

(3) VDCDC3 降压转换器。该转换器输出最大电流为 1 A，转换效率高达 92%，为 DDR2 内存供电。VDCDC3 降压转换器能够根据 DEFDCDC3 配置引脚的状态输出 1.8 V 或 3.3 V 的直流电压。若 DEFDCDC3 接地，则 VDCDC3 输出电压为 1.8 V。如果 DEFDCDC3 直接与 V_{CC} 相连，那么 VDCDC3 输出电压为 3.3 V。DCDC3_EN 是 VDCDC3 转换器使能引脚。高电平使能转换器，低电平禁止 VDCDC3 转换器工作。

为保证 TMS320DM6437 正常、稳定工作，电源正确上电顺序为核电压 1.2 V 先于 I/O 供电电压 3.3 V、1.8 V。上电顺序控制的实现：由于为内核供电的 VDCDC1 的输出为 1.2 V，没有达到转换器使能输入的逻辑高电平的门限，因此这里巧妙地利用了片上的 PWRFAIL 电压比较器，以 VDCDC1 作为比较器的输入，以比较器的输出作为其他几路 DC/DC 和 LDO 输出的使能信号，从而实现了上电顺序控制。这里需注意的是，虽然 VDCDC1 直接连接到 $\overline{\text{PWRFAIL}}$，但实际上 VDCDC2、VDCDC3 并不是在 VDCDC1 达到 1 V 时便开始上升，而是略有延迟，这是由片子内部用于限制浪涌电流的软启动电路引起的。

TPS65023 提供了用于应用系统复位的信号 $\overline{\text{RESPWRON}}$，复位延迟时间 T 由 $\overline{\text{RESPWRON}}$ 脚的复位电容 C 决定。系统上电时，当 VRTC 上升至 2.52 V 后延迟 T，$\overline{\text{RESPWRON}}$ 才跳变为高电平；当 VRTC 下降至 2.4 V 时，$\overline{\text{RESPWRON}}$ 有效；当输入 $\overline{\text{HOT\_RESET}}$ 低电平时，$\overline{\text{RESPWRON}}$ 有效。一旦 $\overline{\text{RESPWRON}}$ 有效，DCDC1 恢复为默认

值，片上其他寄存器内容不变。*T* 与 *C* 的设置参考技术手册。

TPS65023 片上 DC/DC 默认工作在 PWM/PFM 切换模式，即轻负载情形下进入 PFM 模式，以提高转换器效率。任何一个 DC/DC 转换器也可以通过设置转换器控制寄存器 (CON_CTRL REGISTER)，强迫其始终工作在 PWM 模式。并且可以通过设置 CON_CTRL 寄存器的低纹波位来降低系统在 PFM 模式下的纹波电压。

3.2.3 数字信号源

实验系统提供独立的数字信号源(该信号源应是一个独立的信号发生器，可单独从实验箱上取下，为任何实验设备提供数字信号波形输出)，该数字信号源的特性如下：

(1) 可同时提供两路波形输出，每一路均可单独控制；信号的波形、频率、幅度可调；具有语音录放功能。

(2) 波形切换：提供五种波形(方波、三角波、正弦波、上下两路信号混频、白噪声)，可通过拨动开关进行选择。

(3) 频率范围：分为 4 段(10~100 Hz、100 Hz~1 kHz、1~10 kHz、10~30 kHz)，可通过拨动开关进行选择。

(4) 频率微调：在每个频率段范围内进行频率调整。

(5) 幅值微调：0~3.3 V 平滑调整。

(6) 语音录放：提供语音实时采集回放功能，麦克风、直接音频输入，耳机、扬声器输出。

3.2.4 A/D

实验系统采用 TLV0832 芯片来实现 A/D 转换器(ADC)功能。TLV0832 可以将收到的模拟电压信号(0~3.3 V)进行定时采集，采集速率(A/D 转换时间)最短为 13.3 μs，可以转换两路模拟信号输入(分时转换)，转换后生成的数字量为 8 位二进制数精度，通过串行通信可将结果传送给上位机处理。TLV0832 接口引脚定义如图 3-6 所示。其中，CH0 和 CH1 连接两路独立的模拟信号通道，这些信号电压范围限定在 0~3.3 V；$\overline{CS}$、CLK、DO、DI 为数字串行控制信号，控制 A/D 转换的通道及何时开始转换，转换结束后也通过这些接口将结果传送给 DSP。

TLV0832 与 DM6437 的接口比较简单，如图 3-7 所示。

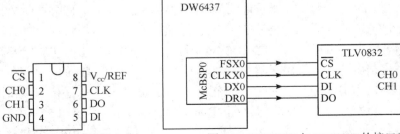

图 3-6　TLV0832 接口引脚定义　　　图 3-7　TLV0832 与 DM6437 的接口示意图

图 3-7 中左侧矩形框代表 DSP，右侧矩形框是 TLV0832。DSP 的 McBSP0 接口的 4 根

信号线直接连接到 TLV0832 的 4 路信号，其中 DSP 的 FSX0 提供 TLV0832 的片选信号，也就是转换使能信号，DSP 的 CLKX0 提供 TLV0832 的时钟信号，DSP 的 DX0 接 TLV0832 的数据输入信号 DI，DSP 的 DR0 接 TLV0832 的数据输出信号 DO。

ICETEK-DM6437-AF 使用 McBSP0 多通道同步串行接口的部分引脚，连接 TLV0832 的串口接口。FSX0 输出的信号选通 TLV0832 进行通信控制，并且可以启动 A/D 转换；CLKX0 的时钟信号可以设置成 600 kHz 频率，TLV0832 使用它来接收控制信息、发送转换结果数据，并且同步内部转换电路，A/D 转换耗时 8 个时钟周期完成；DI 可使用串行数据格式接收 8 位控制指令；DO 也可使用串行编码发送 2 个通道的转换结果(2 个 8 位二进制数据，合起来是 16 位数据)。对于外部的模拟电压信号，限定电压范围为 0～3.3 V，直接接到 TLV0832 的 CH0 和 CH1 引脚。在 ICETEK-DM6437-AF 板上，这两路信号对应扩展插座 P2-Pin5(CH0)和 P2-Pin6(CH1)。在 ICETEK 实验箱底板上，这两路信号对应 ADCIN0 和 ADCIN1 两个插座及旁边的同名测试点，供输入信号和测量使用。

TLV0832 在给定 CLK 频率后，转换时间为 8 个时钟周期，通过串口控制和读取转换结果的时序如图 3-8 所示。其中，在 $\overline{\text{CS}}$ 信号使能后的 3 个时钟周期，通过 DI 信号给出的是通道选择信号，如果这 3 个信号是 110，则对 CH0 通道的电压采样；如果这 3 个信号是 111，则对 CH1 通道的电压采样。采样开始于第 4 个时钟周期，到第 11 个时钟周期结束，从第 5 个时钟周期开始，DO 信号输出转换结果的 8 位数据，到第 12 个时钟周期时输出完毕，从第 13 个时钟周期开始倒序输出各转换结果位作为校验。在进行串口编程时，设定串口每次发送和接收 16 位数据，即在 $\overline{\text{CS}}$ 有效期间给出 16 个时钟脉冲，首先通过串口发送高 3 位是

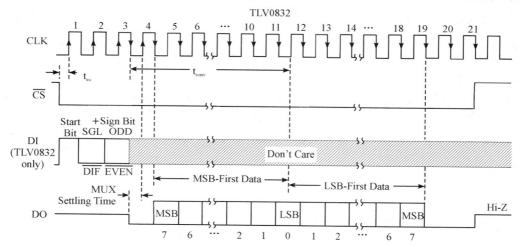

图 3-8　TLV0832 时序与设置

110 的数据给 TLV0832，在数据传输完毕后，检测接收到的数据，在接收到的数据后面有 4 位是校验数据，因此我们将校验数据移除后即得到 CH0 通道的转换数据。实际 TLV0832 每次的转换时间为 16 个时钟周期，假定时钟频率给定为 386.7 kHz，则实际转换频率最大为 386.7 kHz / 16 ≈ 24 kHz，如果每次采样连续转换两次，一次采样 CH0 通道，一次采样 CH1 通道，则最大转换频率约为 12 kHz。

在 ICETEK-DM6437-AF 板的 P2 插座 Pin5 针(对应 CH0 通道)上输入 1.2 V 的电压信号，注意这一信号的地端需要接到 P2 插座的 Pin34 针上，或者将电压信号的地端接到实验箱 ICETEK-DM6437-AF 板上侧(位于实验箱底板的测试点 AGND 上)，然后将信号接到实验箱底板 ADCIN0 插座左侧的测试点上，完成信号接入。

在 DM6437 中运行程序，首先进行必要的初始化，然后设置 McBSP0 为适当的方式，比如选中前面所述的 4 个引脚使用串口通信功能，将 CLKX0 的输出频率设置成 600 kHz 等。之后通过 McBSP0 相关寄存器操作，启动 TLV0832 的 A/D 转换，等待转换完成，将 McBSP0 接收到的数据保存。

由于输入的电压范围是 0～3.3 V，而转换成数字化的数据是 8 位二进制数，每个数据表示的范围是 0～255。因此，对于 1.2 V 电压，我们采样得到的数字值应为 1.2 V/3.3 V×255 = 92.72，取整得到 93。这个计算没有考虑硬件由于接法、温度、噪声等造成的误差，因此是个理想值，得到的实际测量值应在 93 附近有少量的波动。

3.2.5 D/A

实验系统采用 TLC7528 芯片来实现 D/A 转换器(DAC)功能。TLC7528 可以将收到的 8 位数字信号转换成相应的模拟输出，每次转换最高速率为 0.1 μs，可以支持两路模拟量输出。TLC7528 接口引脚定义如图 3-9 所示。其中，DB0～DB7 引脚用于输入要转换的数字量(8 位二进制数据)；$\overline{CS}$ 和 $\overline{WR}$ 的信号负责提供转换开始时刻；$\overline{DACA}$/DACB 控制转换后结果的输出引脚是 A 通道还是 B 通道，REFA、RFBA、OUTA 属于 A 通道输出引脚及相关控制信号，REFB、RFBB、OUTB 属于 B 通道输出引脚及相关控制信号。

TLC7528 与 DM6437 的接口比较简单，如图 3-10 所示。

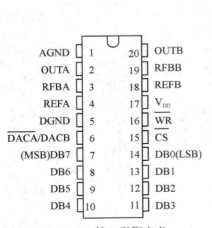

图 3-9 TLC7528 接口引脚定义

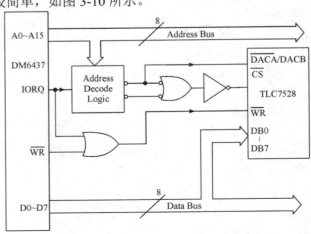

图 3-10 TLC7528 与 DM6437 的接口示意图

图 3-10 中，左侧矩形框代表 DSP，右侧矩形框是 TLC7528。DSP 的数据线(Data Bus)信号 D0～D7 直接连接到 TLC7528。DSP 的地址线(Address Bus)信号 A0～A15，连同写信号($\overline{\text{WR}}$)、选择信号(IORQ)，生成 TLC7528 所需的片选信号($\overline{\text{CS}}$)、通道选择信号($\overline{\text{DACA}}$/DACB)、写使能信号($\overline{\text{WR}}$)。

ICETEK-DM6437-AF 使用两个外部扩展地址(0x44004000 和 0x44004001)来软件连接TLC7528。当 ICETEK-DM6437-AF 中的程序给这两个地址发送(写)数据时，TLC7528 的片选信号($\overline{\text{CS}}$)、写信号($\overline{\text{WR}}$)有效，并且通道选择信号与地址线最低位对应(因此地址0x44004000 对应通道 A，0x44004001 对应通道 B)，于是 TLC7528 开始锁存 DB0～DB7 的输入信号，并将其转换成模拟量输出到输出引脚 OUTA 或 OUTB。由于在 ICETEK-DM6437-AF 板上的 TLC7528 的电源是 +5 V 的，所以输出的信号范围是 0 V～+4 V，对应DB7～DB0 的数字量 00H～FFH。 ICETEK-DM6437-A/F 的 D/A 输出信号连接到扩展插座P2 的 Pin25($\overline{\text{DACA}}$)和 Pin26(DACB)。

如果想在 ICETEK-DM6437-AF 板的 P2 插座 Pin25 针(对应通道 A)上输出 1.2 V 的电压信号，则可以设计程序，向地址 0x44004000 写入 75，经过 0.1 μs 的转换时延后，测量 P2插座的 Pin25 针，可得它和模拟输出地(AGND)引脚(P2 插座的 Pin34 针)之间的电压即为1.2 V。计算过程(理想过程)：8 位 DAC 可转换的数字量范围是 0～255，共 256 个电压；DAC 最低输出 0 V，最高输出 +4 V；将 4 V 分成 255 份，每份为：4 V/255 = 0.016 V；若要实现 1.2 V 输出，则输出电压的份数为：1.2 V/0.016 V = 75。

3.2.6　JTAG

TI 公司在其 TMS320 系列芯片上设置了符合IEEE1149.1 标准的 JTAG(Joint Test Action Group)标准测试接口及相应的控制器，主要用于边界测试和 DM6437在线仿真，方便 DSP 应用系统开发调试。JTAG 接口可对芯片内部部件编程，外部中断计数等。使用 JTAG 仿真开发工具可实现对 DM6437 片内和片外资源进行全透明访问，同时还可以向 DM6437 加载程序，对程序进行调试。14 针 JTAG 接口引脚定义如图 3-11 所示。JTAG 接口引脚功能如表 3-2 所示。

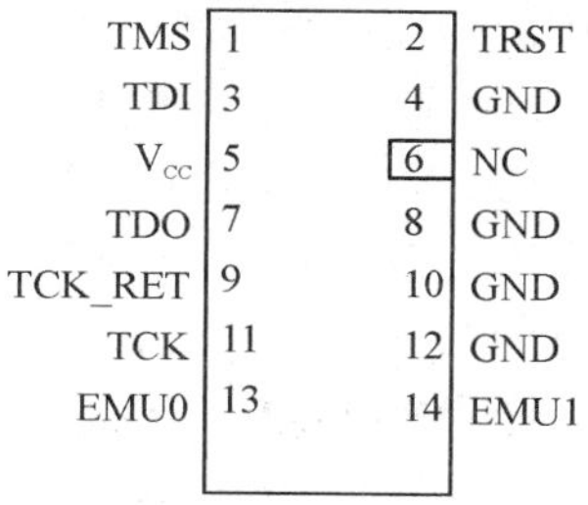

TMS	1	2	TRST
TDI	3	4	GND
V_{CC}	5	6	NC
TDO	7	8	GND
TCK_RET	9	10	GND
TCK	11	12	GND
EMU0	13	14	EMU1

图 3-11　14 针 JTAG 接口引脚定义

表 3-2　JTAG 接口引脚功能

引脚名称	功　能
TCK	测试时钟输入
TDI	测试数据，数据通过 TDI 输入 JTAG 接口
TDO	测试数据输出，数据通过 TDO 从 JTAG 接口输出
TMS	测试模式选择，用来设置 JTAG 所处的测试模式
$\overline{\text{TRST}}$	测试复位，输入引脚，低电平有效

DSP 与 JTAG 的接口示意图如图 3-12 所示。

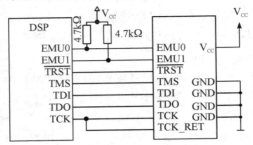

图 3-12　DSP 与 JTAG 的接口示意图

在 DM6437 中还有一个分析模块，它与 JTAG 模块同时工作，主要用于调试程序过程中，使程序调试更加方便。分析模块具有以下功能：支持断点的设置，可以使程序定位运行到某一行；具有程序和数据存储器，可以方便地查看变量的值；实现程序的单步运行和跟踪功能，可以持续观察实验结果的变化；支持外部中断的计数。在调试 DM6437 时，其配套的开发工具使片上内存和硬件平台中的存储模块完全透明，可以直接访问各个存储单元中存放的内容。因此，一般通过开发工具对 DM6437 进行配置，并且调试程序。

3.2.7　USB 转串口及 XD100V2+仿真器

采用 CP2102 将 USB 信号转为串口信号，D+、D- 为数字 I/O 口，RXD/TXD 进行 UART 数据接收发送。CP2102 是 Silicon Labs 企业生产的一款可以将 USB 接口转换成 UART 接口的桥接芯片，其引脚定义如表 3-3 所示，其内部结构及外部接口如图 3-13 所示，它与 3V 或 5V 供电的单片机连接不需要进行电平转换。该芯片具有高集成度，内置 USB2.0 标准的全速功能控制器、USB 收发器、内部时钟、缓冲器、EPROM 和带有调制解调器接口信号的异步串行数据总线(UART)，无需外部 USB 器件。USB 功能控制器用来管理 USB 和 UART 间所有的数据传输、USB 主控制器发出的命令请求以及 UART 功能控制命令。CP2102 的 UART 接口包括 TX 端(数据发送)、RX 端(数据接收)、RTS、CTS、DSR、DTR、DCD 和 RI 控制信号。UART 不仅支持 RTS/CTS、DSR/DTR 和 X-On/X-Off 握手，还可以通过编程支持各种数据格式和波特率。图 3-14 是实验系统的 USB 转串口原理图。

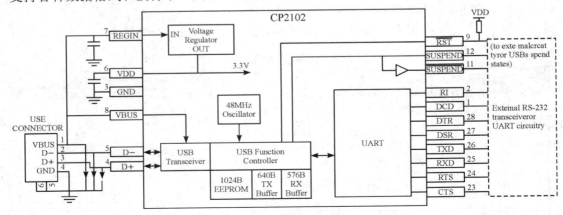

图 3-13　CP2102 的内部结构及外部接口

表 3-3　CP2102 引脚定义

引脚名称	引脚号	类　型	说　　明
VDD	6	电源输入、电源输出	2.7~3.6 V 电源电压输入，3.3 V 电压调节器输出
GND	3		接地
$\overline{\text{RST}}$	9	数字 1/0	器件复位。内部端口或 VDD 监视器的漏极开路输出。一个外部源可以通过将该引脚驱动为低电平至少 15 μs 来启动一次系统复位
REGIN	7	电源输入	5 V 调节器输入。此引脚为片内电压调节器的输入
VBUS	8	数字输入	VBUS 感知输入。该引脚应连接至一个 USB 网络的 VBUS 信号。当连通到一个 USB 网络时，该引脚上的信号为 5 V
D+	4	数字 1/0	USB D+
D-	5	数字 1/0	USB D-
TXD	26	数字输出	异步数据输出(UART 发送)
RXD	25	数字输入	异步数据输入(UART 接收)
CTS	23	数字输入	清除发送控制输入(低电平有效)
RTS	24	数字输出	准备发送控制输出(低电平有效)
DSR	27	数字输入	数据设置准备好控制输出(低电平有效)
DTR	28	数字输出	数据终端准备好控制输出(低电平有效)
DCD	1	数字输入	数据传输检测控制输入(低电平有效)
RI	2	数字输入	振铃指示器控制输入(低电平有效)
SUSPEND	12	数字输出	当 CP2102 进入 USB 终止状态时，该引脚被驱动为高电平
$\overline{\text{SUSPEND}}$	11	数字输出	当 CP2102 进入 USB 终止状态时，该引脚被驱动为低电平
NC	10，13~22		这些引脚应该为未连接或接到 VDD 的引脚

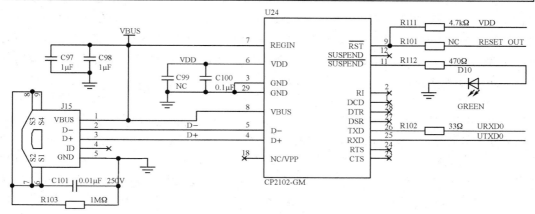

图 3-14　USB 转串口原理图

实验系统中使用 USB 电缆(A 型 USB，miniUSB)连接 PC 和 ICETE-XD100V2+ 仿真器实现电脑与 DM6437 实验箱的数据传输。首先将 PC 分别与 XD100V2+仿真器、DM6437 连接起来，打开 CCS5.0，此时计算机显示正在自动安装设备驱动。等安装完毕，打开 DM6437 设备管理器，如图 3-15 所示，在通用串行总线控制器中可以看到 TI XDS100 Channel A 和 TI XDS100 Channel B 这 2 个设备，表示仿真器已成功驱动。

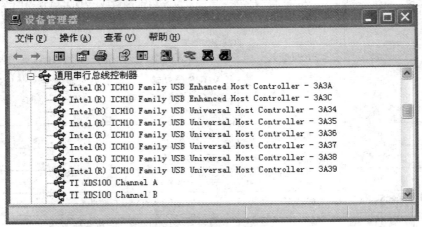

图 3-15　DM6437 设备管理器

仿真器是 DSP 开发平台必不可少的一个工具，它可以随时沟通 CPU 芯片与 PC 之间的通信，使软件开发人员能够实时分析 DSP 程序的运行情况，并且可以做到随时优化，随时修改。DSP 的仿真器一般是不能进行实时调试的，其工作的前提是目标 CPU 的工作不能被停止，因此必须从目标 CPU 中获取仿真信息，从而控制目标 CPU 中程序的运行情况。在进行程序调试的过程中，目标 CPU 和调试工具间需要建立实时通道来传递信息。通常把硬件实时通道称为实时仿真器，把软件实时通道称为实时调试工具。XD100V2+ 就是一种典型的调试工具。

3.2.8　DM6437 核 CPU 时钟

系统中用到很多种不同的时钟频率，TMS320DM6437 有 2 个独立的 PLL，分别是 PLLC1 和 PLLC2。PLLC1 产生 DSP、DMA、VPFE 及其他外设所需要的时钟频率，PLLC2 产生 DDR2 接口和 VPBE 在特定模式下的时钟频率。根据 TMS320DM6437 的数据手册，PLL 的输入频率范围为 20～30 MHz，这里选择 27 MHz 外部无源晶振作为系统的外部时钟源。在 MXI/CLKIN 引脚输入的 27 MHz 时钟，经过 PLLC1 和 PLLC2 寄存器的配置，便能得到系统时钟 SYSCLK1、SYSCLK2、SYSCLK3 和各个模块的时钟。具体的时钟产生如图 3-16 所示。

DM6437 的 PLLC1 和 PLLC2 均由外部 1.8 V 启动，对电压精度及纹波要求相对较高。数据手册上推荐 0.1F、0.01F 电容加 EMI 滤波器构成滤波网络。PLLC1 内核为输入的晶振经过乘法器和除法器获得，其中乘法器系数为 14～33，除法器倍数为 1、3 和 6。SYSCLK1 为内核运行的时钟频率，要达到所需的时钟频率，在设备重置之后用户应该在 PLLC1 和 PLLC2 中进行编程。本系统采用的芯片是 TMS320DM6437 主频 700 MHz，正常工作的频率为 600 MHz。实际应用中设定 PLLM 为 22.27 MHz 的有源晶振，经过 PLLC1 的 22 倍频转换为 594 MHz 的 SYSCLK1，为 DM6437 的内核工作频率；DDR2 控制器的工作频率 SYSCLK2 设置为 1/3 的 SYSCLK1(198 MHz)。PLLC2 内核时钟同样经过乘法器和除法器获得，其中乘法器系数为 14～32，除法器倍数为 2 和 10。TMS320DM6437 的时钟系统分配如表 3-4 所示。

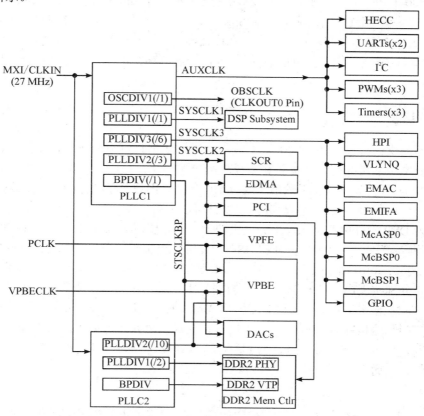

图 3-16　PLLC1 和 PLLC2 的时钟源框图

表 3-4　TMS320DM6437 的时钟系统分配

时钟子系统	时钟源	时钟源来源	与 SYSCLK1 频率的固定比率	频率/MHz
外设 (CLKIN 时钟源)	CLKIN	PLLC1 AUXCLK	—	27
DSP 子系统	CLKDIV1	PLLC1 SYSCLK1	1 : 1	594
EDMA3	CLKDIV3	PLLC1 SYSCLK2	1 : 3	198
VPSS	CLKDIV3	PLLC1 SYSCLK2	1 : 3	198
外设 (CLKDIV3 时钟源)	CLKDIV3	PLLC1 SYSCLK2	1 : 3	198
外设 (CLKDIV6 时钟源)	CLKDIV6	PLLC1 SYSCLK3	1 : 6	99

3.2.9 网络接口

DM6437 集成了片上以太网 MAC 部分，此以太网接口连接到 PHY 上。EVM 使用一个 Micrel KS8001L PHY，10/100 MB 的接口被接出到一个标准以太网连接器 J8。PHY 直接与 DM6437 外设接口相连。以太网的地址可以在生产时存储在 I²C 串行的 ROM 中，也可在程序中更改。RJ-45 有 2 个液晶指示灯集成在连接器上，灯有绿和黄 2 种，指示出以太网链路的状态。绿灯亮，表示有链路连接；绿灯闪，表示链路在工作；黄灯亮，表示链路处于全双工模式。

3.2.10 其他

实验箱提供的外设资源：220 V 交流电输入，多种直流电源输出，支持对仿真器和评估板的直流电源连接插座，并提供相应模块的电源插座；拨动开关(DIP)4 路，可实现复位和设置 DSP 应用板参数；显示输出 128×64 点阵液晶图像显示器(LCD)，显示从 DSP 发送来的数据，可调整显示对比度；9 键数字键盘可由 DSP 检测键盘扫描码，同时键盘产生中断信号作为 DSP 的外中断输入；步进电机四相八拍，步距角为 5.625，启动频率不低于 300 PPS，运行频率不低于 900 PPS；可由 DSP 扩展引脚控制旋转速度、方向；直流电机，其空载转速为 3050 r/min，输出功率为 1.35 W，启动力矩为 21.3 N，可以接收 DSP 输出的 PWM 控制信号，分别实现电机的转速控制、方向控制与闭环控制；测试模块，有 14 个测试点，可以测量 PWM 输出、AD 输入和 DA 输出波形；12 个发光二极管，模拟交通灯；步进、直流电机控制马达指针 0～360°指示。语音录放提供语音实时采集回放功能，麦克风、直接音频输入，耳机、扬声器输出。关于语音信号处理、视频信号处理、直流电机控制、步进电机控制、交通灯的信号控制 5 项内容将在后续章节讨论。

3.3 基于 ICETEK-DM6437-AF 的语音信号处理

实验系统采用 TI 公司的音频编解码芯片 TLV320AIC33 完成语音信号的处理(输入和输出)。编解码芯片 TLV320AIC33 取样麦克风或线路模拟输入信号，把它转为数字信号，由 DM6437 处理后经 D/A 转换与放大还原为模拟信号输出。

3.3.1 音频编解码芯片 TLV320AIC33 简介

TLV320AIC33 是一款具有低功耗与噪声滤波功能的音频编解码芯片，可以支持 6 路信号输入和 6 路信号输出，支持差分和单端两种信号输入形式。相比较其他音频编解码芯片，TLV320AIC33 具有以下优势：支持 8～96 ks/s 的采样率；D/A 转换与 A/D 转换的信噪比(SNR) 分别达到了 102 dB 与 92 dB；集成锁相环 (PLL)支持各种音频时钟；支持便携式系统的低功耗耳机、扬声器以及回放模式；可编程数字音效，包括 3D 音效、低音、高音、EQ 以及去加重等；I²C 和 SPI 控制接口，便于控制；声音串行数据总线支持模式。图 3-17 是 TLV320AIC33 的内部结构与外部接口。

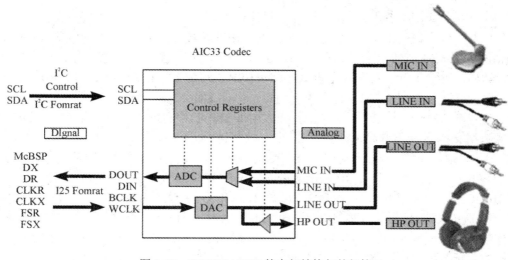

图 3-17　TLV320AIC33 的内部结构与外部接口

TLV320AIC33 是一款低功耗音频编解码芯片。低功耗表现在驱动 48 MHz 立体声回放时，其功耗为 14 mW。片内已集成有模数/数模转换器，支持立体声从 8 MHz 到 96 MHz 的音频采样率 ADC。它实现了和 TMS320DM6437 芯片多通道缓冲串口的无缝连接，使程序设计得以简化；将音频输入与输出放大器集成于芯片上，增加了芯片在设计程序时的灵活性。

3.3.2　TLV320AIC33 和 TMS320DM6437 通信接口及模式

编解码器用两个串行通道通信，一个是控制编解码器的配置寄存器，另一个是语音信号输入与输出通道。图 3-18 是 DM6437 与 TLV320AIC33 接口示意图。TLV320AIC33 和 DM6437 的外设 I²C 连接，由 I²C 实现对 TLV320AIC33 和 DM6437 的控制；TLV320AIC33 与 DM6437 的外设 McBSP 相连，用于两芯片间的音频数据交换。图 3-19 是 DM6437 与 TLV320AIC33 接口。

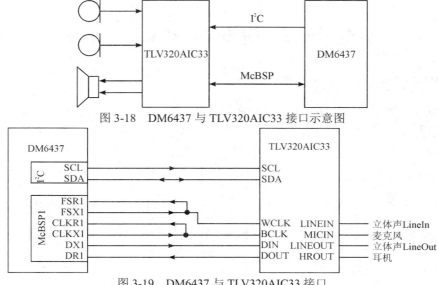

图 3-18　DM6437 与 TLV320AIC33 接口示意图

图 3-19　DM6437 与 TLV320AIC33 接口

1. TLV320AIC33 和多通道缓冲串口的通信

在标准同步串口基础上，为了扩展其功能，提供高效同步串口通信机制，多通道缓冲串口(Multichannel Buffered Serial Port，McBSP)得到使用。它拥有双缓冲发送结构及三级缓冲接收结构，数据在此结构下能连续发送。McBSP 的可配置性很强，通过对其相应的寄存器的配置，可控制其工作方式。此外，它的每个串口支持 128 个通道，速度达到 100 Mb/s。正确地配置串口时钟，就能在多通道缓冲串口(McBSP)芯片和音频解码芯片 TLV320AIC33 间实现数据交换通信。串口时钟共有 2 个：帧时钟(WCLK)和移位时钟(BCLK)。帧时钟(WCLK)是一帧的起始，可以作为脉冲信号或方波信号出现，表示最大采样频率；音频总线在一个移位时钟(BCLK)中，可移出或移进一位的音频信号数据。在 DM6437 芯片和 TLV320AIC33 芯片数据接口中，主设备为 TLV320AIC33，从设备为 DM6437 芯片的 McBSP。在 TLV320AIC33 芯片上，引脚 DIN 和 DOUT 分别为与 McBSP 连接的引脚 DX 和 DR，即串行数据输出与输入引脚；帧时钟(WCLK)与 McBSP 的 FSR 和 FSX 连接，一帧即为一次完整的音频数据通信；移位时钟(BCLK)与 McBSP 上的 CLKR 和 CLKX 相连，在一个 BCLK 周期中传送一位。

2. I²C 控制接口

DM6437 对音频编解码芯片 TLV320AIC33 进行控制的命令流程如下：由总线发送开始指令信号，即时钟总线(SCL)高电平时，数据总线(SDA)出现从高到低的一个跳变，DM6437 发送一个从属设备地址，该地址为 7 位，但在传送时变为 8 位，多出来的最后一位用来对从属设备说明是读操作还是写操作。系统中与主控设备有关的都是写操作。当从属设备接收到来自主控设备的信号时，从属设备会回馈一个应答信号告诉主控设备继续改善指令。当主控设备在控制命令后发送停止标志，即 SCL 是高电平时，SDA 会出现由低到高的一个跳变，至此，一个完整的通信过程结束。要让音频模块实现采集、播放的功能，首先要对其硬件设备进行初始化。在仿真模式下对底层寄存器进行配置，有关 McBSP 控制寄存器、I²C 控制寄存器、音频编解码芯片 TLV320AIC33 控制寄存器的配置详细见相关技术手册。

3.4 　基于 ICETEK-DM6437-AF 的视频信号处理

3.4.1 　DSP 视频处理系统概述

数字视频(图像)处理是 DSP 技术的重要应用领域，基于 DM6437 的数字视频处理系统如图 3-20 所示。

图 3-20 　基于 DM6437 的数字视频处理系统

摄像头作为输入视频传感器，是系统的信息来源，它输出的模拟视频信号不能直接被 DSP 处理，因此，需要利用视频解码芯片完成图像的数字化过程。DSP 可完成图像去噪声、图像增强、图像配准等一系列软件算法处理，视频编码芯片将 DSP 处理后的数字视频(图像)数据编码成普通电视所能接收的 NTISC 或 PAL 制的复合视频信号，实现视频输出。

DM6437 的 VPFE 接口主要解决与视频 ADC 或数字摄像机直接接口的问题。接口的数据出口为 EMIF 接口的存储器(SDRAM/DDRAM)，功能是将接收到的数字化的视频采样数据解码后，通过 DMA 直接存放到扩展存储器中，并实现缩放、预显示、H3A(Hardware 3A Statistic Generator)处理、直方图统计等辅助功能。由于接口设计的通用性和灵活性很好，因此可以接口各种视频采集芯片和数字摄像机。

DM6437 的 VPBE 接口用于连接数字接口的 LCD 显示器或视频编码器(DAC)，负责将存放在 DSP 存储器中的视频图像数据按照既定的时序输出，可以支持标清和高清显示。DM6437 的 VPBE 包含视频处理子系统(Video Processing SubSystem, VPSS)，可以利用 DMA 和硬件逻辑，将视频数据组合、叠加后进行编码输出。VPBE 接口输出的视频可以是 4 个窗口视频图像的叠加，并且可以实现多种显示模式，比如开窗画中画显示、叠加半透明显示、顶层叠加图形标注显示等复杂显示功能。DM6437 的 VPBE 还包含 VENC 部分，可以实现视频信号的不同编码，具备 4 个专门的视频 DA 输出引脚，可以直接输出需要的视频模拟信号，经放大器可连接模拟显示设备。

ICETEK-DM6437-AF 的视频处理系统工作流程如下：

(1) 插座上的摄像机将 PAL 制式的模拟复合视频信号输入；

(2) 复合视频信号接入 U5-TVP5146 进行解码，输出 YCbCr 格式的数字分量信号；

(3) 数字分量信号通过 DM6437 的 VPFE 接口输入 DSP，存放到 DM6437 片外扩展的 DDR2 SDRAM 中；

(4) DM6437 将存放在 DDR2 SDRAM 中的视频数据取到 DSP 片内进行处理运算，结果输出存放到 DDR2 SDRAM 中的输出缓存区；

(5) DM6437 的 VPBE 接口自动获取 DDR2 SDRAM 中输出缓存区的视频数据，将其进行编码后输出；

(6) DM6437 的 VPBE 接口的视频 DAC 将编码的视频数据进行 D/A 转换后发送到相应输出引脚，通过 J12 插座输出，连接在 J12 上的 TV 显示器接收视频模拟信号进行显示。

3.4.2　视频解码芯片 TVP5146 简介

图像传感器进行光电转换将光信号转换成电信号，之后的视频解码芯片起模数转换的作用，将模拟信号数字化。所有最终得到的视频信号都将存储在外部存储器 SDRAM 中，最后传递到 DSP 中，交给 DSP 进行图像处理与计算。由于本系统采用的图像传感器 OV7959 输出的是模拟视频信号，不能直接被 DSP 处理，因此选用视频编码芯片 TVP5146 来完成图像的模数转换及相应控制信号的分离。 TVP5146 是 TI 公司的一款高性能视频信号解码芯片，能将 NTSC、PAL 制式的混合视频信号解码成数字信号输出，其内部主要组成与功能如图 3-21 所示。TVP5146 内部主要包含以下功能：

(1) 提供 4 路 10 位 30MSPS(每秒采样百万次)A/D 转换通道，可以将 YPbPr、 NTSC、

PAL 信号转换成 YCbCr 信号，每个 A/D 通道中均包含模拟参考电压输入电路、可编程增益控制电路、输入信号偏移电路和可编程信号源选择电路。

(2) 采用 5 线自适应色度滤波器，能将复合视频信号进行亮度、色度分离，且这种形式的 Y/C 分离是完全互补的，不会丢失图像的亮度或色度信息，数字信号可选择 20 位 4∶2∶2 YCbCr 或 10 位 4∶2∶2 YCbCr 进行输出。

(3) 提供了多个图像预处理模块，可以对模数转换后的数字图像数据进行亮度、对比度和饱和度的处理。

(4) 提供 I²C 总线控制接口，可方便配置芯片初始化和相关寄存器的读写，实现芯片的可编程图像预处理功能。

(5) 可提供同步的行场视频信号输出时钟，在相应寄存器可配置接收视频的扫描方式。

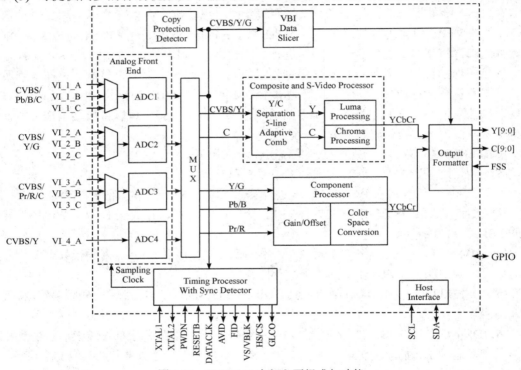

图 3-21　TVP5146 内部主要组成与功能

TVP5146 通过 I²C 配置总线和数字视频接口总线与上位机进行连接(TVP5146 的 I²C 地址为 BAH)，其与 DM6437 的视频前端接口如图 3-22 所示。

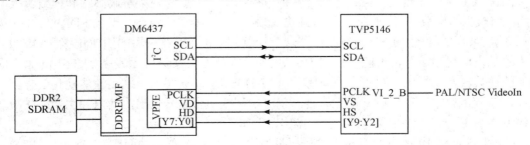

图 3-22　TVP5146 与 DM6437 的视频前端接口

3.5　实验和程序实例

　　DFT 是数字信号分析与处理中的一种重要变换。直接进行 DFT 的计算量与变换区间长度 N 的平方成正比，当 N 较大时，计算量太大，所以在 FFT 出现以前，直接用 DFT 算法进行谱分析和信号的实时处理是不切实际的。FFT 算法使 DFT 算法的运算效率提高了 1～2 个数量级，为数字信号处理技术应用于各种信号的实时处理创造了条件，大大推动了数字信号处理技术的发展。多年来，人们继续寻求更快、更灵活的算法。1984 年，法国的杜哈梅尔(P.Dohamel)和霍尔曼(H.Hollmann)提出的分裂基快速算法使运算效率进一步提高。本节主要讨论 FFT 算法的基本思想、基于 MATLAB 及 TMS320DM6437 的基 2-FFT 算法的实现方法与步骤。

3.5.1　FFT 算法的基本思想

1. 直接计算 DFT 的运算量

　　设 $x(n)$ 是 N 的有限长序列，其 N 点 DFT 和 N 点 IDFT 分别为

$$X(k) = \sum_{n=0}^{N-1} x(n) W_N^{kn}, \quad k=0, 1, 2, \cdots, N-1 \tag{3-1}$$

$$x(n) = \sum_{n=0}^{N-1} X(k) W_N^{-kn}, \quad k=0, 1, 2, \cdots, N-1 \tag{3-2}$$

　　式(3-1)和式(3-2)中，$W_N = \mathrm{e}^{-\mathrm{j}\frac{2\pi}{N}}$。考虑 $x(n)$ 为复数序列的一般情况，计算每一个 $X(k)$ 的值，直接计算需要 N 次复数乘法和 $(N-1)$ 次复数相加。因此，计算 $X(k)$ 的所有 $(N$ 个)值，共需 N^2 次复数乘法和 $N(N-1)$ 次复数加法运算。当 $N \gg 1$ 时，$N(N-1) \approx N^2$。可见，直接计算 N 点 DFT 的乘法和加法运算次数均为 N^2。当 N 较大时，运算量相当大。例如，对一幅 $N \times N$ 点的二维图像进行 DFT 变换，直接计算需要的复数乘法为 $(N^2)^2 = 10^2$，用一台每秒可以完成 10 万次复数乘法运算的计算机计算需要近 3000 小时，不可能实现实时处理。所以必须减少运算量，才能使 DFT 在各种理论和工程计算中得到应用。

2. 减小运算量的途径

　　N 点 DFT 的复数乘法次数等于 N^2。显然，把大点数的 DFT 分解为较小点数的 DFT，可使乘法次数减少。另外，利用旋转因子 W_N^{kn} 的周期性、对称性、可约性也可以减少运算量。

　　(1) 周期性：

$$W_N^{m+rN} = \mathrm{e}^{-\mathrm{j}\frac{2\pi}{N}(m+rN)} = \mathrm{e}^{-\mathrm{j}\frac{2\pi}{N}} = W_N^m, \quad m、r \text{ 为整数}$$

　　(2) 对称性：

$$W_N^m = W_N^{N-m}、[W_N^{N-m}] = W_N^m \text{ 或 } W_N^{m+\frac{N}{2}} = -W_N^m, \quad m \text{ 为整数}$$

　　(3) 可约性：

$$W_N^{nk} = W_{Nm}^{mnk}、W_N^{nk} = W_{N/m}^{nk/m} \text{ 或 } W_N^{m+\frac{N}{2}} = -W_N^m, \quad m、n \text{ 为整数}$$

FFT 算法的基本思想是不断地把较长的 DFT 分解成较短的 DFT，并利用 W_N^{kn} 的周期性和对称性来减少 DFT 的运算次数。FFT 算法基本上分两类，即按时间抽取(Decimation In Time，DIT)算法和按频率抽取(Decimation In Frequency，DIF)算法。

3. 按时间抽取(DIT)基 2-FFT 算法

设序列 $x(n)$ 的长度为 N，且满足 $N=2^M$，M 为正整数。实际序列可能不满足这一条件，可以采取补零操作达到这一要求。这种 N 为 2 的整数次幂的 FFT 称为基 2-FFT。

按 n 的奇偶把 $x(n)(n=0，1，2，\cdots，N)$ 分解为两个 $N/2$ 点的子序列：

$$x_1(r) = x(2r)，\quad r = 0，1，\cdots，\frac{N}{2}-1 \tag{3-3}$$

$$x_2(r) = x(2r+1)，\quad r = 0，1，\cdots，\frac{N}{2}-1 \tag{3-4}$$

则 $x(n)$ 的 DFT 为

$$X(k) = \sum_{n=偶数} x(n)W_N^{kn} + \sum_{n=奇数} x(n)W_N^{kn} = \sum_{n=0}^{\frac{N}{2}-1} x(2r)W_N^{k(2r)} + \sum_{n=0}^{\frac{N}{2}-1} x(2r+1)W_N^{k(2r+1)}$$

$$= \sum_{n=0}^{\frac{N}{2}-1} x_1(r)W_N^{2kr} + W_N^k \sum_{n=0}^{\frac{N}{2}-1} x_2(r)W_N^{2kr}$$

即

$$X(k) = \sum_{n=0}^{\frac{N}{2}-1} x_1(r)W_{N/2}^{kr} + W_N^k \sum_{n=0}^{\frac{N}{2}-1} x_2(r)W_{N/2}^{kr} = X_1(k) + W_N^k X_2(k) \tag{3-5}$$

式中，$X_1(k)$、$X_2(k)$ 分别是 $x_1(n)$ 和 $x_2(n)$ 的 $N/2$ 点 DFT：

$$X_1(k) = \sum_{r=0}^{\frac{N}{2}-1} x_1(r)W_{N/2}^{kr} = \text{DFT}[x_1(n)]_{N/2} \tag{3-6}$$

$$X_2(k) = \sum_{r=0}^{\frac{N}{2}-1} x_2(r)W_{N/2}^{kr} = \text{DFT}[x_2(n)]_{N/2} \tag{3-7}$$

可见，一个 N 点 DFT 被分解为两个 $N/2$ 点 DFT，它们按照式(3-5)又合成一个 N 点 DFT，但应该注意，$X_1(k)$ 和 $X_2(k)$ 只有 $N/2$ 点，即 $k=0，1，2，\cdots，N/2-1$。这就是说，利用式(3-5)计算的只有 $X(k)$ 的前 $N/2$ 点的结果，而 $X(k)$ 有 N 个点的值，要用 $X_1(k)$ 和 $X_2(k)$ 来表达 $X(k)$ 的另一半的值，还必须应用旋转因子的周期性，即

$$W_{N/2}^{r\left(k+\frac{N}{2}\right)} = W_{N/2}^{kr}$$

$$X_1\left(k+\frac{N}{2}\right) = \sum_{r=0}^{\frac{N}{2}-1} x_1(r)W_{\frac{N}{2}}^{r(\frac{N}{2}+k)} = \sum_{r=0}^{\frac{N}{2}-1} x_1(r)W_{\frac{N}{2}}^{rk} = X_1(k) \tag{3-8}$$

$$X_2\left(k+\frac{N}{2}\right)=\sum_{r=0}^{\frac{N}{2}-1} x_2(r)W_{\frac{N}{2}}^{r\left(\frac{N}{2}+k\right)}=\sum_{r=0}^{\frac{N}{2}-1} x_2(r)W_{\frac{N}{2}}^{rk}=X_2(k) \tag{3-9}$$

所以，$X(k)$ 后一半的值为

$$X\left(k+\frac{N}{2}\right)=X_1(k)+W_N^{r\left(k+\frac{N}{2}\right)}X_2(k)\ ,\qquad k=0,1,2,\cdots,\frac{N}{2}-1$$

由于 $W_N^{r\left(k+\frac{N}{2}\right)}=W_N^{N/2}W_N^k=-W_N^k$，因此

$$X\left(k+\frac{N}{2}\right)=X_1(k)-W_N^k X_2(k),\quad k=0,1,2,\cdots,\frac{N}{2}-1 \tag{3-10}$$

综合式(3-5)和式(3-10)，可得 $X(k)$ 前、后两部分的值为

$$X(k)=X_1(k)+W_N^k X_2(k),\qquad k=0,1,2,\cdots,\frac{N}{2}-1 \tag{3-11}$$

$$X\left(k+\frac{N}{2}\right)=X_1(k)-W_N^k X_2(k),\qquad k=0,1,2,\cdots,\frac{N}{2}-1 \tag{3-12}$$

式(3-11)和式(3-12)的运算可以用蝶形运算表示。蝶形运算信号流图如图 3-23 所示，完成一个蝶形运算，需要一次复数乘法和两次复数加法运算，流图中的算法因子为 W_N^k。

经过一次分解，计算一个 N 点 DFT 共需计算两个 $N/2$ 点 DFT 和 $N/2$ 个蝶形运算。计算一个 $N/2$ 点 DFT 需要 $(N/2)^2$ 次复数乘法和 $N/2(N/2-1)$ 次复数加法。将两个 $N/2$ 点 DFT 合成为 N 点 DFT 时，有 $N/2$ 次复数乘法和 $2\times(N/2)=N$ 次复数加法。

总的复数乘法次数为 $2(N/2)^2+N/2=N(N+1)/2\approx N^2/2$，总的复数加法次数为 $N(N/2-1)+N=N^2/2$。由此可见，仅仅经过一次分解，就使总的运算量减少近一半。8 点 DFT 一次时域抽取分解图如图 3-24 所示。

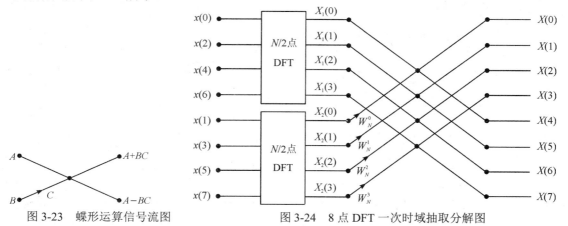

图 3-23　蝶形运算信号流图　　　　　图 3-24　8 点 DFT 一次时域抽取分解图

既然这样分解对减少 DFT 的运算量有效，且 $N=2^M$，$N/2$ 仍是偶数，就可对 $N/2$ 点 DFT 再进一步分解。与第一次分解相同，将 $x_1(n)$ 按奇偶分解成两个 $N/4$ 点的序列 $x_3(l)$ 和 $x_4(l)$，即

$$x_3(l)=x(2l),\ l=0,\ 1,\ \cdots,\ \frac{N}{4}-1 \tag{3-13}$$

$$x_4(l) = x_4(2l+1), \quad l = 0, 1, \cdots, \frac{N}{4} - 1 \tag{3-14}$$

此时 $X_1(k)$ 可表示为

$$X_1(k) = \sum_{n=0}^{\frac{N}{4}-1} x_1(2l) W_{N/2}^{2lk} + \sum_{n=0}^{\frac{N}{4}-1} x_1(2l+1) W_{N/2}^{k(2l+1)} = \sum_{n=0}^{\frac{N}{4}-1} x_3(l) W_{N/4}^{kl} + W_{N/2}^{k} \sum_{n=0}^{\frac{N}{4}-1} x_4(l) W_{N/4}^{kl}$$

$$= X_3(k) + W_{N/2}^{k} X_4(k), \quad k = 0, 1, 2, \cdots, \frac{N}{2} - 1$$

$$X_1\left(k + \frac{N}{4}\right) = X_3(k) - W_{N/2}^{k} X_4(k), \quad k = 0, 1, 2, \cdots, \frac{N}{2} - 1$$

式中,

$$X_3(k) = \sum_{r=0}^{\frac{N}{4}-1} x_3(l) W_{N/4}^{kl} = \mathrm{DFT}[x_3(l)]_{N/4} \tag{3-15}$$

$$X_4(k) = \sum_{r=0}^{\frac{N}{4}-1} x_4(l) W_{N/4}^{kl} = \mathrm{DFT}[x_4(l)]_{N/4} \tag{3-16}$$

利用 $X_3(k)$ 和 $X_4(k)$ 的周期性,以及 $W_{N/2}^{k}$ 的对称性 $\left(W_{N/2}^{(k+N/4)} = -W_{N/2}^{k}\right)$,得到

$$X_1(k) = X_3(k) + W_{N/2}^{k} X_4(k), \qquad k = 0, 1, 2, \cdots, \frac{N}{4} - 1 \tag{3-17}$$

$$X_1\left(k + \frac{N}{4}\right) = X_3(k) - W_{N/2}^{k} X_4(k), \qquad k = 0, 1, 2, \cdots, \frac{N}{4} - 1 \tag{3-18}$$

同理可得

$$X_2(k) = X_5(k) + W_{N/2}^{k} X_6(k), \qquad k = 0, 1, 2, \cdots, \frac{N}{4} - 1 \tag{3-19}$$

$$X_2\left(k + \frac{N}{4}\right) = X_5(k) - W_{N/2}^{k} X_6(k), \qquad k = 0, 1, 2, \cdots, \frac{N}{4} - 1 \tag{3-20}$$

式中,

$$X_5(k) = \sum_{r=0}^{\frac{N}{4}-1} x_5(l) W_{\frac{N}{4}}^{kl} = \mathrm{DFT}[x_5(l)]_{\frac{N}{4}} \tag{3-21}$$

$$X_6(k) = \sum_{r=0}^{\frac{N}{4}-1} x_6(l) W_{\frac{N}{4}}^{kl} = \mathrm{DFT}[x_6(l)]_{\frac{N}{4}} \tag{3-22}$$

$$x_5(l) = x(2l), \qquad l = 0, 1, \cdots, \frac{N}{4} - 1 \tag{3-23}$$

$$x_6(l) = x_6(2l+1), \qquad l = 0, 1, \cdots, \frac{N}{4} - 1 \tag{3-24}$$

这样,经过第二次分解,又将 $N/2$ 点 DFT 分解为 $N/4$ 点 DFT 运算。依次类推,经过 M 次分解,最后将 N 点 DFT 分解成 N 个 2 点 DFT 和 M 个蝶形运算。一个完整的 8 点 DFT 二次时域抽取分解运算流图如图 3-25 所示。

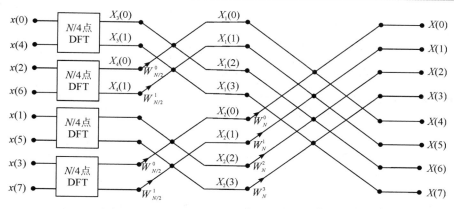

图 3-25 8 点 DFT 二次时域抽取分解运算流图

　　一个完整的 8 点 DIT-FFT 运算流图如图 3-26 所示，图中输入序列不是按照自然顺序排列，而是按照"倒序"排列的。图 3-26 中 A 是在存储器里划分的连续的存储单元用于存储输入序列的值，输入序列经 FFT 运算后的数值将刷新存储单元的数据。计算完毕后经"倒序"仍然按照自然顺序输出数据。此外，中间每级的旋转因子也是按照一定的规律变化的，在应用 DSP 系统实现时，将它们分解为正弦和余弦部分，在存储器中建立正弦表和余弦表，采用"循环寻址"来对正弦表和余弦表进行寻址。

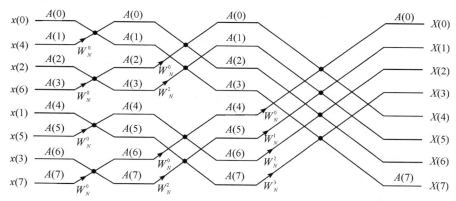

图 3-26 8 点 DIT-FFT 运算流图

4. 按频率抽取(DIF)基 2-FFT 算法

　　设序列 $x(n)$ 的长度为 N，且满足 $N=2^M$，M 为正整数。首先按自然顺序将 $x(n)$ 前后对半分开，得到两个子序列，其 DFT 可表示为如下形式：

$$X(k) = \mathrm{DFT}[x(n)] = \sum_{n=0}^{N-1} x(n) W_N^{kn} = \sum_{n=0}^{\frac{N}{2}-1} x(n) W_N^{kn} + \sum_{n=N/2}^{\frac{N}{2}-1} x(n) W_N^{kn}$$

$$= \sum_{n=0}^{\frac{N}{2}-1} x(n) W_N^{kn} + \sum_{n=0}^{\frac{N}{2}-1} x\left(n+\frac{N}{2}\right) W_N^{k\left(n+\frac{N}{2}\right)} = \sum_{n=0}^{\frac{N}{2}-1} \left[x(n) + W_N^{\left(\frac{N}{2}\right)k} x\left(n+\frac{N}{2}\right) \right] W_N^{nk}$$

由于

$$W_N^{\frac{N}{2}k} = \mathrm{e}^{-\mathrm{j}\frac{2\pi}{N}\bullet\frac{N}{2}k} = \mathrm{e}^{-\mathrm{j}\pi k} = (-1)^k$$

因此

$$X(k)=\sum_{n=0}^{\frac{N}{2}-1}\left[x(n)+(-1)^k x\left(n+\frac{N}{2}\right)\right]W_N^{nk}, \quad k=0,1,2,\cdots,N-1 \tag{3-25}$$

按照 k 的奇偶取值将 $X(k)$ 分解为偶数组和奇数组：

$$X(2r)=\sum_{n=0}^{\frac{N}{2}-1}\left[x(n)+x\left(n+\frac{N}{2}\right)\right]W_N^{2nr}=\sum_{n=0}^{\frac{N}{2}-1}\left[x(n)+x\left(n+\frac{N}{2}\right)\right]W_{\frac{N}{2}}^{nr} \tag{3-26}$$

$$X(2r+1)=\sum_{n=0}^{\frac{N}{2}-1}\left[x(n)-x\left(n+\frac{N}{2}\right)\right]W_N^n W_N^{2nr}=\sum_{n=0}^{\frac{N}{2}-1}\left[x(n)-x\left(n+\frac{N}{2}\right)\right]W_N^n W_{\frac{N}{2}}^{nr} \tag{3-27}$$

令

$$x_1(n)=x(n)+x(n+\frac{N}{2}),\quad n=0,1,2,\cdots,\frac{N}{2}-1 \tag{3-28}$$

$$x_2(n)=[x(n)-x(n+\frac{N}{2})]W_N^n,\quad n=0,1,2,\cdots,\frac{N}{2}-1 \tag{3-29}$$

式(3-26)和式(3-27)的运算关系可以用图 3-27 的蝶形运算流图表示。

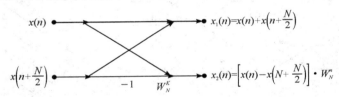

图 3-27　DIF-FFT 蝶形运算流图

将 $X(k)$ 按照奇偶分解为偶数组 $X(2r)$ 和奇数组 $X(2r+1)$ 后，偶数组是序列 $x_1(n)$ 的 $N/2$ 点 DFT，奇数组是序列 $x_2(n)$ 的 $N/2$ 点 DFT。$x_1(n)$ 和 $x_2(n)$ 是将 $x(n)$ 按照自然顺序分为两个 $N/2$ 的短序列后经蝶形运算生成的。

以 $N=2^3=8$ 为例，将 $X(k)$ 按照奇偶分解为偶数组 $X(0)$、$X(2)$、$X(4)$、$X(6)$ 和奇数组 $X(1)$、$X(5)$、$X(3)$、$X(7)$，偶数组是序列 $x_1(0)$、$x_1(1)$、$x_1(2)$、$x_1(3)$ 的 4 点 DFT，奇数组是序列 $x_2(0)$、$x_2(1)$、$x_2(2)$、$x_2(3)$ 的 4 点 DFT。这样，经过一次分解后，8 点 DFT 运算转换为两个 4 点 DFT 运算，如图 3-28 所示。

由于 $N=2^M$，$N/2$ 仍然为偶数，因此可再一次将每个 $N/2$ 点 DFT 分解为偶数组和奇数组，这样每个 $N/2$ 点 DFT 就分解为 2 个 $N/4$ 点 DFT，其输入序列分别是将 $x_1(n)$ 和 $x_2(n)$ 按上下对半分解成的 4 个子序列。继续分解下去，经过 $M-1$ 次分解后，得到 2^{M-1} 个 2 点 DFT，计算这些 2 点 DFT 即可得到原序列的 DFT。图 3-29 是 $N=2^3=8$ 时第二次分解的运算流图。经过第二次分解后，得到 4 个 2 点 DFT，计算这 4 个 2 点 DFT 最终可以得到 8 点 DFT。$N=8$ 的完整的 DIF-FFT 运算流图如图 3-30 所示。应该注意的是，DIF-FFT 与 DIT-FFT 的蝶形运算不同，DIF-FFT 的蝶形运算是先求和再求积，而 DIT-FFT 的蝶形运算是先求积再求和。

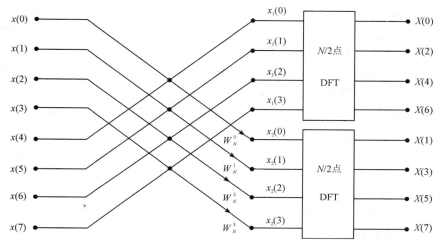

图 3-28　DIF-FFT 第一次分解的运算流图($N = 8$)

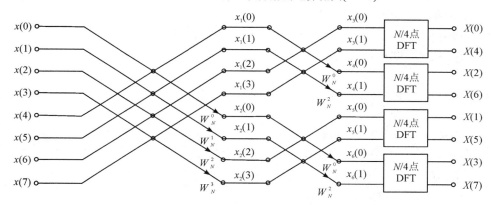

图 3-29　DIF-FFT 第二次分解的运算流图($N = 8$)

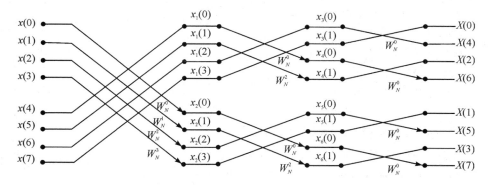

图 3-30　DIF-FFT 运算流图($N = 8$)

3.5.2　基于 MATLAB 的基 2-FFT 算法的实现

在 MATLAB 中，fft 函数用于快速计算 DFT，其调用格式为

　　　y= fft(x)

其中，x 是取样的样本，可以是一个向量，也可以是一个矩阵；y 是 x 的快速傅里叶变换。

在实际操作中，会对 x 进行补零操作，使 x 的长度等于 2 的整数次幂，这样能提高程序的计算速度。此时函数 fft 的调用格式为

$$y= fft(x, n)$$

通过改变 n 值直接对样本进行补零或者截断的操作。

ifft 函数可用来计算序列的逆傅里叶变换，MATLAB 信号处理工具箱中提供的快速傅里叶反变换的调用格式为

$$y= ifft(X), y= ifft(X, n)$$

其中，X 为需要进行逆变换的信号，多数情况下是复数；y 为快速傅里叶反变换的输出。

【例 4-1】 设连续信号 $x(t)=\cos(2\pi f_1 t)+\cos(2\pi f_2 t)+\cos(2\pi f_3 t)$，$f_1=49.5\,\text{Hz}$，$f_2=51.5\,\text{Hz}$，$f_3=52.5\,\text{Hz}$，采样频率 $f_s=512\,\text{Hz}$，分辨率 $F=2.5\,\text{Hz}$。

(1) 利用 FFT 对信号作频谱分析；

(2) 利用 CZT 对信号作频谱分析；

(3) 频率细化后利用 CZT 对信号作频谱分析。

解 利用 MATLAB 分析计算，MATLAB 源程序如下：

```
%直接利用 FFT 分析信号的频谱
clf
fs=512; F=2.5; N=512; f1=49.5; f2=51.5; f3=52.5;
n=0:N-1; nfft=512
t=n/fs; n1=fs*(0:nfft/2-1)/nfft;
x=cos(2*pi*f1*n/fs)+cos(2*pi*f2*n/fs)+cos(2*pi*f3*n/fs);
XK=fft(x,nfft);
subplot(221); plot(n,x); grid on;
xlabel('n'); ylabel('幅度');
subplot(222); plot(n, abs(XK)); grid on;
xlabel('f(Hz)'); ylabel("幅度');
title('直接利用 FFT 分析信号的频谱)');
axis([40, 110, 0, 500]);
%利用 CZT 分析信号的频谱,A=1
M=512;                 %采样点数
W=exp(-j*2*pi/M); %频率细化步长
A=1;                   %细化段起始点 A=1
Y1=czt(x, M, W, A); %利用 CZT 计算信号频谱
n1=0: N-1;
subplot(223); plot(n1, abs(Y1)); grid on;
xlabel('f(Hz)'); ylabel('幅度');
title('利用 CZT 分析信号的频谱, A=1'); axis([40, 55, 0, 500]);
%频率细化后利用 CZT 分析信号的频谱
F1=45; F2=55; fs=512; %起始频率 F1，终止频率 F2，采样频率 fs
```

```
M2=256;                              %采样点
W2=exp(-j*2*pi*(F2-F1)/(fs*M2));     %细化步长
A2=exp(j*2*pi*F1/fs);                %细化起始点
Y2=czt(x,M2,W2,A2);                  %利用 CZT 计算细化后的频谱
h=0:1:M2-1;
f0=(F2-F1)/M2*h+45;                  %细化的频率点序列
subplot(224); plot(f0, abs(Y2)); grid on;
xlabel('f(Hz)'); ylabel('幅度');
title('频率细化后利用 CZT 分析信号的频谱'); axis([45, 55, 0, 500]);
```

程序运行结果如图 3-31 所示。

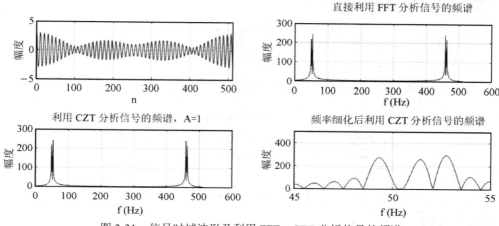

图 3-31　信号时域波形及利用 FFT、CZT 分析信号的频谱

由图 3-31(b)可以看到，由于 f_1、f_2、f_3 很接近，因此利用 FFT 直接计算的频谱分辨不出 f_1、f_2、f_3；图 3-31(c)是用 CZT 计算的 DFT，和图 3-31(b)的结果一样，当 $A=1$ 时，CZT 变换就是 FFT 变换；图 3-31(d)的分辨率提高，三个信号都可以有效分辨出来。

3.5.3　基于 TMS320DM6437 的基 2-FFT 算法的实现

1. 实验原理

1）DFT

计算机在分析模拟波形时，需要针对连续变化的波形进行 A/D 转换，而这种转换是对实际波形的分段采样，所以得到的数据都是原始波形上时间不连续的点，这种采样得到的波形是离散化的数据。因此在数字信号处理等领域使用计算机进行傅里叶变换，必须将函数定义在离散点上，而非连续域内，且必须满足有限性或周期性条件。这种情况下，序列 $x(n)$ 的离散傅里叶变换为

$$X(k)=\sum_{n=0}^{N-1}x(n)\mathrm{e}^{-\mathrm{j}\frac{2\pi}{N}kn}, \quad n=0, 1, 2, \cdots, N-1$$

其逆变换为

$$x(n) = \frac{1}{N} \sum_{n=0}^{N-1} X(k) e^{j\frac{2\pi}{N}kn}, \quad n = 0, 1, 2, \cdots, N-1$$

2) FFT

计算量小的显著优点使得 FFT 在信号处理技术领域获得了广泛应用，结合高速硬件就能实现对信号的实时处理。例如，对语音信号的分析和合成，对通信系统中实现全数字化的时分制与频分制(TDM/FDM)的复用转换，在频域对信号滤波以及相关分析，通过对雷达、声纳、振动信号的频谱分析提高对目标的搜索和跟踪的分辨率等，都要用到 FFT。可以说，FFT 的出现对数字信号处理学科的发展起了重要的作用。

3) 利用 C 语言实现 FFT 程序流程图

本例中利用 FFT 计算正弦序列的 $N = 128$ 的 DFT。程序流程如图 3-32 所示。

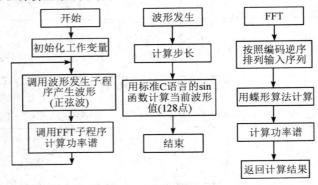

图 3-32 计算正弦序列的 N=128 的 DFT 程序流程图

2. 实验步骤

(1) 打开工程，浏览程序，工程目录为 C:\ICETEK\ICETEK-C6437-AF v2.1\Lab0403-FFT。浏览 FFT.c 文件的内容，理解各语句作用。

```
    InitForFFT();                       ----存放 128 点时的 sin 及 cos 因子
    MakeWave();                         ----产生周期固定的正弦波形，对其进行 FFT
    for ( i=0; i<SAMPLENUMBER; i++ )
    {
        fWaveR[i]=INPUT[i];             ----输入波形的实部=正弦波形
        fWaveI[i]=0.0f;                 ----输入波形的虚部
        w[i]=0.0f;
    }
    FFT(fWaveR,fWaveI);                 ----对正弦波形进行 FFT
    for ( i=0; i<SAMPLENUMBER; i++ )
    {
        DATA[i]=w[i];                   ----将 FFT 功率谱 w[i]放到 DATA[]数组中
    }
```

(2) 编译和下载程序。

(3) 打开观察窗口：

① 选择菜单 Tools→Graph→Single Time 进行如图 3-33(a)所示设置，使用该窗口查看输入波形。

② 选择菜单 Tools→Graph→FFT Magnitude 进行如图 3-33(b)所示设置，使用该窗口查看 FFT 的结果。

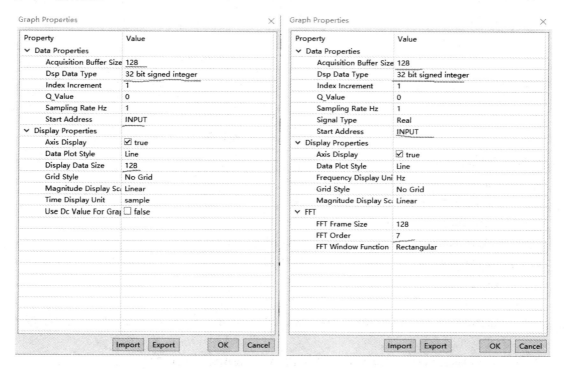

(a) 输入波形设置   (b) FFT 幅度谱设置

图 3-33   输入波形和 FFT 幅度谱设置

(4) 设置断点：在有注释"break point"的语句设置软件断点。

3. 实验结果

运行并观察结果，可以看到，输入波形如图 3-34 所示。

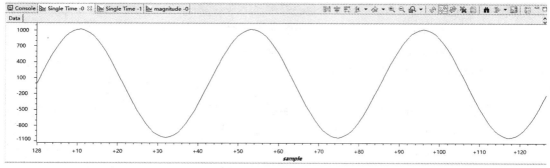

图 3-34   输入波形

调用 FFT 算法后，可得输入波形的尖峰横坐标为 3，该窗口设置的采样数为 128，FFT 计算结果如图 3-35 所示。根据程序中产生波形的函数

INPUT[i]=sin(PI*2*i/SAMPLENUMBER*3)*1024

可得频率为 3/128。

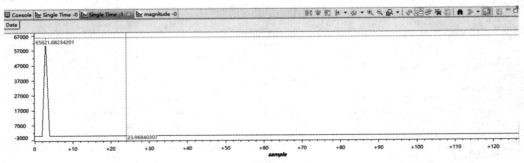

图 3-35　程序运行后的幅度谱

4. C 源程序

```
#include "math.h"
#define PI 3.1415926                    //π
#define SAMPLENUMBER 128                 //128 点 FFT
void InitForFFT();                       //初始化数组值
void MakeWave();                         //产生波形
void FFT();                              //FFT 算法

int INPUT[SAMPLENUMBER], DATA[SAMPLENUMBER]; //分别存放输入波形和傅里叶变换
                                             //后能量分布
float fWaveR[SAMPLENUMBER], fWaveI[SAMPLENUMBER], w[SAMPLENUMBER];
                                     //分别表示被变换函数的实部、虚部、幅值
float sin_tab[SAMPLENUMBER], cos_tab[SAMPLENUMBER]; //128 点 FFT 变换的正弦值依次
                                                    //分布和余弦值依次分布

main()
{
    int i;
    InitForFFT();                        //初始化数组值
    MakeWave();                          //产生波形
    for ( i=0; i<SAMPLENUMBER; i++ )
    {
        fWaveR[i]=INPUT[i];              //实部初始为函数值
        fWaveI[i]=0.0f;                  //虚部初始为 0
        w[i]=0.0f;                       //幅值初始为 0
    }
    FFT(fWaveR,fWaveI);                  //对输入波形进行 FFT 变换
    for ( i=0; i<SAMPLENUMBER; i++ )
```

```
    {
        DATA[i]=w[i]; //将 FFT 变换所得波形的幅值放于 DATA 数组中
    }
    while ( 1 );   // break point
}
/*
 * void FFT(float dataR[SAMPLENUMBER], float dataI[SAMPLENUMBER])
 * 功能：完成 FFT 变换
 * 参数：float dataR[SAMPLENUMBER], 需要做 FFT 变换的波形实部
 *       float dataI[SAMPLENUMBER], 需要做 FFT 变换的波形虚部
 *1. 序列长度为 N=2^m 点的 FFT,有 M 级蝶形运算, 每级有 N/2 个蝶形运算
 *2. 第 L 级共有 2^(L-1)个旋转因子
 *3. 第 L 级 FFT 运算中, 同一旋转因子用在 2^(M-L)个蝶形中
 *4. 第 L 级中, 使用同一旋转因子的蝶距为 2^L
 *5. 第 L 级中, 每个蝶形的两个输入数据相距 2^(L-1)
 */
void FFT(float dataR[SAMPLENUMBER], float dataI[SAMPLENUMBER])
{
    int x0,x1,x2,x3,x4,x5,x6,xx;
    int i,j,k,b,p,L;
    float TR,TI,temp;
    /* 将时域序列倒序,之后进行蝶形运算*/
    for ( i=0; i<SAMPLENUMBER; i++ )
    {
        x0=x1=x2=x3=x4=x5=x6=0;
        x0=i&0x01; x1=(i/2)&0x01; x2=(i/4)&0x01; x3=(i/8)&0x01; x4=(i/16)&0x01;
        x5=(i/32) &0x01; x6=(i/64)&0x01;
        xx=x0*64+x1*32+x2*16+x3*8+x4*4+x5*2+x6;
        dataI[xx]=dataR[i];
    }
    for ( i=0; i<SAMPLENUMBER; i++ )
    {
        dataR[i]=dataI[i]; dataI[i]=0;
    }
    /* FFT 的蝶形运算  */
    for ( L=1; L<=7; L++ )   //N=2^m  点的 FFT, m=8, 共 8 级蝶形运算
    {    /* for(1) */
        b=1; i=L-1;
        while ( i>0 )
```

```
        {
            b=b*2; i--;
        } /* b= 2^(L-1) */
        for ( j=0; j<=b-1; j++ ) /* for (2) */    //第 L 级共有 2^(L-1)个不同的旋转因子
        {
            p=1; i=7-L;
            while ( i>0 ) /* p=pow(2,7-L)*j; */
            {
                p=p*2; i--;
            }
            p=p*j; //使用相同旋转因子的距离
            for ( k=j; k<128; k=k+2*b ) /* for (3) */    //2*b 为 L 级蝶形运算的两个输入数据的间距
            {
                TR=dataR[k]; TI=dataI[k]; temp=dataR[k+b];
                dataR[k]=dataR[k]+dataR[k+b]*cos_tab[p]+dataI[k+b]*sin_tab[p]; //X1(k)+W.X2(k)
                dataI[k]=dataI[k]-dataR[k+b]*sin_tab[p]+dataI[k+b]*cos_tab[p]; //X1(k)-W.X2(k)
                dataR[k+b]=TR-dataR[k+b]*cos_tab[p]-dataI[k+b]*sin_tab[p];
                dataI[k+b]=TI+temp*sin_tab[p]-dataI[k+b]*cos_tab[p];
            } /* END for (3) */
        } /* END for (2) */
    } /* END for (1) */
    for ( i=0; i<SAMPLENUMBER/2; i++ )
    {
        w[i]=sqrt(dataR[i]*dataR[i]+dataI[i]*dataI[i]); //计算各点的幅值分布情况, 确定主要能量分布
    }
} /* END FFT */
/*
 * void InitForFFT() 对 FFT 做准备
 * x[i]=|R|cos(2πki/N) + |I|sin(2πki/N),   k=0, 1, 2, ... , N/2
 * 其中|R|和|I|分别表示余弦波和正弦波的幅值,   k 从 0 到 N/2
 * 总而言之, 任何一个 N 点信号 x[i], 都可以通过叠加 N/2+1 点的余弦波和 N/2+1 点的正弦波来合成
 */
void InitForFFT()
{
    int i;

    for ( i=0; i<SAMPLENUMBER; i++ )
    {
        sin_tab[i]=sin(PI*2*i/SAMPLENUMBER);
```

```
            cos_tab[i]=cos(PI*2*i/SAMPLENUMBER);
        }
    }


/* void MakeWave()
 * 产生波形,  F/fs=3/SAMPLENUMBER=3/128
 *f=sin(2πif/fs), 其中 i 为正整数, f 为频率, fs 为采样频率
 */
void MakeWave()
{
    int i;

    for ( i=0; i<SAMPLENUMBER; i++ )
    {
        INPUT[i]=sin(PI*2*i/SAMPLENUMBER*3)*1024;
    }
}
```

本 章 小 结

本章详细介绍了 ICETEK-DM6437-AF 实验系统的组成、硬件模块以及基于该实验系统的数字信号处理算法的实现过程,包括语音信号处理、视频信号处理、基 2-FFT 算法。基于这些应用实例,读者可进一步理解和掌握数字信号处理算法在 TMS320DM6437 上的编译和调试过程,提升自身的工程实践、工程研究能力。

习　题　3

一、填空题

1. 内核为 C64x+ 的 TMS320DM6437 与 64x(DM642 的内核)完全兼容。它包括 32 KB 的_____、80 KB 的_____、128 KB 的_____、增强的 DMA 控制器、3 路 PWM 输出(已扩展在外部接口上)、1 个 64 位的看门狗定时器、板上外扩 1 GB DDR2、128 Mb Flash。

2. TMS320DM6437 实验系统正常工作电压共包括 5 V、3.3 V、1.8 V、1.2 V 四种。其中 DM6437 的内核电压可能在_____V 到_____V 之间通过硬件电阻值的设置来实现。

3. 系统中用到很多种不同的时钟频率,TMS320DM6437 有 2 个独立的 PLL 控制器,分别是 PLLC1 和 PLLC2,_____产生 DSP、DMA、VPFE 及其他外设所需的时钟频率。产生 DDR2 接口和 VPBE 在特定模式下的时钟频率。根据 TMS320DM6437 的数据手册,PLL 的输入频率范围为 20～30 MHz,这里选择_____外部无源晶振作为系统的外部时钟源。

4. TLV320AIC33 是一款支持低功耗与噪声滤波功能的_____，可以支持 6 路信号输入和 6 路信号输出，支持差分和单端两种信号输入形式。相比较其他音频编解码芯片，TLV320AIC33 支持_____ ksps 的采样率；D/A 转换与 A/D 转换的信噪比(SNR)分别达到了 102 dB 与 92 dB。

5. TVP5146 是 TI 公司的一款高性能视频信号解码芯片，能将 NTSC、PAL 制式的混合视频信号_____成数字信号输出。TVP5146 提供 4 路 10 位 30MSPS(每秒采样百万次)A/D 转换通道，可以将 YPbPr、NTSC、PAL 信号转换成_____信号，每个 A/D 通道中均包含模拟参考电压输入电路、可编程增益控制电路、输入信号偏移电路和可编程信号源选择电路。

6. 采用 CP2102 实现将 USB 信号转为串口信号，D+、D- 为_____，RXD/TXD 进行 UART_____。

7. TI 公司在其 TMS320 系列芯片上设置了符合 IEEE1149.1 标准的 JTAG(Joint Test Action Group)标准测试接口及相应的控制器，主要用于_____和 DM643_____，方便 DSP 应用系统开发调试。JTAG 接口可对芯片内部部件编程，外部中断计数等。使用 JTAG 仿真开发工具可实现对 DM6437 片内和片外资源进行全透明访问，同时还可以向 DM6437 加载程序，对程序进行调试。

8. TLV0832 可以将收到的模拟电压信号_____范围的电压信号进行定时采集，采集速率(A/D 转换时间)最短为_____微秒，可以转换两路模拟信号输入(分时转换)，转换后生成的数字量为 8 位二进制数精度，通过串行通信可将结果传送给上位机处理。

9. TLC7528 可以将收到的_____位数字信号转换成相应的模拟输出，可以支持_____路模拟量输出。

10. ICETEK-DM6437-AF 实验系统是一个综合的 DSP 教学实验系统。系统采用模块化分离式结构，主板是基于_____的核心板 + 底板，核心 CPU 能够直接对外设模块(液晶屏、蜂鸣器、步进电机、直流电机、交通灯、9 键数字键盘等)进行控制，使用灵活，方便用户二次开发。用户可根据自己的需求选用不同类型的_____适配板，在不需要改变任何配置的情况下即可做 TI 公司不同类型的 DSP 相关实验。

二、选择题

1. TMS320DM6437 实验系统正常工作电压共包括 5 V、3.3 V、1.8 V、1.2 V 四种。其中 I/O 电压为(　　)。

A. 5 V　　　　　　　B. 3.3 V　　　　　　　C. 1.2 V　　　　　　　D. 1.8 V

2. 系统中用到很多种不同的时钟频率，TMS320DM6437 有两个独立的 PLL 控制器，分别为 PLLC1 和 PLLC2。以下选项中不是由 PLL1 产生时钟频率的是(　　)。

A. CPU　　　　　　　B. DMA 控制器　　　　C. VPFE　　　　　　　D. DDR2

3. 为保证 TMS320DM6437 正常、稳定工作，以下叙述错误的是(　　)。

A. 核电压 1.2 V 先于 I/O 供电电压 3.3 V、1.8 V

B. I/O 供电电压 3.3 V、1.8 V 先于核电压 1.2 V

C. 内核供电的 VDCDC1 的输出为 1.2 V，以 VDCDC1 作为比较器的输入，以比较器的输出作为其他几路 DC/DC 和 LDO 输出的使能信号，从而实现了上电顺序控制

D. VDCDC2、VDCDC3 并不是在 VDCDC1 达到 1 V 时便开始上升，而是略有延迟，

这是由片子内部用于限制浪涌电流的软启动电路引起的

4. DSP 的 McBSP0 接口的 4 根信号线直接连接到 TLV0832 的 4 路输入信号，关于 TMS320DM6437 与 TLV0832 接口的叙述错误的是(　　)。

A. DSP 的 FSX0 提供 TLV0832 的片选信号，也是转换使能信号

B. DSP 的 CLKX0 输出提供 TLV0832 时钟信号

C. DSP 的 DX0 接 TLV0832 的数据输入信号 DI

D. DSP 的 DX0 接 TLV0832 的数据输出信号 DO

5. 关于 ICETEK-DM6437-AF 的视频处理系统工作流程，以下叙述错误的是(　　)。

A. 插座上的摄像机将 PAL 制式的模拟复合视频信号输入，复合视频信号接入 U5-TVP5146 进行解码，输出 YCbCr 格式的数字分量信号

B. 数字分量信号通过 DM6437 的 VPFE 接口输入 DSP，存放到 DM6437 片内存储器中

C. DM6437 将存放在 DDR2 SDRAM 中的视频数据取到 DSP 片内进行处理运算，结果输出存放到 DDR2 SDRAM 中的输出缓存区

D. DM6437 的 VPBE 接口自动获取 DDR2 SDRAM 中输出缓冲区的视频数据，将其进行编码后输出

三、问答与思考题

1. 简述 ICETEK-DM6437-AF 的电源模块的工作原理。

2. 简述 ICETEK-DM6437-AF 的音频信号处理的流程。

3. 简述 ICETEK-DM6437-AF 的视频信号处理的流程。

4. 简述 ICETEK-DM6437-AF 时钟模块的工作原理。

5. 简述 ICETEK-DM6437-AF 的 TLV0832 的 A/D 转换过程。

6. 简述 ICETEK-DM6437-AF 的 TLC7528 的 D/A 转换过程。

第 4 章　软件开发环境

学习导读

　　CCS 是一种针对 TI 公司的 DSP、微控制器和微处理器的集成开发环境。在 Windows 操作系统下，它采用图形接口界面，提供了环境配置、源文件编辑、程序调试、跟踪和分析等工具，便于实时、嵌入式信号处理程序的编制和测试，并且能够加速开发进程，提高工作效率。TI 公司的 TMS320C6000 系列是 DSP 应用中的主流产品，拥有强大的数字信号处理能力。本章详细介绍 CCS 与 TMS320C6000 系列的软件开发过程。

学习目标

　　1. 知识目标

（1）掌握 DSP 软件开发流程。

（2）掌握 CCS 的安装、设置与使用。

（3）了解 DSP/BIOS 实时操作系统的组成与程序开发流程。

　　2. 能力目标

（1）提高应用 MATLAB 分析复杂数字信号处理问题的能力。

（2）掌握 IIR 数字滤波器的 DSP 实现，提升自身 C 语言程序设计能力。

（3）能够熟练应用 CCS 集成开发环境完成 DSP 系统的软件调试。

　　3. 素质目标

　　通过 CCS 集成开发环境的学习，培养学生的规矩意识和规范性思维。

　　规矩是指人们共同遵守的办事规程和行为准则，既包括党纪国法、规章制度，又包括个人修养、道德情操、礼仪规范、社会公德、职业道德等方面的内容。规矩是一种约束，一种准则，一种标准，一种尺度，更是一种责任，一种境界。规矩意识是一种发自内心的认同并自觉自愿地以规矩为自己行动准绳的思想观念和稳定的心理状态。规矩意识是现代社会每个公民都必备的一种意识。

　　在 DSP 软件开发中，程序设计、开发工具的使用、开发流程都必须遵循相关的规范要求。

4.1 DSP 软件开发工具

对于嵌入式系统开发者来说，要想缩短开发周期，降低开发难度，就必须有一套完整的软硬件开发工具，也就是说必须有一个好的开发平台。许多 DSP 生产厂商为了推广其 DSP 芯片的应用，专门为用户提供了完整的开发工具。

可编程 DSP 芯片的开发工具通常可分成代码生成工具和代码调试工具两大类。代码生成工具的作用将高级语言或汇编语言编写的 DSP 程序转换成可执行的 DSP 芯片目标代码的工具程序，主要包括汇编器、链接器、C/C++ 编译器及一些辅助工具程序等。代码调试工具的作用是在 DSP 编程过程中，按照设计的要求对程序及系统进行调试，使编写的程序达到设计目标，主要包括 C/汇编语言源代码调试器、仿真器等。一个或多个 DSP 汇编语言程序经过汇编和链接后，生成目标文件。目标文件格式为 COFF 公共目标文件格式。COFF 在编写汇编语言程序时采用代码块和数据块段的形式，更利于模块化编程。汇编器和链接器提供伪指令来产生和管理段。采用 COFF 格式编写汇编程序或高级语言程序时，不必为程序代码或变量指定目标地址，程序可读性和可移植性得到增强。可执行的 COFF 格式目标文件通过软件仿真程序或硬件在线仿真器的调试后将程序加载到用户的应用系统。

在 CCS 推出之前，软件的开发过程是分立的。由于没有一个统一的集成开发环境，因此开发者只能在不同的工作界面下完成不同的开发工作。开发者首先使用代码生成工具，即 C/C++ 编译器、C 优化器、汇编器和链接器等，以命令行方式编译用户的程序代码，并在 DOS 窗口中观察编译器的错误信息；然后在某个文本编辑器中修改源代码，重新编译，直到程序编译正确。生成可执行文件后，开发者要使用 Simulator(软件仿真)或者 Emulator(硬件仿真)调试程序，程序出现任何问题还要修改错误并重新编译，重复上述步骤。Simulator 和 Emulator 只提供了简单的调试手段，即只能通过设置断点等简单操作调试程序。

CCS 扩展了基本的代码生成工具，集成了调试和实时分析功能。开发者的一切开发过程，包括项目的建立、源程序的编辑以及程序的编译和调试都是在 CCS 这个集成环境下进行的。除此之外，CCS 还提供了更加丰富和强有力的调试手段来提高程序调试的效率和精度，使应用程序的开发变成一件轻松而有趣的工作。

4.1.1 CCS 简介

CCS 提供了系统环境配置、源文件编辑、源程序调试、运行过程跟踪和运行结果分析等用户系统调试工具，可以帮助用户在同一软件环境下完成源程序编辑、编译链接、调试和数据分析等工作。大部分基于 DSP 的应用程序开发流程包括设计、编辑与生成、调试、分析 4 个基本阶段，如图 4-1 所示。

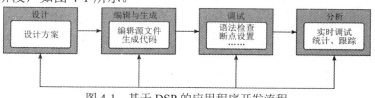

图 4-1 基于 DSP 的应用程序开发流程

CCS 的构成及接口如图 4-2 所示。

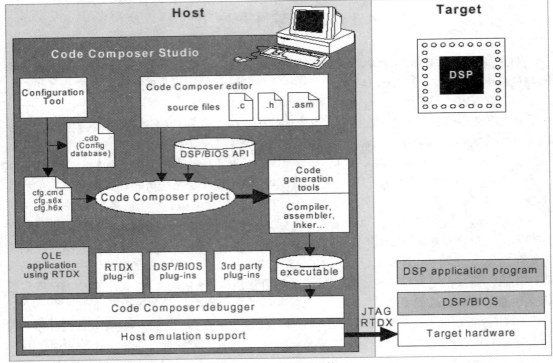

图 4-2 CCS 的构成及接口

由图 4-2 可知，CCS 包括以下几个部分：

(1) CCS 代码生成工具(Configuration Tool)。

(2) CCS 集成开发环境(IDE)。

(3) DSP/BIOS 插件程序和 API。

(4) RTDX 插件、主机接口和 API。

到目前为止，TI 公司已经先后推出了 v1.x、v2.x、v3.x、v4.x、v5.x、v6.x 等多个版本的 CCS，各个版本的功能大体一致。v3.0 以前的版本只支持 TI 公司的一个系列(如 TMS 320C5000 CCS v2.2 仅支持 C5000 系列)的 DSP 芯片开发，其他系列的 DSP 芯片开发要安装相应的 CCS 软件；v3.0 及其后续版本支持所有的 DSP 系列，应用比较广泛的是 v3.3 版本。v3.0 及之前的版本只能在 Windows XP 系统上使用，v3.0 之后的版本支持 Windows 及更高版本的 Windows 系统。目前，TI 公司推出了 CCS Cloud，无须安装程序，可以通过访问相关网站立即开发，完成在云中编辑、编译和调试等基本功能。当需要完成更复杂的功能时，可以将代码从云版下载到桌面再进行开发。

在使用 CCS 前，应该先了解该软件的以下文件名约定：

(1) Project.pjt：CCS 定义的工程文件；

(2) Program.c：C 程序文件；

(3) Program.asm：汇编语言程序文件；

(4) Filename.h：头文件，包括 DSP/BIOS API 模块；

(5) Filename.lib：库文件；

(6) Project.cmd：连接命令文件；

(7) Program.obj：编译后的目标文件；

(8) Program.out：可在目标 DSP 上执行的文件，可在 CCS 监控下调试/执行；

(9) Program.cdb：CCS 的设置数据库文件，是使用 DSP/BIOS API 所必需的，其他没有使用 DSP/BIOS API 的程序也可以使用。

4.1.2　CCS 集成开发环境

CCS 有两种工作模式：软件仿真器模式和硬件在线编程模式。前者可以脱离 DSP 芯片，在 PC 上模拟 DSP 的指令集与工作机制，主要用于前期算法实现和调试；后者则实时运行在 DSP 芯片上，与硬件开发板相结合，在线编程和调试应用程序。

CCS 的功能十分强大，它集成了代码的编辑、编译、链接和调试等，而且支持 C/C++ 语言和汇编语言的混合编程。CCS 的主要特点与功能如下：

(1) 集成可视化代码编辑界面，可以直接编写 C++文件、汇编文件、头文件及 CMD 文件等。

(2) 集成图形显示工具，可绘制时域、频域波形等。

(3) 集成调试工具，可以完成执行代码的装入、寄存器和存储器的查看、反汇编器交量窗口的显示等功能，同时还支持 C 源代码级的调试。

(4) 集成代码生成工具，包括汇编器、C/C++编译器和链接器等。

(5) 支持多 DSP 调试。

(6) 集成断点工具，可用于设置硬件断点、数据空间读/写断点、条件断点等。

(7) 集成探针工具，可用于算法仿真、数据监视等。

(8) 提供代码分析工具，可计算某段代码执行时间，从而能对代码的执行效率做出评估。

(9) 支持通过 GEL 来扩展 CCS 的功能，可以实现用户自定义的控制面板、菜单、自动修改变量或配置参数的功能。

(10) 支持 RTDX 技术，可在不打断目标系统运行的情况下，实现 DSP 与其他应用程序的数据交换。

(11) 提供开放的 plug-ins 技术，支持第三方的 ActiveX 插件，支持包括软件仿真在内的各种仿真器(需要安装相应的驱动程序)。

(12) 提供 DSP/BIOS 工具，增强了对代码的实时分析能力，如分析代码的执行效率、调度程序执行的优先级，方便对系统资源的管理或使用 (代码/数据空间的分配、中断服务程序的调用、定时器的使用等)，减小了开发人员对 DSP 硬件知识的依赖程度，从而缩短了软件系统的开发进程。

4.1.3　代码生成工具

图 4-3 是典型的 DSP 软件开发流程图，图中阴影部分表示一般的 C 语言开发步骤，其他部分是为了强化开发过程而设置的附加功能。

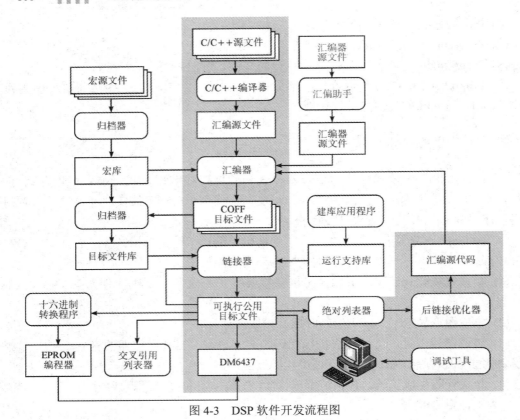

图 4-3   DSP 软件开发流程图

代码生成工具奠定了 CCS 开发环境的基础，将用高级语言、汇编语言或两种语言混合编写的 DSP 程序转换为可执行的目标代码。除了最基本的 C/C++ 编译器、汇编器和链接器，代码生成工具还有归档器、运行支持库、十六进制转换程序、交叉引用列表器、绝对列表器等辅助工具。

1. C/C++编译器

C/C++ 编译器包括分析器、优化器和代码产生器，它接收 C/C++ 源代码并产生 TMS320Cxx 汇编语言源代码，通过汇编和链接，产生可执行的目标文件。C/C++ 编译器的主要特点如下：① 完全符合 ANSI C 标准；② 支持库函数；③ 编译时可进行优化处理，产生高效的汇编代码；④ 用户可进行库和档案的管理，可以对库进行文件的添加、删除、替换等，可以将目标文件库作为链接器的输入；⑤ 可控制存储器的分配、管理和部分链接；⑥ 支持 C 语言和汇编语言混合编程；⑦ 可输出多种列表文件，如源代码文件、汇编列表文件和预处理输出文件等。

2. 汇编器

汇编器的作用是将汇编语言源程序转换成机器语言目标文件，它们都是通用目标文件格式(COFF)文件。汇编器的功能如下：① 处理汇编源文件(.asm)，产生可重定位的目标文件(.obj)；② 根据要求产生源程序列表文件(.lst)，并向用户提供对此列表的控制；③ 根据要求将交叉引用列表加到源程序列表中；④ 将代码分段，并为每个目标代码段设置段程序计数器；⑤ 定义和引用全局符号；⑥ 汇编条件块；⑦ 支持宏调用，允许用户在程序中或在库内定义宏。

3. 链接器

链接器把多个目标文件组合成单个可执行目标模块,它在创建可执行模块的同时完成重定位过程。链接器的输入是可重定位的目标文件和目标库文件。在汇编程序生成代码过程中,链接器的作用如下:

(1) 根据链接命令文件(.cmd 文件)将一个或多个 COFF 目标文件链接起来,生成存储器映射文件(.map 文件)和可执行的输出文件(.out 文件)。

(2) 将段定位于实际系统的存储器中,并给段、符号指定实际地址。

(3) 解决输入文件中未定义的外部符号引用。

4. 归档器

归档器允许用户把一组文件收集到一个归档文件中,并允许通过删除、替换、提取或添加文件来调整库。

5. 运行支持库

运行支持库包括 C/C++ 编译器所支持的 ANSI 标准运行支持函数、编译器公用程序函数、浮点运算函数和 C/C++ 编译器支持的 I/O 函数。用户可以利用建库应用程序建立满足设计要求的运行支持库。

6. 十六进制转换程序

十六进制转换程序把 COFE 目标文件转换成 TI-Tagged、ASCI-hex、Intel、Motorola-S 或 Txktronix 等目标格式,可以把转换好的文件通过 EPROM 编程器下载到 EPROM 中。

7. 交叉引用列表器

交叉引用列表器用目标文件产生参照列表文件,可显示符号及其定义,以及符号所在的源文件。要使用交叉引用列表器,需要在汇编源程序的命令中加入一个适当的选项,在列表文件中产生一个交叉引用列表,并在目标文件中加入交叉引用信息。链接目标文件得到可执行文件,再利用交叉引用列表器,即可得到想要的交叉引用列表。

8. 绝对列表器

绝对列表器输入目标文件,输出.abs 文件,通过汇编.abs 文件可产生含有绝对地址的列表文件。如果没有绝对列表器,这些操作将需要冗长乏味的手工操作来完成。产生绝对列表所需要的步骤如下:

(1) 汇编源文件。

(2) 链接所产生的目标文件。

(3) 调用绝对列表器,使用已链接的目标文件作为输入,它将创建扩展名为 .abs 的文件。

(4) 汇编 .abs 文件,这时用户在命令中需加入一个适当的选项来调用汇编器,以产生包含绝对地址的列表文件。

4.1.4　代码调试工具

代码调试工具的作用是将代码生成工具生成的可执行.out 文件,通过调试器接口加载到用户系统进行调试。下面介绍 TMS320 系列 DSP 芯片的代码调试工具。

1. C/汇编语言源码调试器

C/汇编语言源码调试器是运行在 PC 或 SPAKC 等产品上的一种软件接口,与其他调试工具(软件模拟器、评估模块、软件开发系统、仿真器)配合使用。用户程序既可用 C 语言调试,也可用汇编语言调试,还可以用 C 语言和汇编语言混合调试。

2. 初学者工具(DSK)

初学者工具(DSK)是 TI 公司为 TMS320 系列 DSP 初学者设计和开发的廉价的实时软件调试工具。用户可以使用 DSK 来做 DSP 实验,进行诸如系统控制、语音处理的测试应用;也可以使用 DSK 编写和运行实时源代码,并对其进行评估;还可以使用 DSK 来调试用户自己的系统。

3. 软件仿真器

软件仿真器是一种模拟 DSP 芯片各种功能并在非实时条件下进行软件调试的工具,不需要目标硬件支持,只需要在计算机上运行,是一种廉价、方便的调试工具,但它运行速度慢,无法保证实时性。因此软件仿真器适合初学者使用或对算法进行预调试,汇编源程序经过汇编链接后,就可将其调入软件仿真器进行调试。调试中所需的 I/O 值可从文件中取出,输出到 I/O 口的值也可存储在文件中。同时新版本的仿真器都采用 C 语言和汇编语言调试的接口,可进行 C 语言、汇编语言或 C 语言和汇编语言的混合调试。软件仿真器的主要特征如下:① 可在计算机上执行用户 DSP 程序;② 可修改和查看寄存器;③ 可对数据和程序存储器进行修改和显示;④ 可模拟外设、高速缓存、流水线和定时功能;⑤ 可在取指令、读/写存储器及错误条件满足时设置断点;⑥ 可进行累加器、程序计数器、辅助寄存器的跟踪;⑦ 可进行指令的单步执行;⑧ 用户可设定中断产生间隔;⑨ 在遇到非法操作码和无效数据访问时可给出提示信息;⑩ 可从文件中执行命令。

4. 评估模块(EVM)

评估模块是一种低成本的用于器件评估、标准程序检查及有限系统调试的开发板。它配置了目标处理器、小容量的存储器和其他有限的硬件资源,可用来对 DSP 芯片的性能进行评估,也可用来组成一定规模的用户 DSP 系统。TMS320 各系列芯片的评估模块一般具有以下功能:① 存储器和寄存器的显示与修改;② 汇编器/链接器;③ 软件单步运行和断点调试;④ 板上存储器;⑤ 下载程序;⑥ I/O 功能;⑦ 高级语言调试接口。

5. 硬件在线仿真器

硬件在线仿真器(XDS Emulator) 是一种功能强大的高速仿真器,可用来进行系统级的集成调试,是进行 DSP 系统开发的最佳工具。TI 公司生产的 DSP 都采用扫描仿真器。扫描仿真器克服了传统仿真器电缆过长引起的信号失真和仿真插头可靠性差等问题。使用扫描仿真器时,程序可以从片内或片外的目标存储器实时执行,在任何时钟速度下都不会引入额外的等待状态。另外,由于 DSP 芯片内部是通过移位寄存器扫描链实现扫描仿真的,而这个扫描链可被外部的串行口访问,因此采用扫描仿真,即使芯片已经焊到电路板上,也可进行仿真调试,这为在开发过程中 DSP 系统调试提供了极大的方便。

XDS510 仿真器是 TI 公司提供的以 PC 为基础的仿真系统，其仿真信号采用 IEEE 1149.1 的 JTAG 标准，提供了一条可测试的系统总线，能够发送测试命令和数据，获得测试结果。程序可以从片外或片内的目标存储器实时执行，在任何时钟频率下不会引入额外的等待状态。

除了 TI 公司提供的 XDS510 仿真器，用户还可以选择第三方公司的仿真器，如北京瑞泰创新科技有限责任公司的 ICETEK100v2 + USB 仿真器。

4.2　CCS v5 的安装与设置

这里以 CCS 5.1 为例，介绍其安装与设置过程。请读者(尤其初学者)注意，TI 公司的 CCS 6.0 以上的版本不支持软件仿真，读者可依据自己的需要选择合适的版本安装。

4.2.1　CCS v5 的安装

1. 安装 CCS v5

进行 CCS v5 安装时，将实验箱附带的教学光盘插入计算机光盘驱动器(也可到 TI 公司官方网站下载相关的应用程序)，打开教学光盘的"CCS5.1"安装包，双击其中的"ccs_setup_5.1.1.00031.exe"，进入安装程序，安装 CCS v5 软件(此文档假定用户将 CCS v5 安装在默认目录 C：\中，同时也建议用户按照默认安装目录安装)。

(1) 进入 CCS v5 安装界面，如图 4-4 所示。

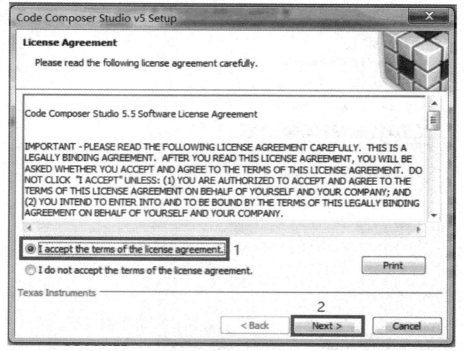

图 4-4　CCS v5 安装界面

(2) 选择安装路径，建议使用默认路径，如图 4-5 所示。

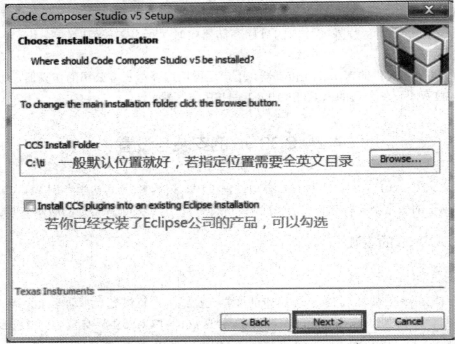

图 4-5　CCS v5 安装路径

(3) 选择安装模式为用户自定义，如图 4-6 所示。

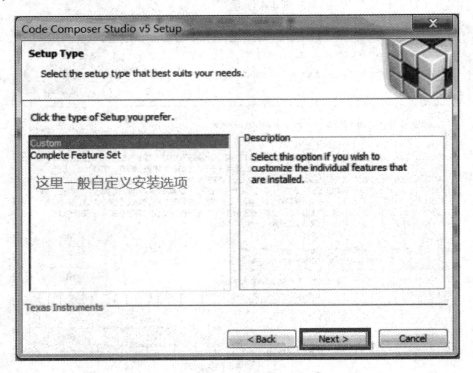

图 4-6　CCS v5 安装模式选择

(4) 选择支持的芯片，这里我们可以使用默认选项，如图 4-7 所示。

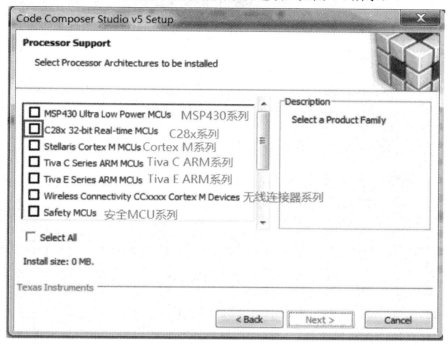

(a)

(b)

图 4-7　CCS v5 安装处理器选项

(5) 选择要安装的组件，使用默认选项即可，如图 4-8 所示。

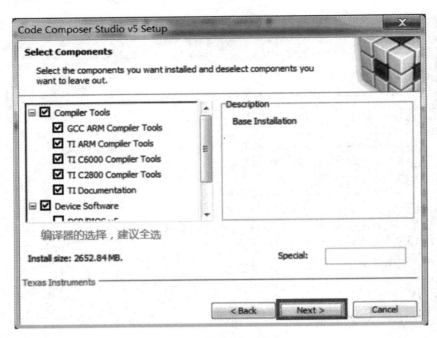

图 4-8　CCS v5 安装组件选择

(6) 选择支持的仿真器类型，一般使用默认选项，也可根据用户需求选择，如图 4-9 所示。

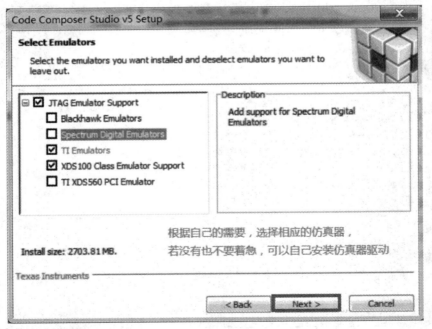

图 4-9　CCS v5 仿真器选择

(7) 等待安装结束，如图 4-10(a)所示。当出现如图 4-10(b)所示的界面时，说明安装成功，单击"Finish"按钮，进入启动界面。

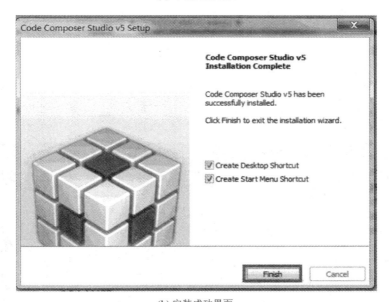

(a) 等待安装结束

(b) 安装成功界面

图 4-10 CCS v5 安装结束

2. 安装 DSP 通用仿真器驱动

使用 USB 电缆(一头 A 型 USB,一头 miniUS、B)连接计算器和 ICETEK-XDS100v2+仿真器,USB 接口如图 4-11 所示。

此时计算机显示正在自动安装设备驱动,等安装完毕,打开设备管理器,在通用串行总线控制器中可以看到 TI

图 4-11 USB 接口

XDS100 Channel A 和 TI XDS100 Channel B 这 2 个设备,表示仿真器已成功驱动,如图 4-12 所示。

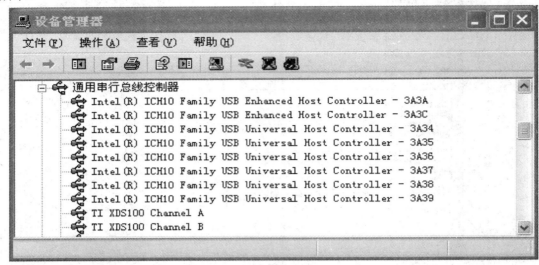

图 4-12　仿真器选择

4.2.2　CCS v5 的设置

1. 启动 CCS v5

双击桌面上的图标打开 CCS v5。

(1) 第一次打开 CCS v5 时,会提示选择一个工作区,设置完毕后点击"OK",如图 4-13 所示。

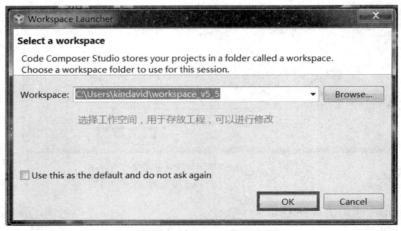

图 4-13　CCS v5 工作区选择

(2) 进入 CCS v5 界面。第一次进入 CCS v5 时,会提示设置 LICENSE(授权许可),这里使用 XDS100v2 仿真器,可以使用免费的授权,选择"FREE LICENSE",点击"Finish",此时可以看到 CCS v5 左下角显示"LICENSE",如图 4-14(a)所示。选择正确 LICENSE 后完成软件的激活。图 4-14(b)是设置好的 CCS v5 界面,图 4-14(c)是 CCS v5 应用窗口界面。

注：若软件没有自动弹出 LICENSE 设置界面，可以点击菜单 "Help→Code Composer Studio Licensing Information" 打开 LICENSE 设置界面。

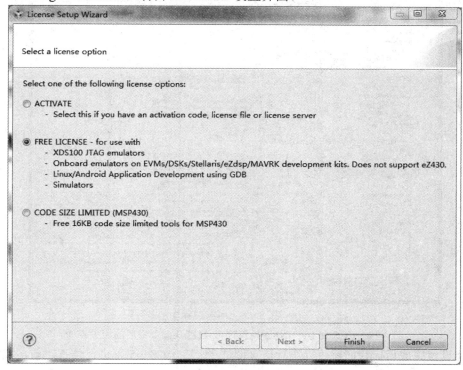

(a) CCS v5 LICENSE(授权许可)界面

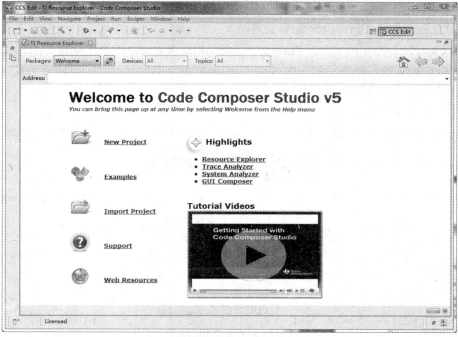

(b) 设置好后的 CCS v5 界面

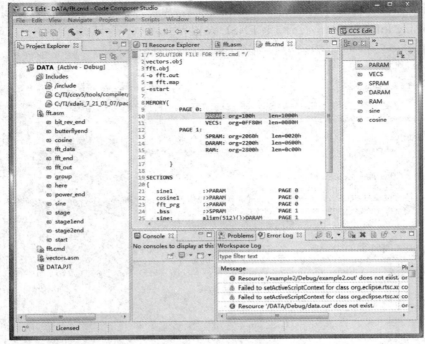

(c) CCS v5 应用窗口界面

图 4-14　CCS v5 LICENSE(授权许可)设置及设置好后的相关界面

上述设置完成后，我们就可以进行仿真调试了。在 CCS v5 下进行仿真之前，我们需要设置一个目标配置文件(Target Configuration File)，该文件一般是以 ".ccxml" 为后缀。该文件的配置是由使用者目前要调试的硬件平台决定的，即用户使用的仿真器型号和芯片型号。

2. 建立软件仿真(Simulator)配置文件

CCS v5 可以工作在纯软件仿真环境中，就是由软件在 PC 内存中构造一个虚拟的 DSP 环境，可以调试、运行程序。但一般软件无法构造 DSP 中的外设，所以软件仿真通常用于调试纯软件的算法和进行效率分析等。在使用软件仿真方式工作时，无需连接板卡和仿真器等硬件。下面是建立软件仿真器(Simulator)的配置文件的方法：

(1) 点击菜单 View→Target Configurations 调出仿真配置界面，如图 4-15 所示。

图 4-15　仿真配置界面

（2）在出现的 Target Configurations 窗口中，右键单击"User Defined"，选择"New Target Configuration"，新建一个目标配置文件，如图 4-16 所示。

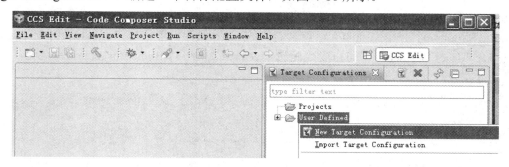

图 4-16 新建一个目标配置文件

（3）在弹出的 New Target Configuration 窗口中，设置配置文件的名称为 DM6437-Simulator.ccxml，点击"Finish"按钮，新建完成，如图 4-17 所示。

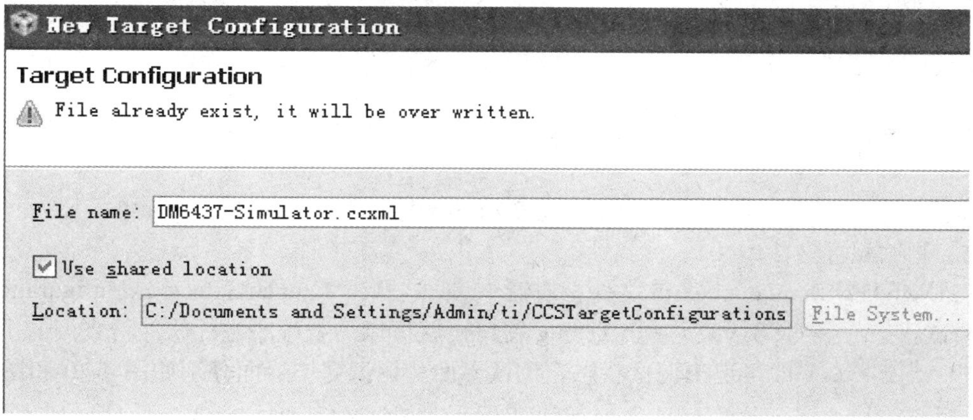

Target Configuration

⚠ File already exist, it will be over written.

File name: DM6437-Simulator.ccxml

☑ Use shared location

Location: C:/Documents and Settings/Admin/ti/CCSTargetConfigurations   File System...

图 4-17 配置文件的文件名设置

此时 CCS v5 显示出刚才新建的配置文件的设置界面，如图 4-18 所示。

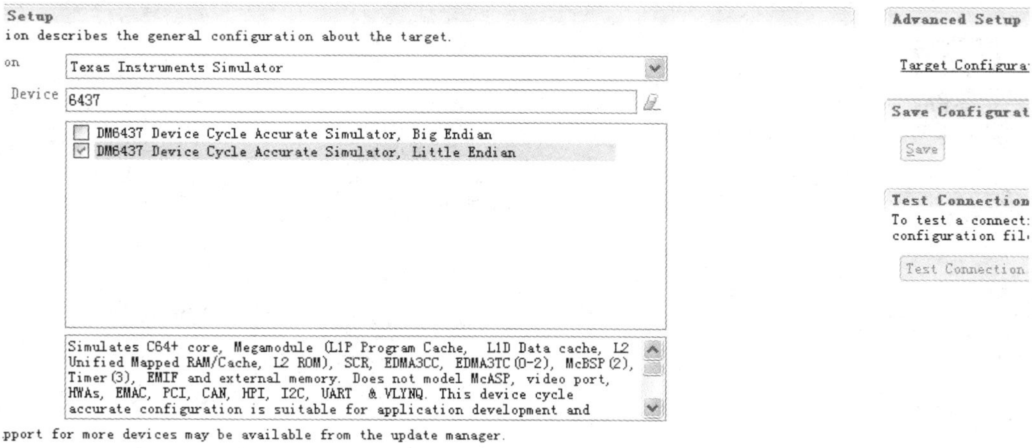

Setup
ion describes the general configuration about the target.

on   Texas Instruments Simulator

Device   6437

☐ DM6437 Device Cycle Accurate Simulator, Big Endian
☑ DM6437 Device Cycle Accurate Simulator, Little Endian

Simulates C64+ core, Megamodule (L1P Program Cache, L1D Data cache, L2 Unified Mapped RAM/Cache, L2 ROM), SCR, EDMA3CC, EDMA3TC(0-2), McBSP(2), Timer(3), EMIF and external memory. Does not model McASP, video port, HWAs, EMAC, PCI, CAN, HPI, I2C, UART & VLYNQ. This device cycle accurate configuration is suitable for application development and

pport for more devices may be available from the update manager.

Advanced Setup

Target Configura

Save Configurat

Save

Test Connection
To test a connect:
configuration fil

Test Connection

图 4-18 配置文件的设置界面

(4) 配置软件仿真和目标芯片的型号。

在 Connection 一栏中点击下拉箭头，选择"Texas Instruments Simulator"；在 Board or Device 一栏中输入 6437，此时会过滤出带相应关键字的选项，选择"DM6437 Device Cycle Accurate Simulator，Little Endia"，点击右侧的 Save 保存设置。在 Target Configurations 窗口中点开"User Defined"，可以看到配置的文件：DM6437-Simulator .ccxml。至此，配置文件设置完成，如图 4-19 所示。

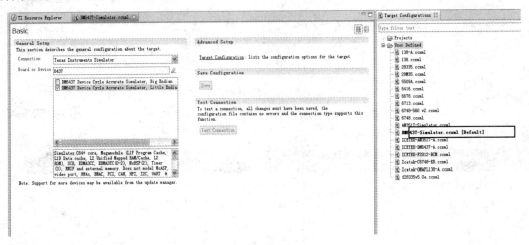

图 4-19　配置文件设置完成界面

(5) 测试配置文件。

在 DM6437-Simulator.ccxml 文件上右键单击，选择 "Launch Selected Configuration"，进入调试状态，等 CCS v5 显示出 Debug 窗口，就可以下载程序进行软件仿真调试了。调试完毕，点击　■　即可退出调试状态。调试界面和调试完毕界面分别如图 4-20 和图 4-21 所示。

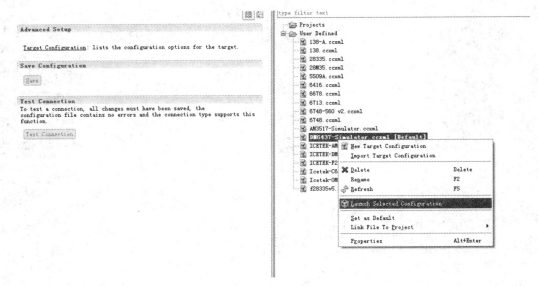

图 4-20　调试界面

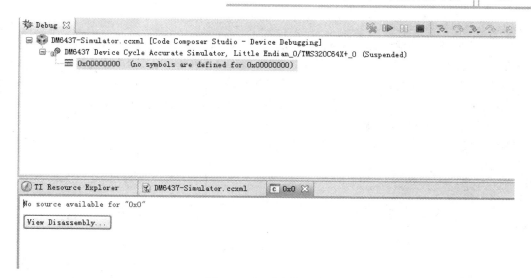

图 4-21　调试完毕界面

3. 建立使用 ICETEK-XDS100v2+仿真器连接 ICETEK-DM6437-AF 板的硬件仿真器 (Emulator)配置文件

硬件仿真需要做 2 个准备工作：一是连接仿真器和目标板硬件；二是建立相应的配置文件。

下面是建立硬件仿真(Emulator)器配置文件的方法：

(1) 正确完成 ICETEK-DSP 教学实验箱的硬件连接。

(2) 检查 ICETEK-XDS100v2+仿真器的黑色 JTAG 插头是否正确连接。

(3) 打开实验系统的电源开关和信号源电源开关。

(4) 用实验箱附带的 miniUSB 信号线连接 ICETEK-XDS100v2+仿真器和 PC 后面的 USB 插座，注意 ICETEK-XDS100v2+仿真器上指示灯(Power 灯和 Run 灯)要点亮。

(5) 打开设备管理器，如图 4-22 所示，确保仿真器被正确驱动起来。

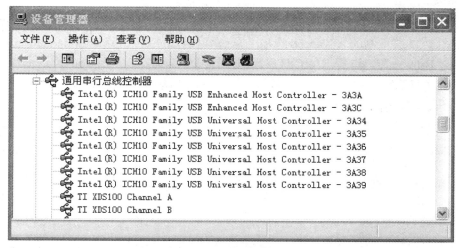

图 4-22　设备管理器界面

(6) 建立目标配置文件。

启动 CCS v5 并新建一个目标配置(参见设置 CCS v5 工作在软件仿真环境的步骤)。

在 Connection 一栏中点击下拉箭头，选择 Texas Instruments XDS100v2 USB Emulator；在 Device 一栏中输入 DM6437，此时会过滤出带相应关键字的选项，选择 TMS320DM6437，点击右侧的 Save 保存设置。此时在 Target Configurations 窗口中点开 User Defined，可以看到配置的文件：ICETEK-DM6437-A.ccxml[Default]，如图 4-23 所示。

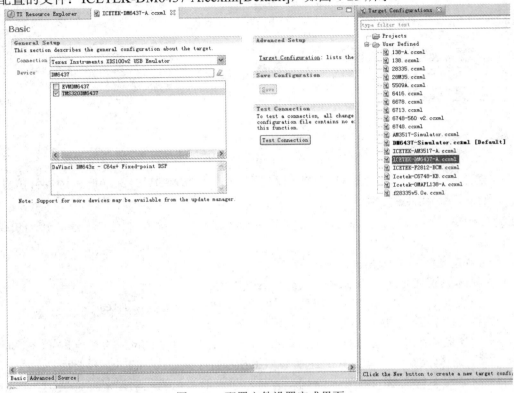

图 4-23　配置文件设置完成界面

(7) 设置 gel 文件。

点击图 4-23 左下侧的 Advanced 选项卡，鼠标单击 C64XP_0，点击 initialization script 一栏后方的"Browse"，选择 C:\ICETEK\ICETEK-DM6437-AF v2.1\common\gel\目录下的 ICETEK-DM6437-AF_V1.gel 文件，然后保存即可，如图 4-24 所示。

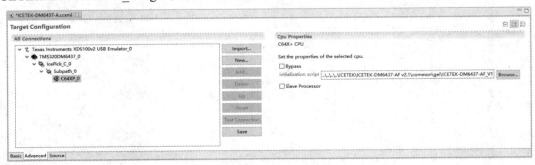

图 4-24　gel 文件设置界面

(8) 测试配置文件.。

在 ICETEK-DM6437-AF.ccxml 文件上右键单击，选择 "Launch Selected Configuration"，CCS v5 开始载入 Debug 界面，如图 4-25 所示。

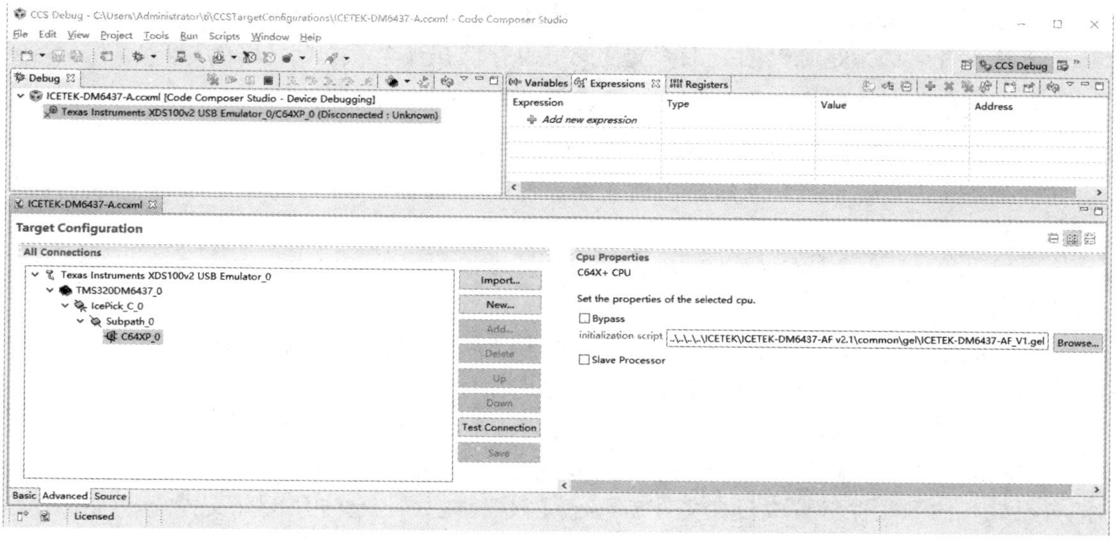

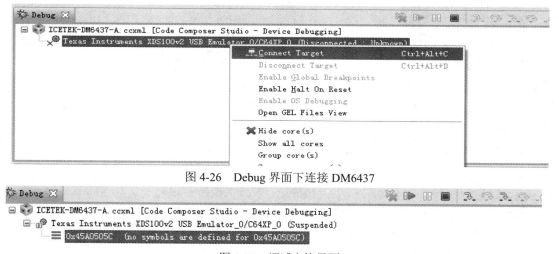

图 4-25　Debug 界面

连接 DM6437，此时即进入调试状态，等 CCS v5 显示出 Debug 窗口，就可以下载程序并进行硬件仿真调试了。Debug 界面下连接 DM6437 和调试完毕界面分别如图 4-26 和图 4-27 所示。

图 4-26　Debug 界面下连接 DM6437

图 4-27　调试完毕界面

4.3　CCS v5 的使用

本节通过硬件仿真实例详细介绍 CCS 中创建、调试、测试及烧结应用程序的基本步骤。

4.3.1　创建 CCS 工程项目

在 CCS 开发环境下开发 C/C++ 程序，首先要创建工程项目文件，然后向工程项目中添加汇编程序文件(.asm)和 C++ 文件，以及链接命令文件(.cmd)，同时设置工程项目的选项。每个工程文件名必须是唯一的。工程文件的信息存储在一个工程文件中(*.pjt)。

1. 在应用 CCS 时常见文件类型

在 DSP 系统软件设计过程中可能遇到的文件类型如下：

(1) .c 文件：C 语言源文件，由读者编写，但与硬件相关的一些底层源文件可以到 TI 网站下载。

(2) .asm 文件：汇编语言源文件，可以由读者编写，也可以由.c 文件通过 C 编译器编译后生成。

(3) .h 文件：C 语言的头文件。与芯片硬件相关的头文件可以到 TI 网站下载，读者也可自己编写与片外外设相关的专用头文件。

(4) .obj 文件：目标文件，是汇编源文件通过汇编器生成的。

(5) .lib 文件：库文件。一些库文件可以直接从 CCS 软件库中调用，CCS 也允许读者把自己编写的源文件汇编成目标文件后再通过归档器生成自己专用的库文件。

(6) .cmd 文件：链接命令文件，用来规定链接器如何分配、安排目标文件和库文件。

(7) .gel 文件：通用扩展语言文件，可以通过 GEL 文件建立自定义的 CCS 功能命令。

(8) .pjt 文件：工程文件。在 CCS 下编译链接调试程序需要建立一个工程文件，将 C 语言源文件、汇编语言源文件、CMD 文件、头文件和 GEL 文件按照一定的规则放在一起，便于编译链接。

(9) .lst 文件：源程序列表文件，可以显示源程序语句及它们产生的目标代码，在编译时用“-1”参数使汇编器生成这种文件。

(10) .map 文件：映射文件，由链接器生成，在这里可以看到段的起始地址和长度，以及程序中的变量标号等符号的地址。

(11) .out 文件：可执行文件，由链接器最终链接生成，可以通过 JTAG 下载到 DSP 芯片内运行。

2. 创建 CCS 工程项目

创建 CCS 工程项目的步骤如下。

(1) 新建一个项目工程：选择菜单 Project→New CCS Project。

(2) 在“Project Name”字段设置工程文件名；可采用默认路径，选择“Browse”。

(3) 在菜单 Target 中选择芯片，在“Connection”中选择仿真器型号，高级设置中的内容直接使用默认选项就可以，设置完成后单击“Finish”按钮。

(4) 新建源文件：选择菜单 Window→Show View→Other 下的 C/C++→C/C++ Projects，右击项目，并选择 File→New→Source File，在打开的文本框中，设置源文件名称和源文件的类型。

(5) 添加已有的源文件：右击工程，选择需要添加的文件，选择 Add Files to Proe，将文件添加到项目中。此处一般需要添加的文件有源文件(*.c 或*.asm)、命令文件(*.cmd)、库文件(*.lib)。

(6) 当所有的项目添加完成后，选择 Project→Rebuild All 编译源文件。编译成功后点击 File→Load Program，选择刚编译好的可执行的文件.out，然后进入 Debug 进行调试。

如果在编译链接过程中出现错误，则 CCS 将给出提示，用户可通过阅读提示信息来确定错误位置。如果是语法上的错误，则查阅相关的语法资料；如果是环境参数设置上有问题，则一般应在 Project→Build Options 中进行相应的修改(安装程序时的默认设置，初学者最好不要修改)；如果是下载过程中出现问题，则可以尝试使用"Debug→Reset DSP"，或是按硬件上的复位键。

3. CCS 5.0 仿真与烧写

1) CCS 5.0 仿真操作

(1) 首先建立 CCS 与仿真器的连接，在 CCS Edit 视图下，将导入工程的.cmd 文件替换为仿真所用的.cmd 文件。

(2) 右击工程选择 Build Project 进行编译，编译无误后会在 Workspace 的工程文件夹下的 Debug 文件夹里生成一个. out 文件。

(3) 将视图切换到 CCS Debug 视图下，选择菜单 Run→Load→Load Program，进入工程加载。

(4) 在"Program file"字段中单击 Browse project 找到 .out 文件。

(5) 单击"OK"按钮即可完成工程加载。

(6) 选择菜单 Run→Resume，即可观察到开发板的变化。

2) CCS 5.0 烧写操作

CCS 5.0 的烧写操作与仿真操作类似，将导入工程的.cmd 文件由仿真所用的.cmd 文件替换成烧写所用的.cmd 文件，然后右击工程选择"Build Project"进行编译，编译没有错误后会在 Workspace 的工程文件夹下的 Debug 文件夹里生成一个 .out 文件，加载这个文件即可。

4.3.2　工程管理

单击"Project"按钮，其子菜单有 21 项工程项目管理功能：

(1) New：新建一个工程文件。

(2) Open：打开一个已经存在的工程文件。

(3) Add Files to Project：向工程中加入文件。使用该命令可将与工程有关的文件(如源代码文件、目标文件、库文件和链接器命令文件等)加入当前工程中去。

(4) Save：保存已经打开的工程文件。

(5) Close：关闭已经打开的工程文件。

(6) Use External Makefile：使用外部的 *.mak 文件。CCS 支持用户使用外部的 *.mak 文件共同对文件进行管理和定制。

(7) Export to Makefile：向外部输出一个 *.mak 文件。

(8) Source Control：使用该命令可对文件的添加、删除、查看、选择等操作进行控制。

(9) Compile File：编译文件。使用该命令仅编译当前文件而不进行链接。

(10) Build：重新编译和链接。对那些没有修改的源文件，CCS 将不重新编译。

(11) Rebuild All：对工程中所有文件进行重新编译并链接生成输出文件。

(12) Stop Build：停止当前工程的生成进程。

(13) Build Clean：清除编译链接后生成的各种文件。

(14) Configurations：对工程进行配置。工程配置常用 Debug 或 Release 两种。当然用户也可以自己指定。

(15) Build Options：使用此命令可以根据用户的工程要求对工程的编译、链接进行具体的、有针对性的配置。

(16) File Specific Options：使用此命令可以对一个具体的文件进行配置，而不管整个工程选项配置。

(17) Project Dependencies：设置工程依赖关系。

(18) Show Project Dependencies：显示工程依赖关系。

(19) Show File Dependencies：显示文件依赖关系。

(20) Scan All File Dependencies：浏览所有文件依赖关系。

(21) Recent Project Files：显示最近所打开的工程文件。

4.3.3 调试功能

单击"Debug"按钮，可对软件进行调试，其子菜单有 21 项调试功能：

(1) Breakpoints：显示断点设置的详细情况。断点是任何调试过程中最基本、最主要的工具。断点的作用在于暂停程序的运行，以便程序调试人员检查程序的当前状态、观察/修改中间变量或寄存器的值、检查调用的堆栈等。

开发人员可以在编辑窗口的源代码行设置断点，也可以在汇编窗口的汇编指令行设置断点。断点设置后，开发人员也可以控制断点的开启或关闭。CCS 提供了两种断点：软件断点和硬件断点，可以在断点属性中设置。设置断点应当避免：将断点设置在属于分支或调用的语句上；将断点设置在块重复操作的倒数第一条或第一条语句上。

① 软件断点。断点可以在反汇编窗口中的任意行设置，也可以在编辑窗口的源代码行设置。最简单的设置就是在目标程序的相应行处双击鼠标，或者选择 Debug Breakpoints 弹出对话框，在此对话框中对断点进行添加、删除、限制等操作。

② 硬件断点。硬件断点与软件断点的不同之处在于它不改变目标程序，只使用硬件资源，因此适合在 ROM 存储器中或在内存读/写产生中断时设置硬件断点(注意：在仿真器中不能设置硬件断点)。通过设置硬件断点可以对存储器进行读、写访问。硬件断点设置后，在源代码或存储器窗口中不能看到断点标志。

硬件断点的设置：选择"Debug→Breakpoints"(或直接选择"Debug→Probe Points")，在 Breakpoints 栏中选择"H/W Break"，然后在 Location 栏中输入语句或内存的地址，在 Count 栏中输入次数，表示指令执行多少次断点才发生作用，最后点击"Add"按钮。用户也可以在此对话框内对断点进行添加、删除、限制等操作，相应方法与软件断点的相同。

(2) Probe Points：显示探针设置的详细情况。

在算法开发过程中，探针是一个有用的工具，用户可以利用探针将 PC 中的数据文件送入目标系统。探针可实现以下功能：

① 从主机文件中读取输入数据，将数据送到目标系统，供目标系统测试算法。

② 将目标系统输出的数据传送到主机文件中，供用户进行分析。

③ 更新窗口，如图形、数据等。

探针与断点类似，二者都通过暂停目标处理器来执行它们各自的任务。但探针也有与断点不同的特点，具体如下：

① 探针瞬时地停止目标处理器，执行一次单步操作，然后继续执行目标处理器。

② 断点停止 CPU，直到手工继续执行，并导致所有打开的窗口重新更新。

③ 探针允许自动地执行文件的输入或输出，断点则不能。

探针设置后，也可像断点一样被激活或禁用。当一个窗口被创建后，在默认的情况下，每当遇到断点，窗口就要被更新，但可将其改变为仅当达到连接的探针时，窗口才被更新。窗口更新后，程序继续进行。

利用探针进行数据文件的输入/输出时应遵循以下步骤：

① 设置探针。将光标移到需要设置探针的语句上，单击工程工具条上的"设置探针"按钮，光标所在语句左侧出现绿色亮点。若要取消已设置的探针，可单击该工具条上的"取消探针"按钮。此操作仅定义程序执行到何处读/写数据。

② 选择 File→File I/O 菜单项，在弹出的对话框中选择 File Input 或 File Output 功能。如果用户需要读入一些数据，则在 File Input 窗口中单击"Add File"按钮，在对话框指定处输入数据文件并设置正确的地址和数据长度。注意：此时该数据文件并未与探针关联起来，Probe 栏中显示的是"Not Connected"。

③ 将探针与输入/输出文件关联起来。单击对话框中的"Add Probe Points"按钮，弹出"Break /Probe Points"对话框，然后单击"Probe Points"，在"Connect"下拉菜单中选中所要输入的文件，单击"Replace"按钮，最后单击"确定"按钮即可。

(3) Step Into：单步运行。如果程序运行到调用函数处，则跳入函数内部并单步执行。

(4) Step Over：执行一条 C 指令或汇编指令。与 Step Into 不同的是，为保护流水线，该指令后的若干条延迟分支或调用同时执行。

(5) Step Out：跳出子程序。当程序运行在一个子程序中时，执行此命令将使程序执行完子程序后返回到调用该函数的地方。

(6) Run：从当前程序计数器执行程序，碰到断点时暂停执行。

(7) Halt：暂停程序运行。

(8) Animate：动画执行程序。这是一个在断点支持下快速调试程序的命令。在执行各个命令前应当预先设置好程序断点，当遇到一个断点时，程序停止执行。待更新完窗口内容后(若断点处有探针，则更新与探针有关的窗口内容；若断点处没有探针，则更新与探针无关的内容)，程序继续执行直到遇到下一个断点。

(9) Run Free：忽略所有断点(包括 Breakpoints 和 Probe Points)，从当前 PC 处开始执行程序。

(10) Run to Cursor：执行到光标处，光标所在行必须为有效代码行，否则执行到下一个有效代码行。

(11) Set PC to Cursor：将光标处有效代码地址直接装载到 PC 中。

(12) Multiple Operation：设置单步执行的次数来实现多步操作。

(13) Assembly/Source Stepping：在反汇编/源代码窗口中单步运行。

(14) Reset CPU：复位 DSP，初始化所有寄存器到其上电状态并终止程序运行。

(15) Restart：将 PC 值恢复到程序的入口。此命令并不开始程序的执行。

(16) Go Main：在程序的 main 符号处设置一个临时断点。此命令在调试 C 程序时起作用。

(17) Reset Emulator：复位硬件仿真器。

(18) Always Connect at Startup：总是自动连接到启动代码(该项默认有效)。

(19) Enable Thread Level Debugging：在多线程调试中使能线程优先级。

(20) Real-time Mode：实时仿真模式。

(21) Enable Rude Real-time Mode：使能实时仿真模式。

4.3.4 图形工具的使用

1. 图形显示类型

在程序调试过程中，可以利用 CCS 提供的可视化工具，将内存中的数据以各种图形的形式显示。CCS 提供了多种图形显示类型，每种显示所需的设置参数各不相同。图形显示类型(Dispaly Type)不仅包括常见的时域/频域(Time/Frequency)显示选项，还包括用于显示信号相位分布的星座图(Constellation)选项、用于显示信号间干扰情况的眼图(Eye Diagram)选项及用于显示 YUV 图像或 RGB 图像的图像显示(Image)选项等。

CCS 提供的 9 种图形显示方式如下：

(1) 时域单曲线图(Single Time)：对数据不加处理，直接画出显示缓冲区数据的幅度-时间曲线。

(2) 时域双曲线图(Dual Time)：在一幅图形上显示两条信号曲线。

(3) FFT 幅度谱(FFT Magnitude)：在显示缓冲区数据进行 FFT 变换，画出幅度-频率曲线。

(4) 复数 FFT (Complex FFT)：对复数数据的实部和虚部分别作 FFT 变换，在一个图形窗口中画出两条幅度-频率曲线。

(5) FFT 幅度-相位谱(FFT Magnitude and Phase)：在一个图形窗口画出幅度-频率曲线和相位-频率曲线。

(6) FFT 多帧显示(FFT Waterfall)：对缓冲区数据进行 FFT 变换，其幅度-频率曲线构成多频显示中的一帧，这些帧按时间顺序构成 FFT 多帧显示图。

(7) 星座图(Constellation)：显示信号的相位分布。

(8) 眼图(Eye Diagram)：显示信号码间干扰情况。

(9) 图像显示(Image)：显 YUV 或 RGB 图像。

下面仅举例说明时域/频域(Time/Frequency)显示设置方法。

2. 时域/频域(Time /Frequency)显示

选择"Time/Frequency"命令，打开图形属性对话框，可得时域/频域显示各参数设置，如图 4-28 所示。

各参数功能如下：

(1) Display Type：显示上述 9 种图形类型。

(2) Graph Title：为每个显示窗口定义不同的标题，这样有助于区分多个同时打开的窗口。

(3) Start Address：定义采集缓冲区的起始地址，允许输入符号和 C 表达式。对于"Dual Time"显示，需要输入两个采集缓冲区首地址。

(4) Page：指明采集缓冲区的数据来自程序空间、数据空间还是 I/O 空间。

(5) Acquisition Buffer Size：采集缓冲区存放着实际的或仿真目标板中的数据。根据需要，用户可以定义采集缓冲区的大小。若用户希望逐个观察数据，则缓冲区大小定义为 1。

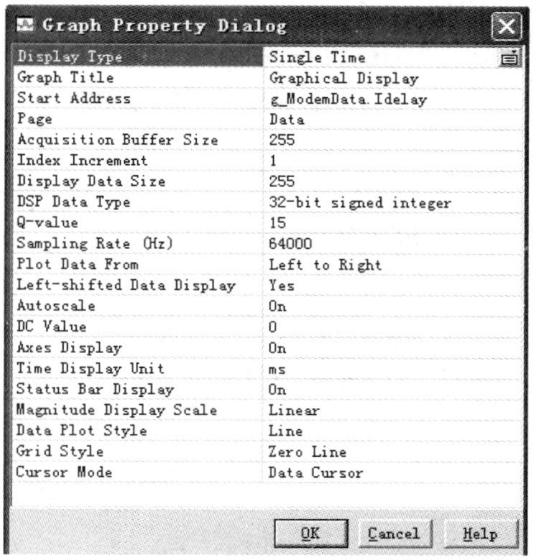

(6) Index Increment：定义显示缓冲区中每隔几个数据取一个样点进行显示。

图 4-28　时域/频域显示各参数设置

(7) Display Data Size：显示缓冲区里存放的图形原始数据的长度。根据需要，用户可以定义显示缓冲区的大小。

(8) DSP Data Type：DSP 处理的数据类型，包括 32 比特有符号整数、32 比特无符号整数、32 比特浮点数、32 比特 IEEE 浮点数、16 比特有符号数、16 比特无符号数、8 比特有符号数、8 比特无符号数。

(9) Q-value：Q 值为定点数的定标值，它指明小数点所在的位置。

(10) Sampling Rate(Hz)：采样频率。对于频域图形，此参数用于指示频谱各点对应的频率；对于时域图形，此参数用于指示数据的采样时刻。

(11) Plot Data From：可选项为"自左向右"或"自右向左"。

(12) Left-shifted Data Display：数据依时间次序向左移动显示。

(13) Autoscale：纵轴最大值就是所显示数据中的最大值。

(14) DC Value：叠加到显示数据上的直流分量值。

(15) Axes Display：说明在显示图形时是否显示 X 轴或 Y 轴。

(16) Time Display Unit：可选项为秒、毫秒、微秒或样点。

(17) Status Bar Display：说明下端的状态栏是否显示。

(18) Magnitude Display Scale：幅度显示标尺，线性标尺或对数标尺。

(19) Data Plot Style：可选项为"连线"或"柱状图"。

(20) Grid Style：设置水平或垂直方向网格显示，包括没有网格、零轴线(只显示 0 轴)、全部网格(显示水平和垂直栅格)三个选项。

(21) Cursor Mode：此项设置光标显示类型，有以下选项：无光标(No Cursor)、数据光标(Data Cursor)和缩放光标(Zoom Cursor)。数据光标在视图的状态栏显示光标所处位置及其指向的数据值；而缩放光标允许放大图形显示，方法是：按住鼠标左键、拖动，则定义的矩形框被放大。

FFT 幅度谱、复数 FFT、FFT 幅度-相位谱和 FFT 多帧显示属性中各自的特殊设置参数

选项如下:

(1) Signal Type:指定信号源的类型是实信号还是复信号。

(2) FFT Frame Size:指定 FFT 运算中的样本数。采集缓冲区的大小可以和 FFT 帧大小不同。

(3) FFT Order:指定 FFT 大小为 2M。

(4) FFT Windowing Function:可选用窗函数对进行 FFT 的数据进行预处理,有矩形(Rectangle)窗、三角(Bartlett)窗、布莱克曼(Blackman)窗口、汉宁(Hanning)窗、海明(Hamming)窗。

(5) Frequency Display Unit:指定频率坐标的度量单位,包括 Hz、kHz 和 MHz。

4.4 DSP/BIOS 实时操作系统

4.4.1 DSP/BIOS 概述

DSP/BIOS 是 TI 公司推出的集成在 CCS 中的一个嵌入式实时操作系统,是一个可升级的实时内核。它主要是为需要实时调度和同步、主机/目标系统通信及实时监测等应用而设计的,利用主机端的可视化工具,能在程序实时执行时进行直接跟踪和监控。DSP/BIOS 拥有很多实时嵌入式操作系统的功能,如任务的调度、任务间的同步和通信、内存管理、实时时钟管理、中断服务管理等。它提供了标准的 API(应用程序接口),易于使用。用户借助 DSP/BIOS 编写复杂的多线程程序时会占用更少的 CPU 和内存资源。在 DSP/BIOS 基础上开发的软件标准化程度高,可以重复使用,从而减少软件的维护费用。

1. DSP/BIOS API 的实时分析功能

DSP/BIOS API 具有下列实时分析功能:

(1) 程序跟踪(Program Tracing):显示写入目标系统日志(Target Log) 的事件,反映程序执行过程中的动态控制流。

(2) 性能监视(Performance Monitoring):跟踪反映目标系统资源利用情况的统计表,如处理器负荷和线程时序。

(3) 文件流(File Streaming):把常驻目标系统的 I/O 对象捆绑成主机文档。

DSP/BIOS 也提供基于优先权的调度函数,支持函数和多优先权线程的周期性执行。

2. DSP/BIOS 及其分析工具在设计上采用的主要技术

考虑到降低对存储器和 CPU 负荷的需求,DSP/BIOS 及其分析工具在设计上采用了以下主要技术:

(1) 所有的 DSP/BIOS 对象都可以在配置工具中静态建立。

(2) 实时监测数据在主机端做格式化处理。

(3) API 函数是模块化的,只有应用程序用到的 API 模块才会和应用程序链接在一起。

(4) 为达到最快的执行速度,大部分库函数用汇编语言编写。

(5) 目标处理器和主机分析工具之间的通信在后台空闲循环中完成,这样不会影响应用程序的运行。如果 CPU 太忙,不能执行后台任务,则 DSP/BIOS 分析工具会停止从目标处理器接收信息。

3. DSP/BIOS 的主要程序开发手段

DSP/BIOS 提供了很多程序开发手段,主要包括:

(1) DSP/BIOS 对象可以在应用程序中动态建立,应用程序既可以使用动态建立的对象,也可以使用静态建立的对象。

(2) 为不同的应用场合提供了各种线程模型,如硬件中断、软件中断、任务和空闲函数等。

(3) 提供了灵活的线程间的通信和同步机制,如信号灯、邮箱和资源锁等。

(4) 提供了两种 I/O 模型("管道"和"流"),以达到最大的灵活性。"管道"用于实现目标/主机间的通信和简单的 I/O 操作,"流"用于支持复杂的 I/O 操作和设备驱动程序。

(5) 使用底层系统原语可以简单地进行出错处理和存储器使用管理。

(6) 提供了芯片支持库(Chip Support Library,CSL)作为 DSP/BIOS 的一个组成部分。

4. DSP/BIOS 程序开发工具的特点

DSP/BIOS 提供了强大的程序开发工具,使 DSP 编程更加标准化,缩短了建立 DSP 应用程序的时间。DSP/BIOS 程序开发工具的特点包括:

(1) 配置工具可以自动生成用于声明(程序所用)对象的代码。

(2) 配置工具可以在生成应用程序之前对对象属性的合法性进行校验。

(3) 对 DSP/BIOS 对象的记录和统计在运行时自动有效,无需额外编程,其他监测可以根据需要进行编程。

(4) DSP/BIOS 分析工具提供了对程序的实时监测功能。

(5) DSP/BIOS 为每一个对象类型提供了一系列的应用程序编程接口(API)。

(6) DSP/BIOS 和 CCS 集成在一起,无需任何运行时许可。

(7) 芯片支持库(CSL)提供了一种方便的设备编程手段来替代传统的寄存器编程方式。CSL 使在拥有等效外围设备的不同 DSP 之间的代码移植工作变得更简单,效率也更高。

4.4.2 DSP/BIOS 的组成

1. DSP/BIOS API 模块

使用 DSP/BIOS 开发程序主要是通过调用 DSP/BIOS 实时库中的 API 函数来实现的。所有 API 都提供 C 语言程序调用接口,只要遵从 C 语言的调用约定,汇编代码也可以调用 DSP/BIOS 的 API。DSP/BIOS 的 API 被分为多个模块,目标系统程序要和特定的 DSP/BIOS API 模块连接在一起。通过在配置文件中定义 DSP/BIOS 对象,一个应用程序可以使用一个或多个 DSP/BIOS 模块。在源代码中,这些对象声明为外部的,并调用 DSP/BIOS API 功能。

每个 DSP/BIOS 模块都有一个单独的 C 头文件或汇编宏文件,它们可以包含在应用程序源文件中,这样能够使应用程序代码最小化。

为了尽量少地占用目标系统资源,必须优化(C 和汇编源程序) DSP/BIOS API 调用。

DSP/BIOS API 被划分为下列模块，模块内的任何 API 调用均以下述代码作为开头。

(1) CLK。片内定时器模块控制片内定时器并提供高精度 32 位实时逻辑时钟，它能够控制中断的速度，使之最快达到单指令周期时间，慢则需要若干毫秒或更长时间。

(2) HST。主机输入/输出模块管理主机通道对象，它允许应用程序在目标系统和主机之间交流数据，主机通道通过静态配置为输入或输出。

(3) HWI。硬件中断模块提供对硬件中断服务例程的支持，可在配置文件中指定当硬件中断发生时需要运行的函数。

(4) IDL。休眠功能模块管理休眠函数，休眠函数在目标系统程序没有更高优先权的函数运行时启动。

(5) LOG。日志模块管理 LOG 对象，LOG 对象在目标系统程序执行时实时捕捉事件。开发者可以使用系统日志或定义自己的日志，并在 CCS 中利用它实时浏览信息。

(6) MEM。存储器模块允许指定存放目标程序的代码和数据所需的存储器段。

(7) PIP。数据通道模块管理数据通道，用来缓存输入和输出数据流。这些数据通道提供一致的软件数据结构，可以使用它们驱动 DSP 和其他实时外围设备之间的 I/O 通道。

(8) PRD。周期函数模块管理周期对象，触发应用程序的周期性执行。周期对象的执行速率可由时钟模块控制或 PRD_tick 的规则调用来管理，而这些函数的周期性执行通常是为了响应发送或接收数据流的外围设备的硬件中断。

(9) RTDX。实时数据交换模块允许数据在主机和目标系统之间实时交换，在主机上使用自动 OLE 的客户都可对数据进行实时显示和分析。

(10) STS。统计模块管理统计累积器，在程序运行时，它存储关键统计数据并能通过 CCS 浏览这些统计数据。

(11) SWI。软件中断模块管理软件中断。软件中断与硬件中断服务例程相似。当目标程序通过 API 调用发送 SWI 对象时，SWI 模块安排相应函数的执行。软件中断可以有高达 15 级的优先级，但这些优先级都低于硬件中断的优先级。

(12) TRC。跟踪模块管理一套跟踪控制比特，它们通过事件日志和统计累积器控制程序信息的实时捕捉。如果不存在 TRC 对象，在配置文件中就无跟踪模块。

2. DSP/BIOS 配置工具

基于 DSP/BIOS 的程序都需要一个 DSP/BIOS 的配置文件，其扩展名为 .cdb。DSP/BIOS 配置工具有一个类似 Windows 资源管理器的界面，它主要有两个功能：

(1) 设置 DSP/BIOS 库使用的一系列参数；

(2) 静态创建被 DSP 应用程序调用的 DSP/BIOS API 函数所使用的运行对象，这些对象包括软件中断、任务、周期函数及事件日志等。

DSP/BIOS 实时操作系统的配置界面包括以下设置：

(1) System(全局设置)：包括内存端设置、锁相环设置和中断向量入口设置等。

(2) Instrumentation(调试工具)：记录器(LOG)可以提供调试信息。

(3) Scheduling(操作系统调试工具)：包括定时器、周期器、硬件中断管理、软件中断管理、任务调试和系统负载任务函数。

(4) Synchronization(同步机制)：提供一般操作系统都具有的旗语、邮箱、队列和锁。

(5) Input/Output(主机交互接口)：提供 DSP 实时运行时与主机通过仿真口和 CCS 交互数据的机制。

(6) Chip Support Library(芯片支持库)：针对不同的 DSP 芯片，帮助配置 DSP 的外设资源，最常用的有 DSM 和 McBSP 的配置。

利用配置工具，DSP/BIOS 对象可以被预先创建及设置，并和应用程序绑定在一起。用这种方法创建静态对象不仅可以合理利用内存空间、缩短代码长度、优化内部数据结构，还有利于在程序编译前通过对象的属性预先发现错误。

3. DSP/BIOS 实时分析工具

DSP/BIOS 分析工具可以辅助 CCS 实现程序的实时调试，以可视化的方式观察程序的性能，并且不影响应用程序的运行。通过 CCS 下的 DSP/BIOS 工具控制面板可以选择多个实时分析工具，包括 CPU 负荷图、程序模块执行状态图、主机通道控制、信息显示窗口、状态统计窗口等。与传统的调试方法不同的是，程序的实时分析要求在目标处理器上运行监测代码，使 DSP/BIOS 的 API 和对象可以自动监测目标处理器，实时采集信息并通过 CCS 分析工具上传到主机。实时分析包括程序跟踪、性能监测和文件服务等。

4.4.3　DSP/BIOS 程序开发

1. DSP/BIOS 的启动

DSP/BIOS 的启动过程包括以下几个步骤：

(1) 初始化 DSP：复位中断向量指向 c_int00 地址，DSP/BIOS 程序从入口点 c_int00 开始运行。对于 C6000，初始化堆栈指针(B15)和全局页指针(B14)分别指向堆栈底部.bss 段的开始，控制寄存器 AMR、IER 和 CSR 也被初始化。

(2) 初始化.bss 段：当堆栈被设置完成后，初始化任务被调用，利用.cinit 段的记录.bss 段的变量进行初始化。

(3) 调用 BIOS_init 初始化 DSP/BIOS 模块：BIOS_init 执行基本的模块初始化，然后调用 MOD_init 宏分别初始化每个用到的模块。

(4) 处理.pinit 表：.pinit 表包含了初始化函数的指针。

(5) 调用应用程序 main 函数：在所有 DSP/BIOS 模块初始化完成之后，调用 main 函数。

(6) 调用 BIOS_start 启动 DSP/BIOS：BIOS_start 在用户 main 函数退出后被调用，它负责使能使用的各个模块并调用 MOD_startup 启动每个模块，包括 CLK_startup、PIP_startup、SWI_startup、HWI_startup 等。当 TSK 管理模块在配置中被使用时，TSK_startup 被执行，并且 BIOS_start 将不会结束返回。

在这些工作完成之后，DSP_BIOS 调用 IDL_loop 引导程序进入 DSP/BIOS 空闲循环，此时硬件和软件中断可以抢先空闲循环的执行，主机也可以和目标系统之间开始数据传输。

2. DSP/BIOS 的 DSP 程序开发

基于 DSP/BIOS 的程序开发一般包括以下几个步骤：

(1) 利用配置工具设置环境参数。

(2) 保存配置文件。保存配置文件时，配置工具自动生成匹配当前配置的汇编源文件、头文件及一个链接命令文件。

(3) 为应用程序编写一个框架，可以使用 C 语言、汇编语言或 C 语言与汇编语言混合编程，在 CCS 环境下编译并链接程序，添加到项目工程文件中，链接进应用程序。

(4) 使用仿真器和 DSP/BIOS 分析工具来测试应用程序。

(5) 重复上述步骤直至程序运行正确。

基于 DSP/BIOS 的程序开发采用交互式可反复的开发模式，开发者可以方便地修改线程的优先级和类型，首先生成基本框架，添加算法之前给程序加上一个仿真的运算负荷进行测试，看是否满足时序要求，然后添加具体的算法实现代码。

使用 DSP/BIOS 开发软件需要注意以下两点：

(1) 所有与硬件相关的操作都需要借助 DSP/BIOS 本身提供的函数完成，开发者要避免直接控制硬件资源，如定时器、DMA 控制器、串口和中断等。

(2) 基于 DSP/BIOS 的程序运行与传统的程序有所不同。传统的程序完全控制 DSP，程序依次执行；而基于 DSP/BIOS 的程序，由 DSP/BIOS 程序控制 DSP，用户程序不是顺序执行，而是在 DSP/BIOS 的调度下按任务、中断的优先级等待执行。

4.5　实验和程序实例

4.5.1　IIR 数字滤波器的 MATLAB 设计与实现

1. 实验原理

无限长脉冲响应(IIR)数字滤波器的设计一般采用间接法。间接法就是根据工程的实际要求首先确定数字滤波器的性能指标，将数字滤波器的性能指标转换为模拟滤波器的设计指标，然后设计模拟滤波器，在模拟滤波器设计完成以后，将模拟滤波器转换为数字滤波器，这个过程实际上是将模拟滤波器的系统函数 $H_a(s)$ 转换为数字滤波器的系统函数 $H(z)$。设计 IIR 数字滤波器的间接法有脉冲响应不变法和双线性变换法。

IIR 数字滤波器的实现是指调用 MATLAB 信号处理工具箱函数 filter 对给定的输入信号 $x(n)$ 进行滤波，得到滤波后的输出信号 $y(n)$。

MATLAB 信号处理工具箱里提供了函数：

　　　　[Bz, Az]=bilinear(B, A, fs)

以实现用双线性变换法将所设计的模拟滤波器的系统函数 $H_a(s)$ 转换为数字滤波器的系统函数 $H(z)$。其中"fs"为采样频率；"B""A"为模拟滤波器的系统函数的分子、分母多项式的系数向量；"Bz""Az"为数字滤波器的系统函数的分子、分母多项式的系数向量。

此外，MATLAB 还提供了用于数字滤波器设计的多种函数。用户可以选择合适的滤波器原型(巴特沃斯、切比雪夫、椭圆、贝塞尔滤波器等)，通过设置合适的参数实现 IIR 数字滤波器的设计。本节以椭圆滤波器为原型完成设计。

2. 实验内容及步骤

抑制载波单频调幅信号的数学表达式为

$$s(t) = \cos(2\pi f_0 t)\cos(2\pi f_c t) = \frac{1}{2}\left\{\cos\left[2\pi\left(f_c - f_m\right)t\right] + \cos\left[2\pi\left(f_c + f_m\right)t\right]\right\}$$

式中：$\cos(2\pi f_c t)$称为载波，f_c 为载波频率；$\cos(2\pi f_m t)$为单频调幅信号，f_m 为调制信号频率。
选择采样频率 $F_s = 10\ \text{kHz}$，则三路单频调幅信号的载波频率和调制信号频率如下：

第一路调幅信号的载波频率为 $f_{c1} = F_s/10 = 1000\ \text{Hz}$；

第一路调幅信号的调制信号频率为 $f_{m1} = f_{c1}/10 = 100\ \text{Hz}$；

第二路调幅信号的载波频率为 $f_{c2} = F_s/20 = 500\ \text{Hz}$；

第二路调幅信号的调制信号频率为 $f_{m2} = f_{c2}/10 = 50\ \text{Hz}$；

第三路调幅信号的载波频率为 $f_{c3} = F_s/40 = 250\ \text{Hz}$；

第三路调幅信号的调制信号频率为 $f_{m3} = f_{c3}/10 = 25\ \text{Hz}$。

三路调幅信号分别为

$$x_{t1} = \cos(2\pi f_{m1} t) \cdot \cos(2\pi f_{c1} t)$$

$$x_{t2} = \cos(2\pi f_{m2} t) \cdot \cos(2\pi f_{c2} t)$$

$$x_{t3} = \cos(2\pi f_{m3} t) \cdot \cos(2\pi f_{c3} t)$$

则三路调幅信号相加形成的混合信号为

$$s_t = x_{t1} + x_{t2} + x_{t3}$$

对于给定的三路调幅信号相加形成的混合信号，选择采样点 $N=1600$，设计合适的数字
滤波器实现信号的分离。

1) 三路调幅信号 $s(t)$ 的生成

```
%----------------信号产生函数 mstg--------------

function st=mstg        %功能函数的写法
                        %产生信号序列向量 st,并显示 st 的时域波形和频谱
                        %st=mstg 返回三路调幅信号相加形成的混合信号,长度 N=1600
N=1600     %N 为信号 st 的长度
Fs=10000; T=1/Fs; Tp=N*T;    %采样频率 Fs = 10 kHz, Tp 为采样时间
t=0:T:(N-1)*T; k=0: N-1; f=k/Tp;
fc1=Fs/10;                    %第 1 路调幅信号的载波频率 fc1 = 1000 Hz
fm1=fc1/10;                   %第 1 路调幅信号的调制信号频率 fm1 = 100 Hz
fc2=Fs/20;                    %第 2 路调幅信号的载波频率 fc2 = 500 Hz
fm2=fc2/10;                   %第 2 路调幅信号的调制信号频率 fm2 = 50 Hz
fc3=Fs/40;                    %第 3 路调幅信号的载波频率 fc3 = 250 Hz
fm3=fc3/10;                   %第 3 路调幅信号的调制信号频率 fm3 = 25 Hz
xt1=cos(2*pi*fm1*t).*cos(2*pi*fc1*t); %产生第 1 路调幅信号
xt2=cos(2*pi*fm2*t).*cos(2*pi*fc2*t); %产生第 2 路调幅信号
xt3=cos(2*pi*fm3*t).*cos(2*pi*fc3*t); %产生第 3 路调幅信号
st=xt1+xt2+xt3;               %3 路调幅信号相加
fxt=fft(st,N);                %计算信号 st 的频谱
```

```
%====以下为绘图部分,绘制 st 的时域波形和幅频特性曲线=================
subplot(2, 1, 1)
plot(t,st); grid; xlabel('t/s'); ylabel('s(t)');
axis([0,Tp/8,min(st), max(st)]); title('(a) s(t)的波形')
subplot(2,1,2)
stem(f,abs(fxt)/max(abs(fxt)),'.'); grid; title('(b) s(t)的频谱')
axis([0,Fs/5,0,1.2]);
xlabel('f/Hz'); ylabel('幅度')
```

程序运行结果如图 4-29 所示。

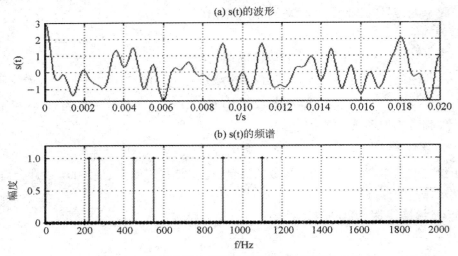

图 4-29 信号未滤波前的时域波形和幅频特性曲线

2) 低通滤波器的设计与实现

设计低通滤波器分离出第 1 路调幅信号。滤波器的通带截止频率 f_p = 280 Hz,阻带截止频率 f_s = 450 Hz,通带最大衰减为 0.1 dB,阻带最小衰减为 60 dB。

MATLAB 源程序如下:

```
clear all;
close all
Fs=10000; T=1/Fs;   %采样频率
                %调用信号产生函数 mstg 产生由 3 路抑制载波调幅信号相加构成的复合信号 st
st=mstg;
fp=280; fs=450;
wp=2*fp/Fs; ws=2*fs/Fs; rp=0.1; rs=60;   %DF 指标(低通滤波器的通带、阻带截止频率),
                        wp、ws 为 fp、fs 的归一化值,范围为 0~1
[N,wp]=ellipord(wp,ws,rp,rs);     %调用 ellipord 计算椭圆 DF 阶数 N 和通带截止频率 wp
[B,A]=ellip(N,rp,rs,wp);          %调用 ellip 计算椭圆带通 DF 系统函数系数向量 B 和 A
[h,w]= freqz(B,A);
y1t=filter(B,A,st);               %滤波器软件实现
```

```
figure(2); subplot(2,1,1);
plot(w,20*log10(abs(h)));
axis([0,1,-80,0])
subplot(2,1,2);
t=0:T:(length(y1t)-1)*T;
plot(t,y1t);
%axis([0,1,-80,0])
```

程序运行结果如图 4-30 所示。

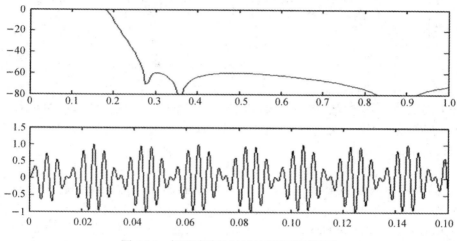

图 4-30　低通滤波的时域波形和频域波形

3) 带通滤波器的设计与实现

设计带通滤波器分离出第 2 路调幅信号。滤波器相关参数如下：$f_{pl}=440$，$f_{pu}=560$，$f_{sl}=275$，$f_{su}=900$，通带最大衰减为 0.1 dB，阻带最小衰减为 60 dB。

MATLAB 源程序如下：

```
fpl=440; fpu=560; fsl=275; fsu=900;
wp=[2*fpl/Fs,2*fpu/Fs]; ws=[2*fsl/Fs,2*fsu/Fs]; rp=0.1; rs=60;
[N,wp]=ellipord(wp,ws,rp,rs);      %调用 ellipord 计算椭圆 DF 阶数 N 和通带截止频率 wp
[B,A]=ellip(N,rp,rs,wp);           %调用 ellip 计算椭圆带通 DF 系统函数系数向量 B 和 A
[h,w]= freqz(B,A);
y2t=filter(B,A,st);
figure(3); subplot(2,1,1);
plot(w,20*log10(abs(h)));
axis([0,1,-80,0]);
subplot(2,1,2);
t=0; T; (length(y2t)-1)*T;
plot(t,y2t);
```

程序运行结果如图 4-31 所示。

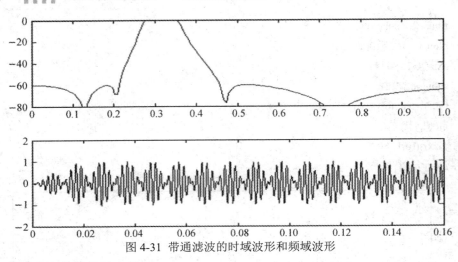

图 4-31　带通滤波的时域波形和频域波形

4) 高通滤波器的设计与实现

设计高通滤波器分离出第 3 路调幅信号。滤波器的通带截止频率 $f_p = 900$ Hz，阻带截止频率 $f_s = 550$ Hz，通带最大衰减为 0.1 dB，阻带最小衰减为 60 dB。

MATLAB 源程序如下：

```
fp=900; fs=550;
wp=2*fp/Fs; ws=2*fs/Fs; rp=0.1; rs=60;        %DF 指标(高通滤波器的通、阻带边界频)
[N,wp]=ellipord(wp,ws,rp,rs);        %调用 ellipord 计算椭圆 DF 阶数 N 和通带截止频率 wp
[B,A]=ellip(N,rp,rs,wp,'high');        %调用 ellip 计算椭圆带通 DF 系统函数系数向量 B 和 A
[h,w]= freqz(B,A);
y3t=filter(B,A,st);
figure(4); subplot(2,1,1);
plot(w,20*log10(abs(h)));
axis([0,1,-80,0])
subplot(2,1,2); t=0:T:(length(y3t)-1)*T; plot(t,y3t);
```

程序运行结果如图 4-32 所示。

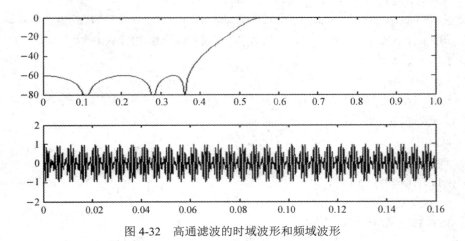

图 4-32　高通滤波的时域波形和频域波形

由图可见，三个分离滤波器指标参数选取正确，损耗函数曲线达到所给指标。分离的 3 路信号 $y_1(n)$、$y_2(n)$、$y_3(n)$ 的波形是抑制载波的单频调幅波。

ellipord 函数的调用：

[N, wp]=ellipord(wp, ws, rp, rs)

用于计算满足指标的椭圆数字滤波器的最低阶数 N 和通带截止频率 wp，其中 wp、ws、rp、rs 为四个基本指标，需要注意的是 wp、ws 应为归一化之后的值。

4.5.2　基于 ICETEK-DM6437-AF 的 IIR 数字滤波器的 DSP 实现

1. 实验原理

1）设计低通 IIR 数字滤波器

要求：低通巴特沃斯滤波器在其通带边缘 1 kHz 处的增益为 −3 dB，12 kHz 处的阻带衰减为 30 dB，采样频率为 25 kHz。

设计方法：

(1) 模拟截止频率：$f_{p1} = 1000\,\text{Hz}$，$f_{s1} = 12000\,\text{Hz}$。

(2) 应用双向性变换法设计 IIR 数字滤波器，数字低通滤波器的截止频率为

$$\Omega_{p1} = \frac{2\pi f_{p1}}{f_s} = 2\pi \cdot \frac{1000}{25\,000} = 0.08\pi\ \text{rad}$$

$$\Omega_{s1} = \frac{2\pi f_{s1}}{f_s} = 2\pi \cdot \frac{12\,000}{25\,000} = 0.96\pi\ \text{rad}$$

预畸变校正计算相应的模拟低通滤波器的技术指标为

$$w_{p1} = 2f_s \cdot \tan\left(\frac{\Omega_{p1}}{2}\right) = 6316.5\ \text{rad}\,/\,\text{s}$$

$$w_{s1} = 2f_s \cdot \tan\left(\frac{\Omega_{s1}}{2}\right) = 794\,727.2\ \text{rad}\,/\,\text{s}$$

由已给定的阻带衰减 $-20\lg\delta_s = 30\,\text{dB}$ 可得阻带边缘增益 $\delta_s = 0.031\,62$。

(3) 计算所需滤波器的阶数。由于

$$\frac{\lg\left(\dfrac{1}{\delta_s^2} - 1\right)}{2\lg\left(\dfrac{w_{s1}}{w_{p1}}\right)} = \frac{\lg\left(\dfrac{1}{0.031\,62^2} - 1\right)}{2\lg\left(\dfrac{794\,727.2}{6316.5}\right)} = 0.714 \leqslant n$$

因此，一阶巴特沃斯滤波器足以满足要求。一阶模拟巴特沃斯滤波器的传输函数为

$$H(s) = \frac{w_{p1}}{s + w_{p1}} = \frac{6316.5}{s + 6316.5}$$

(4) 由双线性变换定义 $s = 2f_s(z-1)/(z+1)$，得到数字滤波器的传输函数为

$$H(z) = \frac{6316.5}{50\,000\dfrac{z-1}{z+1} + 6316.5} = \frac{0.1122(1+z^{-1})}{1-0.7757z^{-1}}$$

(5) 差分方程为

$$y(n) = 0.7757y(n-1) + 0.1122x(n) + 0.1122x(n-1)$$

2) 程序流程图

程序流程图如图 4-33 所示。

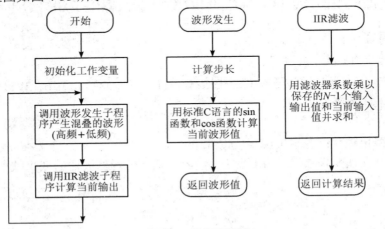

图 4-33　程序流程图

2. 实验步骤

本实验是软件仿真实验，主要完成 IIR 数字滤波算法 C 程序的调试方法，实验步骤如下：

(1) 启动 CCS。

(2) 导入工程文件：在 CCS 菜单选择 Project→Import CCS Projects...，在弹出的窗口选择 "Browse... "，找到工程路径 C：\ICETEK\ICETEK-DM6437-AF\lab0402-iir，浏览 iir.c 文件的内容，理解各语句作用。

(3) 编译、链接和下载程序。

(4) 打开观察窗口，选择菜单 Tools→Graph→Dule Time，进行如图 4-34 所示的设置。

Property	Value
Data Properties	
Acquisition Buffer Si	128
Dsp Data Type	32 bit floating point
Index Increment	1
Interleaved Data Sour	☐ false
Q_Value	0
Sampling Rate Hz	1
Start Address A	fIn
Start Address B	fOut
Display Properties	
Axis Display	☑ true
Data Plot Style	Line
Display Data Size	128
Grid Style	No Grid
Magnitude Display Sca	Linear
Time Display Unit	sample
Use Dc Value For Grapl	☐ false
Use Dc Value For Grapl	☐ false

图 4-34　Dule Time 设置

(5) 选择菜单 Tools→Graph→FFT Magnitude，分别对这两个数组内的波形进行 FFT 变换。设置采集缓冲区的起始地址 Start Address A 和采集缓冲区的起始地址 Start Address B 分别为 fIn 和 fOut，如图 4-35 所示。

Graph Properties			Graph Properties	
Property	Value		Property	Value
⊟ Data Properties			⊟ Data Properties	
Acquisition Buffer Si	128		Acquisition Buffer Si	128
Dsp Data Type	32 bit floating point		Dsp Data Type	32 bit floating point
Index Increment	1		Index Increment	1
Q_Value	0		Q_Value	0
Sampling Rate Hz	1		Sampling Rate Hz	1
Signal Type	Real		Signal Type	Real
Start Address	fIn		Start Address	fOut
⊟ Display Properties			⊟ Display Properties	
Axis Display	☑ true		Axis Display	☑ true
Data Plot Style	Line		Data Plot Style	Line
Frequency Display Uni	Hz		Frequency Display Uni	Hz
Grid Style	No Grid		Grid Style	No Grid
Magnitude Display Scal	Linear		Magnitude Display Scal	Linear
⊟ FFT			⊟ FFT	
FFT Frame Size	128		FFT Frame Size	128
FFT Order	7		FFT Order	7
FFT Window Function	Rectangular		FFT Window Function	Rectangular

图 4-35　FFT Magnitude 设置

(6) 设置断点：在程序 iir.c 中有注释"在此处添加软件断点"的语句上设置软件断点。右键单击断点，设置断点属性为 Refresh All Windows。

(7) 运行并观察结果。

3. 实验结果

(1) 时域滤波前后的波形如图 4-36 所示。

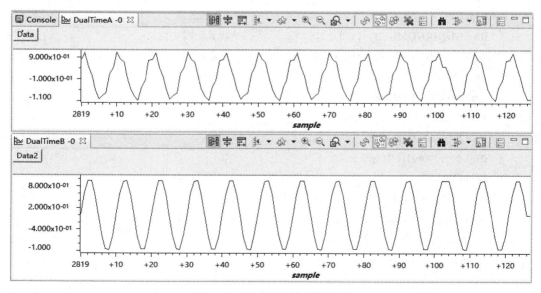

图 4-36　时域滤波前后的波形

(2) 频域滤波前后的波形如图 4-37 所示。

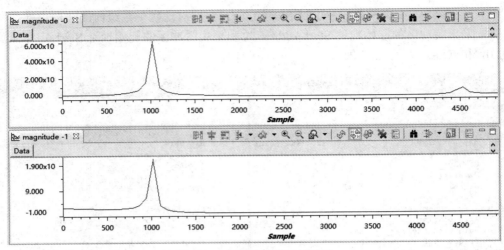

图 4-37　频域滤波前后的波形

可以看到滤波前波形频率分别为 1000 Hz 和 4500 Hz，滤波后波形频率变为 1000 Hz。

4. C 源程序

```
#include"math.h"
#define IIRNUMBER 2                       //巴特沃斯滤波器阶数
#define SIGNAL1F 1000                     //波形 1 频率
#define SIGNAL2F 4500                     //波形 2 频率
#define SAMPLEF    10000                  //采样频率
#define PI 3.1415926
float InputWave();                        //输入波形，为波形 1(1000 Hz)和波形 2(4500 Hz)的叠加
float IIR();                                             //IIR 滤波器
float fBn[IIRNUMBER]={ 0.0,0.7757 };      //计算所得系数
float fAn[IIRNUMBER]={ 0.1122,0.1122 };   //计算所得系数
float fXn[IIRNUMBER]={ 0.0 };
float fYn[IIRNUMBER]={ 0.0 };
float fInput, fOutput;
float fSignal1, fSignal2;
float fStepSignal1, fStepSignal2;
float f2PI;
int i;
float fIn[256], fOut[256];                //用来存放滤波前后的波形
int nIn, nOut;
main()
{
    nIn=0; nOut=0;
    f2PI=2*PI;                            //2∏
```

```
        fSignal1=0.0;                              //波形 1 初始相位
        fSignal2=PI*0.1;                           //波形 2 初始相位
        fStepSignal1=2*PI*SIGNAL1F/SAMPLEF;        //sin(2πif/Fs)，其中 f 为波形频率，Fs 为采样
                                                   //频率，i 为正整数，采样频率为 10000 Hz，
                                                   //波形频率为 1000 Hz
        fStepSignal2=2*PI*SIGNAL2F/SAMPLEF;        //sin(2πif/Fs)，其中 f 为波形频率，Fs 为采样
                                                   //频率，i 为正整数，采样频率为 10000 Hz，
                                                   //波形频率为 4500 Hz
        while ( 1 ){
            fInput=InputWave();                    //产生波形
            fIn[nIn]=fInput;                       //将波形放到 fIn[]数组里面
            nIn++; nIn%=256;                       //存满后从头开始再存放
            fOutput=IIR();                         //IIR 滤波
            fYn[0]=fOut[nOut]=fOutput;             //将滤波后的波形放到 fOut[]数组里面
            nOut++;                                //在此处添加软件断点
            if ( nOut>=256 )
            {
                nOut=0;
            }
        }
    }
//通过程序产生输入波形，频率分别为 1000 Hz 和 4500 Hz
float InputWave(){
    for ( i=IIRNUMBER-1; i>0; i-- )
    {
        fXn[i]=fXn[i-1];
        fYn[i]=fYn[i-1];
    }
    fXn[0]=sin(fSignal1)+cos(fSignal2)/6.0;
    fYn[0]=0.0;
    fSignal1+=fStepSignal1;        //步长 1
    if ( fSignal1>=f2PI )    fSignal1-=f2PI;
        fSignal2+=fStepSignal2;    //步长 2
    if ( fSignal2>=f2PI )        fSignal2-=f2PI;
        return(fXn[0]);
}
//IIR 滤波
float IIR(){
    float fSum;
```

```
        fSum=0.0;
        for ( i=0; i<IIRNUMBER; i++ )
        {
            fSum+=(fXn[i]*fAn[i]); //当前响应
            fSum+=(fYn[i]*fBn[i]); //反馈量
        }
    return(fSum);
    }
```

本 章 小 结

本章重点介绍了 DSP 软件开发工具和 CCS 的安装、设置与使用，而对 DSP/BIOS 实时操作系统只进行了一般性的介绍。同时本章以 IIR 数字滤波器的 MATLAB 设计与 DSP 实现为例讲述了数字信号处理算法的 DSP 开发流程，使读者通过该实例的学习提高应用计算机分析和解决复杂数字信号处理问题的能力。在全章的学习过程中，开发工具和 C 语言编程都必须遵循相应的规范与流程。

习 题 4

一、填空题

1. 通常 DSP 芯片的开发工具可以分为_____和_____两大类。

2. C/C++ 编译器包括分析器、优化器和代码产生器，它接收 C/C++ 源代码并产生 TMS320Cxx _____，通过汇编和链接，产生可执行的_____。

3. 根据链接命令文件(.cmd 文件)将一个或多个_____链接起来，生成存储器映射文件(.map 文件)和_____。

4. 软件仿真器是一种模拟 DSP 芯片各种功能并在_____条件下进行软件调试的工具，不需要目标硬件支持，只需要在_____运行。

5. XDS510 仿真器是 TI 公司提供的以 PC 为基础的仿真系统，其仿真信号采用_____标准，提供了一条可测试的系统总线，能够发送测试命令和数据，获得测试结果。程序可以从片外或片内的目标存储器_____执行，在任何时钟频率下不会引入额外的等待状态。

6. CCS 可以工作在两种模式：_____模式和_____模式。前者可以脱离 DSP 芯片运行，在 PC 上模拟 DSP 指令集与工作机制，主要用于前期算法验证和调试；后者则实时运行在 DSP 芯片上，可以在线编制和调试应用程序。

7. .cmd 文件：_____，主要规定链接器如何分配、安排目标文件和库文件。.out 文件：_____，由链接器最终链接生成，可以通过 JTAG 下载到 DSP 芯片内运行。

8. TI 公司推出的 DSP/BIOS 是 CCS 中集成的一个_____，是一个可升级的实时内核。它主要是为需要实时调度和同步、主机/目标系统通信及实时监测等应用而设计的，利用主机端的可视化工具，能在程序实时执行时进行_____。

9. DSP/BIOS 初始化 DSP 时，复位中断向量指向_____地址，DSP/BIOS 程序从入口点 c_int00 开始运行。对于 C6000，初始化堆栈指针(B15)和全局页指针(B14)分别指向堆栈底部_____段的开始，控制寄存器 AMR、IER 和 CSR 也被初始化。

10. 每个 DSP/BIOS 模块都有一个单独的_____文件，它们可以包含在_____中，这样能够使应用程序代码最小化。为了尽量少地占用目标系统资源，必须优化(C 和汇编源程序) DSP/BIOS API 调用。

二、选择题

1. 以下叙述中不正确的是(　　)。

A. View 选项可观察内存、寄存器及工具条显示设置等

B. Debug 可实现断点、探测点设置及系统复位等

C. Project 创建工程、管理工程等

D. Option 可实现字体、颜色、键盘属性、内存映射和图形显示设置

2. 创建 CCS 工程项目时需要添加文件，以下文件不属于添加文件的是(　　)。

A. .asm 文件　　　　　B. .h 文件　　　　　C. .lib 文件　　　　　D. .out 文件

3. CCS 调试程序时，以下对命令的解释正确的是(　　)。

A. 单步进入：Debug→Step Into

B. 执行到光标处：Debug→Run to Cursor

C. 忽略所有断点运行程序：Debug→Run free

D. 执行到光标处：Debug→Animate

4. 关于观察菜单"View"，以下叙述不正确的是(　　)。

A. 执行 View→Disassembly 可打开反汇编窗口

B. 执行 View→Memory 打开存储器窗口，可观察或编辑存储器

C. 执行 View→CPU Register 打开寄存器窗口，可观察或编辑寄存器

D. 执行 View→Graph 打开图像观察窗口，可观察或编辑图像

5. 以下叙述中错误的是(　　)。

A. 断点可以设置在源代码上，也可设置在反汇编指令上，程序运行到断点暂停

B. 断点分为软件断点、硬件断点、存储器访问断点和探针点

C. 设置存储器断点可以在 CPU 运行时访问指定程序、数据等

D. 探针点可以设置在源代码上，也可设置在反汇编指令上，程序运行到探针点暂停

三、问答与思考题

1. CCS 集成开发环境有哪些功能？

2. 代码产生工具(Code Generation Tools)构成了 CCS 集成开发环境的基础部件，请简述其组成。

3. CCS 为用户提供了哪几种常用的工具条？说明各个工具条的主要功能。

4. 怎样在 CCS 里创建一个新的工程项目？

5. 在调试程序时，经常使用断点，它的作用是什么？怎样设置和删除断点？

6. 什么是探针点？怎样设置和删除探针点？

7. 简述 CCS 进行工程项目硬件仿真的过程。

8. 说明 DSP 软件开发的流程。

第 5 章　TMS320C64x 系列 DSP 的 C 程序设计与优化

 学习导读

　　TMS320C64x 系列 DSP 是当前业界高速高性能的数字信号处理芯片之一,其应用灵活、处理能力强,为开发、使用 DSP 技术提供了一个很好的硬件平台。要使这个平台更好地发挥作用,高效、方便的软件设计是不可或缺的。在数字信号处理器的软件开发中一直存在一个两难的选择:C/C++ 语言开发容易、移植性强,但效率较低;汇编语言效率高,对硬件的操作更为直接,但程序编写复杂、易读性差、移植性不好。

　　在编写和调试 TMS320C64x 程序时,为使代码获得最好的性能,开始可以不考虑 TMS320C64x 的有关知识,完全根据任务要求编写 C 语言程序。在 CCS 环境下用 TMS320C64x 的代码生成工具,编译产生在 TMS320C64x 内运行的代码。然后用 CCS 的代码调试工具,分析、确定代码中可能存在的、影响性能的低效率段,通过优化措施改进代码性能。

　　本章主要介绍 TMS320C64x 处理器的程序基本结构、C 语言编程以及优化。

 学习目标

1. 知识目标

(1) 理解并掌握 TMS320C64x 系列 DSP 的 C 语言程序的特点。

(2) 掌握面向 TMS320C64x 系列 DSP 的 C 程序结构。

(3) 掌握面向 TMS320C64x 系列 DSP 的 C 程序设计流程。

(4) 把握面向 TMS320C64x 系列 DSP 的 C 程序设计的要点问题。

(5) 了解面向 TMS320C64x 系列 DSP 的 C 程序的优化方法。

2. 能力目标

(1) 掌握 DSP 的 C/C++ 语言的开发流程。

(2) 具备对数字信号处理基本算法的 C/C++ 程序开发的能力。

(3) 初步掌握 DSP 系统 C/C++ 程序优化的方法。

3. 素质目标

学习本章内容时，注重科学精神中探索精神的培养。

科学是发现规律，揭示事物最本质、最普遍的原理。普遍性是规律的基本特征，科学就是根据事物的普遍性去处理事物的特殊性的。研究对象永无止境，科学探索永无止境，思想解放亦永无止境。科学的最基本态度之一就是探索。古往今来，任何一项科学发现和发明都不是凭空出现的，都经历过实践、认识、再实践、再认识这样一个完整的过程。目前，C 语言是各种微处理器程序开发中普遍使用的计算机语言。在学习本章时，要明确TMS320C64x 系列 DSP 的 C/C++ 程序遵循 C/C++ 的基本体系结构，但要特别注意 DSP 系统 C 程序开发又有其特殊性。DSP 程序开发有三种模式：汇编语言、C/C++ 语言和混合编程。在 DSP 系统的程序开发过程中，在掌握了基本的开发流程和方法的基础上，不断探索对程序的优化，提升 DSP 系统软件开发能力，以满足不同算法和应用的实时性和高效率。

5.1　TMS320C64x 系列 DSP 的 C/C++ 语言概述

TMS320C64x 系列 DSP 编译器支持美国标准 ANSI C 语言，同时还支持符合 ISO/IEC 188198 标准的 C++ 语言。除个别例外，TMS320C64x 系列 DSP 的 C/C++ 编译器支持全部 C/C++ 语言，同时还有一些补充和拓展，但所占比重不大。因此，只要掌握标准 C 语言编程，就可借助 TMS320C64x 系列 DSP 所提供的软件开发工具完成适用于 TMS320C64x 系列 DSP 的应用程序，极大地缩短了软件开发周期。

为方便 TMS320C64x 系列 DSP 算法开发，TI 公司为用户提供了封装好的各种算法子函数，例如卷积、FIR 滤波、IIR 滤波等。这些子函数内部实现了汇编级的优化，并且都进行了大量的测试和验证。用户可以通过数字信号处理库和图像、视频处理库调用这些子函数，得到高效、可靠的代码，从而缩短开发时间，并提高程序运行的效率。

1. 特点

TMS320C64x 系列编译器支持 ISO 标准的 C++ 语言，但与标准的 C++ 语言相比又存在不同的特点，主要表现如下。

(1) 虽然不包括完整的 C++ 标准库支持，但是包括 C 子集和基本的语言支持。

(2) 支持 C 的库工具(C library facilities)的头文件不包括<clocale>、 <csignal>、<cwctype>、<cwchar>。

(3) 所包括的 C++ 标准库的头文件为<typeinfo>、<new>和<ciso646>。

(4) 对 bad _cast 和 bad_type_id 的支持并不包括在 typeinfo 文件中。

(5) 不支持异常事件的处理。

(6) 默认情况下，禁止运行时类型的信息(RTTI)。 RTTI 允许在运行时确定各种类型的对象，它可以使用-rtti 编译选项来使能。

(7) 如果两个类不相关，reinterpret_cast 类型指向其中一个类成员的指针，则不允许这个指针再指向另一个类的成员。

(8) 不支持标准中[tesp_ess]和[temp.dep]里描述的"在模板中绑定的二相名"。

(9) 不能实现模板参数。

(10) 不能实现模板的 export 关键字。

(11) 用 typedef 定义的函数类型不包括成员函数 cv-qualifiers。

(12) 类成员模板的部分说明不能放在类定义的外部。

2. 数据表示

TMS320C64x 系列 DSP 的 C 语言的特征因目标处理器和运行环境的不同而存在差异，这里主要介绍 TMS320C64x 系列 DSP 的 C 语言与标准的 C++语言相比存在的不同特征。

1) 标识符和常量

标识符和常量具有下列特征：

(1) 标识符的所有字符都是有意义的并且区分大小写，此特征适用于内部和外部的所有标识符；

(2) 源(主机)和执行(目标)字符集为 ASCII 码，不存在多字节字符；

(3) 字符常量、字符串常量中的十六进制(Hex)、八进制(Octal) 转义序列或者字符串常量具有高达 32 位的值；

(4) 具有多个字符的字符常量按序列中的最后一个字符来编码，如 'abc'='c'。

2) 数据类型

表 5-1 列出了 TMS320C64x 系列 DSP 编译器中各种标量数据类型、位数、表示方式及取值范围，许多取值范围的值可以作为头文件 limits.h 中的标准宏使用。

表 5-1　TMS320C64x 系列 DSP 编译器中各种标量数据类型、位数、表示方式及取值范围

类　型	位数	表 示 方 式	取 值 范 围	
			最 小 值	最 大 值
char，signed char	8	ASCII	−128	127
unsigned char	8	ASCII	0	255
short	16	二进制补码(2s complement)	−32 768	32 767
unsigned char	16	二进制数(Binary)	0	65 535
Int，signed int	32	二进制补码(2s complement)	−2 147 483 648	2 147 483 647
unsigned int	32	二进制数(Binary)	0	4 294 967 295
long，signed long	40	二进制补码(2s complement)	−549 755 813 888	549 755 813 887
unsigned long	40	二进制数(Binary)	0	1 099 511 627 775
enum	32	二进制补码(2s complement)	−2 147 483 648	2 147 483 647
float	32	32 位浮点数(IEEE32-bit)	1.175 494e−38	3.402 823 46e+38
double	64	64 位浮点数(IEEE64-bit)	2.225 073 85e−308	1.797 693 13e+308
long double	64	64 位浮点数(IEEE64-bit)	2.225 073 85e−308	1.797 693 13e+308
pointers，references，pointer I to data members	32	二进制数(Binary)	0	0xFFFFFFFF

基于每种数据类型的尺寸，在编写 C 语言代码时应遵循以下规则：

(1) 避免在代码中将 int 和 long 类型作为相同的尺寸来处理，因为 TMS320C6000 编译器对 long 类型的数据使用 40 位操作。

(2) 对于定点乘法输入，应尽可能使用 short 类型的数据，因为该数据格式为 TMS320C6000 的 16 位乘法器提供最有效的使用。

(3) 对循环计数器使用 int 或者 unsigned int 类型，而不使用 short 或者 unsigned short 类型，避免不必要的符号扩展指令。

3) 数据转换

(1) 浮点类型到整型的转换，截取 0 前面的整数部分；

(2) 指针类型和整数类型之间可以自由转换。

4) 表达式

(1) 当两个带符号的整数相除时，如果其中一个为负，则商为负，余数的符号与分子的符号相同。斜杠(/) 用来求商，百分号(%)用来求余数。

例如：

$$10/-3==-3，-10/3==-3$$
$$10\%-3==1，-10\%3 == -1$$

(2) 有符号数的右移为算术移位，即保留符号。

5) 声明

(1) 寄存器存储类对所有的 char、short、int 和 pointer 类型有效。

(2) 结构体成员被打包为字。

(3) 整数类型的位段带有符号，位段被打包为从高位开始的字，并且不能超越字的边。

(4) 中断关键字 interrupt 只能用于没有参数的 void 型函数。

5.2　TMS320C64x 系列 DSP 的 C/C++语言程序设计基础

5.2.1　TMS320C64x 系列 C/C++ 程序结构

1. TMS320C64x 系列 C/C++ 程序必须包含的文件

初次学习 DSP 技术时，通常会想知道 DSP 最有效的编程方法是什么以及是否能用 C 代码使其达到比较好的性能。对于 C6000 DSP，C 代码的效率是手工编写汇编代码的 70%～80%。一般来说，对于实时性要求不是特别高的应用，采用 C 语言编程完全可以满足需要。具体到某个特定算法，C 代码的效率就与 C 代码的实现方法、算法类型、使用的优化方法和变量类型等有直接的关系。对于高速实时应用，采用 C 语言和 C6000 线性汇编语言混合编程的方法能够把 C 语言的优点和汇编语言的高效率有机地结合在一起，使代码效率达到 90%以上，这也是目前主流的编程方法。

一个应用程序项目中必须至少包含以下几个文件。

(1) 主程序文件 main.c。这个文件必须包含一个作为 C 程序的入口点的 main 函数。

(2) 链接命令文件 .cmd。这个文件包含了 DSP 和目标板的存储器空间的定义以及代码段和数据段的分配情况。这个文件由用户自己编辑产生。

(3) C 运行库文件 rts6200. 1ib(或者和 DSP 兼容的 rtsxxx. lib)。C 运行库不仅提供了诸如 pint 等标准 C 函数,还提供了 C 环境下的初始化函数 c_int00。这个文件位于 CCS 安装目录下的\000\gtools\lib 子目录中。

(4) 中断向量表文件 Vectors.asm。如果用户的程序是准备写进外部非易失性存储器并在上电之后直接运行的,那么必须包含这个文件。这个文件中的代码将作为中断服务表(IST),并且必须被链接命令文件(.cmd)分配到 0 地址。DSP 复位后,首先跳转到 0 地址,复位向量对应的代码必须跳转到 C 运行环境的入口地址 _c_int00,然后在 _c_int00 函数中完成注入初始化堆栈指针、页指针及初始化全局变量等操作,最后调用 main 函数执行用户的任务。

2. C 主程序的一般框架

C 主程序的一般框架如下:

```
// #include 包含语句,定义程序中使用的函数库对应的 .h 头文件
#include   "函数库 1"              //包含头文件
#include   <函数库 2>
    …
// #define 定义程序中所有的宏替换
#define   宏名  指定内容           //宏定义
    …
//全局变量声明
变量类型   全局变量名;
int i,j;                          //全局变量定义
    …
//主函数 main()
void main(void)
{                                 //局部变量定义
    …
    for(; ; )                     //或者使用 while(1)
    {
        //数据的输入
        …
        //调用子函数来处理数据
        …
        //数据的输出
        …
    }
}
```

```
//本程序的内部函数定义
函数类型　函数名(函数参数列表)
{
    //本函数的局部变量定义
    …
    //本函数中的算法
    …
}
//中断服务程序(函数)的声明
interrupt void function_name (void);
```

5.2.2　TMS320C64x 系列 C/C++ 语言关键字

1. const 关键字

TMS320C64x C/C++ 编译器支持 ISO 标准的 const 关键字。用户可以将 const 关键字应用于任何变量或者数组，以确保其值不变，有助于更好地控制对特定数据对象存储空间的分配。

如果定义一个对象为 far const，则.const 段会为该对象分配存储空间。const 数据存储空间的分配规则有以下两种特殊情况：

(1) 如果在定义一个对象的同时也指定了 volatile 关键字(如 volatile const int x)，则 volatile 关键字被分配到 RAM 中(程序不会修改一个 const volatile 的对象，但是程序外部的对象可能会被修改)。

(2) 对象是 auto 存储类型(在堆栈中分配)。

在以上两种情况下，为对象分配存储空间与不使用 const 关键字时是相同的。

在一个定义中使用 const 关键字很重要。例如，下面代码的第一句定义了常量指针 p 为一个整型变量，第二句定义了一个变量指针 q 为一个整型常量：

```
int*const p = &x;
const int*q = &x;
```

使用 const 关键字，用户可以定义大常量表并将它们分配到系统 ROM 中。例如，分配一个 ROM 表，可以使用如下的定义：

```
far const int digits[]={0, 1, 2, 3, 4, 5, 6, 7, 8, 9};
```

2. cregister 关键字

TMS320C64x C/C++ 编译器扩展了 C/C++ 语言的功能，通过增加 cregister 关键字，允许高级语言访问并控制寄存器。

当对一个对象使用 cregister 关键字时，编译器将比较对象名和 TMS320C64x 的标准控制寄存器列表。如果名字匹配，则编译器将参照控制寄存器产生相应的代码；如果名字不匹配，则编译器将产生一个错误提示。控制寄存器列表参见表 5-2。

表 5-2　控制寄存器列表

寄 存 器	描　述
AMR	寻址模式寄存器
CSR	控制状态寄存器
FADCR	(仅 C6700)浮点加法器配置寄存器
FAUCR	(仅 C6700)浮点辅助配置寄存器
FMCR	(仅 C6700)浮点乘法器配置寄存器
GFPGFR	(仅 C6400)Galois 域多项式产生函数寄存器
ICR	中断清除寄存器
IER	中断使能寄存器
IFR	中断标记寄存器
IRP	中断返回指针
ISR	中断设置寄存器
ISTP	中断服务表指针
NRP	不可屏蔽中断返回指针

cregister 关键字只能在文件内部使用，不能在函数范围内的声明里使用。

使用 cregister 关键字并不是意味着对象为易变的，如果引用的控制寄存器是易变的(也就是说，能够通过外部控制修改)，则该对象必须通过 volatile 关键字声明。使用表 5-2 中的控制寄存器时，必须按照一定格式声明每个寄存器。c6x.h 包含文件以如下方式定义所有的控制寄存器：

　　extern cregister volatile unsigned int register;

一旦声明该控制寄存器，用户就能够直接使用该控制寄存器名。例 5-1 为控制寄存器的声明和使用。

【例 5-1】　声明和使用控制寄存器。

程序如下：

```
extern cregister volatile unsigned int AMR;
extern cregister volatile unsigned int CSR;
extern cregister volatile unsigned int IFR;
extern cregister volatile unsigned int ISR;
extern cregister volatile unsigned int ICR;
extern cregister volatile unsigned int IER;
extern cregister volatile unsigned int FADCR;
extern cregister volatile unsigned int FAUCR;
extern cregister volatile unsigned int FMCR;
main(){
    printf ("AMR=%x\n", AMR) ;
}
```

cregister 关键字仅用于整型或指针类型对象，不能用于任何浮点类型、结构体及共用体类型的对象。

3. interrupt 关键字

TMS320C64x C/C++ 编译器通过增加 interrupt 关键字扩展了 C/C++ 语言的功能，该关键字指定一个函数为中断函数。处理中断函数要求特殊的寄存器保存规则和一个特殊的返回顺序。当 C/C++ 代码被中断时，中断服务程序必须保存被程序所用或被函数调用的所有寄存器的上下文。当用户将 interrupt 关键字用于函数定义时，编译器会按照中断函数要求的寄存器保存规则和中断返回的特殊顺序保存寄存器，然后生成特殊的返回代码序列。用户可以将 interrupt 关键字和定义为 void 但没有参数的函数一起使用。中断函数体可以具有局部变量，自由地使用堆栈或者全局变量。例如：

```
{
    interrupt void int_ handler();
    unsigned int flags;
    …
}
```

c_int00 为 C/C++ 的入口点，该名称被保留为系统复位中断。该特殊的中断服务程序会初始化系统并调用 main 函数。因为没有调用它的函数，所以 c_int00 不会保存任何寄存器。

如果用户严格遵循 ISO 模式编写代码(用_ps 编译器选项)，则应使用另外一个_interrupt 关键字。

4. near 和 far 关键字

TMS320C64x C/C++ 编译器通过使用 near 和 far 关键字扩展了 C/C++ 语言的功能，该关键字用来指定函数如何被调用。

从语法上讲，near 和 far 关键字被看作存储类别的变址数。它们出现在存储类别说明符和类型的前、后及中间。这两个存储器类别的变址数不能用于一个定义中。正确的使用实例代码如下：

```
far scatic int x;
static near int x;
static int far XC;
far int fool;
static far int fool);
```

全局和静态数据对象可用以下两种方式进行访问。

(1) near 关键字：编译器默认数据可用页指针访问，存取时采用相对寻址方式。例如：
LDW *dp(_address), a0

(2) far 关键字：如果程序中变量的总和大于 dp 的总偏移量 32 KB，则编译器不能通过 dp 访问数据。声明为 far 的变量可以不通过 dp 方式，而采用如下方式存取：
MVKL_address, al MVKH_address, al LDW *al, a0

如果一个变量被定义为 far，则其他 C 文件或头文件对这个变量的引用也必须包含 far 关键字。near 的使用也是一样，但也有不同的地方。对于 far 数据，如果在其他一些地方的引用没有声明为 far，则编译器和链接器会出现错误信息；对于 near 数据，如果在其他一些地方的引用没有声明为 near，则它只是被当成 far 数据，增加了数据存取时间。在默认情况下，编译器产生小存储器模式的代码，即所有的数据对象都被认为是 near 数据，除非它被声明为 far。如果一个对象声明为 near，则它的访问采用相对寻址方式，页指针指向.bss 段的起始地址。

无论采用什么存取方式，如果用户使用 DATA_SECTION 伪指令，则表明该对象为 far 型变量，并且不能被覆盖。如果用户在其他文件里引用该对象，则在其他源文件中声明该对象时需要使用 extern far。

5. restrict 关键字

为了帮助编译器确定存储器的相关性，可以使用 restrict 关键字来限定指针、引用和数组。使用 restrict 关键字是为了确保其限定的指针在声明范围内是指向一个特定对象的唯一指针，该指针不会和其他指针一起指向存储器的相同地址。如果这个保证被违反，程序的结果将是未知的。使用 restrict 关键字时，编译器更容易确定是否有别名信息，从而更好地优化代码。

【例 5-2】 对指针使用 restrict 关键字。

程序如下：

```
{
    void func1 (int* restrict a，int *restrict b)
    /*此处为 func1 函数的代码*/
}
```

该例代码中关键字 restrict 的使用告诉编译器 func1 中的指针 a 和 b 指向的存储器范围不会交迭，即指针变量 a 和 b 对存储器的访问不会产生冲突，对一个指针变量的写操作不会影响另一个指针变量的读操作。

【例 5-3】 对数组使用 restrict 关键字。

程序如下：

```
void func2(int c[restrict], int d[restrict])
{
    int i;
    for (i = 0; i<64; i ++)        //计算数组的累加和以及数组 c[i]的加 1 操作
    {
        c[i] += a[i];
        d[i] += 1;
    }
}
```

其中，关键字 restrict 对数组加以限制，c 和 d 的存储器地址不会交迭，c 和 d 也不会指向相同数组。

6. volatile 关键字

优化器会分析数据流，以尽可能地避免存储器的访问。如果用户将依赖于存储器访问的代码写在 C/C++ 程序中，则必须使用 volatile 关键字识别这种访问。编译器不会优化任何对 volatile 变量的引用。

下面的代码用于循环等待一个读为 0xFF 的单元：

```
unsigned int *ctrl;
while (*ctrl1! =axFF);
```

该代码中，*ctrl1 是一个循环不变的表达式，因此该循环被优化为一个单存储器。为了改正这些优化，可以定义*ctrl 为

```
volatile unsigned int *ctrl
```

此时，*ctrl 指针是为了引用一个硬件的地址，比如一个中断标记。

7. asm 语句

TMS320C64x C/C++ 编译器可以将 C6000 汇编指令或者伪指令直接嵌入编译器输出的汇编语言文件中。该功能是对 C/C++ 语言的扩展，即生成 asm 语句。asm 语句提供了 C/C++ 语言不能提供的对硬件的访问。asm 语句类似于调用一个名为 asm 的函数，该语句以一个字符串常数为参数，具体语法格式如下：

```
asm("assembler text");
```

编译器将参数直接复制到编译器的输出文件，汇编正文必须包含在双引号内。所有通常的字符串都保持它们原来的定义。例如，可插入一个包含引号的.string 伪指令：

```
asm ( "str: .string\"abc\"\n);
```

插入的代码必须是合法的汇编语句。与所有汇编语言一样，在引号内的代码必须以标号、空格、Tab 或者一个注释(星号或分号)开始。编译器不会对字符串进行检查，如果存在错误，则由汇编器检测。

asm 语句不遵循一般 C/C++ 语句的语法限制。每条语句可以是一条语句或一个声明，甚至可以在程序块的外面。这对于在一个已经编译了的模块开始处插入伪指令是很有用的。

使用 asm 语句需注意以下事项：

(1) 不要破坏 C/C++环境，编译器不会对插入的指令进行检查。

(2) 避免在 C/C++代码中插入跳转或标号，因为这样可能会对插入代码中或周围的变量产生不可预测的影响。

(3) 不要改变段的伪指令或影响汇编环境的伪指令。

(4) 当对带 asm 语句的代码使用优化器时要特别小心。尽管优化器不能去掉 asm 语句，但它可重新安排靠近 asm 语句的代码顺序，这可能会引起不可预测的结果。

5.2.3　pragma 伪指令

pragma 伪指令告诉编译器如何处理特定的函数、对象或者代码段。 TMS320C64x C/C++ 编译器支持下列伪指令：

```
CODE_ SECTION
DATA_ALIGN
DATA_MEM _BANK
DATA_SECTION
```

FUNC_CANNOT INLINE

FUNC_EXT_CALLED

FUNC_INTERRUPT THRESHOLD

FUNC_IS_ PURE

FUNC_IS_ SYSTEM

FUNC_NEVER_ RETURNS

FUNC_ NO GLOBAL_ASG

FUNC_ NO IND_ASG

INTERRUPT

MUST_ ITERATE

NMI_INTERRUPT

FROB_ITERATE

STRUCT_ALING

UNROLL

这些指令多数应用到函数中。除了 DATA_MEM_BANK 伪指令，参数 func 和 symbol 不能在函数体内定义或者声明变量，而必须在函数体外指定 pragma，且必须出现在任何对 func 和 symbol 参数的声明、定义或者引用之前。若不遵循这些原则，编译器将发出警告。

从语法上讲，应用到函数或符号的 pragma 伪指令，在 C 语言和 C++ 语言之间是不同的。在 C 语言中，作为第一个参数，用户必须将对象或函数名应用到 pragma 伪指令处；在 C++ 语言中，可以省略名称，pragma 只应用到紧跟其后的对象或函数的声明处。

编译指示(Pragma Directives)可能是所有的预处理指令中最复杂的了，它的作用是设定编译器的状态或者指示编译器完成一些特定的动作。#pragma 指令对编译器给出了如何处理特定的函数、对象和代码段的方法，在保持与 C/C++ 语言完全兼容的情况下，给出主机(比如 C28x)或操作系统(比如 DSP/BIOS)专有的特征。这些编译指示的使用较为复杂，但是我们还必须要了解它们，因为它们是程序中必不可少的东西。

1. CLINK

CLINK 指令可用于某段代码或者某个数据符号，使用之后会在包含被作用符号的段中产生一个.clink 指示，表明在条件链接的情况下，如果这个段没有被其他任何段引用，则这个段可以被移除，从而减小链接输出文件的尺寸。该指令的使用方法是

  #pragma CLINK (symbol)

2. CODE_ALIGN

CODE_ALIGN 指令用于沿着特定的对齐参数 constant 来对齐函数(从而可以让 CPU 更快寻址，更快执行指令)。当希望函数从特定的边界开始的时候，这个指令非常有用。参数 constant 必须是 2 的幂(偶数对齐)。该指令的使用方法是

  C 代码： #pragma CODE_ALIGN (func, constant);

  C++ 代码： #pragma CODE_ALIGN (constant);

  注意：本书中，如果 C 和 C++ 代码中的指令使用方法一样，则不分别写出；如果指令使用方法不一样，则分别写出。C 代码中的#pragma 指令一般需指定函数名，也即其作用

域；C++ 代码中的 #pragma 指令一般不带有函数名，其作用域为紧邻该指令后面的函数。

3. CODE_SECTION

CODE_SECTION 指令是较为常见的指令。默认情况下，代码被存放在.text 段中，使用此指令可指定并改变某段代码所分配的段。该指令使用方法是

C 代码：　　　#pragma CODE_SECTION (symbol, "section name ")

C++代码：　　#pragma CODE_SECTION (" section name ")

4. DATA_SECTION

DATA_SECTION 指令用来定义存储某个符号所使用的段，其使用方法是

C 代码：　　　#pragma DATA_SECTION (symbol, " section name ");

C++代码：　　#pragma DATA_SECTION (" section name ");

5. FUNC_EXT_CALLED

在启用程序级别的优化选项时，所有未直接或者间接被 main 函数调用的函数都将被优化掉，但是这些函数也有可能被我们定义的某些汇编代码用到，使用 FUNC_EXT_CALLED 指令可以在编译时保留这些代码，其使用方法是

C 代码：　　　#pragma FUNC_EXT_CALLED (func);

C++ 代码：　　#pragma FUNC_EXT_CALLED;

6. INTERRUPT

INTERRUPT 指令可以在 C 代码中直接操作中断，其使用方法是

C 代码：　　　#pragma INTERRUPT (func);

C++代码：　　#pragma INTERRUPT;

被该指令直接操作的函数将使用 IRP(中断返回指针)来返回值。

在使用浮点处理单元(FPU)时，中断分为两种：高优先级中断(HPI)和低优先级中断(LPI)。其中，HPI 使用快速的上下文存储机制，不能被嵌套；LPI 则与普通的 C28x 中断机制一样，并且可以被嵌套。此时可以增加第二个参数来控制：

C 代码：　　　#pragma INTERRUPT (func, {HPI|LPI});

C++ 代码：　　#pragma INTERRUPT ({HPI|LPI});

在 DSP/BIOS 和 SYS/BIOS HWI 对象中，不能使用 INTERRUPT 指令，因为 Hwi_enter/Hwi_exit 宏和 Hwi 解包器已经包含了该函数，再使用该指令会产生负面效果。

7. MUST_ITERATE

使用 MUST_ITERATE 指令时，我们确信某个 for 循环能够执行指定的次数。MUST_ITERATE 指令能够帮助编译器确定循环的次数和最佳的实现方式，从而减小代码的尺寸。该指令的使用方法是

　　　　　#pragma MUST_ITERATE (min, max, multiple);

这里，min 是循环的最小次数，max 是最大执行次数，multiple 则是循环次数的整数倍。如果其中某个参数不存在，则可以省略。例如：

　　　　　#pragma MUST_ITERATE(5);　　/*最少循环 5 次*/

　　　　　#pragma MUST_ITERATE(5, , 5); /* max 参数省略，循环次数是 5 的倍数(至少 1 倍) */

#pragma MUST_ITERATE(8, 48, 8);   /*循环次数可能为 8, 16, 24, 32, 40, 48 */

8. UNROLL

UNROLL 是"摊开"的意思，这个指令与 for/while 相关，意思是把 n 次循环展开，从而有 n 份同样的代码。循环展开是一种牺牲程序的尺寸来加快程序的执行速度的优化方法，可以手动编程完成，也可由编译器自动优化完成。循环展开通过将循环体代码复制多次实现，它够增大指令调度的空间，减少循环分支指令的开销，更好地实现数据预取技术。UNROLL 指令的使用方法是

#pragma UNROLL(n);

只有在编译器认为 n 是安全(即展开之后确实都能执行)的情况下，才能执行此操作。

以上说明了部分伪指令在编译器进行编译时的功能及其对应的 C/C++的语法格式，有关其他伪指令的作用，读者可以查阅相关技术资料。

5.2.4   初始化静态变量和全局变量

ISOC 标准要求在程序开始运行前,对没有明确初始化的静态变量和全局变量必须初始化为 0,这一般在程序加载时执行。由于加载过程在很大程度上与目标应用系统特定的环境有关，而编译器本身对预初始化变量没有规定，因此预初始化变量由满足这些要求的应用程序完成。

如果加载器不预初始化变量，则可以使用链接器在目标文件中将变量预初始化为 0。例如，在链接命令文件中，在 .bss 段中填充 0 值，代码如下：

```
SECTIONS
{
    …
    .bss:fill =0x00;
    …
}
```

因为链接器将赋值为 0 后的.bss 段完全写入输出 COFF 文件，所以这个方法可能会产生输出文件的长度显著增加的不良效果。

如果用户将应用程序烧写到 ROM 中，则应该明确地初始化需要初始化的变量。初始化过程只在加载阶段进行，并不在系统复位或上电时进行。为了在运行时将变量初始化为 0，应在程序代码中明确地定义。

带有常数类型限定词 const 的静态变量和全局变量的处理方法与其他类型的静态变量和全局变量不同。 没有明确初始化 const 的静态变量和全局变量与其他静态变量和全局变量是类似的，因为它们没有被预初始化为 0。例如：

const int zero;   /*不一定初始化为 0*/

然而，由于常量是在名为.const 的段中进行声明和初始化的，因此常数、全局变量和静态变量的初始化是不同的。例如：

const int zero =0;   /*保证初始化为 0*/

对应于 .const 段的入口：

```
… .sect … .const
_zero
… .word … 0
```

该特征在定义较大的常数表时特别有用。因为在系统建立初始化表时既不浪费时间也不浪费存储空间。此外，还可用链接器将 .const 段载入 ROM 中。

5.3 运行时环境

本节将介绍 TMS320C6000 C/C++ 语言的运行时环境。为了正确执行 C/C++ 程序，所有的运行代码应遵循相关规定，维护运行时环境，与 C/C++ 代码接口的汇编语言函数亦如此。

5.3.1 存储器模型

TMS320C6000 编译器把整个存储区当作单个线性存储块(Linear Block)，并将其分为子代码区和数据区。由一个 C 程序产生的子代码块和数据块被放在各自连续的存储空间中。编译器假定目标存储器的 32 位地址空间全是可用的。

连接器定义了内存的映射并将代码和数据分配到目标存储器，编译器产生重定位的代码来允许链接器将代码和数据分配到合适的存储空间。

例如，用户可以使用链接器将全局变量分配到片内 RAM 或将可执行代码分配到外部 ROM 内，也可以将代码或数据块分别分配到内存区，但是这样操作并不实用。

1. 段

编译器生成的可重定位的代码块和数据块称为段。 采用不同的方式将段分配到存储器，可保持系统配置不变。

TMS320C6000 编译器可产生如下两种类型的段。

1) 已初始化段

已初始化段包含数据和可执行代码。C/C++ 编译器生成的已初始化段如下。

(1) .cinit 段：包括变量初始值和常量值。

(2) 0.const 段：包括字符串文字、浮点常量和在 C/C++ 语言中被声明为 const 的数据。

(3) .switch 段：包含大的 switch 语句的跳转表。

(4) .text 段：包含所有的可执行代码。

2) 未初始化段

未初始化段指存储器中的保留空间，程序在运行时用它来创建和存储变量。C/C++ 编译器生成的未初始化段如下。

(1) .bss 段：为全局变量和静态变量保留的存储区。如果为链接器设定 -c 选项，则在程序的开始，C 引导程序会将 .cinit 段的数据(可在 ROM)复制到 .bss 段。编译器定义全局号$bss，并指定它为 .bss 段的起始地址。

(2) .far 段：为声明为 far 的全局变量和静态变量保留的存储区。

(3) .stack 段：系统栈。该存储区用于传递函数的参数和为局部变量分配存储器空间。

(4) .sysmem 段：为动态存储空间分配保留的存储区。执行动态存储空间分配要求的有 malloc、calloc、realloc 等函数。如果 C/C++ 程序未使用这些函数，则编译器不生成该段。

编译器产生默认的 .text 段、.bss 段和 .data 段，但 C/C++ 编译器不使用 .data 段。可用 CODE_SECTION 和 DATA_SECTION pragma 伪指令使编译器生成附加的段。

2. C/C++ 系统栈

C/C++ 编译器将栈用于以下几个方面：① 保存函数调用后的返回值地址；② 给局部变量分配存储空间；③ 传递函数参数；④ 保存临时结果。

运行时栈增长方向为从高地址到低地址，编译器用 B15 寄存器来管理该栈，B15 寄存器将作为栈指针(sp)指向栈中下一个空闲的存储器位置。

使用链接器设置栈的大小，生成全局的符号_STACK_SIZE，并将栈的大小(以字节为单位)赋给该符号，默认栈的大小为 0x400(1024)字节。用户在链接时使用链接命令并结合 -stack 选项来改变栈的大小。

在系统初始化时，sp 指向 .stack 段最后的第一个 8 字节对齐的地址。因为栈的位置取决于 .stack 段分配的地方，所以栈的实际地址是在链接时决定的。

C/C++ 环境在进入一个函数时会自动减小 sp(B15 寄存器)，并为该函数预留运行时所需的空间。栈指针在函数退出并恢复至进入函数之前的状态时增加，并将栈恢复。如果在 C/C++ 程序中加入汇编程序，要确保将栈指针恢复到进入函数之前的状态。

注意：编译器没有提供在编译期间或运行时检查栈溢出的方法，可将 .stack 段放到未映射的内存空间后的第一个地址。由于栈溢出将导致模拟器错误，这样系统很容易检测到栈溢出问题，因此应该确保有足够供栈增长的空间。

3. 动态存储区分配

动态存储区分配不是 C 语言的标准组成部分。TMS320C6000 编译器提供的运行时支持程序库包括的函数有 malloc、calloc 和 realloc，这些函数允许在运行时为变量动态地分配存储器空间。

系统在全局池或堆中分配动态内存，全局池或堆是在 .sysmem 段中定义的。用户可以在链接命令中使用 -heap size 设置 .sysmem 段的大小，产生全局符号 SYSMEM SIZE，并将堆的大小以字节数赋给该符号，其默认大小是 0x400 字节。

动态分配的对象不可直接寻址(它们总是用指针来访问)，而存储池存在于一个单独的段中。因此，动态存储池的大小仅仅受限于系统中实际的存储容量。为了节约 .bss 段的存储空间，可将大的数组放在堆里，而不是将其定义为全局或静态的形式。例如：

```
struct big table[100]
```
可用指针和 malloc 函数替换为
```
struct big *table;
table =(struct big *)malloc(100*sizeof(struct big));
```

4. 存储器模式

TMS320C6000 的编译器支持小存储器模式和大存储器模式，它们将影响 .bss 段在内存中的分配。这两种存储器模式的区别在于为 .bss 段分配存储空间的方式，它们都不会限制 .text 或 .cinit 段的大小。

1) 小存储器模式

小存储器模式是系统的默认模式，要求整个 .bss 段限制在 32 KB(32 768 B)范围的存储空间内，也就是程序中静态变量和全局变量所占用的存储空间必须加起来小于 32 KB。编译器在运行初始化期间设置数据页指针(dp，即 B14)指向 .bss 段的起始地址，然后便能直接寻址访问 .bss 段中的所有对象，而无须改变 dp 的值。

2) 大存储器模式

大存储器模式不限制 .bss 段的大小，即静态变量和全局变量的存储空间的大小不受限制。然而当编译器访问 .bss 段中的一个全局或静态变量时，必须首先将该对象的地址传送至寄存器中。为了完成该任务，需要两个额外的汇编指令。

例如，编译器生成的汇编语言使用了 MVKL 和 MVKH 指令将全局变量 _x 的地址传送至 A0 寄存器，然后以 A0 作为指针将_x 值加载到 B0 寄存器。

```
MVKL_X, A0
MVKH_X A0
LDW *A0. B0
```

使用大存储器模式，需要给编译器设置 -mln 选项。

5.3.2　中断处理

当 C/C++ 环境初始化时，启动程序并禁止中断。若系统使用中断，则必须手动设置所需的中断允许或手动屏蔽某些中断。该操作对 C/C++ 环境没有影响。也可以使用 asm 或汇编语言函数来完成中断处理。

1. 中断中保存寄存器

当 C/C++ 代码被中断时，中断服务程序必须保存所有用到的寄存器，包括中断服务程序使用的、中断服务程序调用其他函数时需要使用的寄存器。如果中断服务程序是由 C/C++ 语言编写的，则编译器会完成寄存器保存。

2. 使用 C/C++ 中断服务程序

C/C++中断服务程序和其他 C/C++ 函数一样，可以使用局部变量和寄存器变量，但是，不能有参数和返回值。C/C++ 中断服务程序可以在栈中给局部变量分配 32 KB 空间。例如：

```
interrupt void example (void)
{
    …
}
```

如果一个 C/C++ 中断服务程序不再调用其他函数，则只有中断服务程序中定义的寄存器被保存并最终恢复。但是如果 C/C++ 中断服务程序调用其他函数，该函数可能使用一些未知的寄存器，此时程序将所有可用的寄存器保存。中断结束后，程序跳转到中断返回指针寄存器(IRP)中存放的地址。另外，不要在程序中直接调用中断服务程序。

中断可以直接由 C/C++ 函数处理，只要使用 INTERRUPT pragma 伪指令或 interrupt 关键字即可。在中断中还应正确处理控制寄存器 AMR 和 CSR 中的 SAT 位。默认情况下，编译器不保存和恢复 AMR 和 SAT 位。处理 SAT 位和 AMR 寄存器的宏包含在 cbx.h 中。

如例 5-4 所示，在某段汇编代码中使用循环寻址(AMR 不等于 0)，该段汇编代码可以被一个 C 语言中断服务程序中断，这个 C 语言中断服务程序要求 AMR 置 0。需要在语言中断服务程序中使用临时整型变量，并在程序的开始和结尾处使用 SAVE_AMR 和 RESTORE_AMR 两个宏，以正确地保存和恢复 AMR。

【例 5-4】 AMR 和 SAT 处理。

程序如下：

```
#include <cbx.h>
interrupt void interrupt_func()
{
    unsigned int temp_amr;
    /*定义在内部中断使用的其他局部变量*/
    /*保存 AMR 到一个临时位置并设置为 0*/
    SAVE_AMR(temp_amr);
    /*调用中断服务程序的代码及函数*/
    …
    /*在退出前恢复 AMR*/
    RESTORE_AMR(temp_amr);
}
```

如果需要在 C 语言中断服务程序中保存和恢复 SAT 位(即正在进行带饱和的数学计算时被 C 语言中断服务程序中断，而中断服务程序要进行带饱和的计算)，可以使用宏 SAVE_SAT 和 RESTORE_SAT。

5.3.3　系统的初始化

运行一个 C/C++ 程序之前，必须建立 C/C++运行时环境。这个工作是由 C/C++ 引导程序调用 c_int00 函数完成的。c_int00 函数的源代码包含在 boot.asm 模块中，该模块包含在运行时支持源程序库 rts.src 中。

系统运行开始，跳转到 c_int00 函数或调用 c_int00 函数，通常是用硬件复位中断的中断服务程序调用它，且必须把 c_int00 函数和另一个对象模块链接起来。这个链接过程如下：使用 -c 或者 -cr 链接选项，并在链接器输入文件中包含一个标准的运行时支持程序库。

当 C/C++ 程序链接完成后，链接器在可执行的输出模块中将程序入口点的值设置为符号 c_int00，而没有使用硬件复位中断服务程序自动地跳转至 c_int00 函数。

c_int00 函数执行以下初始化环境的工作。

(1) 定义系统栈.stack 段并初始化栈指针。

(2) 初始化全局变量，这是通过将.cinit 段中的初始化表复制给.bss 段中为变量分配的存储空间来完成的。如果在加载时初始化变量(-cr 选项)，则加载器在程序运行前完成该步骤(不是通过引导程序执行的)。

(3) 调用 main 函数来运行 C/C++ 程序。

可以替换或修改引导程序来满足用户的系统需求，但是，引导程序必须执行以上列出的操作以正确地初始化 C/C++ 环境。

1. 变量的自动初始化

一些全局变量在 C/C++ 程序开始运行之前必须赋初值。取得这些变量的数据并用这些数据初始化变量的过程叫作自动初始化。

编译器在一个特殊的 .cinit 段中建立了包含全局变量和静态变量初始化数据的表，每个编译模块都包含这个初始化表。链接器将它们组成一个表。引导程序或加载器使用这个表来初始化所有系统变量。全局变量的自动初始化过程在运行时或者加载时进行。

2. 全局的构造函数

带构造函数的所有 C++ 全局变量必须在 main 函数之前调用它们的构造函数。编译器构建一张全局构造函数地址表，该表放在 main 函数之前的 .pinit 段中。链接器将每个输入文件的 .pinit 段合并成单一的 .pinit 段和表，引导程序使用该表来构造函数。

3. 初始化表

.cinit 段中的表由若干个大小不同的初始化记录构成。每个需要自动初始化的变量在 .cinit 段中有一个记录。如图 5-1 所示为 .cinit 段和初始化记录的格式。

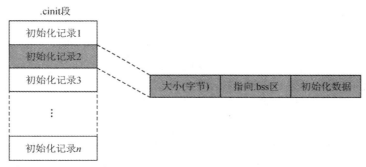

图 5-1　.cinit 段和初始化记录的格式

初始化表包含如下信息：

(1) 初始化记录的第一个字段是初始化数据的大小(以字节计)；

(2) 初始化记录的第二个字段包含初始化数据复制的目的地址，即数据在.bss 段中的起始地址；

(3) 初始化记录的第三个字段包含要复制到.bss 段的初始化变量的数据；

(4) 每个需要自动初始化的变量在.cinit 段中都有一条初始化记录。

当使用 -c 或 -cr 选项时，链接器将所有的 C 模块的.cinit 段合并，并在合并的 .cinit 段的末尾添加一个空字。这个终结记录的大小域为 0，表示初始化结束。类似地，-c 或 -cr 的连接选项让链接器将所有的 C/C++ 模块的 .pinit 段合并，并且在合并的.pinit 段的末尾附加一个空字，引导程序便可以在遇到空构造函数地址时，知道这是全局构造函数表的末尾。用 const 声明的变量采用不同的方法初始化。

4. 运行时自动初始化变量

运行时自动初始化变量是自动初始化的默认方式，设置 -c 选项即可使用这种方式。使用这种方式时，.cinit 段与其他初始化段一并加载入存储器。链接器定义了一个名为 cinit 的特殊符号，指向存储器中的初始化表的起始地址。当程序开始运行时，C/C++ 启动程序将表中的数据复制给 .bss 段中特定的变量，这便允许将初始化数据存在 ROM 中，并在每次程序运行开始时将它复制到 RAM 中。

图 5-2 说明了运行时自动初始化变量的过程。当用户的系统应用是运行烧录在 ROM 中的代码时，就要使用这种方式。

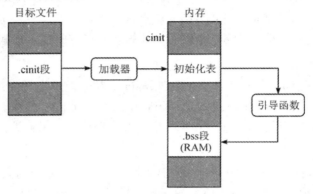

图 5-2　运行时自动初始化变量的过程

5. 加载时初始化变量

加载时初始化变量提高了系统性能，因为它减少了启动时间，并节约了初始化表所用的存储器。使用这种方式时要设置 -cr 链接选项。

当使用 -cr 链接选项时，链接器不仅将 .cinit 段头中的 STYP_COPY 位置为 1，并告知加载器不要把 .cinit 段加载入存储器，还将 cinit 的符号赋值为 -1，并告知启动程序初始化表不在存储器中，因此，启动时不执行初始化。

使用加载时的初始化时，加载器必须完成下列操作：检测目标文件中是否有.cinit 段；检测.cinit 段头中的 STYP_COPY 位是否为 1，如果为 1，则不将.cinit 段复制到存储器中；解析初始化表的格式，以便于加载器把目标文件的.cinit 段中的值直接复制到存储器的 .bss 段中。图 5-3 说明了加载时初始化变量的过程。

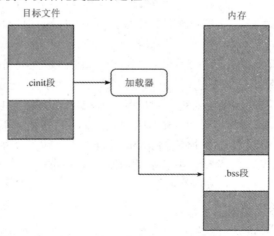

图 5-3　加载时初始化变量的过程

5.4　DSP 的 C/C++ 代码优化

5.4.1　C/C++ 代码的优化流程

在编写和调试 DSP C/C++ 程序时，为使 C6000 代码获得最好的性能，一般按如图 5-4 所示的流程分 3 个阶段进行。这 3 个阶段分别为开发 C/C++ 代码、优化 C/C++ 代码、编写线性汇编。

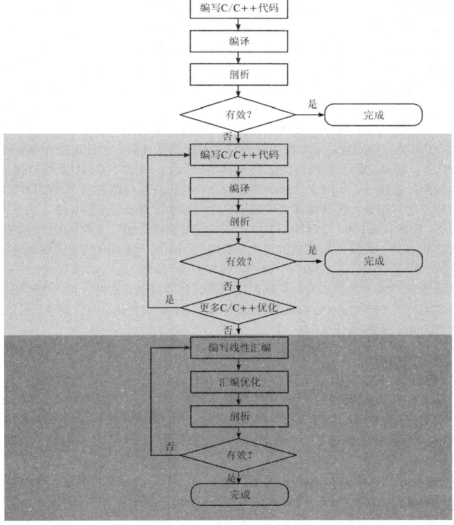

图 5-4　DSP 代码开发流程图

DSP 代码各阶段完成的任务如下：

第 1 个阶段：编写 C/C++ 程序。

开始可以不考虑 C6000 的有关知识，完全根据任务编写 C/C++ 程序。在 CCS 环境下用 C6000 的代码产生工具编译产生在 C6000 内运行的代码，证明其功能的正确性。然后用 CCS 的调试工具，如 debug 和 profiler 等，分析、确定代码中可能存在的、影响性能的低效率段。为改进代码性能，进入第 2 阶段。

第 2 阶段：进行 C/C++ 语言级优化。

利用 C6000 系列的 C/C++ 程序优化方法改进 C/C++ 程序。重复第 1 阶段，检查所产生的 C6000 代码性能。如果产生的代码仍不能达到所期望的效率，则进入第 3 阶段。

第 3 阶段：进行汇编级优化。

用户把处理时间要求严格的代码抽取出来，并利用线性汇编编写。可以使用汇编优化器优化该代码。在第一次编写线性汇编代码时，无需考虑流水线和寄存器分配问题。之后，在优化用户线性汇编代码时，可以向代码添加更多的细节，如寄存器分配等。

上述 3 个阶段不是必须都经过的。当在某一阶段已获得了期望的性能，就不必进入下一阶段。由于 C6000 主要用于解决高速实时处理问题，所以一般情况下所说的优化是指通过提高硬件资源的并行利用程度来提高代码运行速度，减少运行周期数。个别情况下，也把减少代码长度称为优化。某些情况下提高代码运行速度与减少代码长度是矛盾的，需要折中。软件优化的核心问题是在 1 个时钟周期内使程序代码并行执行，使运算速度趋近 8×主频(MHz)MIPS。例如，对于 DM7437 而言，主频为 600 MHz，当 8 条指令并行执行时可以达到 4800 MPIS，否则就只是一个主频为 600 MHz 的处理器，运行速度为 600 MPIS。从程序本身入手，提高它的并行性是优化的一个重要手段。TMS320C64x 系列 DSP 扩展了很多多媒体数据处理指令，如双字读取和存取指令、数据打包与解包指令、高低半字和四字节的同时算术运算指令，使其能够更快速地执行视频和图像处理中的算法。为了方便编写 C 语言程序，TMS320C6000 编译器还提供了许多与汇编指令相对应的 intrinsics(内联函数)，可快速优化 C 程序。此外，还可以编写线性汇编代码来进一步优化程序关键模块。

优化的过程是逐步改进源程序(C 程序、线性汇编代码)，选用 C6000 的 C/C++ 编译器合适的编译选项，使产生的 C6000 代码性能优化，达到要求。有时，用"C 代码优化"来简称改进 C 程序，使产生的 C6000 代码性能优化；用"汇编优化"简称改进线性汇编代码，使产生的 C6000 代码性能优化。

5.4.2 分析 C 代码的性能

使用以下手段可以分析特定代码段的性能。

(1) 代码性能的主要衡量方法之一是代码运行占用的时间，使用 C/C++语言的 clock 和 printf 函数可以实现计时和显示特定代码的功能，为了达到这一目的，可以利用独立的软件模拟器运行这段代码。

(2) 利用动态调试器(debugger)中的剖析(profile) 模式，可以得到一个关于代码中特定代码段执行情况的统计表；该剖析结果会存储在以.vaa 为扩展名的文件中。

(3) 在 CCS 中使用动态调试器中的中断、CLK 寄存器和 RUN 命令可以跟踪特定代码段所占用的 CPU 时钟周期数，使用"View Stistis"来观察使用的周期数。

(4) 影响代码性能的主要代码段通常是循环。优化一个循环，最容易的方法是抽出该循环，使之成为一个单独的可重新编写、编译和运行的文件。

优化是基于所采用的算法和程序代码针对特定的硬件资源进行一系列的调整和精简，在保证正确性的基础上最大程度地发挥硬件资源的优势，达到程序代码运行的实时实现。

程序级优化主要是结合 C64x + DSP 内核的特点，合理安排程序的流程结构，以提高程序执行的并行度并且优化对内存的使用和访问。下面采用编译器优化、内联函数应用、字访问短型数据、编译器选项设置、软件流水化和线性汇编等多种优化策略对程序代码进行优化。

C6000 的集成开发环境 CCS 提供了一系列的软件开发工具，如 C/C++ 编译器、汇编优化器、汇编器、链接器等。具体的优化过程主要在 C 编译器和汇编优化器内进行。C 编译器按功能可分为两个部分：语法分析器和 C 优化器。其中，C 优化器对语法分析器的输出文件进行优化，对 C 代码进行一般性优化和针对结构的优化。汇编优化器的功能是对用户编写的线性汇编代码进行优化。线性汇编语言不是一种独立的编程语言，线性汇编代码输入后，汇编优化器产生一个标准汇编代码的中间文件作为汇编器的输入。在此过程中，汇编优化器需要完成指令的并行安排、指令的延迟和存储器的分配等一系列工作。

5.4.3　选用 C 编译器提供的优化选项优化

C6000 编译器中提供了大量的编译选项，选项设置不同，会影响编译后代码的性能。可以根据算法的需求选择各种编译优化参数进行优化，通过各个参数的选择和搭配在改善程序的执行效率和代码尺寸的裁剪之间进行权衡。编译选项主要包含了三大类常用的优化编译选项：基本编译选项、高级编译选项和用于反馈信息的选项。用户可以在工程的 Build Option 中进行优化设置。

Build Option 的配置界面中包括以下几个基本编译选项。

(1) Target Version：DSP 芯片类型(DM6437 为 C64 内核)。

(2) Generate Debug Info：调试方式配置(通常选-g)。

(3) Optimize for Size：代码尺寸优化(-ms 后的数字越大，表明优化是向减少代码尺寸方面倾斜，代码尺寸越小；反之，数字越小，则优化向增加代码尺寸方面倾斜)。

(4) Optimize for Speed：代码速度优化。Opt Level 为代码优化程度(-o0～-o3 共 4 个优化级别供选择，数字越大，代码性能优化的程度越高。其中 -o3 是最高程度的优化，但某些情况下，-o3 在优化循环、组织流水时会出现错误)。

(5) Promgram LevelOpt：对整个工程中所有的源程序文件进行程序级别的优化，主要是去掉没有被调用的函数、总是常数的变量以及没有使用的函数返回值。

例如，采用 -mt -o3 -mw 的优化方式，可实现文件级别的优化，具体效果包括：

① 删除所有未被调用的函数。

② 重新排序函数的声明，确保优化调用函数时，其函数属性已知。

③ 常用小型函数内联处理。

④ 当函数返回值未被使用时，简化函数的返回形式。

⑤ 识别文件级别变量的特征。

⑥ 对于多次被调用传递的参数，直接把该参数放置在函数体内，节省寄存器、存储器空间。

C6000 C/C++ 编译器支持全部 C/C++ 语言，同时有一些补充和扩展，极大地缩短了软件开发周期。C/C++ 编译器根据用户程序内提供的信息和用户指定的编译选项进行优化。

C 语言源代码的优化是针对 C 程序的通用特性来进行的，主要包括数据类型的选择、数值操作优化、快速算法变量定义和使用优化、函数调用优化和计算表格优化等。也可通过选定 CCS 提供的 C/C++ 编译器的选项来进行优化。C/C++ 编译器提供的优化选项如下：

(1) -o：使能软件流水和其他优化方法。

(2) -pm：使能程序级优化。

(3) -mt：使能告知编译器源程序中变量指向无混叠，使程序进一步优化。

(4) -mg：使能剖析(profile)优化代码。

(5) -ms：确保不产生冗余循环，从而减小代码尺寸。

(6) -mh：使能软件流水循环重试，基于循环次数对循环试用多个方案，以便选择最佳方案。

(7) -k：保留优化后生成的汇编源文件。

5.4.4 软件流水

C 程序优化的主要目的是提高代码的执行效率，而对代码执行效率影响最大的是代码中的循环模块。软件流水线是编译器优化代码的一项核心技术。利用软件流水线，可以对代码中循环结构内的指令重新调度安排，使循环结构的多个迭代同时并行执行，从而大大提高代码的执行效率。在编译时，选择 -o2 或 -o3 优化选项，则编译器将根据程序尽可能地安排软件流水。充分利用软件流水能进一步提升 DSP 的处理性能，它一方面可以克服多周期指令的延时所造成的对 CPU 处理性能的影响；另一方面可以在流水线运行阶段的每个周期输出一个或多个处理结果。需要注意的是，在一系列嵌套循环中，最内层的循环是唯一可以进行软件流水的循环。并且，实现软件流水有以下条件的限制：

(1) 软件流水循环不能包含函数调用，但可包含内联函数；

(2) 在循环中不能有条件终止指令，循环结构不能包含 break 指令；

(3) 循环计数器应该是递减的，循环体内不能修改循环计数器，因为在循环中修改循环计数器不能将其转换为递减计数器的循环；

(4) 代码尺寸太大，所需寄存器大于 64 个寄存器时，这个代码不能进行软件流水，需要简化循环或将循环拆成几个小循环；

(5) 条件代码应当尽量简单，如果循环结构中使用了复杂的有条件执行代码(如复杂的 if-then 结构)，则循环不能进行软件流水。

软件流水是一种用于安排循环内的指令运行的方式，可使循环的多次迭代能够并行执行。TMS320C6000 的并行资源使得在前次迭代尚未完成之前可以开始一个新的循环迭代，软件流水的目的就是尽可能早地开始一个新的循环迭代。

软件流水的实现是基于循环中的代码有多个独立步骤，利用 TMS320DM6437 内核的 8 个独立运算单元和 64 个通用寄存器这些大规模的硬件资源，使得不同迭代的不同步骤在同一周期内并行地执行。图 5-5 是用来解释软件流水技术优化循环代码的示意图。图中 A、B、C、D 和 E 表示一个周期内的 5 次迭代，字母后面的数字表示各次迭代的序号，同一行中的指令在同一周期内并行执行；图中阴影部分称为"循环内核"，核前执行的过程称为"流水线填充"，核后执行的过程称为 "流水线排空"。

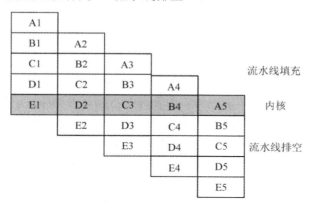

图 5-5　用来解释软件流水技术优化循环代码的示意图

　　显然，在如图 5-5 所示的同一周期内，通过合理地安排指令和数据操作，在理想情况下能够实现 E1、D2、C3、B4、A5 这样的 5 次不同迭代的不同步骤在同一个指令周期内执行。如果循环次数大于 5，则能并行运行的次数增多。如果循环次数小于 5，则软件流水尚未建立，循环结束，此时不适合使用软件流水技术。

　　在 C 程序优化阶段，用户不直接参与软件流水的实现，只是向编译优化器提供信息，使之能较好地编排软件流水。而由于针对 PC 开发的 C 程序不会考虑软件流水的情况，通常会有一些破坏软件流水优化的因素存在，所以用户需要改善软件流水。改善软件流水时，主要考虑以下几个方面。

1. 循环次数的确定

　　循环次数指程序内循环执行的次数。软件流水结构都有一个最小安全循环迭代次数的要求，以保证用软件流水来执行循环程序是正确的。如图 5-5 中至少要循环 5 次才能用软件流水，所以必须告诉编译器该段程序中的循环至少执行的次数，这个信息可由程序中的 pragma Directive(例如 MUST_ITERATE 和 PROB_ITERATE)提供。这个指令能够帮助编译器确定循环的次数和最佳的实现方式，从而减小代码的尺寸。

2. 冗余循环

　　有时编译器无法确定循环计数是否总是大于最小循环次数，因此，编译器会产生两种循环方式：

　　(1) 如果循环计数值小于最小循环次数，则执行非软件流水循环方式；

　　(2) 如果循环计数值等于或大于最小循环次数，则执行软件流水循环方式。

　　显然冗余的循环会增加代码量，同时影响程序的性能。

　　为了向编译器指明不想产生这两种循环方式，可以使用 -ms0 或者 -ms1 选项。编译器会根据循环次数只产生一种循环方式，对未知的循环次数不做软件流水优化处理。为了使编译器只产生软件流水循环，可以使用 MUST_ITERATE 伪指令或者 -pm 选项帮助编译器确定已知的最小循环次数。

　　激活编译器时可以使用以下选项将循环次数传给编译器。

(1) 用 -o3 和 -pm 选项允许优化器访问整个程序或者部分，了解循环次数信息。

(2) 使用 -nassert 内核防止冗余循环的产生，或者允许编译器(使用或者未使用 -ms 选项)软件流水最内层循环以减少代码量。

3. 循环展开

循环展开也是提高代码性能的一种方法，也就是展开小循环，这样的优化可以提高指令的并行性能。当一次迭代操作没有用尽 TMS320C6000 结构的所有资源时可以展开循环，软件流水的性能被并行执行资源数限制，而软件流水只在内层循环中执行，因此可通过创建大的内层循环来提高代码性能。创建大的内层循环的一种方法是完全展开执行周期少的内层循环。对于一个结构简单的循环，编译器会以启发式决定是否展开该循环，因为展开循环会加大代码量，在某些情况下编译器不会展开循环。如果某些段循环代码很重要，则会在 C 代码中展开循环，这样外循环可以进行软件流水，仅在调用函数时发生一次填充和排空的总开销，并不在外循环的每次迭代中都发生。循环展开有三种方法：

(1) 编译器自动进行循环展开。

(2) 在程序里使用伪指令 UNROLL 向编译器建议做循环展开。

(3) 用户自己在程序里进行循环展开。

4. 推测执行(-mh 选项)

-mh 选项有助于编译器消除软件流水循环的填充(prolog)与排空(epilog)的能力。

在对循环实施软件流水时，填充(prolog)帮助建立流水，排空(epilog)使循环结束流水。为了减少代码尺寸，提高代码性能，有必要消除(collapse)填充与排空。这种优化过程涉及把填充与排空部分或全体编入软件流水内核，不仅可以减小代码尺寸，还可以减少对软件流水安全执行的最小次数的要求。因而，在许多情况下它也消除了对冗余循环的担心。编译器总是消除尽可能多级数的填充与排空。

在消除填充与排空时，会出现指令"推测(speculative)执行"的情况，引起对存储器地址操作越界。一般而言，如果没有 -ml 选项，则编译器是不允许"推测(speculative)执行"读操作的，因为它可能会访问非法地址。有时，编译器可以采用预先计算读取次数的方法来防止越界。但是这将增加寄存器的负担，还可能减少消除填充与排空的级数，从而降低优化性能。

-mhn 选项可以帮助编译器设置"推测(speculative)执行"的门限。n 是门限值，即编译器允许指令可以推测执行读操作的存储器字节数。如果在 -mh 选项后不写 n，则编译器假定门限是无限的。使用 -mh 选项时，用户应当保证潜在的多余的读操作不会引起非法的读操作或其他问题。

5.4.5　使用内联函数

TMS320C6000 编译器提供了许多内联函数(intrinsics)，可快速优化 C 语言代码。内联函数(intrinsics)是能直接与汇编指令相映射的在线函数，不易用 C 语言实现其功能的汇编指令都有相对应的内联函数(intrinsics)。内联函数(intrinsics)用下画线"-"标示，其使用方法与普通的 C 语言调用函数一样。内联函数(intrinsics)为优化程序代码提供了方便快捷的手段，不需要编写专门的汇编源码文件，可以在 C 语言代码中直接嵌入内联函数，达到与汇编指令相类似的性能，如数据打包指令，一条指令即可同时操作多个字节的数据。TMS320C6x 编译器提供的内联函数可参考相关手册。

【例 5-5】　执行饱和加法的程序如下，考虑如何精简代码。

程序如下：

```
int sadd (int x,int y)
int result;
result=x+y;
if(((x^y) &0x0000000) ==0)
if( ( result) &0x0000000)
result =(x <0)? 0x0000000:mf;
return result;
```

源程序由普通的 C 语言代码写成，执行需要多个周期。利用 TMS320C6000 编译器提供的内联函数，只需要一条指令就可以完成上述程序功能，可快速优化 C 语言代码：

```
result=_sadd(x,y)
```

5.4.6　调整数据类型

TMS320C64x DSP 内部数据总线和寄存器宽度是 32 位的，因而在编写代码时需要考虑代码的数据类型。不同的数据类型宽度不一样，一般应遵守的规则如下：

(1) 在 TMS320C64x 中，long 型表示的数据宽度是 40 位，而 int 型表示的数据宽度为 32 位。由于 TMS320C64x 内部寄存器都是 32 位的，而且内核的 8 个执行单元每次处理的也都是 32 位数据，用 40 位 long 型表示数据，就会导致每次使用的不是一个寄存器，而是一个奇偶寄存器对。这对于 DSP 内部寄存器使用而言是极大的浪费，同时也会占用更多的功能单元，浪费大量的 DSP 内核处理时间，所以应把程序中的 long 型数据全部换成 int 型数据，因为两者的定义在 VC 中是完全一致的，不会影响程序的执行结果。

(2) 在使用循环变量时，应尽量使其为 int 型或 unsigned int 型数据，用关键字 register 声明。在 DSP 的寄存器中，有符号数据存取时要进行符号位的扩展。int 型数据本身已经是 32 位，存储在 32 位寄存器中可以避免不必要的符号位扩展。

关键字 register 用来告诉编译器一个变量将会被频繁使用，可以把该变量放入寄存器中。经常用到的循环变量是应用寄存器变量的最好的候选者。当循环变量没有被存入一个寄存器中时，大部分的循环时间都被用在了从内存中取出变量和给变量赋新值上。如果把它存入一个寄存器中，则会大大减轻这种负担。

(3) 尽量使用 short 型进行乘法运算，因为 DSP 内部有专用的 16 位硬件乘法器，可以快速地计算出乘法。在程序中使用 short 型数据正适应了 TMS320C64x 内部的乘法器。进行一次 int×int 运算需 5 个时钟周期，而进行一次 short×short 运算则只需 1 个时钟周期。采用 short 型进行乘法运算可以极大地提高整个程序的处理速度。

(4) 对于在函数中始终保持不变的变量，可以将其声明为 const，即告知编译器该变量具有只读特性，不能够被更改。这样可以使编译器很自然地保护那些不希望被改变的参数，防止其被修改，而且程序编译连接后能产生更紧凑的代码。

5.4.7 基于 Cache 的程序优化

TMS320DM6437 采用片内+片外三级存储器结构，片内 L1 Cache(L1P 32 KB、L1D 32 KB) 和 L2 Cache，片外 SDRAM。DSP 首先访问 L1 Cache(L1P 和 L1D 空间最小，访问速度最快，与主频相同)，若命中，则中央处理器对其数据进行处理；若没有命中，则访问 L2 Cache(访问速度只有 L1 Cache 的一半)。若 L2 命中，则将数据传给中央处理器进行处理；若没有命中，则通过 EMIF 接口访问外部 SDRAM，把数据从外部 SDRAM 复制到 L2 缓存区，再从 L2 缓存区复制到 L1，最后从 L1 读取数据进行处理。Cache 的命中率直接影响算法处理的快慢，所以做算法时需要对 Cache 进行合理配置，提高其命中率，减少数据访问时间。Cache 优化是指通过合理配置 TMS320DM6437 的内存来减少由于代码和数据读取导致的延时，提高代码的运行效率。因此，Cache 优化主要是从提高 Cache 命中率的角度来进行的。

优异的 Cache 性能很大程度上依赖于 Cache lines 的重复使用，优化的主要目标也在于此。一般通过恰当的数据和代码内存布置，以及调整 CPU 的内存访问顺序来达到此目的。因此，应熟悉 Cache 内存架构，特别是 Cache 内存特点，比如 line size、associativity、capacity、replacement scheme、read/write allocation、miss pipelining 和 write buffer。另外，还需要知道什么条件下 CPU STALLS 会发生以及产生延时的 cycle 数。只有清楚了这些，才能清楚如何优化 Cache。常用的优化方法如下。

1. 应用级优化 (application-level optimization)

Cache 优化的最佳策略是采用从上到下的方式，从应用层开始，到程序级，再到算法级进行优化，并配合一些低层次的优化策略，这也是通常的优化顺序。应用层的优化方法通常易于实现，且对整体效果改善明显。进行应用层优化时应考虑以下几点：

(1) 用 DMA 搬移数据时，最好将 DMA buffer 分配在 L1 或 L2 SRAM 上。首先，L1/L2 SRAM 更靠近 CPU，可以尽量减少延迟；其次，出于 Cache 一致性的考虑。

(2) L1 SRAM 的使用。C64x+提供 L1D 和 L1P SRAM，用于存放对 Cache 性能影响大的代码和数据，比如：

① 重要的代码或数据；
② 许多算法共享的代码或数据；
③ 访问频繁的代码或数据；
④ 代码量大的函数或大的数据结构；
⑤ 访问无规律，严重影响 Cache 效率的数据结构；
⑥ 流 buffer(例如 L2 比较小，最好配置成 Cache)。

因为 L1 SRAM 有限，所以决定哪些代码和数据放入 L1 SRAM 中需要仔细考虑。若分配较大的 L1 SRAM，则 L1 Cache 就会变小，这会影响 L2 和外部内存中代码和数据的效率。如果代码和数据能按要求导入 L1 SRAM，则利用代码和/或数据的重叠，可以将 L1 SRAM 设置得相对小一些。所以，必须在 SRAM 和 Cache 的大小之间寻求一个折中点。具体可通过以下手段实现：

(1) 合理设置 Cache 的大小，尽量将 DMA 用到的 buffer 分配在片内 RAM 上。

(2) 将一般性程序代码和数据放到片外 RAM 中，将 DSP 型代码和数据放到 L2 SRAM 中。所谓一般性代码，是指代码中带有很多条件分支转移的指令，程序执行在空间上有随意性，不利于流水线的形成，这类代码放在片外 RAM 中可以发挥 L2 Cache 4 way 的优势。DSP 型代码是指算法型的代码，这类代码放在 L2 SRAM 中，可以充分发挥 DSP 速度快的优势。

2. 避免 L1P 读取未命中(read miss)

当一个循环体中有两个或以上的函数要执行时，可利用#pragma DATA_SECTION 伪指令和 .cmd 文件将其在内存中相邻定位，这样不会发生两个程序对应 L1P 中相同 line 所造成的冲突缺失。

如果循环体中的两个函数大小超过 L1P 的容量，则将这两个函数分别放到两个循环体中。不过这样做会造成中间数据变量的加大。

3. 避免 L1D 读取未命中(read miss)

利用#pragma DATA_SECTION 伪指令将函数要同时处理的数组在内存中相邻存放。最好再用#pragma DATA_MEM_BANK 将数组对齐。

5.5　C 语言与汇编语言混合编程

用汇编语言编写程序具有代码效率高、程序执行速度快、可以合理地利用芯片硬件资源等优点，但是编程过程烦琐，程序可读性、可移植性较差。C 语言作为国际上广泛流行的高级语言，具有很好的可移植性，但是实时性不理想，无法在任何情况下都合理地利用硬件资源。例如，用 C 语言编写的中断程序虽然可读性很好，但在进入中断程序后，有时无论程序中是否用到，中断程序都将寄存器进行保护，从而降低了中断程序的效率。如果中断程序被频繁调用，那么即使一条指令也是至关重要的。此外，DSP 芯片内的某些功能模块控制用 C 语言实现也不如汇编语言方便，有些甚至无法用 C 语言实现。

因此，在很多情况下，DSP 应用程序往往需要用 C 语言和汇编语言混合编程，这是一种很好的解决思路，能更好地满足设计要求，以达到最佳利用 DSP 芯片软、硬件资源的目的。

C 语言和汇编语言的混合编程方法主要有以下几种：

(1) 独立编写 C 程序和汇编程序，分开编译或汇编，形成各自的目标代码模块，然后用链接器将 C 模块和汇编模块链接起来。例如，主程序用 C 语言编写，中断向量文件(vector asm)用汇编语言编写。这种方法工作量大，但是比较灵活，能做到对程序的绝对控制。

(2) 在 C/C++ 代码中使用内核函数直接调用汇编语言。

(3) 在 C 程序中使用汇编语言变量和常量。

(4) 在 C 程序中直接内嵌汇编语句。利用此种方法可以在 C 程序中实现 C 语言无法实现的一些硬件控制功能。

5.5.1　在 C/C++ 语言中调用汇编语言模块

独立的 C 模块和汇编模块接口是一种常用的 C 语言和汇编语言接口方法。采用此方法编写 C 程序和汇编程序，必须遵循有关的调用规则和寄存器规则。如果遵循了这些规则，那么 C 语言和汇编语言之间的接口是非常方便的。C 程序可以直接引用汇编程序中定义的变量和子程序，汇编程序也可以引用 C 程序中定义的变量和子程序。C/C++ 语言与汇编语言接口需要遵守如下规则：

(1) 所有的函数，无论使用 C/C++ 语言编写还是使用汇编语言编写，都必须遵循寄存器的规定。

(2) 必须保存寄存器 A10 到 A15、B3 和 B10 到 B15，同时还要保存 A3。如果使用常规的堆栈，则不需要明确地保存堆栈。换句话说，只要任何被压入堆栈的值在函数返回之前被弹回，汇编函数就可以自由地使用堆栈。任何其他寄存器都可以自由地使用而无需首先保存它们。

(3) 中断程序必须保存它们使用的所有寄存器。

(4) 当从汇编语言中调用一个 C/C++ 函数时，第一个参数必须保存到指定的寄存器中，而其他的参数置于堆栈中。注意：只有 A10 到 A15 和 B10 到 B15 被编译器保存。C/C++ 函数能修改任何其他寄存器的内容。

(5) 函数必须根据 C/C++ 语言的声明返回正确的值。整型和 32 位的浮点值返回到 A4 中。双精度、长双精度、长整型返回到 A5 中。结构体的返回通过将它们复制到 A3 的地址来进行。

(6) 除了全局变量的自动初始化，汇编模块不能使用 .cinit 段。在 C/C++ 启动程序中假定，.cinit 段完全由初始化表组成。将其他的信息放入 .cinit 段中将破坏表，并会产生不可预料的结果。

(7) 编译器将链接名分配到所有的扩展对象上。当编写汇编代码时，必须使用编译器分配的相同的链接名。

(8) 任何在汇编语言中定义的、在 C/C++ 语言中访问或者调用的对象或函数，都必须以 def 或者 .global 伪指令声明，这样可以将符号定义为外部符号并允许链接器对它识别引用。

例 5-6 说明了一个 C 的 main 函数，它调用了一个汇编语言的 asmfunc 函数，该函数有一个参数，将它加到 C++ 语言的全局变量 gvar 中，同时返回结果。

【例 5-6】 C/C++ 语言调用汇编函数。

C 程序如下：

```
    extern "C"
    {
        extern int asmfunc(int a);        /*声明外部函数*/
        int gvar =4;                      /*定义全局变量*/
    }
    void main()
    {
        int i = 5;
        I = asmfunc(i);                   /*调用函数*/
        ...
    }
```

汇编程序：

```
.global            _asmfunc
.global _gvar
_asmfunc:
LDW *+b14(_gvar), A3
NOP 4
ADD a3, a4, a3
STW a3, *b14(_gvar)
MV       a3, a4
B        b3
NOP 5
```

该例中 asmfunc 函数的外部声明可选，因为其返回值为 int 型的。像 C/C++ 语言的函数，只有当函数返回值为非整型或者传送非整型参数时，才需要声明汇编函数。

5.5.2　用内嵌函数访问汇编语言

TMS320C6000 编译器识别若干的内嵌操作。内嵌函数可以表达 C/C++ 语言中较难处理且不易表达的汇编语句的含义。类似于函数，内嵌操作可以使用 C/C++ 变量。

内嵌操作以下画线开头，访问的方式类似于函数。例如：

```
int xl, x2, y;
y=int_sadd(x1, x2);
```

其中内嵌函数 int_sadd(int xl, int x2)对应的汇编指令为 SADD。

5.5.3　在 C/C++语言中嵌入汇编语言

在 C/C++源代码中，可以使用 asm 语句将单行的汇编语言插入由编译器产生的汇编语言文件中。该功能是对 C/C++ 语言的扩展，即生成 asm 语句。该语句提供了 C/C++ 语言不能提供的对硬件的访问。asm 语句类似于调用一个名为 asm 的函数，其参数为一个字符串常量，其语法格式为

```
asm("汇编正文");
```

如：

```
asm("RSBX INTM");        /*开中断*/
asm("SSBX XF ");          /*XF 置高电平*/
asm (" NOP ");
```

编译器将参数直接复制到编译器的输出文件，汇编正文必须包含在双引号内。所有的字符串都保持它们原来的定义。使用 asm 语句需注意以下事项：

(1) 不要破坏 C/C++ 环境，编译器不会对插入的指令进行检查。

(2) 避免在 C/C++ 代码中插入跳转或者标号，因为这样可能会对插入代码中或周围的变量产生不可预测的影响。

(3) 当使用汇编语句时,不要改变 C/C++代码变量的值,因为编译器不检查此类语句。

(4) 不要将 asm 语句插入改变汇编环境的汇编伪指令中。

(5) 避免在 C 代码中创建汇编宏指令和用 -g 选项编译。C 环境调试信息和汇编宏扩展并不兼容。

5.5.4　在 C/C++ 语言中访问汇编语言变量

在 C 程序中访问汇编语言定义的变量和常量时,根据变量和常量定义的位置和方法的不同,通常有以下两种方式。

1. 访问在 .bss 段中定义的变量

实现方法如下:首先将需要访问的变量定义到.bss 段中,然后利用 .global 将变量说明为外部变量,在汇编变量名前加下画线"_"作为前缀声明要访问的变量,并在 C 程序中将变量说明为外部变量(extern),这样就可以像访问普通变量一样正常访问,在 .bss 段中定义的变量。

【例 5-7】　C 程序访问汇编程序变量。

汇编程序如下:

```
.bss _var,1;        /*注意变量名前都有下画线*/
.global var;        /*声明为外部变量*/
```

C 程序:

```
extern int var;     /*声明为外部变量*/
var =1;
```

2. 访问非 .bss 段定义的变量和常量

访问非 .bss 段定义的变量和常量的方法更复杂一些。最常用的方法是在汇编语言中定义一个表,然后在 C 语言程序中通过指针来访问。在汇编程序中定义此表时,最好定义一个单独的段。然后,定义一个指向该表起始地址的全局标号,就可以在链接时将它分配至任意可用的存储器空间中。如果要在 C 程序中访问它,则必须在 C 程序中以 extern 方式予以声明,并且变量名前不必加下画线"_"。这样就可以像访问其他普通变量一样进行访问。

【例 5-8】　C 程序中访问汇编常数表。

汇编程序如下:

```
global _sine;           /*定义外部变量*/
.sect "sine tab";       /*定义一个独立的块装常数表*/
sine :                  /*常数表首址*/
.double 0.0
.double 0.015
.double 0.022
```

C 程序:

```
extern double sine[ ];      /*定义外部变量*/
double *sine ptr-sine;      /*定义一个 C 指针指向该变量*/
f=sine_ptr[2];              /*作为普通数组访问 sine_ptr*/
```

5.6　实验和程序实例

5.6.1　FIR 数字滤波器的 MATLAB 设计

1. FIR 数字滤波器的设计方法

线性相位 FIR 数字滤波器的设计是选择有限长度的 $h(n)$，使频率响应 $H(e^{j\omega})$ 满足技术指标要求。FIR 数字滤波器有三种设计方法：窗函数法、频率采样法和等波纹逼近法。

1）窗函数法

设计 FIR 数字滤波器最简单的方法就是窗函数法。这种方法的设计原理是给定理想滤波器的频率响应 $H_d(e^{j\omega})$，用一个实际的 FIR 数字滤波器的频率响应 $H(e^{j\omega})$ 去逼近 $H_d(e^{j\omega})$。窗函数法是在时域内进行的，先由 $H_d(e^{j\omega})$ 求解理想滤波器的单位脉冲响应 $h_d(n)$，然后选择合适的窗函数 $w(n)$ 加窗截断得到所需设计的 FIR 数字滤波器的单位脉冲响应 $h(n) = h_d(n)w(n)$。由于截断时会产生吉布斯效应，这可能导致阻带衰减而不满足技术指标的要求，因此，设计完毕要检验所设计的滤波器是否满足技术指标的要求。

2）频率采样法

窗函数法是指从时域出发，把理想滤波器的单位脉冲响应 $h_d(n)$ 用窗函数截断得到有限长序列 $h(n)$，用 $h(n)$ 来近似逼近 $h_d(n)$，属于时域内逼近。

频域采样法是指从频域出发，对给定的理想滤波器的频率响应 $H_d(e^{j\omega})$ 在 $[0，2\pi]$ 内进行等间隔采样得到 $H(k)$，对 $H(k)$ 进行 N 点的 IDFT 运算得到 $h(n)$，将 $h(n)$ 作为所设计的 FIR 滤波器的单位脉冲响应。根据频域采样理论的内插公式，可由这 N 个频域采样值内插恢复出 FIR 数字滤波器的系统函数 $H(z)$ 和频率响应 $H(e^{j\omega})$：

$$H(z) = \frac{1 - z^{-N}}{N} \sum_{k=0}^{N-1} \frac{H(k)}{1 - W_N^{-k} z^{-1}}, \quad H(e^{j\omega}) = \frac{1 - e^{-j\omega N}}{N} \sum_{k=0}^{N-1} \frac{H(k)}{1 - W_N^{-k} e^{-j\omega}}$$

3）等波纹逼近法

设希望逼近的滤波器的幅度特性为 $H_d(\omega)$，实际设计的滤波器的幅度特性为 $H(\omega)$，则其加权误差 $E(\omega)$ 可表示为

$$E(\omega) = W(\omega)| H_d(\omega) - H(\omega) | \tag{5-1}$$

式中，$W(\omega)$ 为误差加权函数，用来控制通带或阻带的逼近精度。在逼近精度要求高的频带，$W(\omega)$ 的取值大；在逼近精度要求低的频带，$W(\omega)$ 的取值小。

2. 应用 MATLAB 设计 FIR 数字滤波器

利用 MATLAB 设计数字滤波器时，可以编写 MATLAB 程序完成，也可以利用 FDATool 滤波器设计工具设计 GUI 完成。这里设计一个低通 FIR 数字滤波器，对加噪的单频调幅信号进行滤波处理，并查看处理效果。

（1）程序生成信号。

```
%--------------------信号产生函数------------------------
```

```
function xt=xtg
%信号 x(t)产生，并显示信号的幅频特性曲线
%xt = xtg 产生一个长度为 N，有加性高频噪声的单频调幅信号 xt，采样频率 Fs = 1000 Hz
%载波频率 fc = Fs/10 = 100 Hz，调制正弦波频率 f0 = fc/10 = 10 Hz
N = 1000; Fs = 1000; T = 1/Fs; Tp = N*T;
T = 0:T:(N-1)*T;
fc = Fs/10; f0=fc/10;              %载波频率 fc = Fs/10，单频调制信号频率为 f0=fc/10;
mt = cos(2*pi*f0*t);              %产生单频正弦波调制信号 mt，频率为 f0
ct = cos(2*pi*fc*t);              %产生载波正弦波信号 ct，频率为 fc
xt = mt*ct;                       %相乘产生单频调制信号 xt
nt = 2*rand(1,N)-1;               %产生随机噪声 nt
%=====设计高通滤波器 hn，用于滤除噪声 nt 中的低频成分，生成高通噪声=====
fp=150; fs=200; Rp=0.1; As=70;   %滤波器指标
fb=[fp, fs]; m=[0,1];
dev = [10^(-As/20),(10^(Rp/20)-1)/(10^(Rp/20)+1)]; %计算 remezord 函数所需参数 fb、m、dev
[n, f0, m0, W] = remezord(fb, m, dev, Fs);            %确定 remezord 函数所需参数
hn = remezord(n, f0, m0, W);     %调用 remezord 函数进行设计，用于滤除噪声 nt 中的低频成分
yt = filter(hn, 1, 10*nt);                %滤除随机噪声中的低频成分，生成高通噪声 yt
%=====================================================
xt=xt+yt;             %噪声加信号
fst=fft(xt, N); k=0:N-1; f=k/Tp;
subplot(2, 1, 1); plot(t,xt); grid; xlabel('t/s'); ylabel('x(t)');
axis([0, Tp/5, min(xt), max(xt)]); title('(a)信号加噪声波形')
subplot(2, 1, 2); plot(f, abs(fst)/max(abs(fst))); grid; title('(b)信号加噪声的频谱')
axis([0, Fs/2, 0, 1.2]); xlabel('f/Hz'); ylabel('幅度')
```

程序运行后生成的加噪单频调幅信号如图 5-6 所示。

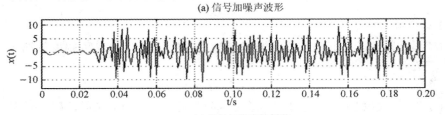

(a) 信号加噪声波形

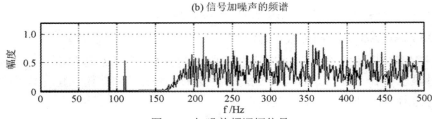

(b) 信号加噪声的频谱

图 5-6   加噪单频调幅信号

(2) FIR 数字滤波器的性能指标：通带截止频率 $f_p = 120\,\text{Hz}$，阻带最大衰减为 $0.2\,\text{dB}$，

阻带截止频率 $f_s=150\,\text{kHz}$，阻带最小衰减为 $60\,\text{dB}$。采用等波纹逼近法设计。

MATLAB 源程序：

```
clear all
xt=xtg;
N=1024; Fs=1000; T=1/Fs; Tp=N*T;
k=0:N-1; f=k/Tp;
K=1000;
t=0:T:(K-1)*T;
fp=120; fs=150; Rp=0.2; As=60;
fb=[fp, fs];
m=[1, 0];
dev=[(10^(Rp/20)-1)/(10^(Rp/20)+1), 10^(-As/20)];
[Ne, f0, m0, W]=remezord(fb, m, dev, Fs);
hn=remezord(Ne, f0, m0, W);
Hw=abs(fft(hn, 1024));
yet=fftfilt(hn, xt, N);
figure;
subplot(2, 1, 1);
plot(f, 20*log10(Hw)/max(Hw)); grid on
xlabel('f/Hz'); ylabel('幅度(dB)');
title('(a)低通滤波器的幅频特性')
axis([0, 500, -80, 5]);
subplot(2, 1, 2);
plot(t, yet); grid on
xlabel('t/s'); ylabel('y_2(t)');
title('(b)滤除噪声后的信号波形')
```

滤波后的信号的波形如图 5-7 所示。

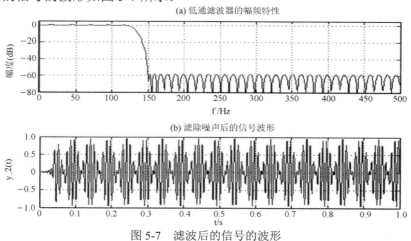

图 5-7　滤波后的信号的波形

5.6.2 基于 DM6437 的 FIR 滤波算法的 DSP 实现

1. 实验原理

1) 滤波器设计

利用 MATLAB 的 FDATool 滤波器设计工具设计生成采样频率为 10 kHz、通带截止频率为 4 kHz、阶数为 25 的低通 FIR 数字滤波参数，如图 5-8 所示。

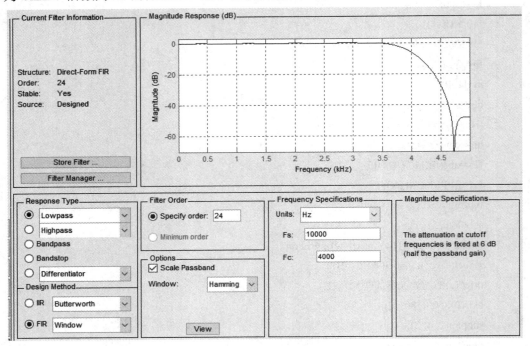

图 5-8 利用 FDATool 设计 FIR 数字滤波参数

程序生成一个频率为 1 kHz 和频率为 4.5 kHz 的混叠波形，应用生成的滤波参数对混叠波形进行滤波处理，查看滤波效果。

2) C 程序设计

C 程序流程图如图 5-9 所示。具体的设计流程如下：

(1) 在 CCS 5 窗口中选择菜单项 Project→Import Existing CCS Eclipse Project。

(2) 点击 Select search-directory 右侧的"Browse"按钮。

(3) 选择 C: \ICETEK\ICETEK-DM6437-AF\Lab0401_FIR，点击"确定"按钮，再点击"Finish"按钮。

(4) CCS 5 窗口左侧的工程浏览窗口中会增加一项：Lab0401_FIR，点击它使之处于激活状态。项目激活时会显示成粗体的 Lab0401_FIR[Active - Debug]。

(5) 展开工程，双击其中的 main.c 打开这个源程序文件，浏览 fir.c 主测试程序内容，编译程序：选择菜单项 Project→Build Project，注意观察编译完成后，Problems 窗口没有编译错误提示。

(6) 启动 Debug 并下载程序：选择菜单项 Run→Debug，如果程序正确下载到 DM6437

中，则当前程序指针应停留在 main.c 的 main 函数入口处等待操作。

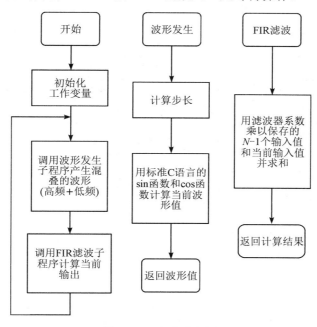

图 5-9　C 程序流程图

2. 实验步骤

(1) 打开观察窗口，选择菜单 Tools→Graph→Dule Time，进行如图 5-10 所示的设置。

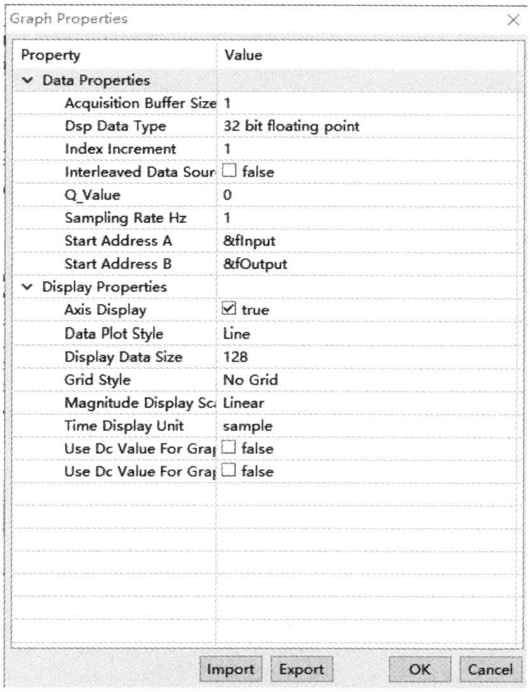

图 5-10　观察窗口

选择菜单 Tools→Graph→FFT Magnitude，新建 2 个观察窗口，如图 5-11 所示，分别进行设置。

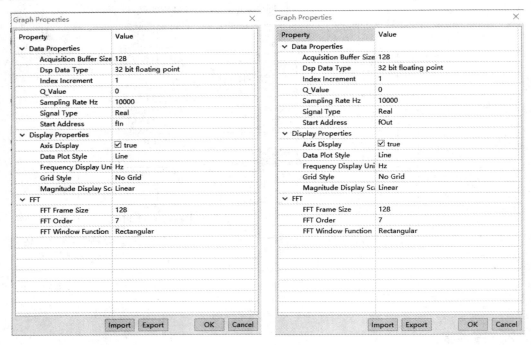

图 5-11　观察窗口

(2) 运行程序：在 Debug 窗口中选择菜单 Run→Resume。

(3) 退出 CCS 5。

3. 实验结果

(1) 时域滤波前后的波形如图 5-12 所示。

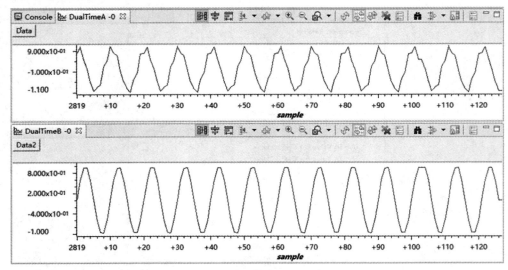

图 5-12　时域滤波前后的波形

(2) 频域滤波前后的波形如图 5-13 所示。

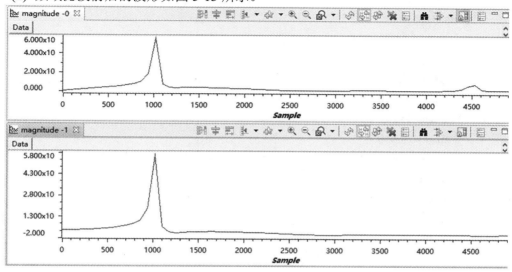

图 5-13　频域滤波前后的波形

可以看到滤波前波形频率分别为 1000 Hz 和 4500 Hz，滤波之后波形频率变为 1000 Hz。

4. C 源程序

C 源程序如下：

```
#include<math.h>
#define FIRNUMBER 25              //低通滤波器阶数
#define SIGNAL1F 1000             //波形 1 频率
#define SIGNAL2F 4500             //波形 2 频率
#define Fs    10000               //采样频率
#define Fc    4000                //截止频率
#define PI 3.1415926
float InputWave();                //输入波形,为波形 1(1000 Hz)和波形 2(4500 Hz)的叠加
float FIR();                      //FIR 滤波器
//通过 MATLAB 产生的 FIR 数字滤波器系数:采样频率为 10 kHz、通带截止频率为 4 kHz、阶数为 25
float    fHn[FIRNUMBER] = {-0.0020, 0.0016, -0.0000, -0.0044, 0.0117, -0.0182,
0.0168, 0.0000, -0.0360, 0.0875, -0.1423, 0.1845, 0.8017, 0.1845, -0.1423,
0.0875, -0.0360, 0.0000, 0.0168, -0.0182, 0.0117, -0.0044, -0.0000,
        0.0016,      -0.0020};
float fXn[FIRNUMBER]={ 0.0 }; //滤波器系数
float fInput,fOutput;
float fSignal1,fSignal2;
float fStepSignal1,fStepSignal2;
float f2PI;
int i;
```

```
float fIn[256],fOut[256];          //用来存放滤波前后的波形
int nIn,nOut;
main()
{
    nIn=0; nOut=0;
    f2PI=2*PI;
    fSignal1=0.0;                  //波形 1 初始相位
    fSignal2=PI*0.1;               //波形 2 初始相位
    fStepSignal1=2*PI*SIGNAL1F/Fs; //sin(2πif/Fs)，其中 f 为波形频率，Fs 为采样频率，i 为
正整数，采样频率为 10000 Hz，波形频率为 1000 Hz
    fStepSignal2=2*PI*SIGNAL2F/Fs; //sin(2πif/Fs)，其中 f 为波形频率，Fs 为采样频率，I 为
正整数，采样频率为 10000 Hz，波形频率为 4000 Hz
    while ( 1 )
    {
        fInput=InputWave();        //产生波形
        fIn[nIn]=fInput;           //将波形放到 fIn[]数组中
        nIn++; nIn%=256;
        fOutput=FIR();             //fir 滤波
        fOut[nOut]=fOutput;        //将滤波后的波形放到 fOut[]数组中
        nOut++; nOut%=256;
    }
}
//通过程序产生输入波形，频率分别为 1000 Hz 和 4000 Hz
float InputWave()
{
    for ( i=FIRNUMBER-1; i>0; i-- )
        fXn[i]=fXn[i-1];
    fXn[0]=sin(fSignal1)+cos(fSignal2)/6.0;
    fSignal1+=fStepSignal1; //步长 1
    if ( fSignal1>=f2PI )    fSignal1-=f2PI;
    fSignal2+=fStepSignal2; //步长 2
    if ( fSignal2>=f2PI )    fSignal2-=f2PI;
    return(fXn[0]);
}
//FIR 滤波
float FIR()
{
    float fSum;
    fSum=0;
```

```
for ( i=0; i<FIRNUMBER; i++ )
{
        fSum+=(fXn[i]*fHn[i]);
}
return(fSum);
}
```

本 章 小 结

　　本章首先介绍了 TMS320C64x 系列 DSP 的 C 语言的特点、关键字、初始化静态变量和全局变量，以及与标准 C++语言的差别；随后讨论了 C 语言编程及程序优化中涉及的 C 程序的编写、C 程序的编译、存储的相关性、C 语言程序优化和理解编译器反馈的信息等相关内容；最后讨论了 FIR 数字滤波器的 MATLAB 设计和 DSP 实现的方法。通过本章内容的学习，培养科学精神中的探索精神。

习　题　5

一、填空题

　　1. TMS320C64x 系列 DSP 的 C 语言的特征因_____和_____的不同而存在差异。

　　2. 具体到某个特定算法，C 代码的效率就与 C 代码的实现方法、_____、使用的优化方法和_____等有直接的关系。

　　3. 在现代 DSP 的软件开发中，越来越多地采用 C/C++作为开发语言，因而 C/C++程序的_____和_____成为 DSP 软件开发的重要环节。

　　4. C6000 C/C++编译器支持全部 C/C++语言，同时有一些补充和扩展，C/C++编译器根据用户程序内提供的_____和用户指定的_____进行优化。

　　5. 如果源程序代码为 C/C++语言，TMS320C6000 系列 DSP 编译器则将其编译为汇编程序，并送到汇编器进行汇编。对于采用汇编语言编写的程序，则直接交给汇编器进行汇编，汇编后的_____格式的目标文件利用链接器进行链接，生成在 TMS320C6000 系列 DSP 上可以执行的 COFF 格式目标代码，并利用_____对可执行代码进行调试，以保证软件的运行正确无误。如果需要，可以调用 Hex 代码转换工具，将可执行目标代码转换成 EPROM 编程器可以接收的代码，并烧写到 EPROM 编程器中。

　　6. c_int00 为 C/C++的入口点，该名称被保留为系统_____中断。该特殊的中断服务程序会初始化系统并调用_____函数。因为没有调用它的函数，所以 c_int00 不会保存任何寄存器。

　　7. C6000 的数据类型(包括有符号和无符号)和存储尺寸决定了在编程时注意的一些问题。由于字符型(char)8 位、短整型(short)16 位、整型(int)32 位、长整型(long)40 位，因此在代码中避免将 int 和 long 型作为同样的尺寸处理，因为 C6000 编译器对 long 型数据采用_____位操作。对于定点乘法，应尽可能采用_____型数据，因为 C6000 DSP 对 16 位乘法处理最有效。

8. 基于 DSP/BIOS 的程序运行与传统的程序有所不同，传统编写的 DSP 程序完全控制 DSP，程序依次执行，而基于 DSP/BIOS 的程序由_____控制 DSP，用户程序不是顺序执行，而是在 DSP/BIOS 的调度下按任务、中断的_____等待执行。

9. C 程序优化的主要目的是提高代码的_____，而对代码执行效率影响最大的是代码中的_____模块。软件流水线是编译器优化代码的一项核心技术，利用软件流水线，可以对代码中循环结构内的指令重新调度安排，使循环结构的多个迭代同时并行执行，从而大大提高代码的执行效率。在编译时，选择 -o2 或 -o3 优化选项，则编译器将根据程序尽可能地安排软件流水。充分利用软件流水能进一步提升 DSP 的处理性能，它一方面可以克服多周期指令的延时所造成的对 CPU 处理性能的影响；另一方面还可以在流水线运行阶段的每个周期输出一个或多个处理结果。

10. 程序设计优化的常用方法有：

(1) 把_____放入片内 RAM 中。片内 RAM 与 CPU 工作在同一时钟频率，比片外 RAM 的读写速度高很多，因此把程序放在片内 RAM 中可以大大提高指令运行速度，同时对于一些经常要用到的数据，放在片内 RAM 中也会节省处理时间。

(2) 通过_____搬移数据，把需要的数据在片内和片外之间来回搬移，因为 EDMA 搬移数据不占用 CPU 的时间，所以可以大大提高程序的运行速度。

二、选择题

1. 下列关键字中不是标准关键字的是(   )。

A. const   B. interrupt   C. register   D. volatile

2. 下列各段中不是已初始化的段的是(   )。

A. .const 段   B. .text 段   C. .stack 段   D. .cinit 段

3. 编译器 CI6x 使用户可以一步完成编译、汇编和链接的工作。执行优化的最简单方法是使用 cl6x 编译程序，即只需在命令行中指定 -on 选项(其中 n 是优化的级别，可以为 0、1、2 或 3)即可控制优化的类型和优化的级别。以下设置选项中可以删除未使用的所有函数的是(   )。

A. -o0   B. -o1   C. -o2   D. -o3

4. 每个循环在结束前都会迭代多次，迭代的次数就是循环的计数。用于计算迭代次数的变量称为循环计数器，当循环计数器的值等于循环不计数时，该循环就结束。软件流水循环的最小循环计数由并行执行的迭代数决定。如图 5-14 所示，最小循环计数为 5，A、B 和 C 分别是软件流水中的指令，则该单周期软件流水循环的最小循环计数为(   )。

$$
\begin{array}{ccc}
A & & \\
B & A & \\
C & B & A \\
& C & B \\
& & C
\end{array}
$$

图 5-14   软件流水循环示意图

A. 5   B. 3   C. 2   D. 4

5. 在 c6x.h 文件中使用 cregister 关键字声明和使用控制寄存器声明的格式如下：

extern cregister volatile unsigned int register;

以下定义中声明和使用中断使能寄存器的是(　　　)。

A. extern cregister volatile unsigned int IFR

B. extern cregister volatile unsigned int IsR

C. extern cregister volatile unsigned int ICR

D. extern cregister volatile unsigned int IER

三、问答与思考题

1. 简述 TMS320C6000 系列 DSP 软件编程流程阶段以及每个阶段完成的任务。

2. TMS320C6000 系列 C 语言与标准 C++ 的差别有哪些？

3. C 程序的优化方法有哪些？

4. 汇编代码的优化方法有哪些？

5. 如何在 C 程序中调用汇编函数？

6. 在汇编语言中使用 C/C++ 代码的一般方法有哪些？

7. DSP 的汇编语言和 C/C++ 语言接口时必须遵循哪些基本规则？

第 6 章　TMS320DM6437 的流水线与中断

学习导读

　　数字信号处理不同于普通的科学计算与分析，它强调运算的实时性。因此，DSP 除了具备普通微处理器所强调的高速运算和控制能力，以及针对实时数字信号处理的特点在处理器结构上做了众多改进，还在指令的执行上采用了大量的新技术和新思维，流水线技术就是其中之一。在冯·诺依曼结构中，程序中各条机器指令都是按照顺序执行的。流水线技术是指在程序执行时任何指令的处理都可以分为多个子操作，每个子操作可以与其他的子操作并行执行，使 CPU 运算速度提高。本章主要介绍 TMS320DM6437 的流水线与中断系统的相关内容。

学习目标

1. 知识目标

　　(1) 理解并掌握 TMS320DM6437 DSP 芯片流水线的概念、作用，了解流水线操作过程中存在的问题。

　　(2) 理解并掌握 DSP 系统中断的类型、中断的捕获、中断响应、中断控制、中断信号的处理、中断嵌套等相关内容。

2. 能力目标

　　(1) 通过流水线技术的学习加深对现代微处理器的内部结构和架构特点的了解。

　　(2) 通过中断实验强化对中断系统在现代微处理器系统开发中的重要作用的理解，提高 C 语言程序设计与应用能力。

3. 素质目标

　　(1) 通过学习流水线的运行，理解团队合作精神的重要性。团队合作精神，简单来说就是大局意识、协作精神和服务精神的集中体现。团队合作精神的核心是协同合作，最高境界是全体成员的向心力、凝聚力，反映的是个体利益和整体利益的统一，可保证组织的高效率运转。流水线各部件之间的时序配合很好地体现了相互协作和配合的团队精神。在实际学习和工作中，完成各类项目要注重时序配合与团队合作，只要有一个地方出错就可能导致项目的失败，而项目的成功则需要所有环节配合得当。

（2）DSP 芯片的架构和功能实现采用了很多先进的信息处理技术和思维方法，如中断技术中包含中断响应、中断屏蔽与中断优先级处理等。DSP 将不同的中断设置了优先级，优先级越高，中断的事情就越紧急和重要，因此 DSP 总是处理优先级最高的事情。实际学习与工作中，我们经常同时面对很多事情，应当学习 DSP 中的中断处理技术的思维，设置优先级，先完成最重要的事情，然后完成不太紧急的事情。

6.1　流　水　线

6.1.1　流水线概述

数字信号处理不同于普通的科学计算与分析，它强调运算的实时性。因此，DSP 除了具备普通微处理器所强调的高速运算和控制能力，还针对实时数字信号处理的特点，在处理器结构、指令系统、指令流程上做了很多改进。DSP 普遍采用数据总线和程序总线分离的哈佛结构或改进的哈佛结构，比传统处理器的冯·诺依曼结构有更快的指令执行速度。冯·诺依曼结构采用单存储空间，即程序指令和数据共用一个存储空间；使用单一的地址和数据总线，取指令和取操作数都是通过一条总线分时进行的(在不同的 CPU 周期)，当进行高速运算时，不但不能同时进行取指令和取操作数，而且会造成数据传输通道的瓶颈与阻塞现象。哈佛结构采用双存储空间，程序存储器和数据存储器分开，有相互独立的程序总线和数据总线，可独立编址和独立访问，可对程序和数据进行独立传输，具有多个功能单元，采用流水线技术使取指令操作、指令执行操作、数据吞吐在各个功能单元并行完成，大大提高了数据处理能力和指令的执行速度，非常适合实时的数字信号处理。

流水线技术就是将任何指令的执行分为多个子操作(子过程)，每个子操作由不同的功能单元来完成。对于每个功能单元来说，每隔 1 个时钟周期便可进入一条新指令。这样，在同一时间内，在不同功能单元中可以并行处理多条指令，这种方式称为"流水线"(pipeline)工作方式。流水线中的每个子操作及对应的功能单元称为流水线的级，级与级相互连接形成流水线，流水线的级数称为流水线的深度。

TMS320DM6437 DSP 可以通过消除流水线指令的互锁而简化流水线的控制，并通过增加流水线打破程序提取、数据访问和乘法运算操作的传统结构瓶颈，提高单周期的吞吐量。

6.1.2　流水线操作

TMS320DM6437 DSP 指令集中的所有指令在执行过程中均需通过流水线的取指(fetch)、译码(decode)和执行(execute)3 个阶段。其中取指阶段有 4 个节拍，译码阶段有 2 个节拍，执行阶段有 5 个节拍，如图 6-1 所示。流水线操作以 CPU 周期为单位，1 个执行包在流水线 1 个节拍的时间就是 1 个 CPU 周期。CPU 周期边界总是发生在时钟周期边界。代码随着节拍流经 C6000 内部流水线各个部件，各部件根据指令代码进行不同处理。

图 6-1　TMS320DM6437 流水线的 3 个阶段

(1) 取指：取出一条指令送到指令寄存器。所有取指阶段都有 4 个节拍，即 PG、PS、PW、PR 节拍，如图 6-2(a)所示。流水线取指阶段的 4 个节拍的功能如图 6-2(b)所示。

① PG (Program Address Generate，程序地址产生)：CPU 上取指包的地址确定。

② PS (Program Address Send，程序地址发送)：取指包的地址送至内存。

③ PW (Program Access Ready Wait，程序访问等待)：访问程序存储空间。

④ PR (Program Fetch Packet Receive，程序取指包接收)：取指包送至 CPU 边界。

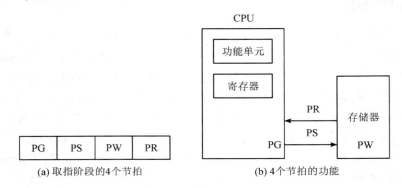

(a) 取指阶段的4个节拍　　　　　　　(b) 4个节拍的功能

图 6-2　流水线取指阶段的 4 个节拍及其功能

TMS320DM6437 使用由 8 条指令组成的取指包。取指包中的 8 条指令依次通过 PG、PS、PW 和 PR 这 4 个节拍。在 PG 节拍，程序地址在 CPU 中产生。在 PS 节拍，程序地址被传送到存储器中。在 PW 节拍，产生一个存储器读操作。在 PR 节拍，取指包在 CPU 中被接收。

(2) 译码：对指令操作码进行译码，读取操作数。所有指令译码阶段都包括 2 个节拍，即 DP 和 DC 节拍。每个节拍的具体功能如下。

① DP (Instruction Dispatch，指令分配)：确定取指包的下一个执行包，并将其送至适当的功能单元准备译码。

② DC (Instruction Decode，指令译码)：指令在功能单元进行译码。

在流水线的 DP 节拍中，取指包被分为执行包，执行包包括 1 个指令或 2～8 个并行指令，并且执行包的指令被分配到不同的功能单元。在 DC 节拍，源寄存器、目标寄存器和相关路径被解码，以执行功能单元的指令。

(3) 执行：根据操作码的要求，完成指令规定的操作，并把运算结果写到指定的存储或缓冲单元中。流水线的执行阶段节拍的数量取决于指令的类型。

流水线的执行阶段分为 5 个节拍。大多数 DSP 指令是单周期的，所以它们只有 1 个执行节拍(E1)，而只有少数指令需要多个执行节拍。不同类型的指令需要不同数量的执行节拍来完成。流水线执行阶段 5 个节拍的功能如下。

① 执行节拍 E1：测试指定执行条件及读取操作数，对所有的指令适用。对于读取和

存储指令，若指令的条件被评估为真，则地址产生，其修正值写入寄存器；若指令的条件为假，则指令在 E1 后不写入任何结果或进行任何流水线操作。对于转移指令，程序转移目的地址取指包处于 PG 节拍；对于单周期指令，结果写入寄存器；对于双精度(DP)比较指令、ADDDP 和 MPYDP 等指令，读取源操作数的低 32 位；对于其他指令，读取操作数；对于双周期双精度(DP)指令，结果的低 32 位写入寄存器。

　　② 执行节拍 E2：读取指令的地址送至内存。存储指令的地址和数据送至内存。对结果进行饱和处理的单周期指令，若结果饱和，置 SRC 的 SAT 位；对于单个 16×16 乘法指令、乘法单元和非乘法操作指令，结果将写入寄存器文件。TMS320C64x 的 .M 单元的非乘法操作指令，对于 DP 比较指令和 ADDDP/SUBDP 指令，读取源操作数的高 32 位；对于 MPYDP 指令，读取源操作数 1 的低 32 位和源操作数 2 的高 32 位；对于 MPYI 和 MPYID 指令，读取源操作数。

　　③ 执行节拍 E3：进行数据存储空间访问。对结果进行饱和处理的乘法指令在结果饱和时置 SAT 位；对于 MPYDP 指令读取源操作数 1 的高 32 位和源操作数 2 的低 32 位；对于 MPYI 和 MPYID 指令，读取源操作数。

　　④ 执行节拍 E4：对于读取指令，把所读的数据送至 CPU 边界；对于乘法扩展，结果将被写入寄存器；对于 MPYI 和 MPYID 指令，读取源操作数；对于 MPYDP 指令，读取源操作数的高 32 位；对于 4 周期指令，结果写入寄存器；对于 INTDP 指令，结果的低 32 位写入寄存器。

　　⑤ 执行节拍 E5：对于读取指令，把所读的数据写入寄存器；对于 INTDP 指令，结果写入寄存器。

　　TMS320DM6437 中所有指令均按照以上 3 级流水线运行，流水线流程图如图 6-3 所示，各级流水线各节拍的功能描述如表 6-1 所示。

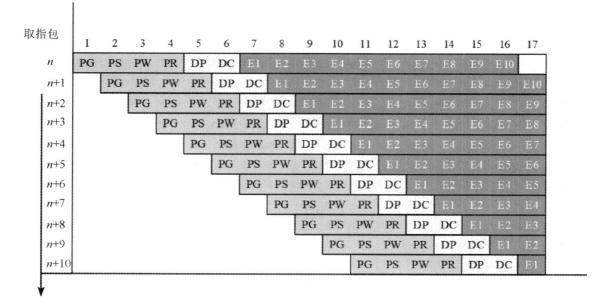

图 6-3　TMS320DM6437 流水线流程图

表 6-1　各级流水线各节拍的功能描述

级别	节　拍	代号	执 行 的 操 作	指令类型
取指	程序地址产生	PG	取指包的地址确定	
	程序地址发送	PS	取指包的地址送至内存	
	程序访问等待	PW	访问程序存储空间	
	程序取指包接收	PR	取指包送至 CPU 边界	
译码	指令分配	DP	确定取指包的下一个执行包，并将其送至适当的功能单元准备译码	
	指令译码	DC	指令在功能单元进行译码	
执行	执行节拍 1	E1	测试指定执行条件及读取操作数，对所有指令适用。对于读取和存储指令，若指令的条件被评估为真，则地址产生，其修正值写入寄存器；若指令的条件为假，则指令在 E1 后不写入任何结果或进行任何流水线操作。对于转移指令，程序转移目的地址取指包处于 PG 节拍；对于单周期指令，结果写入寄存器；对于双精度(DP)比较指令、ADDDP 和 MPYDP 等指令，读取源操作数的低 32 位；对于其他指令，读取操作数；对于双周期双精度(DP)指令，结果的低 32 位写入寄存器	单周期指令
	执行节拍 2	E2	读取指令的地址送至内存。存储指令的地址和数据送至内存。对结果进行饱和处理的单周期指令，若结果饱和，置 SRC 的 SAT 位；对于单个 16 × 16 乘法指令、乘法单元和非乘法操作指令，结果将写入寄存器文件。TMS320C64x 的.M 单元的非乘法操作指令，对于 DP 比较指令和 ADDDP/SUBDP 指令，读取源操作数的高 32 位；对于 MPYDP 指令，读取源操作数 1 的低 32 位和源操作数 2 的高 32 位；对于 MPYI 和 MPYID 指令，读取源操作数	乘法指令 2 周期 DS 指令
	执行节拍 3	E3	进行数据存储空间访问。对结果进行饱和处理的乘法指令在结果饱和时置 SAT 位；对于 MPYDP 指令读取源操作数 1 的高 32 位和源操作数 2 的低 32 位；对于 MPYI 和 MPYID 指令，读取源操作数	Store 指令
	执行节拍 4	E4	对于读取指令，把所读的数据送至 CPU 边界；对于乘法扩展，结果将被写入寄存器；对于 MPYI 和 MPYID 指令，读取源操作数；对于 MPYDP 指令，读取源操作数的高 32 位；对于 4 周期指令，结果写入寄存器；对于 INTDP 指令，结果的低 32 位写入寄存器	4 周期指令
	执行节拍 5	E5	对于读取指令，把所读的数据写入寄存器；对于 INTDP 指令，结果写入寄存器	LOAD 和 INTDP 指令

6.1.3 各类指令的流水线执行

1. 单周期指令

单周期指令使用 E1 节拍完成相应操作。读操作数、执行操作和结果写入寄存器都在 E1 节拍完成，且没有延迟时隙。图 6-4 为单周期指令使用的流水线节拍和执行操作框图。

图 6-4　单周期指令使用的流水线节拍和执行操作框图

2. 16 × 16 乘法指令和 TMS320C64x 的.M 单元非乘法指令

16 × 16 乘法指令使用 E1 和 E2 节拍完成相应操作。在 E2 节拍，乘法结束，结果被写到目的寄存器，乘法指令有 1 个延迟时隙。图 6-5 为双周期指令使用的流水线节拍和一次乘法过程中在流水线中发生的操作。该操作框图对 TMS320C64x 的其他.M 单元非乘法指令同样适用。

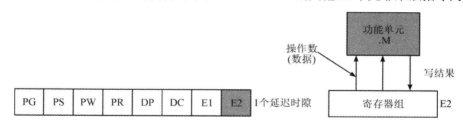

图 6-5　双周期指令使用的流水线节拍和执行操作框图

3. 存储指令

存储指令使用 E1～E3 节拍完成相应操作。在 E1 节拍，保存数据地址；在 E2 节拍，数据和目的地址被发送到数据存储器；在 E3 节拍，执行一个存储器写操作。由于存储时，CPU 可以同时执行别的指令，不需要等待存储完成，所以存储指令的延迟间隙为 0。图 6-6 为存储指令使用的流水线节拍和一次存储过程中在流水线中发生的所有操作。

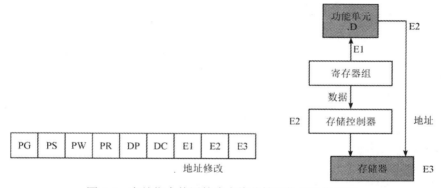

图 6-6　存储指令使用的流水线节拍和执行操作框图

4. 扩展乘法指令

扩展乘法指令使用 E1~E4 节拍完成相应操作。在 E1 节拍，操作数被读取并且乘法开始；在 E4 节拍，乘法完成，结果被写到目的寄存器中。扩展乘法指令具有 3 个延迟时隙。图 6-7 为扩展乘法指令使用的流水线节拍和一次乘法扩展中在流水线中发生的所有操作。

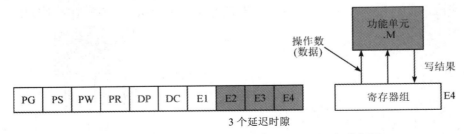

图 6-7 扩展乘法指令使用的流水线节拍和执行操作框图

5. 加载指令

加载指令使用 5 个节拍完成相应操作。在 E1 节拍，数据地址指针在其寄存器中被修改；在 E2 节拍，数据地址被传送到数据存储器；在 E3 节拍，该地址的一个存储器读操作被执行。图 6-8 为加载指令使用的流水线节拍和一次加载中在流水线中发生的所有操作。

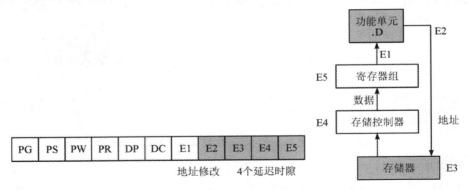

图 6-8 加载指令使用的流水线节拍和执行操作框图

6. 跳转指令

虽然跳转指令只占用 1 个执行节拍，但从跳转执行到目标代码执行之间存在 5 个延迟时隙。图 6-9 为跳转指令及其目标代码所执行的流水节拍。

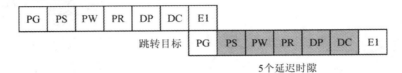

图 6-9 跳转指令及其目标代码所执行的流水节拍

6.1.4 影响流水线性能的因素

影响 TMS320DM6437 流水线性能的因素主要有指令类型和存储器的访问环节。

　　CPU 运行时，每次取 8 条指令组成一个指令包。每条指令的最后一位是并行标志位 P，P 标志位决定本条指令是否与取指包中的下一条指令并行执行。CPU 从低地址到高地址依次判读 P 标志位：如果为 1，则该指令将与下一条指令并行执行；如果为 0，则下一条指令要在本指令执行完以后才能执行。指令执行过程会占用一定的资源，并行执行的指令所需资源不能冲突。造成冲突的因素有：使用相同的功能单元、使用交叉通路、使用长型数据、对寄存器的读取与存储等。

　　如果流水线中的指令相互独立，比如前条指令与后条指令无相互依赖，则流水线的各个节拍能够按照原指令周期执行。但在实际中，相邻或相近的两条指令存在某种关联，后一条指令不能在原指定的时钟周期执行，造成流水线中的节拍延长若干指令周期，称流水线出现"阻塞"。产生流水线阻塞后，流水线的性能会受到影响。本节重点讨论下述三种情况：一个取指包中含有多个执行包对流水线性能的影响、多周期 NOP 指令对流水线性能的影响和存储器对流水线性能的影响。

1. 指令对流水线性能的影响

　　TMS320C64x+系列的 DSP 的流水线操作执行指令分为 7 种，分别是单周期指令(Single-cycle Instruction)、双周期或多周期指令(Two-cycle or Multiply Instruction)、存储指令(Store Instruction)、扩展乘法指令(Extended Multiply Instruction)、读入指令(Load Instruction)、分支指令(Branch Instruction)和 NOP 指令。表 6-2 是其中 6 种指令在每个执行节拍发生的操作。

表 6-2　6 种指令在每个执行节拍发生的操作

执行节拍	指 令 类 型					
	单周期指令	双周期或多周期指令	存储指令	扩展乘法指令	读入指令	分支指令
E1	计算结果并写入存储器	读取操作数开始计算	计算地址	读取操作数开始计算	计算地址	
E2		计算结果并写入存储器	把地址和数据发送给存储器		把地址发送给存储器	
E3			通过存储器		通过存储器	
E4				将结果写入寄存器	发送数据返回 CPU	
E5					将数据写入寄存器	

　　1) 一个取指包(FP)包含多个执行包(EP)的流水线操作

　　一个取指包包含 8 条指令，可分为 1～8 个执行包，每个执行包是并行执行的指令，每条指令在独立的功能单元内执行。如图 6-10 所示为一个取指包(FP)包含多个执行包(EP)的流水线操作。

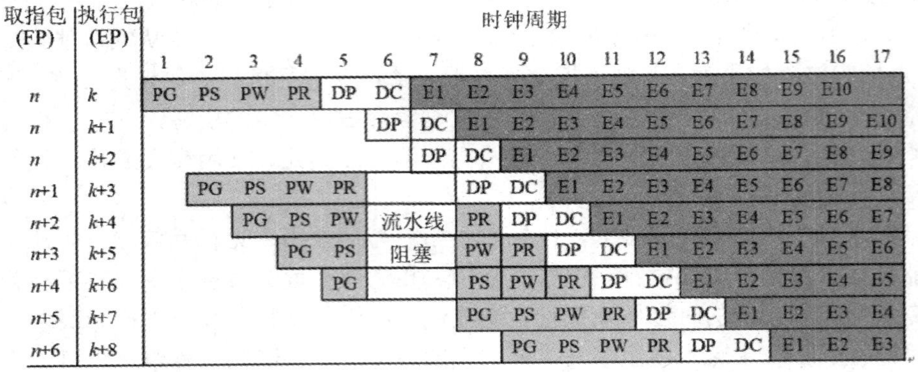

取指包(FP)	执行包(EP)	1	2	3	4	5	6	7	8	9	10	11	12	13	14	15	16	17
n	k	PG	PS	PW	PR	DP	DC	E1	E2	E3	E4	E5	E6	E7	E8	E9	E10	
n	k+1						DP	DC	E1	E2	E3	E4	E5	E6	E7	E8	E9	E10
n	k+2							DP	DC	E1	E2	E3	E4	E5	E6	E7	E8	E9
n+1	k+3		PG	PS	PW	PR			DP	DC	E1	E2	E3	E4	E5	E6	E7	E8
n+2	k+4			PG	PS	PW	流水线		PR	DP	DC	E1	E2	E3	E4	E5	E6	E7
n+3	k+5				PG	PS	阻塞		PW	PR	DP	DC	E1	E2	E3	E4	E5	E6
n+4	k+6					PG			PS	PW	PR	DP	DC	E1	E2	E3	E4	E5
n+5	k+7								PG	PS	PW	PR	DP	DC	E1	E2	E3	E4
n+6	k+8									PG	PS	PW	PR	DP	DC	E1	E2	E3

图 6-10　一个取指包(FP)包含多个执行包(EP)的流水线操作

相应的代码如下：

```
instruction A;          EP k FP n
instruction B;
instruction C;          EP k+1 FP n
instruction D;
instruction E;
instruction F;          EP k+2 FP n
instruction G;
instruction H;
instruction I;          EP k+3 FP n+1
instruction J;
instruation K;
instruction L;
instruction M;
inatruction N;
instruction O;
instruction P;
...
```

以下 k+4 至 k+8 执行包同 k+3，每个执行指令包包含 8 条并行指令。

由图 6-10 可知，此时取指包 n 含有 3 个执行包，取指包 n+1～n+6 各包含一个执行包。第一个取指包在 1～4 个时钟周期完成取指，在这些时钟期间后面的取指包依次开始进入取指阶段。

进入第 5 个时钟周期，在指令分配节拍，CPU 扫描 P 位状态，检查到取指包 n 中包含 3 个执行包，迫使流水线阻塞，以便执行包 k+1 和 k+2 分别在第 6 个和第 7 个时钟周期开始进入指令分配节拍。一旦执行包 k+2 进入指令译码节拍(第 8 个时钟周期)，流水线阻塞被释放。另外，取指包 n+1 至 n+4 都被阻塞以便 CPU 有时间执行取指包 n 中 3 个执行包。取指包 n+5 在第 6 个和第 7 个时钟周期也被阻塞，直到流水线阻塞状态在第 8 个时钟周期释放才进入 PG 状态。流水线继续对取指包 n+5 和 n+6 进行操作，直到下一个包含多个执行包的取指包进入 DP 节拍或发生中断。

2) 多周期 NOP 指令对流水线运行的影响

一个 FP 中的 EP 的数量是影响指令通过流水线运行方式的一个因素，另外一个因素就是 EP 中指令的类型。这里涉及一种特殊指令——NOP 指令的流水线执行操作。NOP 指令是不使用功能单元的空操作，空操作的周期数由该指令选择的操作数决定。如果 NOP 指令与其他指令并行使用，将给其他指令加入额外的延迟间隙。例如，NOP2 使它本身执行包的指令和所有在它前面的执行包都插进了一个额外的延迟间隙。如果 NOP2 与 MPY 指令并行，MPY 指令的结果就可以被下一个执行包的指令所使用。

图 6-11 给出了不同周期 NOP 指令与其他指令并行的执行操作。图 6-11(a)表示的是一个单周期 NOP 指令与其他指令在一个执行包中。LD、ADD 和 MPY 指令的结果在适当周期期间是可用的。这里的 NOP 指令对执行包无影响。图 6-11(b)将图 6-11(a)中的单周期 NOP 指令替换成多周期 NOP5 指令。NOP5 将产生除它的执行包内部指令操作之外的空操作，在 NOP5 周期完成之前，任何其他指令不能使用 LD、ADD 和 MPY 指令的结果。

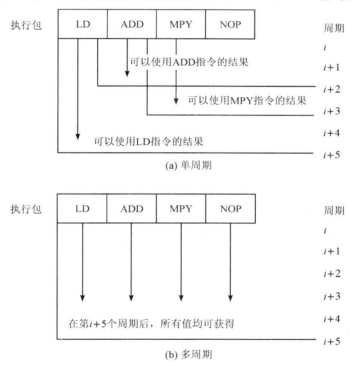

图 6-11 不同周期 NOP 指令与其他指令并行的执行操作

跳转指令可以影响多周期 NOP 指令的执行。当一个跳转指令延迟间隙结束时，多周期 NOP 指令不管是否结束，这时跳转都将废弃多周期 NOP 指令。图 6-12 显示了跳转指令对多周期 NOP 指令的影响。在发出跳转指令的 5 个延迟间隙后，跳转目标进入执行操作。如果 EP1 中没有跳转指令，则 EP6 中的 NOP5 将迫使 CPU 等待直到周期 11 执行 EP7。如果 EP1 有跳转指令，则跳转延迟间隙为周期 2 至周期 6，一旦目标代码在周期 7 到达 E1 阶段，就会立即执行目标代码。

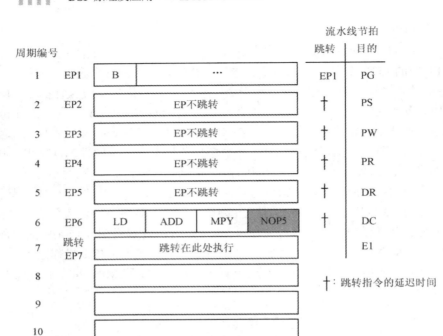

图 6-12　跳转指令对多周期 NOP 指令的影响

2. 存储器对流水线性能的影响

TMS320DM6437 片内为哈佛结构，即存储器分为程序指令存储空间和数据存储空间，是一种并行体系结构。它将程序和数据存储在不同的存储空间中，每个存储器独立编址、独立访问。与两个存储器相对应的是体系中设置了程序总线和数据总线两条总线，从而使数据的吞吐率提高。这种结构允许在一个机器周期内同时获得来自程序存储器的指令字和来自数据存储器的操作字，从而提高了执行速度，提高了流水线数据的吞吐率。此外，由于程序存储器和数据存储器在两个分开的空间中，因此取指和执行能完全重叠。为了进一步提高运行速度和灵活性，许多芯片采用改进的哈佛结构，这种结构的特点如下：一是允许数据存放在程序存储器中，并被算术运算指令直接使用，增强了芯片的灵活性；二是将指令暂存在高速缓冲器中，当执行此指令时，不需要再从存储器中读取指令，节省了取指令周期。数据读取和程序读取在流水线中有相同的操作，它们使用不同的节拍完成操作。由于数据读入和程序取指，内存访问被分为多个阶段，这保证了 TMS320C64x 系列的 DSP 能进行内存访问。表 6-3 为数据读取和指令读取的流水线操作。数据读取和指令读取在内部存储器中以相同的速度进行，且执行同种类型操作。

表 6-3　数据读取和指令读取的流水线操作

操　作	读取指令阶段	加载数据阶段
计算地址	PG	E1
将地址发送到存储器	PS	E2
存储器读/写	PW	E3

续表

操　作	读取指令阶段	加载数据阶段
指令读取：在 CPU 边界得到取指包	PR	E4
数据读取：在 CPU 边界得到数据		
指令读取：将指令发送给功能单元	DP	E5
数据读取：将数据发送到寄存器		

存储器对流水线性能的影响主要为存储器阻塞，即当存储器没有作好响应 CPU 访问的准备时，流水线将产生存储器阻塞。对于程序存储器，存储器阻塞发生在 PW 节拍；对于数据存储器，存储器阻塞发生在 E3 节拍。存储器阻塞会使处于该流水线的所有节拍延长 1个指令周期以上，从而使执行增加额外的指令周期。程序执行的结果等同于是否有存储器阻塞发生。具体如图 6-13 所示。

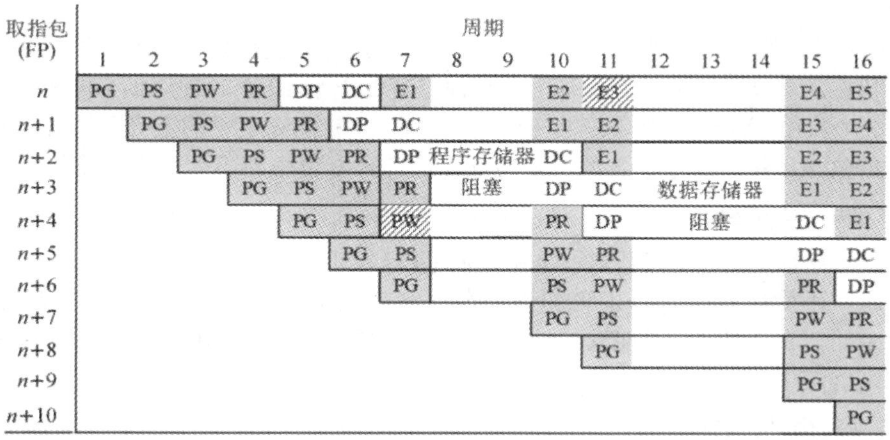

图 6-13　存储器阻塞图

6.2　DSP 的中断系统

6.2.1　中断类型和优先级

中断是由硬件或软件驱动的信号，是为使 CPU 具有对外界异步事件的处理能力而设置的。中断信号使 DSP 暂停正在执行的程序，接受并响应中断请求，进入中断服务程序。而CPU 则要完成当前指令的执行，并消除流水线上还未解码的指令。中断源可以在芯片内或片外，如定时器、模数转换器或其他外围设备。中断过程包括保存当前进程的上下文、完成中断任务、恢复寄存器和进程上下文、恢复原始进程。中断一旦被正确启用，CPU 将开始处理中断并将程序流重新定向到中断服务程序。通常 DSP 工作在包含多个外界异步事件环境中，当这些事件发生时，DSP 应及时执行这些事件所要求的任务。

TMS320DM6437 的 CPU 有 3 种类型的中断，即复位($\overline{\text{RESET}}$)、不可屏蔽中断(NMI)和可屏蔽中断(INT4～INT15)。3 种中断的优先级别不同：复位($\overline{\text{RESET}}$)具有最高优先级；不可屏蔽中断具有第二优先级，响应信号为 NMI 信号；INT15 具有最低优先级。中断优先级别见表 6-4。

表 6-4　中断优先级别

优先级别	中断名称	优先级别	中断名称
最高优先级	$\overline{\text{RESET}}$		INT9
	NMI		INT10
	INT4		INT11
	INT5		INT12
	INT6		INT13
	INT7		INT14
	INT8	最低优先级	INT15

1. 复位($\overline{\text{RESET}}$)

复位(RESET)具有最高级别中断，复位中断时正在执行的指令中止，所有的寄存器返回到默认状态。复位是低电平有效信号，必须保证低电平 10 个时钟周期，再变高才能正确重新初始化 CPU，这点较为特殊。其他的中断则是在转向高电平的上升沿有效。复位中断服务的取指包必须位于特定设备的特定地址。此外，复位中断不受分支指令的影响。

2. 不可屏蔽中断(NMI)

不可屏蔽中断优先级为 2，它通常用来向 CPU 发出严重硬件问题的警报。出现在 NMI线上的请求，不受中断标志位 IF 的影响，在当前指令执行完以后，CPU 立即无条件响应。为实现此中断，在中断使能寄存器中的不可屏蔽中断使能位(NMIE)必须置 1。NMIE 为 0时，所有可屏蔽中断(INT4~INT15)均被禁止。

3. 可屏蔽中断(INT4~INT15)

可屏蔽中断指可被 CPU 通过指令限制某些设备发出中断请求的中断。这种中断有 12个，它们可被链接到芯片外部或片内外设，也可由软件控制或者不用。I/O 设备发出的所有中断都可以产生可屏蔽中断，受标志位 IF 的影响，根据中断循环标志的设置来判断 CPU 是否响应中断请求。中断发生时将中断标志寄存器(IFR)的相应位置 1。

4. 中断响应信号(IACK 和 INUMx)

IACK 和 INUMx 信号用来通知 C6000 片外硬件：在 CPU 内一个中断已经发生且正在进行处理时，会由 IACK 信号指出 CPU 已经开始处理一个中断，INUMx 信号(INUM3~INUM0)指出正在处理的是哪一个中断(即 IFR 中的中断位)。例如，若 INUMx 信号从高至低依次为 0111，则表明正在处理 INT7 中断。

6.2.2　中断服务表

中断服务表(Interrupt Service Table，IST)是包含中断服务代码的取指包的一个地址表。当 CPU 开始处理一个中断时，它要参照 IST 进行。IST 包含 16 个连续取指包，每个中断服务取指包都含有 8 条指令。图 6-14 给出了 IST 的地址和内容。由于每个取指包都有 8 条32 位指令字(或 32 B)，因此中断服务表内的地址以 32 B(即 20h)增长。

000h	$\overline{\text{RESET}}$ ISFP
020h	NMI ISFP
040h	保留
060h	保留
080h	INT4 ISFP
0A0h	INT5 ISFP
0C0h	INT6 ISFP
0E0h	INT7 ISFP
100h	INT8 ISFP
120h	INT9 ISFP
140h	INT10 ISFP
160h	INT11 ISFP
180h	INT12 ISFP
1A0h	INT13 ISFP
1C0h	INT14 ISFP
1E0h	INT15 ISFP

图 6-14　IST 的地址和内容

6.2.3　中断服务取指包

中断服务取指包(Interrupt Service Fetch Packet，ISFP)是用于服务中断的取指包。当中断服务程序很小时，可以把它放在一个单独的取指包(FP)内，如图 6-15 所示。

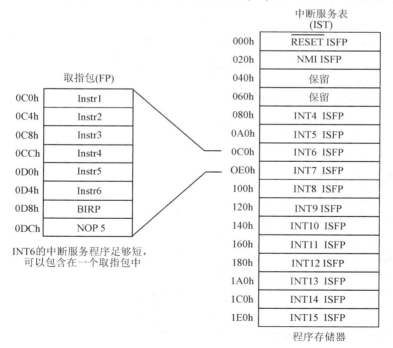

图 6-15　单独的中断服务取指包(ISFP)

其中，为了中断结束后能够返回主程序，FP 中包含一条跳转到中断返回指针所指向地址的指令。接着是一条 NOP5 指令，这条指令使跳转目标能够有效地进入流水线的执行级。若没有这条指令，CPU 将会在跳转之前执行下一个 ISFP 中的 5 个执行包。

如果中断服务程序太长而不能放在单一的 FP 内，就需要跳转到另外的中断服务程序的位置上。图 6-16 给出了一个 INT4 的中断服务程序的例子。由于 INT4 的中断服务程序太长，一部分程序放在以地址 1234h 开始的内存内。因此，在 INT4 的 ISFP 内有一条跳转到 1234h 的跳转指令。因为跳转指令有 5 个延迟间隙，所以把 B1234h 放在了 ISFP 中间。另外，尽管 1220h～1230h 与 1234h 的指令并行，但 CPU 不执行 1220h～1230h 内的指令。

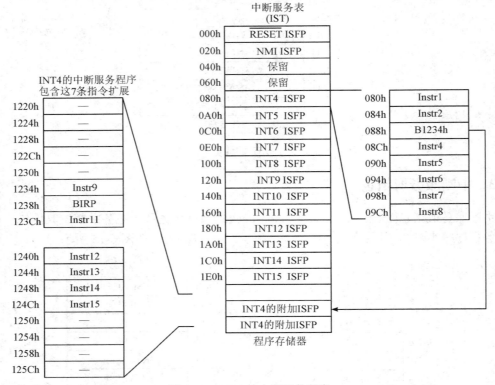

图 6-16　INT4 的中断服务程序

6.2.4　中断控制寄存器

C6000 芯片控制寄存器组中有下列 8 个寄存器涉及中断控制：

(1) 控制状态寄存器(CSR)：控制全局使能或禁止中断。

(2) 中断使能寄存器(IER)：使能或禁止中断处理。

(3) 中断标志寄存器(IFR)：给出有中断请求但尚未得到服务的中断。

(4) 中断设置寄存器(ISR)：人工设置 IFR 中的标志位。

(5) 中断清零寄存器(ICR)：人工清除 IFR 中的标志位。

(6) 中断服务表指针(ISTP)寄存器：指向中断服务表的起始地址。

(7) 不可屏蔽中断返回指针(NRP)寄存器：包含从不可屏蔽中断返回的地址，该中断返回通过 BNRP 指令完成。

(8) 可屏蔽中断返回指针(IRP) 寄存器：包含从可屏蔽中断返回的地址，该中断返回通过 BIRP 指令完成。

1. 控制状态寄存器(CSR)

CSR 中有 2 个位用于控制中断：GIE 和 PGIE。全局中断使能(GIE)位是 CSR 的 bit0，控制 GIE 的值可以使能或禁止所有的可屏蔽中断。CSR 的 bit1 是 PGIE。PGIE 保存先前的 GIE 值，即在响应可屏蔽中断时，保存 GIE 的值，而 GIE 被清零。这样在处理一个可屏蔽中断期间，就防止了另外一个可屏蔽中断的发生。当从中断返回时，通过 BIRP 指令可使 PGIE 的值重新返回到 GIE。GIE 允许通过控制单个位的值来使能或禁止所有的可屏蔽中断。GIE＝1 使能可屏蔽中断使之能够进行处理；GIE＝0 禁止可屏蔽中断使之不能处理。PGIE 在中断任务状态寄存器中与 GIE 具有一样的物理地址，PGIE＝1 从中断返回后将启用中断；PGIE＝0 中断返回后禁止中断。CSR 的格式如图 6-17 所示，表 6-5 给出了 CSR 字段描述。

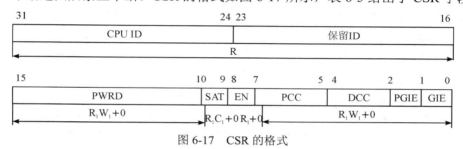

图 6-17　CSR 的格式

表 6-5　CSR 字段描述

字段	字段名称	描　　　述
0	GIE	全局中断使能。全局使能或禁止所有的可屏蔽中断。GIE=0，全局禁止可屏蔽中断；GIE=1，全局使能可屏蔽中断
1	PGIE	当一个中断发生时，PGIE 保存 GIE 的值，当中断返回时使用这个值

2. 中断使能寄存器(IER)

该寄存器用于标识某个中断是使能还是禁止。使能或禁止单一的中断处理，在用户模式下无法访问 IER，格式如图 6-18 所示。IER 的最低位对应于复位，只可读不可写，复位总能被使能。NMIE＝0 时，禁止所有非复位中断；NMIE＝1 时，GIE 和相应的 IER 位一起控制 INT15～INT4 中断使能。对 NMIE 写 0 无效，只有复位或 NMI 发生时它才清零；NMIE 置 1 靠执行 BNRP 指令和写 1 完成。

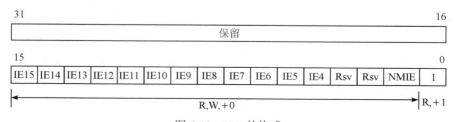

图 6-18　IER 的格式

3. 中断标志寄存器(IFR)、中断设置寄存器(ISR)和中断清零寄存器(ICR)

中断标志寄存器(IFR)包括 INT4～INT15 和 NMI 的状态。当中断发生时，IFR 中的相应中断位被置 1，否则为 0。使用 MVC 指令读取 IFR，可检查中断状态。图 6-19 给出了 IFR 的格式。中断设置寄存器(ISR)和中断清零寄存器(ICR)可以用程序设置并且可以清除 IFR 中的可屏蔽中断位，其格式分别见图 6-20 和图 6-21。

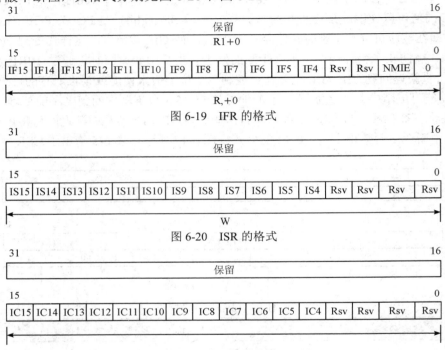

图 6-19　IFR 的格式

图 6-20　ISR 的格式

图 6-21　ICR 的格式

对 ISR 的 IS4～IS15 位写 1 会引起 IFR 对应中断标志位置 1；对 ICR 的 IC4～IC15 位写 1 会引起 IFR 对应标志位置 0。对 ISR 和 ICR 的任何位写 0 无效，设置和清除 ISR 和 ICR 的任何位都不影响 NMI 和复位。从硬件来的中断有优先权，它废弃任何对 ICR 的写入。另外，写入 ISR 和 ICR 有一个延迟间隙，当同时对 ICR 和 ISR 的同一位写入时，对 ISR 写入优先。

4. 中断服务表指针(ISTP)寄存器

中断服务表指针 (Interrupt Service Table Pointer，ISTP)寄存器用于确定中断服务程序在中断服务表中的地址。ISTP 中的字段 ISTB 确定 IST 的地址的基值，另一字段 HPEINT 确定当前响应的中断，并给出这一特定中断取指包在 IST 中的位置。图 6-22 给出了 ISTP 各字段的位置，表 6-6 给出了这些字段的描述。

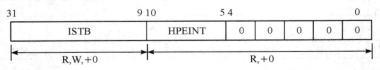

注：R 表示 MVC可读；W 表示 MVC可写；+0 表示复位后值为 0

图 6-22　ISTP 各字段的位置

复位取指包必须放在地址为 0 的内存中，而 IST 中的其余取指包可放在符合 256 字边界调整要求的程序存储单元的任何区域内。IST 的位置由中断服务表基值(ISTB)确定。

表 6-6　ISTP 各字段的描述

位	字段名	描　　述
0~4		设置为 0(取指包必须排列对齐在 8 个字(32 位)的边界内)
5~9	HPEINT	最高优先级使能中断。该字段给定 IER 中使能的最高优先级中断号(与 IFR 相关位的位置有关)。因此，可以复用 ISTP 手动跳转到最高级使能中断。如果没有中断挂起和使能，HPEINT 的值为 00000b。这个相应的中断不需要靠 NMIE(除非是 NMI)或 GIE 来使能
10~31	ISTB	中断服务表基地址。该字段在复位时为 0，因此，在开始时，IST 必须置于地址 0 处。复位后，可以向 ISTB 写入新的值来重新定位 IST。如果重新定位，则第 1 个 ISF(对应 $\overline{\text{RESET}}$)从不执行，因为复位使 ISTB 置为 0

5. 不可屏蔽中断返回指针(NRP)寄存器

NRP 保存从不可屏蔽中断返回时的指针，该指针引导 CPU 返回到原来程序执行的正确位置。当 NMI 服务完成时，为返回到被中断的原程序中，在中断服务程序末尾必须安排一条跳转到 NRP 的指令(即 BNRP)。图 6-23 给出了 NRP 寄存器的格式。

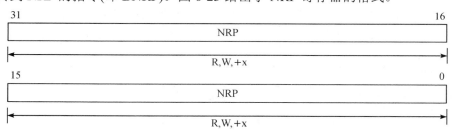

图 6-23　NRP 寄存器的格式

NRP 是一个 32 位可读写的寄存器，在 NMI 产生时，它将自动保存被 NMI 打断而未执行的程序流程中第 1 个执行包的 32 位地址。因此，虽然可以对这个寄存器写值，但任何随后而来的 NMI 中断处理将刷新该写入值。

6. 可屏蔽中断返回指针(IRP)寄存器

IRP 的功能与 NRP 的基本相同，所不同的是中断源，这里的中断源是可屏蔽中断源。图 6-24 给出了 IRP 寄存器的格式。

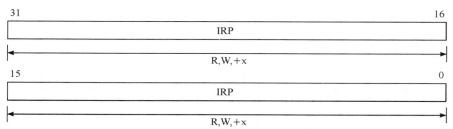

图 6-24　IRP 寄存器的格式

6.2.5 中断选择寄存器和外部中断

TMS320DM6437 的外设部分最多可以提供 32 种中断源，但是 CPU 只能利用其中的 12 个可屏蔽的外部中断。用户可通过中断选择寄存器(Interrupt Multiplexer Register，IMR)MUXL 和 MUXH 定义中断源和可屏蔽中断之间的映射关系，并利用 EXTPOL 定义外部中断信号的极性。

中断选择寄存器描述见表 6-7，其中中断复用寄存器决定了中断源与 CPU 从 4 到 15 中断(INT4～INT15)的映射关系，外部中断极性寄存器设置了外部中断的极性。

表 6-7 中断选择寄存器描述

地 址	缩 写	名 称	描 述
019C000h	MUXH	中断复用高位寄存器	选择 CPU 中断 10～15(INT10～INT15)
019C0004h	MUXL	中断复用低位寄存器	选择 CPU 中断 4～9(INT4～INT9)
019C008h	EXTPOL	外部中断极性寄存器	设置外部中断极性(EXT4～EXT7)

1. 外部中断极性寄存器

外部中断极性寄存器(EXTPOL)的格式如图 6-25 所示，允许用户改变 4 个外部中断(EXT-INT4～EXT-INT7)的极性。XIP 值为 0 时，一个从低到高的上升沿触发一个中断；XIP 值为 1 时，一个从高到低的下降沿触发一个中断。XIP 的默认值是 0。

31		4	3	2	1	0
保留			XIP7	XIP6	XIP5	XIP4
R,+0			RW,+0	RW,+0	RW,+0	RW,+0

图 6-25 外部中断极性寄存器(EXTPOL)的格式

2. 中断复用寄存器

图 6-26 所示的中断复用低位寄存器和图 6-27 所示的中断复用高位寄存器中的 INTSEL 域允许映射中断源为特定的中断。INTSEL4～INTSEL15 相对于 CPU 中断 INT4～INT15。通过设定 INTSEL 域为所期望的中断选择号，可以映射任何中断源到任何 CPU 中断。

31	30	26	25	21	20	16
保留	INTSEL9		INTSEL8		INTSEL7	INTSEL6
R,+0	RW,+01001		RW,+01000		RW,+0	RW,+00111

15	14	10	9	5	4	0
保留	INTSEL6		INTSEL5		INTSEL4	
R,+0	RW,+00110		RW,+00101		RW,+00100	

图 6-26 中断复用低位寄存器(MUXL)

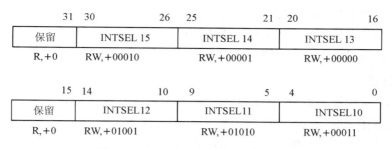

图 6-27 中断复用高位寄存器(MUXH)

6.2.6 中断响应

DSP 程序运行过程中，系统外部、系统内部或者当前程序本身会出现多种不确定的事件。当这些不确定的事件发生时，要求 DSP 能够识别并做出相应的处置。DM6437 的中断是基于事件触发的。整个 DSP 只有 15 个中断，但有 128 个事件，每个事件都可以作为中断源来触发中断，这 128 个事件每连续 32 个可以合并到 4 个特定的事件中，Event0 对应事件 0 到 31，Event1 对应事件 32 到 63，Event2 对应事件 64 到 95，Event4 对应事件 96 到 127。通过中断选择寄存器来管理如此多的事件，可以将事件配置到合适优先级的 INT4～INT15 中断号。这样的中断管理结构有一个好处，就是通过数量有限的 DSP 中断来管理大量的事件，使用非常灵活。

根据 TMS320DM6437 的中断机制，可以把中断分为三部分：中断请求、中断检查和中断响应。中断请求指中断源发出中断请求，如果中断处于开启状态以及该中断标志位使能，则处理器对该中断作出相应处理，否则忽略此次中断请求。通过中断检查，如果没有中断正在处理或者正在处理的中断的优先级比较低，则处理器对当前的中断请求作出响应，处理器会立刻跳转执行该中断任务。需要完成的工作是保存上下文，并将 PC 的值改为中断程序的入口地址。

TMS320DM6437 支持处理多个中断请求。当有一个中断正在执行的时候，如果产生了一个优先级更高的中断请求，处理器便会去响应优先级比较高的中断请求；如果中断请求的优先级比较低，则该中断请求被挂起，直到高优先级的中断执行完毕后才执行。

1. 中断请求

若有多个中断源，CPU 就需要判断其优先级。CPU 先响应优先级别高的中断请求，并且高优先级中断请求信号可中断低优先级中断服务。

2. 中断响应

CPU 要响应中断需满足以下条件：无同级或高级中断正在服务；当前指令周期结束。若现行指令是 RETI、RET 或者访问 IE、IP 指令，则需要执行到当前指令及下一条指令方可响应。

响应过程：置位中断优先级有效触发器，关闭同级和低级中断；调用入口地址、断电入栈；进入中断服务程序。

3. 中断处理

中断处理就是在确认中断后，执行中断服务程序，从中断入口地址开始执行，直到返回指令为止，一般包括：保护现场、执行中断服务程序、恢复现场。用户根据要完成的任务编写中断服务程序，要注意将主程序中需要保护的寄存器内的内容进行保护。保护和恢复现场可以通过堆栈操作或切换寄存器组完成。

4. 中断返回

中断返回是指中断服务完成后，CPU 返回到原程序的断点，继续执行原来的程序，一般通过中断执行指令 RETI 来实现。

中断响应的过程可以用图 6-28 所示的流程图来说明。

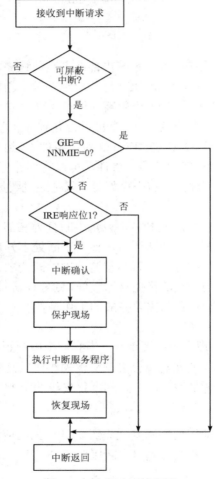

图 6-28   中断响应流程图

6.3   实验和程序实例

6.3.1   基于 MATLAB 的音频信号处理的流程

音频是多媒体信息的一个重要组成部分，音频信号的频率范围大约是 20 Hz～20 kHz。

音频信号的采集和处理已经广泛应用于材料无损检测、语音识别、噪声抑制等工程领域。对实时采集音频信号并进行分析处理的技术和方法进行探讨,具有一定的意义。

用 MATLAB 处理音频信号的基本流程如图 6-29 所示。先将 .wav 格式的音频信号经 wavread 函数转换成 MATLAB 列数组变量;再用 MATLAB 进行数据分析和处理,如时域分析、频域分析、数字滤波、信号合成、信号变换、信号识别和增强等;处理后的数据如果是音频数据,则可用 wavwrite 转换成 .wav 格式文件或用 sound、wavplay 等函数直接回放。

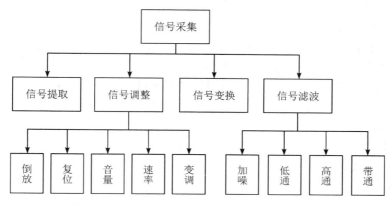

图 6-29　用 MATLAB 处理音频信号的基本流程

(1) 信号提取。该模块将信号提取到系统内进行处理,注意需要将待处理音频和系统保存在同一个文件夹内,否则可能提取不到音频。分析和处理音频信号,首先要对声音信号进行采集,MATLAB 的数据采集工具箱提供了一整套命令和函数,通过调用这些命令和函数,可直接控制声卡进行数据采集。Windows 自带的录音机程序也可驱动声卡来采集语音信号,并能保存为.wav 格式供 MATLAB 相关函数直接读取、写入或播放。

(2) 信号变换。该模块对原始音频信号进行傅里叶变换,同时分别显示出信号在时域和频域的波形图。音频信号在时域上只是基于时间轴的一维数字信号,通过时域分析只能反映信号的幅值随时间的变化情况。相比之下,频域中往往包含更多的信息,所以一般常对音频信号进行频域内的研究。

(3) 信号调整。该模块主要对信号进行倒放、复位、音量调整、速率调整及变调等处理,观察不同操作下信号波形图的变化。

(4) 信号滤波。受环境噪声和信号噪声比等方面的限制,在对语音信号进行采集的过程中,不可避免地会产生噪声。为剔除噪声等干扰信号,一般需通过滤波器对所采集的信号进行滤波。滤除无用的干扰信号,从而准确确定频率成分是信号分析中的关键。数字滤波器设计是 MATLAB 信号处理工具箱一个重要的组成部分。在滤波器的设计中,既可以采用直接程序设计法,也可利用 MATLAB 中专门的设计工具 FDATOOL、SPTOOL 等进行设计。数字滤波器根据其单位冲激响应函数的时域特性可分为两类:无限长单位冲激响应(IIR)数字滤波器和有限长单位冲激响应(FIR)数字滤波器。就设计方法而言,MATLAB 信号处理工具箱提供了各种滤波器设计函数和滤波器实现函数,针对 IIR 滤波器的设计方法主要有巴特沃斯法、切比雪夫法、椭圆滤波法,针对 FIR 滤波器的设计方法有窗函数法、频率采样法和切比雪夫等波纹逼近的最优化设计方法。具体可根据频谱的特点和处理信号的目的,设计出各种各样符合要求的数字滤波器。

6.3.2 基于 MATLAB 的音频信号处理的实现

下面分别介绍 MATLAB 在音量标准化、声道分离合并与组合、数字滤波、数据转换等音频信号处理方面的技术实现。

1. 音频信号的读入与打开

使用录音软件录取一段录音，并将其保存为.wav 文件，长度小于 30 秒。录制时可以使用 Windows 自带的录音机，也可以使用其他专业的录音软件。

在 MATLAB 中，[y, fs, bits]=wavread('music1.wav');用于读取音频，采样值放在向量 y 中，fs 表示采样频率(Hz)，bits 表示采样位数。

下面是读入与打开音频信号，并绘制音频信号时域与频谱图的 MATLAB 语言程序。

```
clear; close all; clc;
[x,fs,bits] =wavread( 'wyfmu.wav');
sound(x);
X=fft(x, 2048) ;
magX=abs(X);
angX=angle(X) ;
subplot(221);
plot(x); title('原始信号波形');
subplot(222);
plot(X); title( '原始信号频谱');
subplot(223);
plot(magX); title('原始信号幅值'); subplot(224) ;
plot(angX); title('原始信号相位');
```

程序运行后可以听到声音。

2. 音频信号的时域与频域分析

上述的序列 x 为离散有限长序列,可调用 y=fft[x, N]对序列进行频谱分析; 调用 freqz(x) 计算离散时间信号 x 的幅度和相位特性。

```
clear
fs=22050;              %音频信号的采样频率为 22 050 Hz
[x,fs,bits]=wavread('qg. wav');
y1=fft(x,1024);     %对信号做 1024 点 FFT 变换
f=fs*(0:511)/1024;
figure(1)
plot(x);              %绘制原始音频信号的时域波形
title('原始音频信号频域图'); xlabel('时间'); ylabel( '幅值');
figure(2)
freqz(x);             %绘制原始音频信号的频率响应图
```

```
    title( '频率响应图');
    figure(3)
    plot(f,abs(y1(1:512)));                %绘制原始音频信号的幅频特性曲线
    title('原始音频信号频域图'); xlabel('频率'); ylabel( '幅值');
```

3. 含噪语音信号的合成

```
    fs=22050; N=1024;                      %信号采样频率为 22 050 Hz
    [x,fs,bits]=wavread('qq.wav'); %读取信号的数据,赋给变量 x
    y1=fft(x, 1024);
    f=fs*(0:511)/1024;
    x1=rand(1, length(x));    %产生与 x 长度一致的随机噪声信号 x1
    x2=x1+x;                  %信号加噪声
    fst=fft(x2, N); k=0:N-1; f=k/Tp;
    subplot(3, 1, 1); plot(t, x2); grid; xlabel('t/s'); ylabel('x(t)');
    axis([0, Tp/5, min(x2), max(x2)]); title('(a)信号加噪声的波形');
    subplot(3, 1, 2); plot(f,abs(fst)/max(abs(fst))); grid; title('(b)信号加噪声的频谱');
    axis([0, fs/2, 0, 1.2]); xlabel('f/Hz'); ylabel('幅度');
```

4. 滤波器设计与信号滤波

在语音信号处理过程中，应用数字滤波器通过数值运算的方法改变输入信号所含各种频率成分的相对比例，或保留某些频率成分、抑制或消除另外一些频率成分。数字滤波器分为经典滤波器和现代滤波器。经典滤波器的特点是其输入信号中有用的频率成分和希望滤除的频率成分各占用不同的频带，通过一个合适的选频滤波器滤除干扰，保留有用信号，即可达到滤波的目的。但是，如果信号和干扰信号的频谱相互重叠，则经典滤波器不能有效地滤除干扰信号、最大限度地恢复信号，这时就需要现代滤波器，如维纳滤波器、卡尔曼滤波器、自适应滤波器等。现代滤波器是根据随机信号的一些统计特性，在某种最佳准则下，最大限度地抑制干扰，同时最大限度地恢复信号，从而达到最佳滤波的目的。

经典数字滤波器本质上是选频滤波器，按照其频带特性分成低通(Low Pass filter，LP)、高通(High Pass filter，HP)、带通(Band Pass filter，BP)、带阻(Band Stop filter，BS)和全通(All Pass filter，AP)滤波器等。

根据实现的网络结构或者单位取样响应是无限长序列还是有限长序列，经典数字滤波器分为 IIR 数字滤波器(Infinite Impulse Response Filter)和 FIR 数字滤波器(Finite Impulse Response Filter)。在相同性能指标下，IIR 数字滤波器可以用较少的阶次获得较高的选择特性，所用的存储单元少，而且能够保持模拟滤波器的一些优良性能。FIR 数字滤波器能够在输入具有任意幅频特性的数字信号后，保证输出数字信号的相频特性仍然保持严格的线性相位，因此它在信息传输、模式识别及数字图像处理领域得到广泛应用。

IIR 数字滤波器采用间接设计法，利用模拟滤波器成熟的理论及其设计方法来设计。设计过程是：按照数字滤波器技术指标要求设计一个过渡模拟低通滤波器 $H_a(s)$，再按照一定的转换关系将 $H_a(s)$ 转换成数字低通滤波器的系统函数 $H(z)$。有两种方法可将模拟滤波器映射为等效的数字滤波器：脉冲响应不变法和双线性变换法。脉冲响应不变法通过对模拟滤

波器的单位冲激响应进行采样，来保证原始模拟滤波器的脉冲响应不变法，但脉冲响应不变法会产生频谱混叠，使数字滤波器的频响偏离模拟滤波器的频响特性。双线性变换法可以保证模拟滤波器的幅度响应特性不变，因而更适合设计频率选择性 IIR 滤波器。

有限脉冲响应 FIR 滤波器在保证幅度特性满足技术要求的同时，很容易做到严格的线性相位特性。FIR 滤波器的设计方法和 IIR 滤波器的设计方法有很大差别。FIR 滤波器的设计任务是选择有限长度的 $h(n)$，使频率响应函数 $H(e^{j\omega})$ 满足技术指标要求，稳定和线性相位特性是 FIR 滤波器最突出的优点。FIR 数字滤波器的设计方法有窗函数法、频率采样法和等波纹逼近法。

在滤波器设计中，既可以采用直接程序设计法，也可利用 MATLAB 中专门的设计工具 FDATool、SPTool 等。MATLAB 信号处理工具箱(Signal Processing Toolbox)提供了大量的函数，帮助实现数字滤波器的设计。此外，MATLAB 提供的滤波器设计和分析工具(Filter Design and Analysis Tool， FDATool) 是设计、量化、分析数字滤波器的 GUI 工具。它包含很多先进的滤波器设计技术，并支持信号处理工具箱中所有的滤波器设计方法。此工具具有以下用途：

(1) 通过设置滤波器规范设计滤波器；

(2) 分析设计的滤波器；

(3) 将滤波器转换为不同结构；

(4) 量化和分析量化的滤波器。

下面采用工具箱函数设计 IIR 数字滤波器，实现对语音信号的滤波。

1) 双线性变换法设计 IIR 数字滤波器

设计低通数字滤波器，要求频率低于 0.2π rad 时，容许幅度误差在 1 dB 以内； 在频率 0.3π 到 π 之间的阻带衰减大于 15 dB。指定模拟滤波器采用巴特沃斯低通滤波器。试用双线性变换法设计数字滤波器。

```
% 用双线性变换法设计 DF
clear; close all;
T=1; Fs=1/T;
wpz=0.2*pi; wsz=0.5*pi;
wp=2*tan(wpz/2); ws=2*tan(wsz/2); rp=1; rs=15; %预畸变校正转换指标
[N,wc]=buttord(wp,ws,rp,rs,'s');
[B,A]=butter(N,wc,'s');                %设计过渡模拟滤波器
[Bz, Az]=bilinear(B, A, Fs);           %用双线性变换法转换成数字滤波器
w=linspace(0.01*pi,pi);
Hk=freqz(Bz,Az,w);
subplot(2,2,1);
plot(w/(pi),abs(Hk)); grid on
xlabel('频率(kHz)'); ylabel('幅度(dB)');
```

2) 等波纹逼近法设计 FIR 数字滤波器

```
clear all
```

```
xt=xtg;
N=1024; Fs=1000; T=1/Fs; Tp=N*T;
k=0:N-1; f=k/Tp;
K=1000;
t=0:T:(K-1)*T;
fp=120; fs=150; Rp=0.2; As=60;
fb=[fp,fs];
m=[1,0];
dev=[(10^(Rp/20)-1)/(10^(Rp/20)+1),10^(-As/20)];
[Ne,fo,mo,W]=remezord(fb,m,dev,Fs);
hn=remez(Ne,fo,mo,W);
Hw=abs(fft(hn,1024));
yet=fftfilt(hn,xt,N);
subplot(2,1,1);
plot(f,20*log10(Hw)/max(Hw)); grid on
xlabel('f/Hz'); ylabel('幅度(dB)');
title('(a)低通滤波器的幅频特性'); axis([0, 500, -80, 5]);
subplot(2, 1, 2);
plot(t, yet); grid on
xlabel('t/s'); ylabel('y_2(t)');
title('(b)滤除噪声后的信号波形');
```

6.3.3　基于 ICETEK-DM6437-AF 的音频信号处理的实现

1. 实验原理

ICETEK-DM6437-AF 评估板通过在 DM6437 片外扩展一片 TLV320AIC33，实现音频信号的采样(AD)、数字化的采样值输入 DSP、DSP 对音频数据进行处理、处理后的数据发送到 CODEC 芯片、CODEC 芯片的音频编码输出(DA)。在这个过程中，DM6437 首先将 TLV320AIC33 配置成指定的工作模式，然后作为从设备接收 TLV320AIC33 发送的音频采样数据，并回发处理后的音频数据。

ICETEK-DM6437-AF 评估板通过 DM6437 的 I²C 接口连接 TLV320AIC33 的配置接口，用 McBSP1 接口连接 TLV320AIC33 的数字音频串行接口(参考本书图 3-19)。

1) DM6437 与 TLV320AIC33 通信

(1) 配置 DM6437：配置 I²C 总线接口速度约为 100 kHz，关于配置 I²C 总线接口的细节，可参看相关手册的内容；配置 McBSP 接口为串行通信从设备，收发数据格式均为每帧 2 字，每字 16 位，时钟和帧同步信号均为输入信号，位时钟下降沿发送数据，上升沿接收数据。

(2) 配置 TLV320AIC33：DM6437 为 I²C 总线的主端，TLV320AIC33 为从端，时钟信号由 DM6437 的 I²C 总线接口 SCL 引脚输出提供。通过 I²C 总线通信协议，将 TLV320AIC33

的配置字发送给 TLV320AIC33 的各内部寄存器，并启动 ADC 和 DAC 的转换。在本例中，TLV320AIC33 的 I²C 总线地址为 1BH；ADC 和 DAC 的转换频率都为 8 kHz；TLV320AIC33 为音频串行通信接口的主设备，提供串行帧同步脉冲和位时钟；TLV320AIC33 的音频数据输入和输出格式为 I²S，每通道数据为 16 位；使用 LineIn 和 LineOut 通道。这些配置都通过 I²C 总线对 TLV320AIC33 的各寄存器的控制字写入而完成。

2) 实验程序流程图

实验程序流程图如图 6-30 所示。

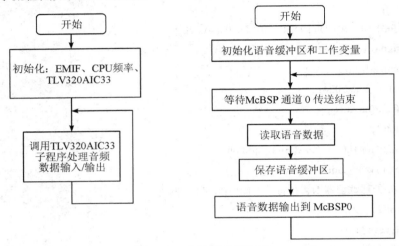

图 6-30　实验程序流程图

2. 实验步骤

本实验的程序已经安装在 C:\ICETEK\ICETEK-DM6437-AF\Lab0501_audio_gio 目录中。如未发现实验程序目录或相关实验程序文件，请重新安装 ICETEK-DM6437-AF 板实验。

1) 仿真连接

检查 ICETEK-XDS100 仿真器插头是否连接到 ICETEK-DM6437-AF 板的仿真插头 J1。确保正确连接，所有插针都插入到插座之中。使用实验箱附带的 USB 电缆连接 PC 的 USB 插座和仿真器 USB 接口插座，ICETEK-XDS100 仿真器上红色电源指示灯点亮。

(1) 用音频电缆连接 PC 声卡输出插座到 ICETEK-DM6437-AF 板插座 J15，连接扬声器或耳机音频插头到 ICETEK-DM6437-AF 板插座 J3。

(2) 连接实验箱电源：关闭实验箱左上角电源开关后，使用实验箱附带的电源线连接实验箱左侧电源插座和电源接线板。

(3) 接通电源：将实验箱左上角电源总开关拨动到"开"的位置，将实验箱右下角控制 ICETEK-DM6437-AF 板电源的评估板电源开关拨动到"开"的位置。接通电源后，ICETEK-DM6437-AF 板上电源模块指示灯(红色)D2 点亮。

2) 启动 CCS

点击桌面上相应图标启动 CCS5。

3) 导入实验工程

(1) 在 CCS5 窗口中选择菜单项 Project→Import Existing CCS Eclipse Project；

(2) 点击 Select search-directory 右侧的 Browse 按钮；

(3) 选择 C:\ICETEK\ICETEK-DM6437-AF\Lab0501_audio_gio，点击"确定"按钮；

(4) 点击 Finish 按钮，CCS5 窗口左侧的工程浏览窗口中会增加一项：Lab0501_audio_gio，点击它使之处于激活状态，项目激活时会显示成粗体的 Lab0501_audio_gio [Active-Debug]；

(5) 展开工程，双击其中的 main.c，打开这个源程序文件，浏览内容。

4) main.c 实验程序入口函数

程序调用 EVMDM6437_init()对 ICETEK-DM6437-AF 进行初始化工作。这个函数属于 ICETEK-DM6437-AF 的板级支持库(BSL)，在编译链接时使用这个链文件：C:\ICETEK\ICETEK-DM6437-AF\common\lib\Debug\evmdm6437bsl.lib，EVMDM6437_init()函数位于源文件 C:\ICETEK\ICETEK-DM6437-AF\common\lib\evmdm6437.c。

5) aic33_test.c 主测试程序

程序调用 aic33_loop_linein( );来进行音频的线性输入，这个函数在 aic33_loop_linein.c 中进行了定义。

程序调用 aic33_loop_micin( );来进行音频的 MIC 输入，这个函数在 aic33_loop_micin.c 中进行了定义。

程序调用 EVMDM6437_AIC33_read32();来读取 McBSP 中的 32 位数据，这个函数在 EVMDM6437_AIC33_read32.c 中进行了定义。

(1) 编译程序：选择菜单项 Project→Build Project，注意观察编译完成后，Problems 窗口有没有编译错误提示。

(2) 启动 Debug 并下载程序：选择菜单项 Run→Debug，如果程序正确下载到 DM6437，则当前程序指针应停留在 main.c 的 main()函数入口处等待操作。

(3) 运行程序：在 Debug 窗口中选择菜单项 Run→Resume。

6) 结束实验

(1) 停止程序运行：在 Debug 窗口中选择菜单 Run→Suspend。

(2) 退出 Debug 方式：在 Debug 窗口中选择菜单 Run→Terminate。

(3) 退出 CCS5。

(4) 关闭实验箱总电源：将实验箱左上角的实验箱总电源设置到"关"的状态。

3. 实验结果

从 J3 插座输入 ICETEK-DM6437-AF 系统的音频信号，经过 TLV320AIC33 芯片的采集后，通过 McBSP 传输进入 DM6437；经过程序处理后，再经由 McBSP 传输给 TLV320AIC33 芯片；由 TLV320AIC33 将数字信号编码为模拟音频信号输出到插座 J3，扬声器或耳机接收此音频信号后再转成声音信号从而被人耳听到。

4. C 源程序

```
void main( void )
{
    /* Initialize BSL */
```

```
        EVMDM6437_init( );                                  //初始化 6437 的引脚复用,时钟
        TEST_execute( aic33_test, "AIC33 MCBSP", 1 );    //调用音频测试函数
        printf( "\n***ALL Tests Passed***\n" );
}
/*
 * 函数名:void TEST_execute( Int16 ( *funchandle )( ), char *testname, Int16 testid )
 * 输入:Int16 ( *funchandle )( )    ---需要测试的功能函数
 * char *testname    ---功能名称
 * Int16 testid    ---功能序号
 * 功能:输入功能函数、名称、序号后,在控制台打印测试信息,判断功能函数是否执行正常
 */
void TEST_execute( Int16 ( *funchandle )( ), char *testname, Int16 testid )
{
    Int16 status;
    printf( "%02d    Testing %s...\n", testid, testname );
    status = funchandle( );
    if ( status != 0 )
    {
        printf( "        FAIL... error code %d... quitting\n", status );
    }
    else
    {
        printf( "        PASS\n" );
    }
}
Int16 aic33_test( )
{
    printf( "<-> Audio Loopback from Linein [J3] --> to HP/Lineout [J5/J6]\n" );
    //打印信息提示硬件连接方法
        if ( aic33_loop_linein( ) ) // 进入语音测试程序
            return 1;
        return 0;
}



/* -------------------------------------------------------------------
 * 函数名: aic33_loop_linein( )
 * 功能:音频测试
 --------------------------------------------------------------------*/
Int16 aic33_loop_linein( )
```

```
    {
        Int32 sample_data = 0;
        AIC33_CodecHandle aic33handle;
        aic33handle = EVMDM6437_AIC33_openCodec( AIC33_MCBSP_ID, &aic33config ); // 初始
化 AIC33,获得可用句柄
        for (    ;    ;    )
        {
            while ( ! EVMDM6437_AIC33_read32( aic33handle, &sample_data ) );
//等待左声道音频采样数据准备好并传送给 sample_data
            while ( ! EVMDM6437_AIC33_write32( aic33handle, sample_data ) );
//发送数据给左声道输出
            while ( ! EVMDM6437_AIC33_read32( aic33handle, &sample_data ) );
//等待右声道音频采样数据准备好并传送给 sample_data
            while ( ! EVMDM6437_AIC33_write32( aic33handle, sample_data ) );
//发送数据给右声道输出
        }
    }
/* -------------------------------------------------------------------
 * 函数名: _AIC33_openCodec(id,    AIC33_Config *config)
 * 参数:    id ---DM6437 连接语音芯片 AIC33 的通道地址
 *          config---AIC33 相关寄存器的结构体
 * 功能:配置 AIC33 并返回句柄
 * ------------------------------------------------------------- */
AIC33_CodecHandle EVMDM6437_AIC33_openCodec( Uint32 id, AIC33_Config *config )
{
    AIC33_CodecHandle aic33handle = id;
    /* --------------------------------- *
     *    AIC33 与 DM6437 的 McBSP1 硬件连接如下:           *
     *    AIC33 <-> McBSP1                               *
     *        .BCLK --> .CLKX1    [input]        *
     *              +-> .CLKR1                   *
     *        .WCLK --> .FSX1     [input]       *
     *              +-> .FSR1                    *
     *        .DOUT --> .DR1      [input]       *
     *        .DIN   <-- .DX1      [output]      *
     *                                           *
     * --------------------------------- */
    if ( aic33handle & McBSP_INTERFACE )
    {
```

```
EVMDM6437_clrPinMux( 0, ( 3 << 24 ) | ( 3 << 22 ) );
EVMDM6437_setPinMux( 0, ( 1 << 24 ) | ( 1 << 22 ) );    // McBSP0/1
/* 初始化  McBSP1 */
McBSP1_PCR   = 0x00000003;
McBSP1_RCR   = 0x00010140;
McBSP1_XCR   = 0x00010140;
McBSP1_SRGR = 0x00000000;
McBSP1_SPCR = 0x03010001;
/* 设置 buffer */
EVMDM6437_I2C_GPIO_setOutput( I2C_GPIO_GROUP_3, 0, 1 ); // McBSP on
EVMDM6437_I2C_GPIO_setOutput( I2C_GPIO_GROUP_3, 1, 1 ); // McASP off
EVMDM6437_I2C_GPIO_setOutput( I2C_GPIO_GROUP_3, 2, 1 ); // SPDIF off


/* 配置语音芯片 AIC33 */
EVMDM6437_AIC33_rset( aic33handle, AIC33_PAGESELECT, 0 ); // 选择 Page0
EVMDM6437_AIC33_rset( aic33handle, AIC33_RESET, 0x80 ); // 复位 AIC33
EVMDM6437_AIC33_config( aic33handle, config );    // 配置 AIC33 的寄存器
return aic33handle;
}
if ( aic33handle & McASP_INTERFACE )
{
    /* ------------------------------ *
    *AIC33 与 DM6437 的 McASP0 硬件连接如下:
    *
    *    AIC33 <-> McASP0                    *
    *        .BCLK --> .ACLKX0 [input]    *
    *               +-> .ACLKR0             *
    *        .WCLK --> .AFSX0   [input]   *
    *               +-> .AFSR0             *
    *        .DOUT --> .AXR0[1] [input]   *
    *        .DIN   <-- .AXR0[0] [output] *
    *                                      *
    * ------------------------------ */
    EVMDM6437_clrPinMux( 0, ( 3 << 24 ) | ( 3 << 22 ) );
    EVMDM6437_setPinMux( 0, ( 2 << 24 ) | ( 2 << 22 ) );    // McASP0
    /* 设置 buffer */
    EVMDM6437_I2C_GPIO_setOutput( I2C_GPIO_GROUP_3, 0, 0 ); // McBSP off
    EVMDM6437_I2C_GPIO_setOutput( I2C_GPIO_GROUP_3, 1, 0 ); // McASP on
    EVMDM6437_I2C_GPIO_setOutput( I2C_GPIO_GROUP_3, 2, 1 ); // SPDIF off
```

```
        /* 配置语音芯片 AIC33 */
        EVMDM6437_AIC33_rset( aic33handle, AIC33_PAGESELECT, 0 ); //选择 Page 0
        EVMDM6437_AIC33_rset( aic33handle, AIC33_RESET, 0x80 ); //复位 AIC33
        EVMDM6437_AIC33_config( aic33handle, config ); //配置 AIC33 的寄存器
        /* 初始化 6437 的  McASP0 */
        EVMDM6437_McASP_open( McASP_0 );
        return aic33handle;
    }
    return 0;
}
/* -------------------------------------------------------------------
 *   函数名:AIC33_read32( aic33handle, data32 )
 *   参数: aic33handle---读取数据时使用的 DM6437 通道
 *        data32 ---读取到的语音数据
 * 函数功能:通过 AIC33 读取外部 32 位的语音输入
   ----------------------------------------------------------------- */
Int16 EVMDM6437_AIC33_read32( AIC33_CodecHandle aic33handle, Int32 *data32 )
{
    /* 响应 McASP 的请求*/
    if ( aic33handle & McASP_INTERFACE )
    {
        if ( ( McASP0_SRCTL1 & 0x20 ) == 0 )                    //检测 Rx 是否就绪
        return 0;
        *data32 = McASP0_RBUF1_32BIT;                           // 读取 32 位语音数据
        return 1;
    }
    /*响应 McBSP 请求  */
    if ( aic33handle & McBSP_INTERFACE )
    {
        if ( ( McBSP1_SPCR & McBSP_SPCR_RRDY ) == 0 )   // 检测 Rx 是否就绪
        return 0;
        *data32 = McBSP1_DRR_32BIT;                            // 读取 32 位语音数据
        return 1;
    }
    return -1;
}
/* -------------------------------------------------------------------
 *   函数名:AIC33_write32( aic33handle, data32 )
 *   参数: aic33handle---发送数据时使用的 DM6437 通道
```

```
*        data32 ---需要发送的语音数据
* 函数功能:发送语音数据到 AIC33
    --------------------------------------------------------------------*/
Int16 EVMDM6437_AIC33_write32( AIC33_CodecHandle aic33handle, Int32 data32 )
{
    /* 响应 McASP 的请求 */
    if ( aic33handle & McASP_INTERFACE )
    {
        if ( ( McASP0_SRCTL0 & 0x10 ) == 0 )              //检测 Tx 是否就绪
            return 0;
        McASP0_XBUF0_32BIT = data32;                       //写 32 位语音数据
        return 1;
    }
    /* 响应 McBSP 的请求 */
    if ( aic33handle & McBSP_INTERFACE )
    {
        if ( ( McBSP1_SPCR & McBSP_SPCR_XRDY ) == 0 )   //检测 Tx 是否就绪
            return 0;
        McBSP1_DXR_32BIT = data32;                         //写 32 位语音数据
        return 1;
    }
    return -1;
}
```

本 章 小 结

流水线是增强 DSP 性能的重要技术。本章首先介绍 TMS320DM6437 流水线的作用、级数、取指包、执行包、执行级类型和流水线运行时应该注意的问题等相关内容，其中重点是 TMS320DM6437 流水线的作用、级数、时序和流水线操作过程中存在的问题。

中断系统是 DSP 处理器的重要组成部分。本章从中断类型和优先级、中断服务表、中断服务取指包、中断控制寄存器、中断选择器和外部中断、中断响应等方面叙述了 DSP 的中断系统。

习 题 6

一、填空题

1. 流水线技术是增强 DSP 性能的重要技术之一。TMS320DM6437DSP 指令集中的所有指令都通过_____、_____和_____三个阶段。

2. TMS320DM6437 中所有的指令采用 3 级流水线运行，每一级包含几个节拍完成，所有指令的取指级有_____个节拍，每个节拍有_____个取指包。

3. 如果流水线中的指令_____，则可以充分发挥流水线的性能。但在实际中，指令间可能会相互依赖，这会降低流水线的性能。相邻或相近的两条指令因存在某种关联，后一条指令不能在_____开始执行，造成流水线中出现"阻塞"的情况。

4. 存储器对流水线性能的影响主要为存储器阻塞，即当存储器没有做好响应 CPU 访问的准备时，流水线将产生存储器阻塞。对于程序存储器，存储器阻塞发生在_____节拍；对于数据存储器则发生在_____节拍。存储器阻塞会使处于该流水线的所有节拍延长 1 个指令周期以上，从而使执行增加额外的指令周期。

5. DSP 芯片普遍采用_____和_____分离的_____结构，比传统的冯·诺依曼结构有更快的的指令执行速度。

6. TMS320DM6437 的 CPU 有 3 种类型的中断，即_____、_____ 和可屏蔽中断(INT4～INT15) 。

7. 可屏蔽中断(INT4～INT15)是指可被 CPU 通过指令限制某些设备发出中断请求的中断。可屏蔽中断有_____个，它们可被链接到芯片外部或片内外设，也可由软件控制。I/O 设备发出的所有中断都可以产生可屏蔽中断，受标志位 IF 的影响，根据_____的设置来判断 CPU 是否响应中断请求。中断发生时将中断标志寄存器(IFR)的相应位置 1。

8. DSP 按照数据格式分为_____和_____。

9. _____具有最高优先级；不可屏蔽中断具有第 2 优先级，相应信号为 NMI 信号；最低优先级中断为_____。

10. CSR 中包含控制中断的两个域，即 GIE 和 PGIE。全局中断使能(GIE)允许通过控制单个位的值来使能或禁止所有的可屏蔽中断。GIE＝_____使能可屏蔽中断使之能够进行处理；GIE＝_____禁止可屏蔽中断使之不能处理。PGIE 在中断任务状态寄存器中与 GIE 具有一样的物理地址，PGIE＝_____从中断返回后将启用中断；PGIE＝_____中断返回后禁止中断。

11. 根据 TMS320DM6437 的中断机制,可以把中断分为三部分:_____、_____和中断响应。

二、选择题

1. 关于 TMS320DM6437DSP 流水线，下列叙述错误的是(　　)。

A. 取指阶段都有 4 个节拍

B. 译码阶段都包含 2 个节拍

C. 执行阶段都需要 5 个节拍

D. 定点流水线的执行阶段最多有 5 个节拍，指令不同则节拍数不同

2. 以下指令在 E1 到 E3 节拍完成的是(　　)。

A. 单周期指令　　　　　　　　　　　　　B. 双周期或多周期指令

C. 存储指令　　　　　　　　　　　　　　D. 扩展乘法指令

3. TMS320DM6437 有(　　)个用户可屏蔽中断。

A. 32　　　　　　　　B. 14　　　　　　　　C. 12　　　　　　　　D. 16

4. 以下中断中优先级最低的是(　　)。

A. 复位($\overline{\text{RESET}}$)　　　　　　　　B. 不可屏蔽中断(NMI)

C. INT4　　　　　　　　　　　　D. INT15

5. CPU 要响应某一个中断，下列说法错误的是(　　)。

A. 无同级或高级中断正在服务

B. 当前指令周期结束

C. 高优先级的中断请求可中断低优先级中断服务

D. 当新的中断请求发生时，先执行完当前的中断服务，然后执行新的中断请求

三、问答与思考题

1. 简述 TMS320DM6437 流水线原理。

2. TMS320DM6437 中所有指令均分为几级？简述流水线取指级和译码级的节拍构成。

3. TMS320DM6437 CPU 中断类型有几种？简述复位($\overline{\text{RESET}}$)的特点。

4. 简述一个可屏蔽中断须满足哪些条件才能得到响应。

5. TMS320DM6437 有多少个中断控制寄存器？

6. 简述 TMS320DM6437 中断响应的过程。

7. 指令类型和存储器访问都可能引起流水线阻塞，分别说明不同类型的指令引起的流水线阻塞和存储器访问引起的流水线阻塞。

第 7 章　增强型内存直接访问控制器 (EDMA3)

学习导读

　　DMA(Direct Memory Access)直接内存存取技术，是指外部设备不通过 CPU 而直接与系统内存交换数据的接口技术，它能够实现将数据从一个地址空间搬移到另外一个地址空间。DMA 技术的出现，使得外围设备可以通过 DMA 控制器直接访问内存，与此同时，CPU 可以继续执行其他程序。本章主要介绍 TMS320DM6437 的片内集成的增强型内存直接访问控制器(EDMA3)。EDMA3 是一种高性能、多通道、多线程的 DMA 控制器，允许用户编程传输一维或多维的数据。EDMA3 的主要目的是确保用户程序中的数据能够在设备上两个从端之间传送，其典型的应用如下(但不仅限于此)：服务软件驱动页传送(例如从外部存储器到内部存储器)、服务事件驱动外设(比如串口)、执行大数据模块的排序或者子模块提取、从主设备 CPU(s)或者 DSP(s)卸载数据传送。

学习目标

1. 知识目标
(1) 理解并掌握 TMS320DM6437 DSP 的 EDMA3 控制器的组成及工作原理。
(2) 掌握 TMS320DM6437 DSP 的 EDMA3 控制器的数据传输类型及应用。
(3) 理解并掌握 EDMA3 的参数 RAM(PaRAM)的组成及配置方法。
(4) 理解 EDMA3 中断及中断寄存器的配置。
(5) 了解快速 DAM(QDMA)的工作原理及 PaRAM 配置方法。

2. 能力目标
　　通过 TMS320DM6437 DSP 的 EDMA3 的学习，能够在 DSP 硬件系统设计、软件设计中注重其应用，并在此基础上理解微处理器的架构中各种 EDMA 技术的应用。

3. 素质目标
　　理解科学精神中的原理精神与探索精神。
　　科学是发现规律，揭示事物最本质、最普遍的原理。实际的科学研究中要首先弄清事物的普遍原理，以科学理论指导自己的行为，这是理性社会的重要特性。研究对象永无止境，科学探索永无止境。科学的最基本态度之一就是探索，顽强执着、锲而不舍地探索，经过实践、认识、再实践、再认识，不断探索真理、不断追求真理。通过本章的学习，在充分理解 DSP 片内集成 EDMA3 的基础上，经过锲而不舍的探索，以非凡的勇气和毅力，孜孜不倦地探索集成电路芯片的内在结构与规律，为我国电路与系统的发展助力。

7.1 概　　述

信号处理中经常涉及大量的数据传输。利用 DSP 的指令可以完成数据的搬移，但这会占用大量的 CPU 资源。为降低 CPU 的负荷，通常都在 DSP 片内设计多通道的直接存储器访问 (DMA)控制器。DMA 控制器是独立于 CPU 的设备，一旦正确初始化后，就能独立于 CPU 工作，在 CPU 操作的同时实现片内存储器、片内外设以及外围器件间的数据传输。DMA 传送时，需要使用系统的地址、数据总线以及一些控制信号线，但这些总线一般都是由 CPU 控制的，因此为了能够实现 DMA 需要由硬件自动实现总线的控制权转移，一般的 DMA 控制器需要具有以下功能：

(1) 可以向 CPU 发出 HOLD 号，请求 CPU 让出总线，即 CPU 在这些总线上的引线处于高阻状态；

(2) CPU 让出总线后，可以接管对总线的控制；

(3) 可以在总线上进行寻址和读写控制；

(4) 可以决定传送的数据个数；

(5) 可以启动数据的传送，判断数据传送是否结束并发出结束信号；

(6) 可以在结束传送后自动交出总线控制权，恢复 CPU 正常工作状态。

虽然不同的芯片中 DMA 控制器实现的功能有所不同，但 DMA 控制器完成的基本操作都是读操作和写操作。在读操作中，DMA 控制器从存储空间中的源地址处读取数据；在写操作中，DMA 控制器将读操作中读取的数据写入到存储空间中的目的地址处。源地址和目的地址对应的存储空间可以为程序空间、数据空间和 I/O 空间。

为便于数据传输，在基本操作的基础上，DSP 芯片的 DMA 控制器将数据进行了分块(block)管理，每一块又可以分为若干帧(frame)，每帧由一定长度的数据单元(element)组成。每个 DMA 通道的数据块和数据帧大小可以由用户自行设定。

基于这些管理单元，DMA 控制器提供了多种传输方式，包括元素传输、帧传输和块传输等。上述三种传输方式的最主要区别在于传输数据量的大小：

(1) 元素传输只对一个数据进行读/写操作；

(2) 帧传输搬移一帧内的所有数据；

(3) 块传输搬移块内所有帧的数据。

除了上述的一些特点，DSP 芯片的 DMA 传输还可以根据需要确定数据的寻址方式。DMA 对每个通道的源地址和目的地址都提供了可配置的寻址方式，包括地址固定、地址增加、地址减少以及可编程的地址调整等。同时不同通道的 DMA 传输也可以设置不同的优先级，方便用户进行选择。

　　为了便于数据的自动传输，DMA 控制器实现了与外部中断等事件的同步功能。相应的事件发生后，都将自动触发 DMA 传输，避免了用户对 DMA 过多的控制。同时 DMA 传输完毕后，可提供中断给 CPU，方便用户在数据传输后进行相应的处理。

　　EDMA3 控制器的基本作用是独立于 CPU 批量地进行数据传输，主要目的是减轻 DSP 的数据传输任务。以下是 DMA 传输中的常用术语：

　　(1) 后台操作：DMA 控制器可以独立于 CPU 工作。

　　(2) 高吞吐率：可以在一个 CPU 时钟周期内完成单元数据传输。

　　(3) 单通道分割操作：利用单个通道可以与一个外设进行双向数据传输，就像存在 2 个 DMA 通道一样。

　　(4) 数据读传输：DMA 控制器从源地址读取一个数据单元。

　　(5) 数据写传输：DMA 控制器将读出的数据单元写入目的地址。

　　(6) 数据单元：数据单元是网络信息传输的基本单位。一般网络连接不允许传送任意大小的数据包，而是采用分组技术将一个数据分成若干个很小的数据包，并给每个小数据包加上一些关于此数据包的属性信息，例如源 IP 地址、目的 IP 地址、数据长度等。这样的一个小数据包就叫作数据单元。这样一来，每次网络要传送的数据都是规格和封装形式相同的一个"小包裹"，有利于数据传输的标准化，简化了数据传输方式。

　　(7) 数据单元传输：单个数据单元从源地址到目的地址传输，如果需要，每个数据单元可以由同步事件传输。

　　(8) 帧：一组数据单元组成一个帧，一帧中的单元可以是间隔存放的，也可以是连续存放的。帧传输可以同步传输，也可以异步传输。

　　(9) 多帧传输：传送的数据块可以分为多个数据帧。

　　(10) 块传输：完成若干帧的传输块的传输，每块内的帧数可以通过编程来设置。

　　(11) 阵列：一组连续的数据单元组成一个阵列，在一个阵列中单元连续存放且位置不能改变。阵列多在二维数据传输中使用。多个阵列或者多个帧组成一个块。

　　(12) 32 位地址范围：DMA 控制器可以对下列任何一个地址映射区域进行访问：① 片内数据存储器；② 片内程序存储器(在存储器映射模式下)；③ 片内的集成外设。

　　(13) 数据的字长可编程：每个通道可以独立设置数据单元为字节、半字(16 位)或字(32 位)。

　　(14) 自动初始化：每传送完一个数据块，DMA 通道会自动配置下一批数据块的传送参数，为下一个数据块的传送做好准备。

　　(15) 事件同步：读操作、写操作以及一帧数据操作都可以由指定事件触发同步。

　　(16) 一维(1D)传输：多个数据帧组成 1 个 1D 的数据传输。块中帧的个数可以是 1～65 536(相应的 FRMCNT 值为 0～65 535)，每一单元或每一帧传输都可以一次完成。

　　(17) 二维(2D)传输：多个数据阵列组成 1 个 2D 的数据传输。第一维是阵列中的数据单元，第二维是阵列的个数。块中阵列的个数可以是 0～65 535(相应的 FRMCNT 值为 0～65 535)，每一阵列或者整个块传输可以一次完成。

　　(18) 中断反馈：一帧或一块数据传送完毕，或是出现错误时，每一个通道都可以向 CPU 发出中断。

　　(19) 优先级可编程序：每一个通道对于 CPU 的优先级可以独立地编程配置。

　　(20) 可编程序的地址产生方式：每个通道的源地址寄存器和目标地址寄存器对于每次

读传输和写传输都是可配置的。地址可以是常量、递增、递减，或是按照可编程序的值进行调整。这些可编程序的数值允许帧的后一个传输与前一个传输的地址相差一个偏移量，这可以用于数据的排序操作。

(21) 全地址范围：DMA 可以访问系统的整个地址范围。DMA 访问包括片内存储器、片内外设及外部存储器(可选器件)。访问存储器映射的某个区域要受到器件的限制。

(22) 可编程序的数据传输宽度：每个通道可以独立地配置为单字传输模式(16 位)或者双字传输模式(32 位)。

DMA 控制器的工作方式有以下三种：

方式 1：存储器与外部设备之间进行数据交互传输；

方式 2：存储器与存储器之间进行数据交互传输；

方式 3：外部设备与外部设备之间进行数据交互传输。

其中，方式 1 和方式 2 在 DSP 实际运行中用得比较多，而方式 3 用得比较少。

7.2 EDMA3 控制器

TMS320DM6437 采用第三代增强型内存直接访问控制器——EDMA3，是数字信号处理中用于快速数据交换的重要技术，具有独立于 CPU 的后台批量数据传输能力。EDMA3 可执行所有二级高速缓存/内存控制器与外设之间的数据传输。与 DMA 相比，EDMA3 包括 64 个 DMA 通道和 8 个 QDMA(快速 DMA) 通道，每个通道均由传输队列(4 个传输队列，每个队列有 16 个事件入口) 控制器控制，共有 128 个参数 RAM 存放每个 EDMA3 通道需要的各个传输控制参数，能够满足实时图像处理中的高速数据传输的要求，能快速实现数据的搬移，并且能适应更为复杂的数据传输格式。如图 7-1 所示为 EDMA3 在 TMS320DM6437 DSP 结构中的位置。

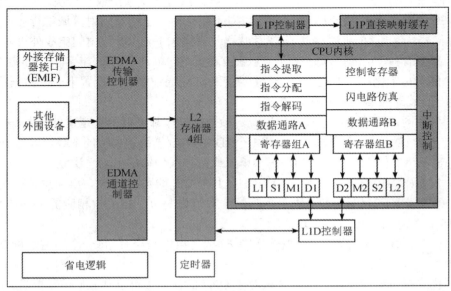

图 7-1 EDMA3 在 TMS320DM6437 DSP 结构中的位置

7.2.1 EDMA3 控制器的组成

EDMA3 控制器在 L2 内存空间和片内外设传输数据。它主要由通道控制器(EDMA3CC)和传输控制器(EDMA3TC)组成。所有的数据传输,包括内存和 EMIF、非 L2 内存之间及主机和内存之间的数据传输,均由传输控制器完成。传输控制器对用户而言是不可编程序的。而通道控制器具有高度可编程性,用户可以设置各种传输方式,包括一维或二维数据传输以及事件、链或 CPU 同步事件触发传输,支持地址重载、乒乓寻址、循环寻址、帧提取及排序等。

如图 7-2 所示为 EDMA3 控制器的结构框图。它主要包含事件和中断处理寄存器、事件编码器、参数 RAM(PaRAM)和地址产生硬件、事件结束检测器等。

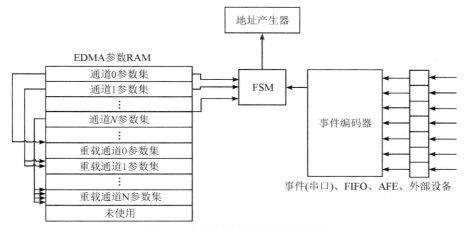

图 7-2 EDMA3 控制器的结构框图

EDMA3 控制器包含两个主要模块:EDMA3 通道控制器(EDMA3_m_CC0)和 EDMA3 传输控制器(EDMA3_m_TCn)。对于 EDMA3 控制器而言,EDMA3 通道控制器当作用户接口。EDMA3CC 包括参数 RAM(PaRAM)、通道控制寄存器和中断控制寄存器。EDMA3CC 服务优化从外设引入的软件请求或者事件,以及提交传送请求(TR)到 EDMA3 传输控制器。

1. EDMA3 通道控制器(EDMA3CC)

如图 7-3 所示是 EDMA3 通道控制器(EDMA3CC)的功能模块框图。

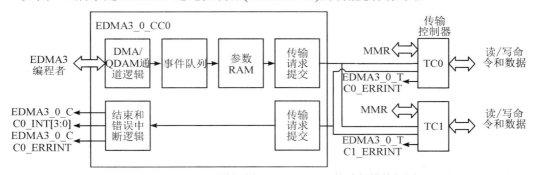

图 7-3 EDMA3 通道控制器(EDMA3CC)的功能模块框图

EDMA3CC 的主要模块如下：

(1) DMA/QDMA 通道逻辑：包括捕捉外部系统或外设事件用于初始化事件触发传输的逻辑单元，也包含允许配置 DMA/QDMA 通道(队列映射、参数 RAM 条目映射)的寄存器，还有为不同触发类型(手动、外部事件、链接和自动触发)使能/禁止事件和检测事件状态寄存器。

(2) 参数 RAM 集(PaRAM)：为通道和重载参数集提供参数集条目，需要将期望的通道和连接参数集的传输内容写入参数 RAM 集中。

(3) 事件队列：构成事件监测逻辑和传输请求提交逻辑之间的接口。

(4) 传输请求提交逻辑：基于已提交到事件队列的触发事件以及提交相关事件队列的给传输控制器的传输请求来处理参数 RAM 集。

(5) 结束检测：检测 EDMA3 传输控制或者从设备传输结束。传输结束可以使用链接触发一个新传输或者声明一个中断。这个逻辑包括使能/禁止中断(发送给 CPU 的)中断处理寄存器、中断标志或中断清除寄存器。

(6) 区域寄存器：允许 DMA 资源(DMA 通道和中断)被分配到唯一的区域，该区域被唯一 EDMA 编程者(适用于单/多核模型)或唯一的任务/进程(适用于单核设备模型)使用。

(7) 调试寄存器：提供读取队列状态，通道控制器状态(带有 CC 的逻辑单元被激活)和丢失事件状态的寄存器以使得调试可视化。

EDMA3CC 包括两个通道类型：DMA 通道和 QDMA 通道。

每个通道连接给定事件队列或传输控制器和给定的参数 RAM 集，DMA 通道和 QDMA 通道的主要区别在于系统用于触发传输方式不同。

一个触发事件需要初始化一个传输。对于 DMA 通道而言，一个触发事件可能由一个外部事件、手动写入事件设置寄存器或者链路事件引起。对用户可编程触发字进行写操作可以自动触发 QDMA 通道。所有触发事件都被记录到适当的寄存器中用于识别。

一旦触发事件被识别，该事件类型/通道将编入合适的 EDMA3CC 事件队列。每个 DMA 和 QDMA 通道分配给事件队列是可编程的。在 EDMA3CC 中，每个队列的长度是 16，所以 16 个事件可以在同一时间编队(同一个队列)。当事件队列有可用空间时，额外等待事件可以入队。如果不同通道的事件同时被检测，事件将会按照 DMA 通道的优先级高于 QDMA 通道的优先级的固定优先级裁决表被编队。在两组通道中，通道序号越小的优先级越高。EDMA3 传输控制器(EDMA3_m_TCn)主要完成数据传输的控制。传输控制器的大多数寄存器是只读模式，用户一般不必对这些寄存器编程。

事件队列中每个事件按照入队列的顺序被处理。当到达队列头时，读取通道的参数 RAM 来决定传输细节。传输请求提交逻辑单元评估传输请求的有效性，以及负责提交一个有效的传输请求到适当的 EDMA3TC(基于事件队列到 EDMA3TC 集，Q0 到 TC0，Q1 到 TC1，等等)。

EDMA3TC 接收请求并负责按照传输请求包(TPR)指定方式进行数据转移，还有其他必要的任务，比如缓冲，确保尽可能以最优的方式传输。

当传输结束时，EDMA3TC 发送完成信号给 EDMA3CC 结束检测逻辑单元，用户可以选择接收一个中断或者链接另一个通道。当 TR 离开 EDMA3CC 边界而不是等到所有数据都传输完成，用户可以选择触发完成。基于 EDMA3CC 中断寄存器设置，完成中断生成逻辑负责生成 EDMA3CC 完成中断到 CPU。

另外，EDMA3CC 还有一个可以在多种错误条件下(比如丢失事件、超出事件队列阈值等)引起错误中断生成的错误检测逻辑。

2. EDMA3 传输控制器(EDMA3TC)

EDMA3 传输控制器(EDMA3TC)的功能模块框图如图 7-4 所示。

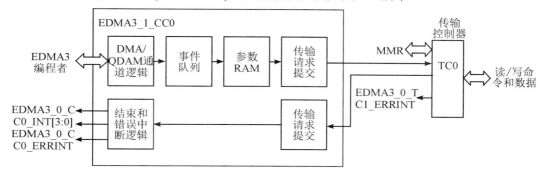

图 7-4　EDMA3 传输控制器(EDMA3TC)的功能模块框图

EDMA3TC 的主要模块如下：

(1) DMA 程序寄存器集：存储从 EDMA3 通道控制器(EDMA3CC)接收到的传输请求。

(2) DMA 源激活寄存器集：存储运行态时读控制器中当前 DMA 传输请求的内容读控制器，读控制器发送读命令到源地址。

(3) 目的 FIFO 寄存器集：存储运行态或挂起态中写控制器的当前 DMA 传输请求的内容。

(4) 写控制器：发送写命令/写数据到目的地址。

(5) 数据 FIFO：存储中间态数据，即存储在数据 FIFO 中的源外设读数据和后续通过写控制器写入目的外设/从端的数据。

(6) 完成接口：当一个传输完成时，完成接口发送完成代码到 EDMA3CC，完成接口对生成中断和链接事件都有用。

EDMA3 传输控制器(EDMA3TC)的信号传输模块框图如图 7-5 所示。

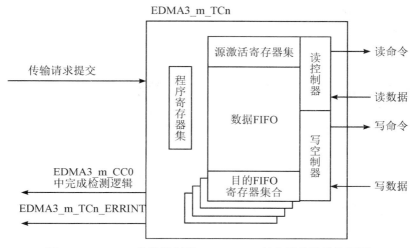

图 7-5　EDMA3 传输控制器(EDMA3TC)的信号传输模块框图

当 EDMA3TC 处于空闲状态或者接收程序寄存器集中第一个传输请求(TR)时，传输请求马上从 DMA 程序寄存器集过渡到 DMA 源激活寄存器集和目的 FIFO 寄存器集。源激活寄存器为传输的源端设置跟踪命令，目的 FIFO 寄存器集为传输的目的端设置跟踪命令。第二个 TR(如果 EDMA3CC 挂起的传输请求)已经装载到 DMA 程序集，以确保当激活传输(源激活集中的传输)结束时，它能够尽快地启动。当次暂态集用尽时，传输请求会从 DMA 程序寄存器加载到 DMA 源激活寄存器集，同样也会加载到目的 FIFO 寄存器集合适的入口。读控制器由不统一命令和优化的规则来管理发送读命令，仅当数据 FIFO 有空间读取命令的时候，读控制器才发送命令，发送读命令的数量取决于 TR 传输的长度。当从数据 FIFO 中读取足够的数据时，TC 控制器开始发送写命令，TC 控制器遵守不统一命令和优化的规则来发送最大小合适的写命令。DSTREGDEPTH 参数(给定传控制器后固定)决定目的 FIFO 寄存器集的条目数量。对于给定的 TC，条目的数量可能决定 TR 流水线的数量。写控制器可以为目的 FIFO 寄存器集的条目数量管理写内容。当目的 FIFO 寄存器集为上一个 TR 管理写命令和内容时，允许读控制器继续后续的 TRs 发送读命令。总的来说，如果 DSTREGDEPTH 的值是 n，那么读控制可以比写控制处理超前 n 个 TR，然而整个 TR 流水线还要受制于数据 FIFO 的可用空间数量。

3. EDMA3 控制器的触发方式

EDMA3 控制器的触发方式与通道的类型有关，TMS320DM6437 有 64 个 DMA 通道和 8 个 QDMA 通道。

DMA 通道有 3 种触发方式：

(1) 事件触发：CPU 必须先通过 EER 使能该事件，当一个触发事件锁存到 ER 寄存器时就会启动相应通道的 EDMA3。

(2) 手动触发：CPU 可以通过写 ESR 启动一个 EDMA3 通道。

(3) 链接触发：由一个 EDMA3 通道的传输结束来触发，启动另一个 EDMA3 通道。

QDMA 通道有 2 种触发方式：

(1) 自动触发：PaRAM 里设置为触发字的域被写入值后，触发传输(通过 QCHMAPn 寄存器设置 PaRAM 的哪个域作为触发域)。

(2) 链接触发：由一个 EDMA3 通道的结束来触发，启动另一个 EDMA3 通道。

7.2.2 EDMA3 通道控制器(EDMA3_m_CC0)的工作流程

图 7-6 是 EDMA3_0_CC0 的工作流程图。依据事件寄存器配置的触发方式，在事件触发之后，优先级编码器对两个以上的触发事件进行优先级编码，并经仲裁后将最高优先级事件传送给队列，经过队列之后这个事件由通道映射提取参数 RAM 中的参数集，参数集里包含了 EDMA3 要传输的数据的各种信息，例如，数据块的大小、数据的源地址和目标地址等。这些参数集传给 EDMA3 传输控制器。传输控制器实现数据的传输(读/写操作)，并且会反馈一个信号给通道控制器，表明这个数据已经传输完毕，通道控制器监测到这个信息后就给 CPU 发送一个传输完成中断。

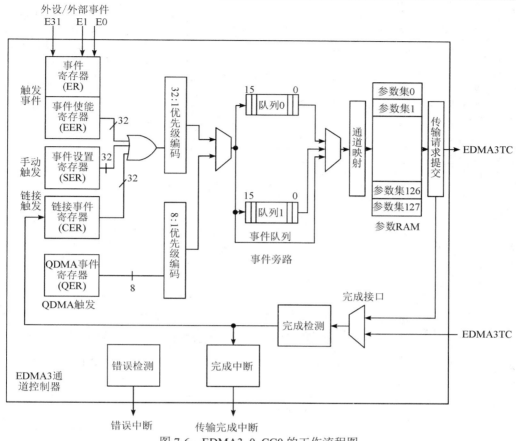

图 7-6　EDMA3_0_CC0 的工作流程图

7.2.3　EDMA3 同步事件

表 7-1 和表 7-2 是 EDMA3_0_CC0 和 EDMA3_1_CC0 的各种类型的同步事件，这些事件产生可以触发 EDMA3 进行数据传输。例如，对于通道控制器 EDMA3_0_CC0，McASP0 Receive 是一个触发事件，意思是 McASP0 接收到了数据就是一个事件，这个事件发生后就可以触发 EDMA3 进行数据传输。同样，通道控制器 EDMA3_1_CC0 也有它的同步事件。EDMA3 的数据传输可以通过事件触发，也可以通过 CPU 写控制寄存器来触发，还可以通过一个事件的完成来触发下一个事件，实现下一次传输。EDMA3_0_CC0 和 EDMA3_1_CC0 各有 32 个同步事件。

表 7-1　通道控制器 EDMA3_0_CC0 的同步事件

事件编号	事 件 名	事件编号	事 件 名
0	McASP0 接收	5	McBSP1 发送
1	McASP0 发送	6	GPIO Bank 0 中断
2	McBSP0 接收	7	GPIO Bank 1 中断
3	McBSP0 发送	8	UART0 接收
4	McBSP1 接收	9	UART0 发送

续表

事件编号	事 件 名	事件编号	事 件 名
10	Timer64P0 Event Out 12	21	PRU_EVTOUT7
11	Timer64P0 Event Out 34	22	GPIO Bank 2 中断
12	UART1 接收	23	GPIO Bank 3 中断
13	UART1 发送	24	I2C0 接收
14	SPI0 接收	25	I2C0 发送
15	SPI0 发送	26	I2C1 接收
16	MMCSD0 接收	27	I2C1 发送
17	MMCSD0 发送	28	GPIO Bank 4 中断
18	SPI1 接收	29	GPIO Bank 5 中断
19	SPI1 发送	30	UART2 接收
20	PRU_EVTOUT6	31	UART2 发送

表 7-2　通道控制器 EDMA3_1_CC0 的同步事件

事件编号	事 件 名	事件编号	事 件 名
0	Timer64P2 Compare Event 0	16	GPIO Bank 6 中断
1	Timer64P2 Compare Event 1	17	GPIO Bank 7 中断
2	Timer64P2 Compare Event 2	18	GPIO Bank 8 中断
3	Timer64P2 Compare Event 3	19	接收
4	Timer64P2 Compare Event 4	20	接收
5	Timer64P2 Compare Event 5	21	接收
6	Timer64P2 Compare Event 6	22	接收
7	Timer64P2 Compare Event 7	23	接收
8	Timer64P3 Compare Event 0	24	Timer64P2 Event Out 12
9	Timer64P3 Compare Event 1	25	Timer64P2 Event Out 34
10	Timer64P3 Compare Event 2	26	Timer64P3 Event Out 12
11	Timer64P3 Compare Event 3	27	Timer64P3 Event Out 34
12	Timer64P3 Compare Event 4	28	MMCSD 1 接收
13	Timer64P3 Compare Event 5	29	MMCSD 1 发送
14	Timer64P3 Compare Event 6	30	接收
15	Timer64P3 Compare Event 7	31	接收

7.2.4　事件队列

事件队列是 EDMA3CC 的事件检测逻辑和 EDMA3TC 的传输请求提交之间的接口。

TMS320DM6437 有两个传输控制器，每个传输控制器有 32 个 DMA 通道和 8 个 QDMA 通道，当配置多个通道进行数据传输时，如果多个通道同时被触发，而传输控制器是有限的，就不能完成数据传输。解决的办法就是依靠事件队列，通过对事件的仲裁设定优先级，依据优先级高低设置事件队列，事件队列依据优先级向传输控制器提交传输请求。每个传输控制器包含两个事件队列，分别是队列 0 和队列 1，每个事件队列最大深度是 16，即每个队列在任意时刻最多可以持有 16 个队列事件。队列和传输控制器之间存在一一对应的关系：队列 0 里的事件传输请求会提交到传输控制器 0(TCO)，队列 1 里的事件传输请求会提交到传输控制器 1(TC1)。事件队列遵循 FIFO(先进先出)原则。

DMA/QDMA 通道与队列之间的映射关系如下：

DMA 通道与队列之间的映射通过 DMAQNUMn 寄存器配置，QDMA 通道与队列之间的映射通过 QDMAQNUM 寄存器配置。EDMA3 有三个传输队列：事件的队列也是 EDMA3 通道控制器的一部分，EDMA3CC 通过队列控制器将数据搬运事件送到 EDMA3TC 开始数据搬运。Q0 是和 TC0 相关联的，Q1 是和 TC1 相关联的，Q2 是和 TC2 相关联的，每一个队列都是一个 FIFO 的队列，当一个事件到达队列的头部的时候，队列控制器就将传输事件交给 EDMA3TC 来控制。可以通过 8 个 DMAQNUMn 来控制 64 个 DMA 通道放入不同的队列，默认放入 Q0 的事件的优先级是最高的，Q1 次之，Q2 的优先级最低，但是三个队列优先级都可以通过设置 QUEPRI 寄存器来更改，如图 7-7 所示。

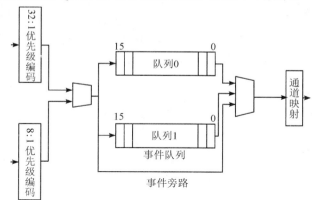

图 7-7 事件队列与传输控制器

7.3　EDMA3 数据传输

7.3.1　EDMA3 传输数据块定义

每一个 EDMA3 的传输数据都可看作一个三维数据，这个数据的大小由 ACNT、BCNT 和 CCNT 来描述。图 7-8 是一个数据块内 ACNT、BCNT 和 CCNT 的定义。

ACNT 是指一个数据单元里需要传的字节数。

BCNT 是指一个数据块的每一行包含的数据单元个数(帧)。

CCNT 是指一个数据块的总行数(块)。

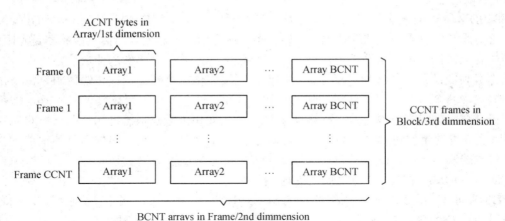

图 7-8　数据块内 ACNT、BCNT 和 CCNT 的定义

通过以上三个参数就可以描述出一个三维数据。对一个数据块可以用两种传输方式进行传输：A-同步传输和 AB-同步传输，这两种传输方式的不同点在于每次触发传输的字节数不同和需要的触发事件的个数不同。但这两种传输方式最终传输的数据块的大小是相同的。A-同步传输和 AB-同步传输的区别如表 7-3 所示。

表 7-3　A-同步传输和 AB-同步传输的区别

	每个同步事件传输的数据	一个数据块大小	完成一个数据块传输需要的同步事件数
A-同步传输	传输一个数列(array)的一维数据(ACNT 字节)	ACNT × BCNT × CCNT(字节)	BCNT × CCNT
AB-同步传输	传输一个帧(frame)的二维数据(ACNT × BCNT 字节)	ACNT × BCNT × CCNT(字节)	CCNT

7.3.2　A-同步传输

数据块内的 A-同步传输示意图如图 7-9 所示。数据块的每个数据单元有 n 个字节，数据块共有 BCNT×CCNT 个数据单元。图中的箭头表示触发事件，当第一个数据单元传输完毕之后触发下一个事件传输下一个单元的数据。图 7-9 中共有字节数 ACNT × BCNT × CCNT，传输完这些字节的数据需要 BCNT×CCNT 个同步事件。

A-同步传输每次传输一个数据单元(array)，当一个数据单元传输完毕后，根据 B 索引跳转到下一个数据单元进行传输，直到一行传输完毕后，再根据 C 索引跳转到下一行。B 索引和 C 索引满足：

$$\text{SRCBIDX} = \text{DSTBIDX} = \text{ACNT}$$
$$\text{SRCCIDX} = \text{DSTCIDX} = \text{ACNT}$$
$$\text{同步事件数} = \text{BCNT} \times \text{CCNT}$$

在 A-同步传输中，每个 EDMA3 同步事件初始化 ACNT 个字节的一维数据或数列的传输。换句话说，每个事件或传输请求包仅携带一个数列的传输信息。因此，需要 BCNT× CCNT 个事件以服务一个参数 RAM 集。数列之间的间隔取决于 SRCBIDX 和 DSTBIDX，

数列 N 的起始地址等于数列 $N-1$ 的起始地址加上源地址(SRCBIDX)或者目的地址(DSTBIDX)偏移量。

帧之间的间隔取决于 SRCCIDX 和 DSTCIDX。在 A-同步传输中，当一个帧完成传输后，更新的传输地址为上一个帧最后一个数列的起始地址加上 SRCCIDX/DSTCIDX，SRCCIDX/DSTCIDX 的值是帧 1 第一个数列的起始地址减去帧 0 的第三个数列的起始地址。

图 7-9 显示的是 3(CCNT)个帧、4(BCNT)个数列、n(ACNT)个字节的 A-同步传输。在该例子中，参数 RAM 集中一共有 12 个事件需要被完成。

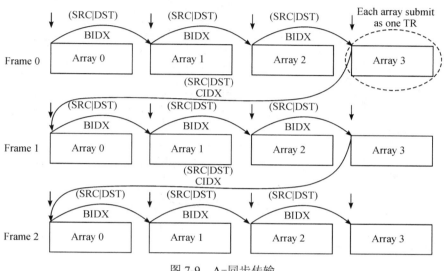

图 7-9　A-同步传输

7.3.3　AB-同步传输

在 AB-同步传输中，每个 EDMA3 同步事件初始化二维数组或一个帧的传输。换句话说，每个事件或传输请求包携带 BCNT 个数列、ACNT 个字节的帧的所有信息。需要 CCNT 个事件服务以完成一个参数 RAM 集。数列之间的间隔取决于 SRCBIDX 和 DSTBIDX，帧之间的间隔取决于 SRCCIDX 和 DSTCIDX。

在 AB-类同步传输中，当一个帧的传输请求提交后，更新后的传输地址为传输结束的帧起始地址加上 SRCCIDX/DSTCIDX，这一点和 A-类同步传输不同。在 A-同步传输中，当一个帧完成传输后，更新的传输地址为上一个帧最后一个数列的起始地址加上 SRCCIDX/DSTCIDX。

图 7-10 显示的是 3(CCNT)个帧、4(BCNT)个数列、n(ACNT)个字节的 AB-同步传输。在该例子中，参数 RAM 集中一共有 3 个事件需要被完成，即一共完成 3 次传输，每次传输 4 个数列。AB-同步传输与 A-同步传输是相似的，它们有两点不同：

(1) AB-同步传输与 A-同步传输对一个同步事件传输的数据量不同，AB-同步传输传输一行。

(2) AB-同步传输与 A-同步传输的 C 索引不同，AB-同步传输的 C 索引是相对于上一行的起始地址的，且满足

SRCBIDX = DSTBIDX = ACNT

SRCCIDX = DSTCIDX = ACNT × BCNT

同步事件数 = CCNT

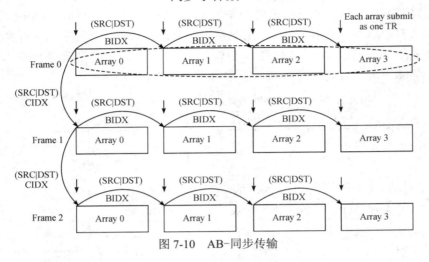

图 7-10 AB-同步传输

7.4 参数 RAM(PaRAM)

7.4.1 PaRAM

EDMA3 控制器是基于 RAM 的结构，DMA 或 QDMA 通道的传输上下文(源/目的地址、计数、索引等)用一个参数 RAM 表来编程的，这个 RAM 在 EDMA3CC 中称为 PaRAM。PaRAM 表被分段成多个 PaRAM 集，其对应地址如表 7-4 所示。每个 PaRAM 集包含 8 个 4 字节的 PaRAM 集条目(也就是说每个 PaRAM 集总共 32 个字节)，这些条目包含典型的 DMA 传输参数，比如源地址、目的地址、传输数量、索引、选项等。

表 7-4 PaRAM 的参数集对应地址

地　　　址	参　数　集
01C0 4000h to 01C0 401Fh	Parameters for event 0 (8 words)
01C0 4020h to 01C0 403Fh	Parameters for event 1 (8 words)
01C0 4040h to 01C0 405Fh	Parameters for event 2 (8 words)
01C0 4060h to 01C0 407Fh	Parameters for event 3 (8 words)
01C0 4080h to 01C0 409Fh	Parameters for event 4 (8 words)
01C0 40A0h to 01C0 40BFh	Parameters for event 5 (8 words)
01C0 40C0h to 01C0 40DFh	Parameters for event 6 (8 words)
01C0 40E0h to 01C0 40FFh	Parameters for event 7 (8 words)
01C0 4100h to 01C0 411Fh	Parameters for event 8 (8 words)
01C0 4120h to 01C0 413Fh	Parameters for event 9 (8 words)

地　　　　址	参　数　集
01C0 4140h to 01C0 415Fh	Parameters for event 10 (8 words)
01C0 4160h to 01C0 417Fh	Parameters for event 11 (8 words)
DIC0 4180h to 01C0 419Fh	Parameters for event 12 (8 words)
01C0 41A0h to 01C0 41BFh	Parameters for event 13 (8 words)
01C0 41C0h to 01C0 41DFh	Parameters for event 14 (8 words)
01C0 41E0h to 01C0 41FFh	Parameters for event 15 (8 words)
01C0 4200h to 01C0 421Fh	Parameters for event 16 (8 words)
…	…
01C0 47C0h to 01C0 47DFh	Parameters for event 62 (8 wards)
01C0 47E0h to 01C0 47FFh	Parameters for event 63 (8 words)
01C0 4800h to 01C0 481Fh	1st reload/link set (8 words)
01C0 4820h to 01C0 483Fh	2nd reload/link set (8 words)
…	…
01C0 4FC0h to 01C0 4FDFh	62nd reload/link set (8 words)
01C0 4FE0h to 01C0 4FFFh	63rd reload/link set (8 words)

PaRAM 结构灵活，支持乒乓结构、循环缓冲、通道链接以及自动重载多种传输模式。前 n 个参数 RAM 集直接映射到 DMA 通道(n 是特定芯片中 EDMA3CC 支持的 DMA 通道数)，剩余的参数 RAM 集可以用于链接条目或者映射到 QDMA 通道。另外，如果 DMA 通道未使用，用于映射到 DMA 通道的参数 RAM 集也可以用于链接条目或者映射到 QDMA 通道。参数 RAM 存放每个 EDMA3 通道需要的传输控制参数。

7.4.2　PaRAM 参数集

每个 EDMA3 事件对应一个 PaRAM 参数集。每个 PaRAM 参数集都包含 8 个 32 位的字结构，并由 16 位和 32 位的参数构成。PaRAM 传输参数如表 7-5 所示。

表 7-5　PaRAM 传输参数

OPT(可选参数)	
SRC(待传输数据的源地址)	
BCNT(阵列计数)	ACNT(字节计数)
DST(待传输数据的目的地址)	
DSTBIXD(目的阵列计数索引)	SRCBIDX(源阵列计数索引)
BCNTRLD(阵列数重加载)	LINK(连接地址)
DSTCIXD(目的帧计数索引)	SRCCIDX(源帧计数索引)
Rsvd(保留)	CCNT(帧计数)

表 7-5 中，SRC、DST 用于存放 EDMA3 访问起始的源地址和目标地址；ACNT、BCNT、CCNT 表示数据传输中阵列的字节数、帧的阵列数、块的帧数目；SRCBIDX 和 DSTBIDX 表示二维传输中两阵列之间的字节数目；SRCCIDX 和 DSTCIDX 表示三维传输中两帧之间的字节数目；BCNTRLD 用在每帧最后一个数据元素传输之后，表示重新加载传输计数值；LINK 表示传输完成后重新加载的参数 RAM 地址，若是特定值 0xFFFF，则为空连接。

如图 7-11 所示，以 EDMA3 的传输参数 Parameter set 3 的内部参数集为例，1 个参数 RAM 的长度为 32 字节，参数 RAM 中 4 字节的通道选项(OPT)参数主要包含事件链接、传输结束代码、链传输使能等控制选项，用户可根据实际需要选择设置该参数。

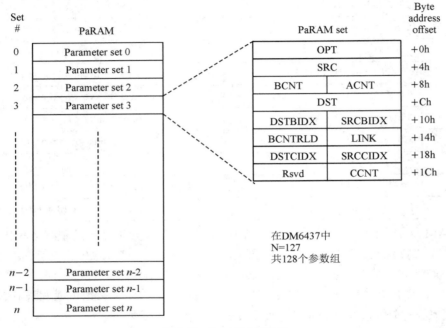

图 7-11 PaRAM 参数集

表 7-6 列出了 EDMA3 通道控制器(EDMA3CC)的 PaRAM 条目。

表 7-6 EDMA3 通道控制器(EDMA3CC)的 PaRAM 条目

偏 移 量	简 写	参 数
0h	OPT	通道选择
4h	SRC	通道源地址
8h	ACNT/BCNT	A 计数/B 计数
Ch	DST	通道目标地址
10h	SRCBIDX/DSTBIDX	源 B 索引/目的 B 索引
14h	LINK/BCNTRLD	链接地址/B 计数重载
18h	SRCCIDX/DSTCIDX	源 C 索引/目的 C 索引
1Ch	CCNT	C 计数

7.4.3 通道选择项寄存器(OPT)

OPT 是一个 32 位的寄存器，如图 7-12 所示。

31	28	27	24	23	22	21	20	19	18	17	16
预留		PRIVID		ITCCHEN	TCCHEN	ITCINTEN	TCINTEN	预留		TCC	
R-0		R-0		R/W-0	R/W-0	R/W-0	R/W-0	R/W-0	R/0	R/W-0	

15	12	11	10	8	7	4	3	2	1	0
TCC		TCCMOD	FWID		预留		STATIC	SYNCDIM	DAM	SAM
R/W-0		R/W-0	R/W-0		R-0		R/W-0	R/W-0	R/W-0	R/W-0

说明：R/W=可读/可写；R=只读；-n=复位后的值。

图 7-12 OPT 寄存器

(1) 源地址模式(SAM)和目标地址模式(DAM)的设置如表 7-7 所示。

表 7-7 SAM 和 DAM 的设置

位	域	值	描 述
10~8	FWID	0~7 h	FIFO 宽度，应用于 SAM 或 DAM 至少有一个设置成固定地址模式
1	DAM	0	目的地址模式。 0：递增(INCR)模式。目的地址在一个数列里是递增的，目的不是一个 FIFO。
		1	1：固定地址(CONST)模式。目的地址在一个 FIFO 中循环
0	SAM	0	源地址模式。 0：递增(INCR)模式。源地址在一个数列里是递增的，源不是一个 FIFO。
		1	1：固定地址(CONST)模式。源地址在一个 FIFO 中循环

(2) 传输同步维数(SYNCDIM)的设置如表 7-8 所示。

表 7-8 SYNCDIM 的设置

位	域	值	描 述
2	SYNCDIM	0	同步传输维数。 0：A-同步传输。每个触发事件传输一个数列(ACNT 字节)。
		1	1：AB-同步传输。每个触发事件传输 BCNT 个数列(ACNT × BCNT 字节)

(3) 静态参数 RAM 集(STATIC)的设置如表 7-9 所示。

表 7-9 STATIC 的设置

位	域	值	描 述
3	STATIC	0	静态 PaRAM 集。 0：RAM 参数集非静态，TR 被提交后 RAM 参数集将更新或链接。 0 值用于 DMA 通道或 QDMA 传输连接列表中的非最终的传输。
		1	1：RAM 参数集为静态，TR 被提交后 RAM 参数集不发生更新或链接。 1 值用于单独的 QDMA 传输或者 QDMA 传输连接列表中的最终的传输

当 OPT.STATIC==1 时，一个 TR 提交后，对 A-同步传输和 AB-同步传输的参数更新如表 7-10 所示。

表 7-10   A-同步传输和 AB-同步传输的参数更新

传输类型	更新的参数	不更新的参数
A-同步传输	BCNT，CCNT，SRC，DST	ACNT，BCNTRLD，SRCBIDX，DSTBIDX，SRCCIDX，DSTCIDX，OPT，LINT
AB-同步传输	CCNT，SRC，DST	ACNT，BCNT，BCNTRLD，SRCBIDX，DSTBIDX，SRCCIDX，DSCIDX，OPT，LINK

(4) 传输完成编码模式(TCCMOD)和传输完成编码(TCC)的设置如表 7-11 所示。

表 7-11   TCCMOD 和 TCC 的设置

位	域	值	描 述
12～17	TCC	0～1Fh	传输完成编码。这 6 位代码用于设置链接使能寄存器的相应位(CER[TCC])用于链接或者中断挂起寄存器相应位(IPR[TCC])用于中断
11	TCCMOD	0	传输完成编码模式。 0：正常完成模式。在数据完全被传输后，才算一个传输完成。
		1	1：提前完成模式。当 EDMA3CC 提交一个传输请求给 EDMA3TC 时，就算一个传输完成。触发中断或者链接时传输请求可能仍然在传输数据。

正常完成模式是指数据完全被传输后，才算一个传输完成，此时通道控制器会向 CPU 发送传输完成中断。提前完成模式是指通道控制器提交一个传输请求给传输控制器后，通道控制器不管传输控制器是否传输数据完成都会向 CPU 发送一个传输完成请求。两者的不同点在于向 CPU 发送传输完成中断的时间点不同。

在正常完成模式(OPT 中 TCCMODE=0)下，当 EDMA3 通道控制器从 EDMA3 传输控制器接收到完成代码时，一个传输或者子传输被认为传输结束。在这种模式下，当目的外设发送一个信号给传输控制器后，传输控制器会发送一个完成代码给通道控制器。正常完成模式的典型应用为发送一个数据已经准备被处理的中断信息给 CPU。

在提前完成模式(OPT 中 TCCMODE=1)下，当 EDMA3 通道控制器提交一个传输请求(TR)给 EDMA3 传输控制器时，一个传输或者子传输被认为传输结束。在这种模式下，通道控制器在内部产生一个完成代码。提前完成模式的典型应用为链路传输，因为这种模式允许前一个传输还在传输控制器处理的情况下链路触发下一个传输，可以增加传输的吞吐量。

TCC 是传输完成编码，这 6 位代码用于设置链接使能寄存器的相应位(CER[TCC])用于链接或者中断挂起寄存器的相应位(IPR[TCC])用于中断。

(5) 内部传输完成中断使能(ITCINTEN)和传输完成中断使能(TCINTEN)的设置如表 7-11 所示。

表 7-12　ITCINTEN 与 TCINTEN 的设置

位	域	值	描　述	
21	ITCINTEN	0	内部传输完成中断使能。 0: 禁止内部传输完成中断	当使能时，每当完成 PaRAM 集里的一个 TR(PaRAM 集里最后一个 TR 除外)，就会产生一次传输完成中断
		1	1: 使能内部传输完成中断	
20	TCINTEN	0	传输完成中断使能。 0: 禁止传输完成中断	当使能时，完成 PaRAM 集里最后一个 TR 才产生一次完成中断
		1	1: 使能传输完成中断	

(6) FWID:FIFO 的宽度设置，用于 SAM 或 DAM 设置为固定地址模式。

7.4.4　EDMA3 的通道与 PaRAM 的映射关系

通道是 EDMA3 的重要组成单元。数据的传输是由通道提交给传输单元来完成的。TMS320DM6437 有 2 个 EDMA3 通道控制器：EDMA3_0_CC0 和 EDMA3_1_CC0，每个控制器控制 32 个 DMA 通道和 8 个 QDMA(快速 DMA)通道。

每个 EMDA3 控制器支持 32 个同步事件，32 个事件与 32 个通道之间的映射关系是固定的一一对应关系。如事件 0(McASP0 接收)对应的就是通道 0。

event 与 DMA Channel 一一对应，DMA 通道与 PaRAM 也是一一对应的。具体如下：

event 0→DMA Channel 0→PaRAM Set 0
event 1→DMA Channel 1→PaRAM Set 1
⋮
event 31→DMA Channel 31→PaRAM Set 31

其中 PaRAM Set 0~PaRAM Set 31 可用于 DMA 通道、QDMA 通道和链接 PaRAM；而 PaRAM Set 32~PaRAM Set 127 只能用于 QDMA 通道和链接 PaRAM。由于事件与通道以及通道与 PaRAM 都是一一对应关系，因此实际运用时不需要配置。

7.4.5　传输示例

1. 块传输示例

使用 EDMA3 进行的最基本的传输是块传输。在设备操作的时候，经常需要从一个地方到另一个地方或者片内和片外之间内存传输一个块数据。

在这个例子中，从外部内存到 L2 SRAM 复制一段数据。4000 0000h 地址开始的一个 256 KB 的数据需要传输到内部地址 1180 0000h(L2)，如图 7-13 所示。图 7-14 显示的是块传输的传输参数。传输源地址被设置为外部内存所传数据块的起始地址，目的地址被设置为 L2 中数据块的起始地址。如果数据块小于 64 KB，那么参数 RAM 配置按照图 7-15，同步类型设置为 A-同步传输及索引清零。如果传输数据量大于 64 KB，同步类型需要设置成 AB-同步传输，BCNT 和 B 索引需要被设置成适当值。OPT 中 STATIC 位设置成先前的连接。

这个传输例子也可以用 QDMA 启动。为了能够提交连续的传输，类似性质的，用于提交传输的周期数少于依赖改变参数的数量。用户可能编程 QDMA 触发字作为参数 RAM 集中最高序号偏移量以经历改变。

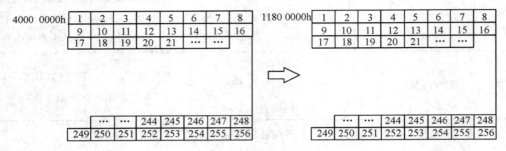

图 7-13　块传输的地址对应

参数内容		参数	
0010 0008h		通道选择项(OPT)	
4000 0000h		通道源地址(SRC)	
0001h	0100h	第二维计数(BCNT)	第一维计数(ACNT)
1180 0000h		通道目的地址(DST)	
0000h	0000h	目的BCNT索引(DSTBIDX)	源BCNT索引(SRCBIDX)
0000h	FFFFh	BCNT重载(BCNTRLD)	连接地址(LINK)
0000h	0000h	目的CCNT索引(DSTCIDX)	源CCNT索引(SRCCIDX)
0000h	0000h	预留	第三维计数(CCNT)

图 7-14　块传输的传输参数

31	30　28	27　　　24	23	22	21	20　　19	18　17	16
0	000	0000	0	0	0	1　　00	00	
PRIV	预留	PRIVID	ITCCHEN	TCCHEN	ITCINTEN	TCINTEN　预留	TCC	

15　　12	11	10　8	7　　　　　4	3	2	1	0
0000	0	000	0000	1	0	0	0
TCC	TCCMCD	FWID	预留	STATIC	SYNCDIM	DAM	SAM

图 7-15　块传输的参数的 OPT 配置

2. 数据排列示例

很多应用需要使用多数据数列，并且人们经常希望每个数列的第一个元素相邻，第二个元素相邻，以此类推。大多数情况下，设备中现存的数据不是这样排列的。不管通过数据数列传输从一个到另一个外设或者在与占有连续内存空间一部分的内存中的数列之间的排列，EDMA3 可以整合数据为所期望的排列格式。图 7-16 显示了数据原排列和重新排列后的地址对应关系。为了实现这一排列变换，需要考虑以下参数的设置：

(1) ACNT：编程这个值为数列的字节数。

(2) BCNT：编程这个值为一个块中数列数量。

(3) CCNT：编程这个值为块的数量。

(4) SRCBIDX：编程这个值为数列的尺寸或者 ACNT。

(5) DSTBIDX = CCNT×ACNT。

(6) SRCCIDX = ACNT×BCNT。

(7) DSTCIDX = ACNT。

图7-17为数据排列对应的 EDMA3 参数设置。将同步类型设置为 AB-同步传输，STATIC 位设置为 0 以允许更新参数集。建议使用普通 DMA 通道来排列，通过单个触发事件来排序是不可能的。取而代之的是通道可以编程为自我链接。在 BCNT 个数列被排序后，马上链接触发通道以引起下一个 BCNT 个数列的传输启动，以此类推。图 7-18 显示了在假设使用通道 0 和数列尺寸为 4 字节的情况下，传输参数集配置。

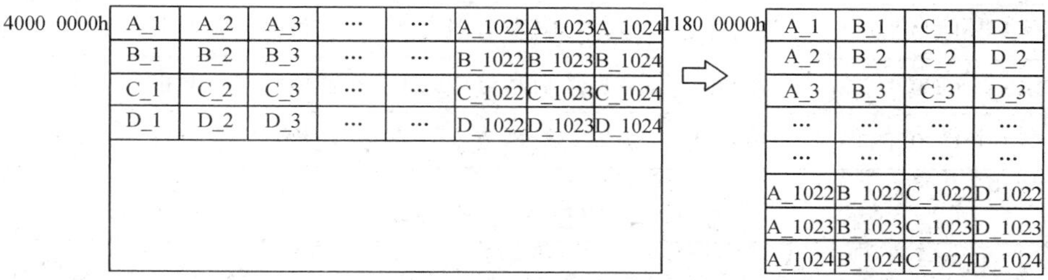

图 7-16　数据排列的地址对应

参数内容		参数	
0090 0004h		通道选择项(OPT)	
4000 0000h		通道源地址(SRC)	
0400h	0004h	第二维计数(BCNT)	第一维计数(ACNT)
1180 0000h		通道目的地址(DST)	
0010h	0004h	目的BCNT索引(DSTBIDX)	源BCNT索引(SRCBIDX)
0000h	FFFFh	BCNT重载(BCNTRLD)	连接地址(LINK)
0004h	1000h	目的CCNT索引(DSTCIDX)	源CCNT索引(SRCCIDX)
0000h	0004h	预留	第三维计数(CCNT)

图 7-17　数据排列对应的 EDMA3 参数设置

31	30 28	27 24	23	22	21	20	1918	17 16
0	000	0000	1	0	0	1	00	00
PRIV	预留	PRIVID	ITCCHEN	TCCHEN	ITCINTEN	TCINTEN	预留	TCC

15 12	11	10 8	7 4	3	2	1	0
0000	0	000	0000	0	1	0	0
TCC	TCCMOD	FWID	预留	STATIC	SYNCDIM	DAM	SAM

图 7-18　数据排列的 OPT 配置

7.5　EDMA3 的中断

7.5.1　EDMA3 中断源

EDMA3 中断源可以分为两类：传输完成中断源和错误中断源。传输完成中断源如表 7-13 所示，错误中断源如表 7-14 所示。

表 7-13　EDMA3 传输完成中断源

名　　称	描　　述	DSPINTC
EDMA3_0_CC0_INT0	EDMA3_0 通道控制器 0 影子区域 0 传输完成中断	—
EDMA3_0_CC0_INT1	EDMA3_0 通道控制器 0 影子区域 1 传输完成中断	8
EDMA3_0_CC0_INT2	EDMA3_0 通道控制器 0 影子区域 2 传输完成中断	—
EDMA3_0_CC0_INT3	EDMA3_0 通道控制器 0 影子区域 3 传输完成中断	—
EDMA3_1_CC0_INT0	EDMA3_1 通道控制器 0 影子区域 0 传输完成中断	—
EDMA3_1_CC0_INT1	EDMA3_1 通道控制器 0 影子区域 1 传输完成中断	91
EDMA3_1_CC0_INT2	EDMA3_1 通道控制器 0 影子区域 2 传输完成中断	—
EDMA3_1_CC0_INT3	EDMA3_1 通道控制器 0 影子区域 3 传输完成中断	—

表 7-14　EDMA3 错误中断源

名　　称	描　　述	DSPINTC
EDMA3_0_CC0_ERRINT	EDMA3_0 通道控制器 0 错误中断	56
EDMA3_0_TC0_ERRINT	EDMA3_0 传输控制器 0 错误中断	57
EDMA3_0_TC1_ERRINT	EDMA3_0 传输控制器 1 错误中断	58
EDMA3_1_CC0_ERRINT	EDMA3_1 通道控制器 0 错误中断	92
EDMA3_1_TC0_ERRINT	EDMA3_1 传输控制器 0 错误中断	93

TMS320DM6437 中，EDMA 的 128 个通道只产生一种中断(EDMA_INT)。当一个传输完成后，中断挂起寄存器(IPR)里的相应位会被置 1，EDMA 中断处理器通过查询 IPR 确定是哪个通道完成了传输，并调用相应的中断服务程序。

7.5.2　传输完成中断

EDMA3CC 负责给 CPU 生成传输完成中断。EDMA3 为每个 DMA/QDMA 通道代表的每个阴影区域产生一个单独的完成中断。很多控制寄存器和位域帮助 EDMA3 中断的产生。传输完成代码(TCC)值直接映射到中断挂起寄存器(IPR)位中，如表 7-15 所示。例如，如果 TCC 的值是 00 0000b，则传输完成后 IPR0 被置位，在 EDMA3CC 和设备中断控制器被编程为允许 CPU 中断情况下，会导致向 CPU 发送一个中断。

当一个完成代码被返回(提前或者正常传输的结果)时，IPR 相应位被置位。传输相关参数 RAM 集中通道选择参数(OPT)时必须使能传输完成中断(最终或者内部)以确保完成代码被返回。此外，为 DMA/QDMA 通道编程传输完成代码(TCC)的值可以是任何值，通道序号和传输代码值没有直接关联。这允许多个通道拥有同一个传输完成代码值，从而使得 CPU 为不同的通道给出相同的中断服务路径(ISR)。通道选择参数(OPT)中的 TCC 域是一个 6 位域，可以编程设置 0~64 的任何值。对于 32 通道 DMA 的设备来说，TCC 的值应该在 0 到 31 之间，因此在使能 IER 位情况下，可以设置 IPR 中相应的位来产生中断。

表 7-15 传输完成代码(TCC)到 EDMA3CC 中断映射

OPT 中 TCC 位(TCINTEN/ITCINTEN = 1)	IPR 位被置位
00 0000b	IPR0
00 0001b	IPR1
00 0010b	IPR2
00 0011b	IPR3
00 0100b	IPR4
...	...
...	...
01 1110b	IPR30
01 1111b	IPR31

用户可以在最终传输完成或者内部传输完成或者两者同时完成的情况下，使能中断产生。这里以通道 m 为例进行说明。

(1) 如果最终传输中断(OPT 中 TCCEN=1 和 ITCCHEN=0)被使能，中断在通道 m 的上一个传输请求提交(提前完成)或者完成(正常完成)后发生。

(2) 如果内部传输中断(OPT 中 TCCEN=0 和 ITCCHEN=0)被使能，中断在通道 m 的每次内部传输请求提交或者完成后发生(依赖提前或正常完成)。

(3) 如果最终和中间传输完成中断(OPT 中 TCCEN=0 和 ITCCHEN=0)被使能，中断在通道 m 的每次传输请求提交或者完成后发生(依赖提前或正常完成)。

表 7-16 给出了在不同同步情况下中断发生的数量，假设通道 31 被编程为 ACNT=3，BCNT=4，CCNT=5 以及 TCC=30。

表 7-16 中 断 数 量

选 择 项	A-同步	AB-同步
TCINTEN = 1，ITCINTEN = 0	1 (最后一次传输请求(TR))	1 (最后一次传输请求(TR))
TCINTEN = 0，ITCINTEN = 1	19 (除了最后一次传输请求(TR))	4 (除了最后一次传输请求(TR))
TCINTEN = 1，ITCINTEN = 1	20 (所有传输请求(TR))	5 (所有传输请求(TR))

1. 使能传输完成中断

EDMA3CC 必须使能中断，才能确保 EDMA3 通道控制器声明一个传输完成到外部，另外需要配置参数 RAM 集中 OPT 寄存器的 TCCEN 和 ITCCHEN。EDMA3 通道控制有中断使能寄存器(IER)，IER 中每一位作为主要使能对应的中断挂起寄存器(IPR)。

全局 DMA 通道区域或者 DMA 通道影子区域都可以操作所有的中断寄存器(IER、IESR、IECR 和 IPR)，影子区域提供一个与全局区域完全一样的物理寄存器参数集的视图。

EDMA3 通道寄存器利用中断挂起寄存器(IPR)单集和中断使能寄存器(IER)单集拥有一个分层完成中断列表，并通过对 DMA 区域访问使能寄存器(DRAE)提供一个二级中断屏蔽，如图 7-19 所示。

为了使 EDMA3CC 生成与每个阴影区域相关的传输完成中断，以下条件必须是正确的：

(1) EDMA3CC_INT0：(IPR.E0 & IER.E0 & DRAE0.E0) | (IPR.E1 & IER.E1 &

DRAE0.E1) | …| (IPR.En &IER.En & DRAE0.En)。

(2) EDMA3CC_INT1：(IPR.E0 & IER.E0 & DRAE1.E0) | (IPR.E1 & IER.E1 & DRAE1.E1) | …| (IPR.En &IER.En & DRAE1.En)。

这里 n 表示特定芯片 EDMA3CC 支持的阴影区域的数量。

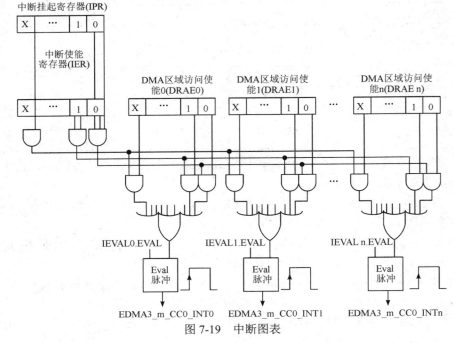

图 7-19　中断图表

2. 清除传输完成中断

如果一个将要来的传输完成代码被锁定到 IPR 的某一位，其他位也会被置位，因为后续传输完成将不会导致声明 EDMA3CC 传输中断。为了完成中断脉冲，所需过渡状态是从没有中断使能到至少有一个中断被使能。锁定在中断挂起寄存器(IPR)中的传输完成中断可以通过对中断挂起清除寄存器的相应位写 1 来清除。例如，对 ICR.E0 位进行写 1 操作清除挂起中断 IPR.E0 位。

当一个传输完成(提前或者正常完成)时，EDMA3 通道控制器会通过传输完成代码对中断挂起寄存器(IPR)指定位设置。如果完成中断被使能，当完成中断被确定后，CPU 进入中断服务入口(ISR)。因此一个单独完成中断可以为所有 DMA/QDMA 通道服务。

在服务完中断后，ISR 应该清零 IPR 相应位，以便未来中断能够被识别。当且仅当 IPR 所有位被清零后，EDMA3CC 才会声明另外的完成中断。

当一个中断在被服务，很多其他传输完成导致 IPR 的其他位被设置，从而引起另外的中断的情况也是可能的。IPR 的每一个位将需要不同类型的服务。因此，ISR 必须持续检测所有的挂起直到所有已声明中断被相应服务。

7.5.3　错误中断

EDMA3CC 错误寄存器提供区别不同错误条件(事件丢失、超出阈值等)的能力。另外，如果这些寄存器中错误位被设置，它将引起声明 EDMA3CC 错误中断。如果设备中断控制器中 EDMA3CC 错误中断被使能，那么它允许 CPU 去处理错误条件。

EDMA3CC 拥有单个错误中断(EDMA3_m_CC0_ERRINT)得到已声明的所有 EDMA3CC 错误条件。以下四种情况会引起错误中断被触发：

(1) DMA 丢失事件：所有 32 个 DMA 通道都适用。这些错误被锁定在事件丢失寄存器(EMR)。

(2) QDMA 丢失事件：所有 32 个 QDMA 通道都适用。这些错误被锁定在 QDMA 事件丢失寄存器(QEMR)。

(3) 阈值超出：所有事件队列适用。这些被锁定在 EDMA3CC 错误寄存器(CCERR)。

(4) TCC 错误：适用于那些预期返回代码超出最大值 31 的未处理传输请求，这个未处理的传输请求被锁定在 EDMA3CC 错误寄存器(CCERR)。

如果错误条件导致错误寄存器所有位被设置，则 EDMA3_m_CC0_ERRINT 一直被声明，因为没能屏蔽这些错误。与传输完成中断相类似，当且仅当为了完成中错误条件过渡状态是从没有错误被设置到至少有一个错误被设置，错误中断才会被触发。

为了减轻软件的负担，有一个与中断评估寄存器类似的错误评估寄存器(EEVAL)允许错误事件或位挂起设置被重新评估。这样使用可以使 CPU 不丢失任何错误事件。

7.5.4   中断寄存器

所有 DMA/QDMA 通道通过适当的编程相关 RAM 参数入口，在传输完成时可以设置生成一个 EDMA3CC 完成中断给 CPU。

1. 中断使能寄存器(IER)

中断使能寄存器用于使能/禁止由 EDMA3CC 为所有通道生成传输完成中断。IER 不能直接进行写操作，必须写 1 到中断使能设置寄存器(IESR)相应的位才能设置 IER 中的中断位。相似地，必须写 1 到中断使能清除寄存器(IECR)相应的位才能清除 IER 中的中断位。图 7-20 是中断使能寄存器，表 7-17 是其域描述。

31	30	29	28	27	26	25	24	23	22	21	20	19	18	17	16
I31	I30	I29	I28	I27	I26	I25	I24	I23	I22	I21	I20	I19	I18	I17	I16
R-0	R-0	R-0	R-0	R-0	R-0	R-0	R-0	R-0	R-0	R-0	R-0	R-0	R-0	R-0	R-0

15	14	13	12	11	10	9	8	7	6	5	4	3	2	1	0
I15	I14	I13	I12	I11	I10	I9	I8	I7	I6	I5	I4	I3	I2	I1	I0
R-0	R-0	R-0	R-0	R-0	R-0	R-0	R-0	R-0	R-0	R-0	R-0	R-0	R-0	R-0	R-0

说明：R=只读；-n=复位后的值。

图 7-20   中断使能寄存器

表 7-17   中断使能寄存器(IER)域描述

位	域	值	描　　述
31～0	En	0	通道 0～31 中断使能。 0：中断没有使能。
		1	1：中断被使能

2. 中断使能清除寄存器(IECR)

中断使能清除寄存器(IECR)用于清除中断，写 1 到 IECR 相应位可以清除 IER 中相应的中断位，写 0 没有作用。

图 7-21 和表 7-18 分别显示和描述中断使能清除寄存器(IECR)。

31	30	29	28	27	26	25	24	23	22	21	20	19	18	17	16
I31	I30	I29	I28	I27	I26	I25	I24	I23	I22	I21	I20	I19	I18	I17	I16
W-0	W-0	W-0	W-0	W-0	W-0	W-0	W-0	W-0	W-0	W-0	W-0	W-0	W-0	W-0	W-0

15	14	13	12	11	10	9	8	7	6	5	4	3	2	1	0
I15	I14	I13	I12	I11	I10	I9	I8	I7	I6	I5	I4	I3	I2	I1	I0
W-0	W-0	W-0	W-0	W-0	W-0	W-0	W-0	W-0	W-0	W-0	W-0	W-0	W-0	W-0	W-0

说明：W=只写；-n=复位后的值。

图 7-21　中断使能清除寄存器(IECR)

表 7-18　中断使能清除寄存器(IECR)域描述

位	域	值	描　述
31~0	En		中断 0~31 使能消除。
		0	0：没有作用。
		1	1：IER 中相应位被清除

3. 中断使能设置寄存器(IESR)

中断使能设置寄存器(IESR)用于使能中断，写 1 到 IECR 相应位可以使能 IER 中相应的中断位，写 0 没有作用。图 7-22 和表 7-19 分别显示和描述中断使能设置寄存器(IESR)。

31	30	29	28	27	26	25	24	23	22	21	20	19	18	17	16
I31	I30	I29	I28	I27	I26	I25	I24	I23	I22	I21	I20	I19	I18	I17	I16
W-0	W-0	W-0	W-0	W-0	W-0	W-0	W-0	W-0	W-0	W-0	W-0	W-0	W-0	W-0	W-0

15	14	13	12	11	10	9	8	7	6	5	4	3	2	1	0
I15	I14	I13	I12	I11	I10	I9	I8	I7	I6	I5	I4	I3	I2	I1	I0
W-0	W-0	W-0	W-0	W-0	W-0	W-0	W-0	W-0	W-0	W-0	W-0	W-0	W-0	W-0	W-0

说明：W=只写；-n=复位后的值。

图 7-22　中断使能设置寄存器(IESR)

表 7-19　中断使能设置寄存器(IESR)域描述

位	域	值	描　述
31~0	En		中断 0~31 使能设置。
		0	0：没有作用。
		1	1：IER 中相应位被使能

4. 中断挂起寄存器(IPR)

如果 DMA/QDMA 通道的 RAM 参数条目中通道选择项(OPT)中 TCINTEN 和/或 ITCINTEN 位被设置，那么 EDMA3TC(对于正常完成)或者 EDMA3CC(提前完成)返回一个传输完成代码或者内部传输完成代码。返回完成代码的值等于通道的 RAM 参数条目中通道选择项(OPT)中的 TCC 的值。当 EDMA3CC 检测到 TCC=n 的中断传输完成代码时，中断挂起寄存器中相应位被设置(IPR.In，n=0~31)。一旦这个位被设置，它不会自动清除，用户需要手动清除这个位。对中断清除寄存器(ICR)相应位写 1 可以清除 IPR 设置的位。

图 7-23 和表 7-20 分别显示和描述中断挂起寄存器(IPR)。

31	30	29	28	27	26	25	24	23	22	21	20	19	18	17	16
I31	I30	I29	I28	I27	I26	I25	I24	I23	I22	I21	I20	I19	I18	I17	I16
R-0	R-0	R-0	R-0	R-0	R-0	R-0	R-0	R-0	R-0	R-0	R-0	R-0	R-0	R-0	R-0

15	14	13	12	11	10	9	8	7	6	5	4	3	2	1	0
I15	I14	I13	I12	I11	I10	I9	I8	I7	I6	I5	I4	I3	I2	I1	I0
R-0	R-0	R-0	R-0	R-0	R-0	R-0	R-0	R-0	R-0	R-0	R-0	R-0	R-0	R-0	R-0

说明：R=只读；-n=复位后的值。

图 7-23　中断挂起寄存器(IPR)

表 7-20　中断挂起寄存器(IPR)域描述

位	域	值	描　述
31～0	In		TCC = 0～31 中断挂起。
		0	0：中断传输完成命令没有检测到或已经清除。
		1	1：中断传输完成命令被检测到(In=1，n=DMA3TC [5:0])

5. 中断清除寄存器(ICR)

对中断清除寄存器中相应位写 1 可以清除中断挂起寄存器中相应位，写 0 没有作用。IPR 中所有位必须清除才能允许 EDMA3CC 声明其他的传输完成中断。

图 7-24 和表 7-21 分别显示和描述中断清除寄存器(ICR)。

31	30	29	28	27	26	25	24	23	22	21	20	19	18	17	16
I31	I30	I29	I28	I27	I26	I25	I24	I23	I22	I21	I20	I19	I18	I17	I16
W-0	W-0	W-0	W-0	W-0	W-0	W-0	W-0	W-0	W-0	W-0	W-0	W-0	W-0	W-0	W-0

15	14	13	12	11	10	9	8	7	6	5	4	3	2	1	0
I15	I14	I13	I12	I11	I10	I9	I8	I7	I6	I5	I4	I3	I2	I1	I0
W-0	W-0	W-0	W-0	W-0	W-0	W-0	W-0	W-0	W-0	W-0	W-0	W-0	W-0	W-0	W-0

说明：W=只写；-n=复位后的值。

图 7-24　中断清除寄存器(ICR)

表 7-21　中断清除寄存器(ICR)域描述

位	域	值	描　述
31～0	In		TCC = 0～31 中断清除。
		0	0：没有作用。
		1	1：IPR 中相应位被清除

7.6　快速 DMA(QDMA)

在应用系统中，有时需要与外设(如 McBSP)之间进行固定速率的数据传输。通常用户可以利用 EDMA 来完成这些任务，周期性地实时提供所需要的数据。但是在有些应用中，可能需要由 CPU 执行的代码来直接控制一段数据的搬移，此时采用 QDMA 就非常合适。QDMA 支持几乎所有 EDMA 具有的传输模式，并且 QDMA 提交传输申请的速度比 EDMA

要快得多。实际上，QDMA 是 TMS320C64x 中搬移数据最有效的一种方法。

QDMA 的操作由两组参数 RAM 来进行设置。第 1 组的 7 个参数 RAM 和 EDMA 的参数 RAM 一致，也包括通道选择、源地址和目的地址等参数。第 2 组的 7 个参数 RAM 是第 1 组参数 RAM 的"伪映射(pseudo-mapping)"。实际上，正是通过"伪映射"，参数 RAM 实现了 QDMA 存取性能的优化。

与 EDMA 相比，QDMA 不支持事件参数链接，但是 QDMA 支持同样的通道完成中断机制，并可以产生 EDMA 事件，从而去链接另外一个 EDMA 通道。QDMA 通道完成中断的控制与 EDMA 完全相同，用户需要使能 TCINT 位，并设置传输结束代码 TCC。当 QDMA 操作结束时，QDMA 的结束事件会被捕获到 EDMA 的 CIPR 中，如果此时 CIER 中有与 TCC 代码对应的位使能，那么 QDMA 结束事件就产生一个 EDMA_INT 中断信号。此外，当 QDMA OPT 参数的 TCC 值等于 8~11 时，就可以将 QDMA 传输和一个 EDMA 通道的传输连接起来。此时同样还需要设置 CCER。

QDMA 的所有参数 RAM 都各自有一个"副本(Shadow)"，也就是"伪映射"参数。QDMA 的最大特点就在于：由"伪映射"寄存器来进行 DMA 传输申请的实际提交工作。对地址为 02000000h~02000010h 的 QDMA 物理寄存器的写操作与通常的存储操作一样。而在每次写入一个"伪映射"寄存器时，相同的内容会被自动写入对应的 QDMA 物理 RAM。同时，将根据在物理 RAM 中设置的值，发出 MA 传输申请。典型的 QDMA 操作顺序如下：

```
QDMA SRC = SOME_SRC_ADDRESS;                    //设置源地址
ODMA DST = SOME_DST_ADDRESS;                    //设置目的地址
ODMA_CNT = (NLIMFRAME-1)<<I6INUM_ELEMENTS;      //设置阵列帧计数
QDMAIDX = 0x0000000;                            //没有指定索引
ODMAS OPT = 0x21B80001;                         //设置帧同步，1D-SRC 到 2D-DST
```

QDMA 控制器中有许多机制保证了在提交 DMA 请求时可以具有非常高的效率。首先 QDMA 寄存器对 L2 的存储操作类似于一般的写操作，而不同于对外设的写操作。一个 QDMA 传输仅仅要求 1~5 个 CPU 周期(5 个 QDMA 寄存器，每个需要一个周期写入)递交传输请求，这依赖于需要配置的寄存器数。所以，可以将 QDMA 应用于需要紧耦合的循环算法。

除此之外，在 QDMA 的传输申请发出之后，QDMA 物理寄存器的内容会保持不变。因此，只要应用程序的其他地方没有修改这些寄存器，那么对于同样的 QDMA 传输，以后就不用再重新设置这些寄存器，这样，以后的各次 QDMA 传输申请可以仅在 1 个周期后即被发出。仅有的 1 个周期的延迟用来写入相应的伪寄存器以便递交传输请求。

与 EDMA 类似，QDMA 具有较低的可编程序的优先级。QDMA 的通道选项寄存器(QOPT)的 PRI 域可以指定 QDMA 的优先级。对于 TMS320C621x/C671x DSP，级 0(Level 0 紧急优先级)保留给 L2 Cache 读写访问。

当 QDMA 申请和 EDMA 申请同时发生时，QDMA 的申请将被首先发出。但是这只是提交申请的次序，实际上两者间存取操作的优先级是由各自的 PRI 值的设置来决定的。一个具有级 1(Level 1)优先级的 EDMA 请求比具有级 2(Level 2)优先级的 ODMA 请求的优先级更高，即使两个事件同时发生并且 QDMA 请求首先发出。因此，EDMA/QDMA 请求的优先级是由 PRI 位段的设置来决定的，而不是依赖于请求的顺序。

QDMA 可能在以下几种条件下发生延迟：

(1) 一旦执行了对某个"伪映射"寄存器的写入(导致发出 QDMA 传输申请)，其后对于 QDMA 物理寄存器的写入都会被延迟，直到前面的传输申请完成提交工作。

(2) 提交申请操作一般需要 2～3 个 EDMA 周期，通常 CPU 不会注意到这个延迟，因为写 QDMA 寄存器是通过 L1D 写缓冲实现的，对缓冲的写操作最终会填满缓冲区，从而延迟 CPU 执行后续的读/写操作。

(3) 由于 QDMA 和 L2 Cache 控制器共享一个传输申请模块，因此 Cache 的传输操作可能也会延迟 QDMA 传输申请的递交。一旦发生这样的竞争，L2 控制器会被给予更高的访问优先权。

前面已经讲到，QDMA 通道不支持事件触发，其触发方式有自动触发和链接触发。QMDA 通道与 PaRAM 的映射是可编程的，通过 QCHMAPn 寄存器的配置完成。具体配置如下：

PAENTRY：配置所使用的 PaRAM 参数集，写入范围为 0～127。

TR WORD：自动触发模式下，需要配置触发字，写入范围为 0～7。

例如，将 QDMA 通道 2 映射到 PaRAM Set 3，以 SRC 为触发字，则有

$$QCHMAP2[PAENTRY] = 3$$
$$QCHMAP2[TR\ WORD] = 1$$

7.7　实验和程序实例

7.7.1　图像中值滤波的 MATLAB 实现

中值滤波是基于排序统计理论的一种能有效抑制噪声的非线性信号处理技术，其基本原理是把数字图像或数字序列中一点的值用该点的一个邻域中各点值的中值代替，让周围的像素值接近真实值，从而消除孤立的噪声点。

中值滤波的方法是用某种结构的二维滑动模板，将板内像素按照像素值的大小进行排序，生成单调上升(或下降)的二维数据序列。在 MATLAB 中，medfilt2 函数用于实现中值滤波，该函数的调用格式如下：

```
B = medfilt2(A)
B = medfilt2(A,[m,n])
```

其中，m 和 n 的默认值为 3 的情况下执行中值滤波，每个输出像素为 m×n 邻域的中值。

调用 MATLAB 的图像灰度变换对原始图像进行变换,调用高斯噪声和椒盐噪声函数对图像加噪声，调用中值滤波函数对含噪声的图像进行中值滤波。MATLAB 源程序如下：

```
f = imread('E:\OPT1.jpg');              %读入原彩色图像
f1 = rgb2gray(f);                       %彩色图像转为灰度图像
f2 = imnoise(f1, 'gaussian', 0.002);    %加入高斯噪声图像
f3 = imnoise(f1, 'salt & pepper', 0.002); %加入椒盐噪声图像
f4 = medfilt2(f2, [3 3]);               %3×3 窗口的高斯噪声图像中值滤波
```

f5 = medfilt2(f2, [5 5]);   %5 × 5 窗口的高斯噪声图像中值滤波

f6 = medfilt2(f3, [3 3]);   %3 × 3 窗口的椒盐噪声图像中值滤波

f7 = medfilt2(f3, [5 5]);   %5 × 5 窗口的椒盐噪声图像中值滤波

figure(1), subplot(1, 2, 1), imshow(f), title('原始彩色图像'), subplot(1, 2, 2), imshow(f1), title('原始灰度图像');

figure(2), subplot(1, 2, 1), imshow(f2), title('高斯噪声图像'), subplot(1, 2, 2),imshow(f3), title('椒盐噪声图像');

figure(3), subplot(1, 2, 1), imshow(f4), title('3 × 3 高斯噪声图像'),subplot(1, 2, 2), imshow(f5), title('5 × 5 高斯噪声图像');

figure(4), subplot(1, 2, 1), imshow(f6), title('3 × 3 椒盐噪声图像'), subplot(1, 2, 2), imshow(f7), title('5 × 5 椒盐噪声图像');

figure(5), subplot(1, 2, 1), imshow(f4), title('中值滤波处理高斯噪声图像'), subplot(1, 2, 2), imshow(f6),title('中值滤波处理椒盐噪声图像');

程序运行结果如图 7-25 至图 7-29 所示。

原始彩色图像

原始灰度图像

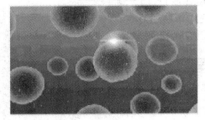 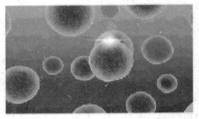

图 7-25　原始彩色图像与原始灰度图像

高斯噪声图像

椒盐噪声图像

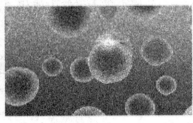 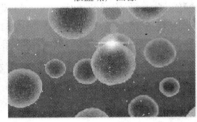

图 7-26　加高斯噪声和椒盐噪声后的图像

3×3高斯噪声图像

5×5高斯噪声图像

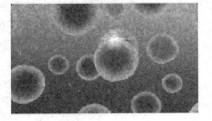 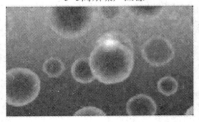

图 7-27　3 × 3 高斯噪声图像和 5 × 5 高斯噪声图像

3×3椒盐噪声图像

5×5椒盐噪声图像

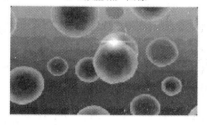 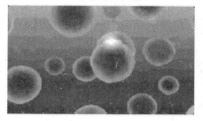

图 7-28　3×3 椒盐噪声图像和 5×5 椒盐噪声图像

中值滤波处理高斯噪声图像

中值滤波处理椒盐噪声图像

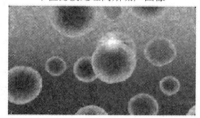 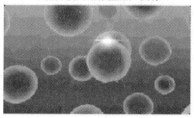

图 7-29　中值滤波后高斯噪声图像和椒盐噪声图像

7.7.2　图像中值滤波的 DSP 实现

视频信号的处理就是将摄像头采集的视频图像接收到 DSP 的存储器中，经 DSP 进行算法处理加工后，再变换成模拟信号输出到显示器。其中，视频模拟信号的 AD 采样由摄像头解决，摄像头提供的视频采样数据信号也是模拟编码的，由视频前端接口再次采样转换成数字信息，再传递给 DSP 的存储器存储。

1. 实验原理

中值滤波是一种非线性的信号处理方法。中值滤波器在 1971 年由 J.W.Jukey 首先提出并应用在一维信号处理技术(时间序列分析)中，后来被二维图像信号处理技术所引用。中值滤波在一定的条件下可以克服线性滤波器如最小均方滤波、均直滤波等带来的图像细节模糊问题，而且对滤除脉冲干扰及图像扫描噪声最为有效。由于在实际运算过程中不需要图像的统计特征，因此这也带来不少方便。但是对于一些细节多，特别是点、线、尖顶细节多的图像不宜采用中值滤波。中值滤波一般采用一个含有奇数个点的滑动窗口，用窗口中各点灰度值的中值来替代值定点(一般是窗口的中心点)的灰度值。对于奇数个元素，中值是指按大小排序后中间的数值；对于偶数个元素，中值是指排序后中间两个元素灰度值的平均值。

对于一维情况，中值滤波对各类信号滤波后的结果比较如图 7-30 所示。这种情况是用内含 5 个元素的窗口对离散阶跃函数、斜坡函数、脉冲函数以及三角形函数进行中值滤波和均值滤波的示例。从图中可以看出，在一维情况下，中值滤波器不影响阶跃函数和斜坡函数，并可以有效地消除单、双脉冲，使三角形函数的顶端变平。对于二维情况，中值滤波的窗口形状和尺寸对滤波器效果影响很大。不同图像内容和不同应用要求往往选用不同的窗口形状和尺寸。常用的二维中值滤波窗口形状有线形、方形、圆形、十字形等。

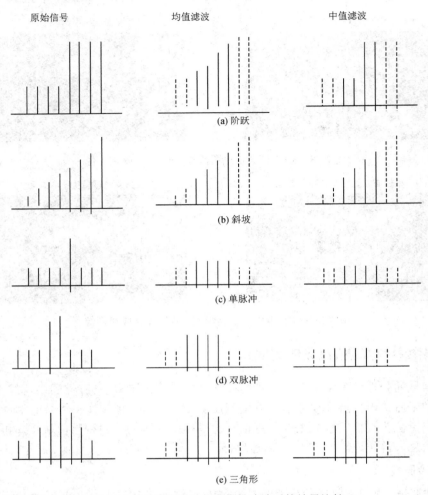

图 7-30　中值滤波对各类信号滤波后的结果比较

中值滤波的程序流程图如图 7-31 所示。

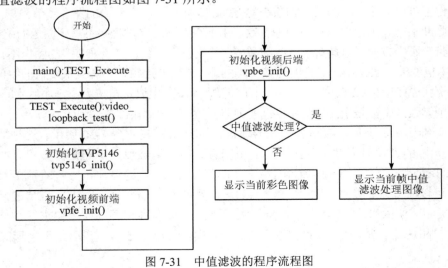

图 7-31　中值滤波的程序流程图

2. 实验步骤

本实验的程序已经安装在 C:\ICETEK\ICETEK-DM6437-AF\Lab0607-VideoMedianFilter 目录中。如未发现实验程序目录或相关实验程序文件，请重新安装 ICETEK-DM6437-AF 板实验。

1) 仿真连接

检查 ICETEK-XDS100 仿真器插头是否连接到 ICETEK-DM6437-AF 板的仿真插头 J1。使用实验箱附带的 USB 电缆连接 PC 上的 USB 和仿真器 USB 接口插座，ICETEK-XDS100 仿真器上红色电源指示灯点亮。

(1) 连接实验箱电源：关闭实验箱左上角电源开关后，使用实验箱附带的电源线连接实验箱左侧电源插座和电源接线板。

(2) 接通电源：将实验箱左上角电源总开关拨动到"开"的位置，将实验箱右下角控制 ICETEK-DM6437-AF 板电源的评估板电源开关拨动到"开"的位置。接通电源后，ICETEK-DM6437-AF 板上电源模块指示灯(红色)D2 点亮。同时，信号源上红色电源指示灯也亮起。

2) 启动 CCS

点击桌面上相应图标启动 CCS5。

3) 导入实验工程

(1) 在 CCS5 窗口中选择菜单项 Project→Import Existing CCS Eclipse Project；

(2) 点击 Select search-directory 右侧的 Browse 按钮；

(3) 选择 C:\ICETEK\ICETEK-DM6437-AF\Lab0607-VideoMedianFilter，点击"确定"按钮；

(4) 点击 Finish 按钮，CCS5 窗口左侧的工程浏览窗口中会增加一项：Lab0607-Video-MedianFilter，点击它使之处于激活状态，项目激活时会显示成粗体的 Lab0607-VideoMedian-Filter[Active - Debug]；

(5) 展开工程，双击其中的 main.c 和 videomirror.c，打开这两个源程序文件，浏览内容。

4) 函数调用

(1) 调用 EVMDM6437_init()对 ICETEK-DM6437-AF 进行初始化工作。这个函数属于 ICETEK-DM6437-AF 的板级支持库(BSL)，在编译链接时使用这个库文件：C:\ICETEK\ ICETEK-DM6437-AF\common\lib\Debug\evmdm6437bsl.lib，EVMDM6437_init()函数位于源文件 C:\ICETEK\ICETEK-DM6437-AF\common\lib\evmdm6437.c。这个初始化同时也完成了 DM6437 的 I²C 总线的配置，速率为 100 kHz。初始化完成后，main 函数调用 TEST_execute，启动指向位于 videomirror.c 中的函数 video_loopback_test()。

(2) 调用函数 ICETEKDM6437ABoardInit()进行软件相关必要的初始化，此函数位于 ICETEK-DM6437-AF.c 中，可以打开浏览其具体内容。

5) 定义视频参数

　　　　ntsc_pal_mode = PAL：定义使用 PAL 格式视频(输入和输出)；

　　　　output_mode = COMPOSITE_OUT：使用复合视频编码输出；

(1) 初始化 DM6437 的视频前端。由于 ICETEK-DM6437-AF 使用了一片 TVP5146 作为视频 ADC，所以调用其接口对 TVP5146 进行配置：tvp5146_init(ntsc_pal_mode，

output_mode)；这个函数位于 tvp5146.c 的第 60 行。TVP5146 接口在 DM6437 的视频前端 (VPFE)上，这个函数对芯片上这部分接口进行必要的初始化：

vpfe_init(ntsc_pal_mode, video_capture_buffer);

这个函数位于 videomirror.c 的第 34 行。

(2) 初始化 DM6437 的视频后端。视频后端配置函数如下：

vpbe_init(LOOPBACK, ntsc_pal_mode, output_mode,　video_capture_buffer);

这个函数位于 videomirror.c 的第 111 行。

对 DM6437 的视频接口的配置，使接口使用相同的视频缓存进行视频的采集和播放，这个缓存的起始地址由变量 video_capture_buffer 指明。首先视频前端采集 PAL 制视频信号，然后视频后端采用同一区域的缓存区，将数据用 PAL 格式编码并输出复合视频信号。

程序最后是个无限循环，进入这个循环时，DM6437 的视频前端和后端已经开始采集和输出视频图像，在循环中是对视频数据进行处理的代码。

6) 编译程序

选择菜单项 Project→Build Project，注意观察编译完成后，Console 窗口有没有编译错误提示，最终显示'Finished building target：videomirror.c.out'。

(1) 启动 Debug 并下载程序：选择菜单项 Run→Debug，程序正确下载后可以观察到当前程序停止在 main.c 的第 16 行的 main 函数入口处。

(2) 运行程序：在 Debug 窗口中选择菜单项 Run→Resume，观察视频图像 Loopback 显示。

右击 Texas Instruments XDS100v2 USB Emulation_0/C64XP_0(Running)，点击 Open File GEL View，在 GEL Files 页面右击，点击 Remove All，再次右击，点击 Load GEL ，选择到中值滤波工程文件夹下点击选择 medianfilter.gel。

(3) 点击菜单栏 Scripts→MedianFilter→ChangeOneFrame，在弹出页面输入 1，点击 Execute，模拟显示屏上显示摄像头捕获的视频的当前帧中值滤波图像。按照上述步骤在弹出页面输入 0 时，显示屏显示当前摄像头捕获的视频图像。

7) 结束实验

(1) 停止程序运行：在 Debug 窗口中选择菜单 Run→Suspend。

(2) 退出 Debug 方式：在 Debug 窗口中选择菜单 Run→Terminate。

(3) 退出 CCS5。

3. 实验结果

实验结果如图 7-32 所示。

图 7-32　采集图像与图像中值滤波结果

　　对图像加入噪声后，对图像进行中值滤波处理，可以看到右侧图框部分处理后的图像已经将噪声信号较好地滤除。

4. C 源程序

```
/*********************************************************************
//该实验首先将摄像头采集到的图像显示在显示器上(显示器分辨率为720×576)
//添加噪声后进行图像中值滤波,然后将中值滤波后的图像显示在显示器上,比较滤波前后的效果
/*********************************************************************
#include "stdio.h"
#include "evmdm6437.h"
#include "math.h"
#include "stdlib.h"
/*********************************************************************/
/* 函数名称:TEST_execute()
/* 函数功能:执行测试功能,并打印测试信息
/* 参数:                                                          */
/* 返回值: 无*********************************************************/
void TEST_execute( Int16 ( *funchandle )( ), char *testname, Int16 testid )
{
    Int16 status;
    printf( "%02d    Testing %s...\n", testid, testname );
    status = funchandle( );
}
extern Int16 video_loopback_test();
void main( void )
{
    /* Initialize BSL */
    EVMDM6437_init( );
    TEST_execute( video_loopback_test,    "Video Loopback", 1 );
}
/*********************************************************************
/* 函数名称:video_loopback_test( )
/* 函数功能:图像采集后显示在显示器上
/* 参数: 无
/* 返回值: 无
/*********************************************************************/
Int16 video_loopback_test( )
{
    Int32          i,j;
```

```
Uint8            *src,*dst;
Int16 ntsc_pal_mode;
Int16 output_mode;
Uint32 video_capture_buffer = (DDR_BASE + ( DDR_SIZE / 2 ));
//捕获的图像存放位置
Uint32 video_display_buffer = (DDR_BASE + ( DDR_SIZE / 2 ) + ( DDR_SIZE / 4 )); //处理后
                                                                        图像存放位置

Uint16 width;
Uint16 height;
EVMDM6437_DIP_init( );
ICETEKDM6437B2BoardInit(); //6437 板子初始化
do
{
    ntsc_pal_mode = PAL;            //PAL 制视
    output_mode   = COMPOSITE_OUT;      //混合输出
    if ( ntsc_pal_mode == NTSC ) //NTSC 制式的相关设置及打印信息
    {
        width    = 720;
        height   = 480;
        if ( output_mode == COMPOSITE_OUT )
            printf( "    Video Loopback test: [NTSC][COMPOSITE]\n" );
        else if ( output_mode == SVIDEO_OUT )
            printf( "    Video Loopback test: [NTSC][S-VIDEO]\n" );
        else
            return -1;
    }
    else if ( ntsc_pal_mode == PAL )//PAL 制式的相关设置及打印信息
    {
        width    = 720;
        height   = 576;
        if ( output_mode == COMPOSITE_OUT )
            printf( "    Video Loopback test:   [PAL][COMPOSITE]\n" );
        else if ( output_mode == SVIDEO_OUT )
            printf( "    Video Loopback test:   [PAL][S-VIDEO]\n" );
        else
            return -1;
    }
    else
        return -2;
```

```
        tvp5146_init( ntsc_pal_mode, output_mode); //图像处理芯片 5146 的初始化
        vpfe_init( ntsc_pal_mode, video_capture_buffer ); //6437 前端的初始化
        vpbe_init( LOOPBACK, ntsc_pal_mode, output_mode, video_capture_buffer);
        //6437 后端的初始化
        while ( 1 )
        {
            if(start)
            {
                /*首先对图像进行灰度转换*/
                ICETEKDM6437B2Gray((unsigned char *)video_capture_buffer, (unsigned char
*)video_display_buffer, width, width, height);
                src = (unsigned char *)video_capture_buffer;
                dst = (unsigned char *)video_display_buffer;
                for(i=0; i<height; i++) //对灰度图添加噪声
                {
                    for(j=0; j<width; j++)
                    {
                        if(j%20==0) *(dst+2*j+1)=10; //间隔 20 像素添加灰点或黑点
                            if(j%40==0) *(dst+2*j+1)=200;
                    }
                    dst+=20*width*2;
                }
                dst = (unsigned char *)video_display_buffer;
                for ( i = 0 ; i < height ; i ++ )
                {
                    for(j = 0 ; j < width ; j++, dst+=2)
                        *dst = 0x80;        //无关的灰度值填充为 0x80
                                            //确定进行中值滤波的位置
                    if ( i>144 && i<432)
                    ICETEKDM6437B2MedianFilter((unsigned char *)video_capture_buffer +i
* width * 2,(unsigned char *)video_display_buffer + i * width * 2,width); //对该区域的图形进行灰度变换
                }
                vpbe_init( LOOPBACK, ntsc_pal_mode, output_mode, video_display_buffer);
                //6437 后端的初始化
                while(start);
                    vpbe_init( LOOPBACK, ntsc_pal_mode, output_mode, video_capture_buffer);
                //6437 后端的初始化
            }
        }
```

```
    }
    while ( 1 );
    return 0;
}
/*中值滤波的公式与实际应用的结合*/
void ICETEKDM6437B2MedianFilter(unsigned char *src, unsigned char * dst, short pixelCount)
{
    src += 180; //取得的元素值位置，此处即为第 90 个像素点，决定了矩形框的位置
    dst += 180; //
    for ( mi=0; mi<MWIDTH; mi++ )
    {
        *(cLines+m_nOffset3+mi) = src[mi * 2 + 1];        //取得 Y 分量的值
        dst[mi * 2 + 1] = src[mi * 2 + 1];
    }
    pImg1=cLines; pImg1+=m_nOffset1;                  //第一行
    pImg2=cLines; pImg2+=m_nOffset2;                  //第二行，窗口宽度为 256
    pImg3=cLines; pImg3+=m_nOffset3;                  //第三行
    x1=(*pImg1); pImg1++; x2=(*pImg1); pImg1++; //取得第一行的前两个值，并将指针指向第
                                                       三个值
    x4=(*pImg2); pImg2++; x5=(*pImg2); pImg2++; //取得第二行的前两个值，并将指针指向第
                                                       三个值
    x7=(*pImg3); pImg3++; x8=(*pImg3); pImg3++; //取得第三行的前两个值，并将指针指向第
                                                       三个值
    for ( mi=2; mi<MWIDTH; mi++,pImg1++,pImg2++,pImg3++ ) //此循环处理完窗口的所有宽度
    {
        x3=(*pImg1); x6=(*pImg2); x9=(*pImg3); //取得第三个值
        src[mi * 2 + 1]=GetMiddleValue();       //第 5 个值用中值替换
        dst[mi * 2 + 1]=GetMiddleValue();
        x1=x2; x2=x3;                    //点数向后移动一位，进行下一个像素点的处理
        x4=x5; x5=x6;                    //点数向后移动一位，进行下一个像素点的处理
        x7=x8; x8=x9;                    //点数向后移动一位，进行下一个像素点的处理
    }
    src[mi * 2 + 1]=0;                   // 将下移后的第一行第一个点赋值为 0
    dst[mi * 2 + 1]=0;
    m_nWork=m_nOffset1; m_nOffset1=m_nOffset2;      //下移一行
    m_nOffset2=m_nOffset3; m_nOffset3=m_nWork;      //最后一行的指针变到第一行
    //此数组为一个 3 行大小为 256 的中间数组，该数组用来提取 Y 值
}
```

本 章 小 结

本章主要介绍了 TMS320DM6437 片内集成的第三代增强型内存直接访问控制器(EDMA3)的相关内容，主要包括 EDMA3 控制器的组成、EDMA3 同步事件、EDMA3 数据传输模式及应用、EDMA3 的参数 RAM 和 EDMA3 的中断，并简要介绍了图像中值滤波的 MATLAB 实现与 DSP 实现。通过本章的学习，读者可以熟悉 EDMA3 的组成及其在 DSP 芯片中的应用。

习　题　7

一、填空题

1. 直接存储器访问(Direct Memory Access，DMA)是 DSP 中一种重要的数据访问方式，它可以在没有 CPU 参与的情况下，由 DMA 控制器完成 DSP 存储空间内的数据搬移。数据搬移的源/目的可以是片内存储器、片内外设或外部器件。DMA 具有 4 个相互独立的传输通道，允许进行_____个不同任务的 DMA 传输。另外还有_____个辅助通道专用于主机口的数据传输。

2. 增强型内存直接访问控制器(EDMA3)是一种高性能、多通道、多线程的 DMA 控制器，允许用户_____一维和多维数据，主要目的是服务用户程序中的数据能够在设备上_____之间传送。

3. 对于 EDMA3 控制器而言，_____控制器作为用户接口，_____控制器主要负责数据转移。

4. EDMA3CC 包括两个通道类型：DMA 通道和 QDMA 通道，DMA 通道和 QDMA 通道的主要区别在于系统用于触发传输的方式不同。对于_____通道而言，一个触发事件可能由一个外部事件、手动写入事件设置寄存器或者链路事件引起。对用户可编程触发字进行写操作可以自动触发_____通道。

5. 如果不同通道的事件同时被检测，事件将会按照 DMA 通道的优先级_____("高于"或"低于")QDMA 通道的优先级的固定优先级裁决表编队。在两组通道中，通道序号越小优先级_____("越高"或"越低")。

6. TMS320DM6437 的 EDMA3 包括两种传输类型：A-同步传输和 AB-同步传输。传输的数据量相同的条件下，A-同步传输需要_____实践以服务一个参数 RAM 集。而 AB-同步传输需要_____个事件以服务一个参数 RAM 集。

7. A-同步传输和 AB-同步传输中：ACNT = n，BCNT = 4，CCNT = 3。A-同步传输需要_____个同步事件；AB-同步传输需要_____个同步事件。

8. 每个 PaRAM 集中由 16 位或 32 位的参数组成，其中 OPT 是_____位参数；LINK 是_____位参数。

9. 通道选择项寄存器(OPT)是 32 位寄存器，其中第 11 位 TCCMODE 是传输完成代码模式，当传输正常结束时该位取值_____（"0"或"1"）。第 2 位 SYNCDIM 配置传输同步维数，当配置为"1"时，进行_____同步传输。

10. TMS320DM6437 中，EDMA 的_____个通道只产生一种中断(EDMA_INT)，当一个传输完成后，_____寄存器里的相应的位会被置 1，EDMA 中断处理器通过查询寄存器确定是哪个通道完成了传输，并调用相应中断服务程序。

二、选择题

1. EDMA3_0_CC0 和 EDMA3_1_CC0 相比较不相同的是( )。

A. 参数 RAM(PaRAM)　　　　　　　B. 产生的终端

C. QDMA 通道数　　　　　　　　　D. 传输控制器个数

2. 错误中断不包括( )。

A. 非法地址　　　　　　　　　　　B. 非法模式

C. 超出队列阈值　　　　　　　　　D. 传输提前完成

3. TMS320DM6437 有( )个用户可屏蔽中断。

A. 32　　　　　　B. 14　　　　　　C. 12　　　　　　D. 16

4. AB-同步传输中，以下不会被更新的参数是( )。

A. BCNT　　　　B. CCNT　　　　C. DST　　　　D. SRC

5. 关于 EDMA3 的中断，下列说法错误的是( )。

A. TMS320DM6437 的 EDMA 只向 CPU 产生一个中断(EDMA_INT)

B. TMS320DM6437 每个 DMA 通道都具有独立的中断

C. EDMA 允许多个通道具有相同的传输完成代码，CPU 执行相同的终端服务程序(ISR)

D. 当发生 DMA 丢失事件、QDMA 丢失事件、阈值超出、TCC 错误时，EDMA3CC 向 CPU 发出错误中断，允许 CPU 去处理错误事件

三、问答与思考题

1. 简述 EDMA3 通道控制器组成及传输操作。

2. 简述 EDMA3 传输控制器组成及传输过程。

3. 以 A-同步传输为例说明 ACNT、BCNT 和 CCNT 三个参数的意义及配置。

4. 简述 EDMA3 控制器的 PaRAM 参数集中各参数的作用。

5. 整块数据的传输是 EDMA 最基本也是最常用的一种数据传输方式。使用 QDMA 方式传输，编写程序从外部存储空间复制 256 个数据到 L2 缓存中，外部存储空间的地址为 A0000100h(CE2 空间)，L2 缓存的地址为 00002100h(L2 的第 0 块)。

6. 编写程序从外部存储空间的 640×480 像素帧中提取一个 16×12 像素的子帧。每个像素是一个 16 位的数据。提取子帧的首地址为 A0000567h，目的地址为 L2 缓存的 00002100h。使用 QDMA 方式传输。

第 8 章 | 主机接口(HPI)与多通道缓冲串口(McBSP)

学习导读

本章主要介绍 TMS320DM6437 的主机接口(HPI)与多通道缓冲串口(Multi-channel Buffered Serial Port，McBSP)。

主机接口(HPI)是主设备或主机处理器与 DSP 的接口，可以实现并行高速的数据传送，使得主机可以直接访问 DSP 所有的存储空间及其片内的存储映射的外部设备(外设)。

多通道缓冲串口(McBSP)是 TMS320C6x DSP 最基本的片内外设之一，每一种型号的 TMS320C6x DSP 都有 1～3 个数目不等的多通道缓冲串口，其中 TMS320DM6437 包含 2 个多通道缓冲串口。多通道缓冲串口主要用于串口通信，一般用于连接串行接口的外设，例如，串行 A/D 和 D/A、串行 EE、SPI 设备等，此外，多通道缓冲串口还可以实现 DSP 之间的连接。

学习目标

1. 知识目标

了解 DSP 的主机接口(HPI)和多通道缓冲串口(McBSP)的构成、工作原理、接口信号、控制寄存器和操作等内容。

2. 能力目标

通过对 TMS320DM6437 的 HPI 和 McBSP 的学习，能够在 DSP 硬件系统设计、软件设计中注重其应用，并在此基础上理解微处理器的架构中各种相关技术的应用。

3. 素质目标

HPI 是一个与主机通信的高速并行接口，主要用于 DSP 与其他总线或 CPU 的通信。信息可通过 DSP 的片内存储器与主机进行交换。不同型号的器件配置不同的 HPI，HPI 可分为 8 位标准 HPI、8 位增强型 HPI、16 位增强型 HPI 和 32 位的 HPI。TMS320DM6437 采用

16 位和 32 位的 HPI，在复用模式下，HD[15:0]或 HD[31:0]数据线的宽度一般为 CPU 位宽的一半；一个 HPI 访问分为高、低半字的两次访问，如 TMS320C5000 是 16 位 CPU，其 HPI 数据线为 8 位；TMS320C6000 是 32 位 CPU，其 HPI 数据线为 16 位。TMS320C64x 系列的 HPI 支持 32 位，在 32 位模式下，一个 HPI 访问不需要分为高、低半字两次访问。综上，在学习和应用 TI 各个系列的 DSP 时，要针对不同系列的芯片所采用的不同的 HPI，结合具体问题具体分析，培养自身科学的求实精神。

8.1　主机接口(HPI)

8.1.1　HPI 概述

通用主机接口(HPI)是一个与主机通信的高速并行接口，外部主机掌管该接口的主要控制权。在 TMS320C64x 系列的 DSP 中，HPI 是一个 16/32 位宽度的并行接口，通过它可以实现一个外部主控制器同 TMS320C64x 系列 DSP 之间的通信，能够直接访问 DSP 的存储空间。HPI 与主机的连接是通过 DMA/EDMA 控制器来实现的，即主机不能直接访问 CPU 上的存储空间，需要借助 HPI，使用 DMA/EDMA 的附加通道，完成对 DSP 存储空间的访问。主机和 CPU 都可以访问 HPI 控制(HPIC)寄存器，主机还可以访问 HPI 地址(HPIA)寄存器以及 HPI 数据(HPID)寄存器。

图 8-1 是具有 HPI 的 TMS320DM6437 的结构框图。

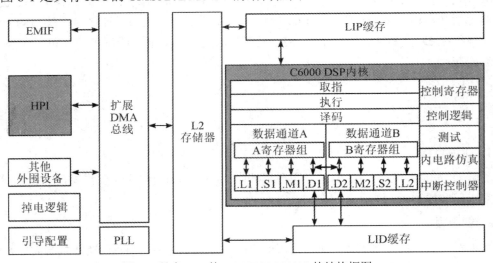

图 8-1　具有 HPI 的 TMS320DM6437 的结构框图

HPI 作为通信的从设备，提供一个完整的 16 位或者 32 位的双向数据总线，并且一个主机传输就可以完成一个数据的访问。HPI 可以和多种类型的主机处理器连接，HPI 的主要特征如下：

(1) 具有 16 位或者 32 位的数据总线。

(2) 具有灵活的接口，包括多个选通和控制信号，适合连接各种类型的 16 位或者 32 位主机。

(3) 采用复用和非复用操作，进一步提高了接口的灵活性。

(4) 具有与 DMA 控制器同步的存储器，可以访问 DSP 所有的内部存储空间。

(5) 具有 READY 引脚，可以提供软件查询功能。

(6) 提供软件控制的数据锁存。

(7) 提供选通和控制信号。

8.1.2　HPI 的结构

TMS320C64xx DSP 的 HPI16 或 HPI32 的内部结构和外部引脚如图 8-2 所示。TMS320C64xx DSP 具有 32 条外部引脚 HD[31:0]。因此，TMS320C64xx DSP HPI 支持 16 位或 32 位的外部引脚接口。当用于 16 位宽的主机接口时，TMS320C64xx DSP HPI 称为 HPI16；当用于 32 位宽的主机接口时，TMS320C64x DSP HPI 称为 HPI32。TMS320C64x DSP 通过复位时的自举和器件配置引脚选择 HPI16 或者 HPI32。

HPI16 使用一个 16 位外部接口向 CPU 提供 32 位的数据。除了具有所有 TMS320C621x/C671x DSP HPI 的功能，HPI16 还允许 DSP 访问 HPI 地址(HPIA)寄存器。HPIA 寄存器被分成两个寄存器，即 HPIA 写(HPIAW)寄存器和 HPIA 读(HPIAR)寄存器。

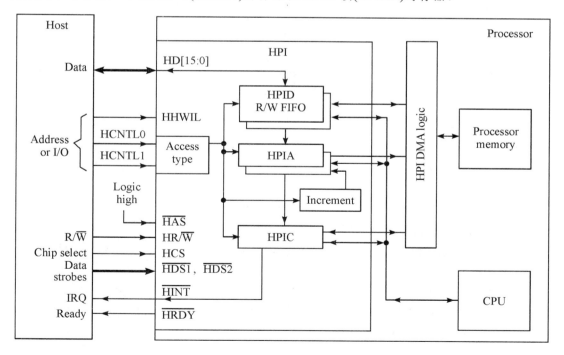

图 8-2　HPI16 或 HPI32 的内部结构和外部引脚

HPI32 的功能与 HPI16 的类似，它们之间的差别主要体现在以下两方面：

(1) HHWIL 输入。HPI16 中的 HHWIL 引脚用来识别一个传输中的第一个或第二个半字。因为所有数据传输是以 32 位字执行的，所以 HPI32 中不用 HHWIL。

(2) 数据总线宽度。HPI16 具有 16 位数据总线，HPI16 将两个连续的 16 位传输组成一个 32 位数据传送到 CPU。为了和其他 C6000 器件兼容，无论复位时选择何种 Endian 模式，HPI16 都使用 HD[15:0]作为数据引脚。HPI32 具有 32 位的数据总线，使用增加宽度的数据总线，所有传输均为一个 32 位的字传输，而不是两个连续的 16 位半字。因此，HPI32 模式的 HPI 操作吞吐量比 HPI16 的大。

8.1.3 HPI 引脚与接口信号

外部 HPI 接口信号为各种主机设备提供了一个灵活的接口，HPI 可以与各种主机器件实现接口传输。表 8-1 列出了 HPI 信号引脚及其功能。

表 8-1 HPI 信号引脚及其功能

信号名称	信号类型	引脚数	与主机之间的接口	信号功能
HD[31:0]或 HD[15:0]	I	32 或 16	数据总线	—
$\overline{\text{HAS}}$	I	1	地址锁存使能(ALE)，地址选通或不使用(连接到高电平)	对复用地址、数据总线的主机，区分地址和数据
HCNTL[1:0]	I	2	地址或控制线	HPI 访问类型控制
HR/$\overline{\text{W}}$	I	1	读/写选通、地址线或多路复用的地址/数据线	读/写选通
HHWIL	I	1	地址或控制线	半字识别输入
$\overline{\text{HBE}}$[1:0]	I	2	字节使能	写数据字节使能
$\overline{\text{HCS}}$	I	1	地址或控制线	输入数据选通
$\overline{\text{HDS}}$[1:2]	O	1	读选通、写选通或数据选通	输入数据选通
$\overline{\text{HINT}}$	O	1	主机中断输入	向主机发出的中断信号
$\overline{\text{HRDY}}$	O	1	异步准备信号	当前访问 HPI 的准备信号

1. 数据总线 HD[31:0]或 HD[15:0]

HD[31:0]或 HD[15:0]是一个并行、双向、三态的数据总线。在复用模式下，HD[31::0]或 HD[15:0]数据总线的宽度一般为 CPU 位宽的一半，一个 HPI 访问分为高、低半字的两次访问。TMS320C64x 系列的 HPI 支持 32 位，在 32 位模式下，一个 HPI 访问不需要分为高、低半字的两次访问。当HD不响应一个HPI读访问时，它被置于高阻状态。引脚HD[31:16]用于 TMS320C64x DSP HPI32。

2. 地址选通输入信号$\overline{\text{HAS}}$

$\overline{\text{HAS}}$ 允许在一个访问周期的早期去掉 HCNTL[1:0]、HR/$\overline{\text{W}}$ 和 HHWIL 信号，这样就有更多的时间将总线的状态从地址改变为数据。这个特征使接口更容易用于多路复用地址和数据总线。在这种类型的系统中，需要地址锁存使能(ALE)信号，实际使用时，ALE 信号常常连接到 $\overline{\text{HAS}}$ 引脚。

具有多路复用地址和数据总线的主机将 $\overline{\text{HAS}}$ 连接到它们的 ALE 引脚或等价引脚。HCNTL[1:0]、HR/$\overline{\text{W}}$ 和 HHWIL 信号在 $\overline{\text{HAS}}$ 的下降沿被锁存。当使用时，$\overline{\text{HAS}}$ 必须领先最近的 $\overline{\text{HCS}}$、$\overline{\text{HDS1}}$、$\overline{\text{HDS2}}$ 信号，具有独立的地址和数据总线的主机可以将 $\overline{\text{HAS}}$ 连接到高电平。在这种情况下，HCNTL[1:0]、HR/$\overline{\text{W}}$ 和 HHWIL 信号由最近的 $\overline{\text{HCS}}$、$\overline{\text{HDS1}}$、$\overline{\text{HDS2}}$ 信号的下降沿锁存，而 $\overline{\text{HAS}}$ 信号无效(高电平)。

3. 访问控制选择信号 HCNTL[1:0]

HCNTL[1:0]表明内部哪个 HPI 寄存器正在被访问。HCNTL0、HCNTL1 为主机控制信号，用来选择主机所要寻址的寄存器。当 HCNTL0、HCNTL1 为 00 时，表明主机访问 HPIC(HPI 控制)寄存器；当 HCNTL0、HCNTL1 为 01 时，表明主机访问用 HPIA(HPI 地址)寄存器指向的 HPID(HPI 数据)寄存器，每读一次，HPIA 寄存器事后增加 1，每写一次，HPIA 寄存器事前增加 1；当 HCNTL0、HCNTL1 为 10 时，表明主机访问 HPIA 寄存器；当 HCNTL0、HCNTL1 为 11 时，表明主机访问 HPID 寄存器，而 HPIA 寄存器不受影响。HCNTL [1:0]位的功能如表 8-2 所示。

表 8-2　HCNTL [1:0]位的功能

HCNTL1	HCNTL0	功 能 描 述
0	0	主机读/写 HPIC 寄存器
0	1	主机读/写 HPIA 寄存器
1	0	主机以自动增益模式读/写 HPID 寄存器。HPIA 寄存器自动增加一个字(4B 地址)
1	1	主机以固定模式读/写 HPID 寄存器，而 HPIA 寄存器不受影响

4. 读/写选择信号 HR/$\overline{\text{W}}$

HR/$\overline{\text{W}}$ 是主机读/写选择输入信号。读 HPI 操作时，主机必须驱动 HR/$\overline{\text{W}}$ 为高电平；写 HPI 操作时，HR/$\overline{\text{W}}$ 为低电平。没有一个读/写选择输入信号的主机可以使用地址线来完成这个功能。

5. 字节识别选择信号 HBIL

HBIL 识别主机传输的是第一个字节还是第二个字节。当 HBIL=0 时，主机传输的为第一个字节；当 HBIL=1 时，主机传输的为第二个字节。

6. 选通信号 $\overline{\text{HCS}}$、$\overline{\text{HDS1}}$ 与 $\overline{\text{HDS2}}$

$\overline{\text{HCS}}$、$\overline{\text{HDS1}}$ 与 $\overline{\text{HDS2}}$ 允许连到一个具有如下特性之一的主机：

(1) 读/写选择(HR/$\overline{\text{W}}$)的一个单一选通输出。

(2) 分离的读与写选通输出。在这种情况下，读或写选择可能使用不同的地址。

图 8-3 画出了 $\overline{\text{HCS}}$、$\overline{\text{HDS1}}$、$\overline{\text{HDS2}}$ 的等效输入电路。

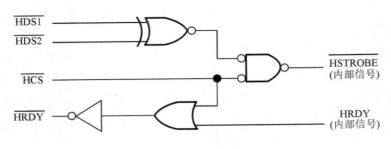

图 8-3 $\overline{HCS}$、$\overline{HDS1}$、$\overline{HDS2}$ 的等效输入电路

当一起使用时，$\overline{HCS}$、$\overline{HDS1}$、$\overline{HDS2}$ 产生一个有效的内部 $\overline{HSTROBE}$ 信号。只有当 $\overline{HCS}$ 有效并且 $\overline{HDS1}$、$\overline{HDS2}$ 中两者之一(不是都)有效时，$\overline{HSTROBE}$ 才会有效。当 $\overline{HAS}$ 无效时(高)，$\overline{HSTROBE}$ 的下降沿将采样 HCNTL[1:0]、HHWIL 与 HR/$\overline{W}$。因此，最后有效的 $\overline{HDS1}$、$\overline{HDS2}$ 或 $\overline{HCS}$ 控制采样时间。$\overline{HCS}$ 作为 HPI 的使能输入，在访问中必须为低。但是，由于 $\overline{HSTROBE}$ 信号决定访问之间的真正边界，因此，只要 $\overline{HDS1}$、$\overline{HDS2}$ 传输正确，$\overline{HCS}$ 就可以在连续访问之间始终为低。

具有独立读/写选通的主机把这些选通位分别连到 $\overline{HDS1}$ 和 $\overline{HDS2}$ 上。只有单一选通位的主机把选通位连接到 $\overline{HDS1}$ 或 $\overline{HDS2}$ 上，未使用的引脚置为高。不管 $\overline{HDS1}$ 和 $\overline{HDS2}$ 如何连接，HR/$\overline{W}$ 都用来确定传输方向。因为 $\overline{HDS1}$ 和 $\overline{HDS2}$ 是异或的(XOR)，具有有效数据选通(高)的主机可以把该选通位连到 $\overline{HDS1}$ 或 $\overline{HDS2}$，而让其他的信号为低电平。

$\overline{HSTROBE}$ 主要有以下 3 个作用:

(1) 读操作中，$\overline{HSTROBE}$ 的下降沿初始化所有类型的 HPI 读访问。

(2) 写操作中，$\overline{HSTROBE}$ 的上升沿初始化所有类型的 HPI 写访问。

(3) $\overline{HSTROBE}$ 的下降沿锁存 HPI 控制输入，包括 HHWIL、HR/$\overline{W}$ 与 HCNTL[1:0]。$\overline{HAS}$ 也会影响控制输入的锁存。

7. 中断信号 $\overline{HINT}$

$\overline{HINT}$ 是主机中断输出信号，由 HPIC 寄存器的 $\overline{HINT}$ 位控制。当芯片复位时，$\overline{HINT}$ 位被置 0，因此 $\overline{HINT}$ 引脚在复位时为高电平。

8. 准备好信号 $\overline{HRDY}$

$\overline{HCS}$ 控制 $\overline{HRDY}$ 信号的输出。也就是说，如果 $\overline{HCS}$ 为有效的低电平，则 $\overline{HRDY}$ 引脚被驱动为高电平，表示一个 Not-Ready 条件，否则 $\overline{HRDY}$ 为有效的低电平。

当 $\overline{HRDY}$ 为有效的低电平时，表示 HPIE 已经准备好执行传输。当 $\overline{HRDY}$ 处于无效的高电平时，表示 HPI 正在忙于完成一个当前读访问的内部处理部分或前一个 HPID 读预取指或者写访问。$\overline{HCS}$ 使能 $\overline{HRDY}$，当 $\overline{HCS}$ 为高电平时，$\overline{HRDY}$ 总为低电平。

8.1.4 HPI 的读/写时序

在复位时，TMS320C64x DSP 的 HPI 可以配置为 HPI16 或 HPI32 模式。

HPI 的读/写时序主要由 $\overline{HSTROBE}$ 引脚控制。在 $\overline{HSTROBE}$ 引脚下降沿锁存 HCNTL1、

HR/$\overline{\text{W}}$ 和 HHWIL 信号，同时 $\overline{\text{HCS}}$ 信号变低。此时，HPI 就锁存了各种控制信号，得到的控制信号包括读/写信息、字节信息、寄存器信息等。HPI 按照这些信息将数据从 DSP 内部读出，或者等待主机将数据送到 DSP 中，一旦数据准备好，也就是 $\overline{\text{HRDY}}$ 引脚变低，$\overline{\text{HSTROBE}}$ 引脚在片刻后将变为高电平，在 $\overline{\text{HSTROBE}}$ 引脚的上升沿读取数据，从而完成一次 HPI 的数据通信。

如果 HPI 通信有 $\overline{\text{HAS}}$ 的参与，HPI 就在 $\overline{\text{HAS}}$ 的下降沿读取各种控制信息。图 8-4 和图 8-5 分别为在 TMS320C64x HPI32 模式下的 HPI 无、有 $\overline{\text{HAS}}$ 参与的读时序图。图 8-6 和图 8-7 分别为在 TMS320C64x HPI32 模式下的 HPI 无、有 $\overline{\text{HAS}}$ 参与的写时序图。

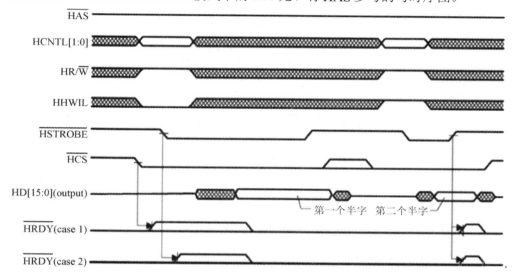

图 8-4　在 TMS320C64x HPI32 模式下的 HPI 无 $\overline{\text{HAS}}$ 参与的读时序图

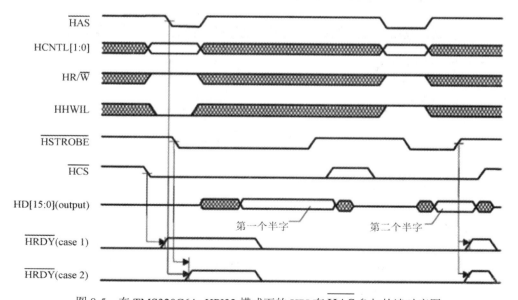

图 8-5　在 TMS320C64x HPI32 模式下的 HPI 有 $\overline{\text{HAS}}$ 参与的读时序图

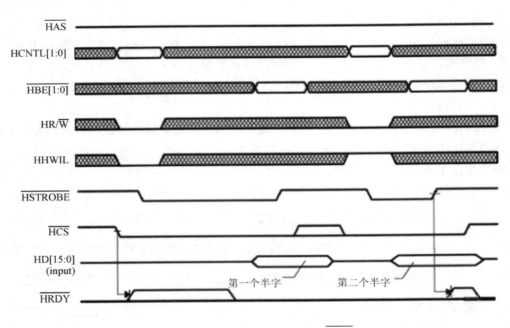

图 8-6   在 TMS320C64x HPI32 模式下的 HPI 无 $\overline{\text{HAS}}$ 参与的写时序图

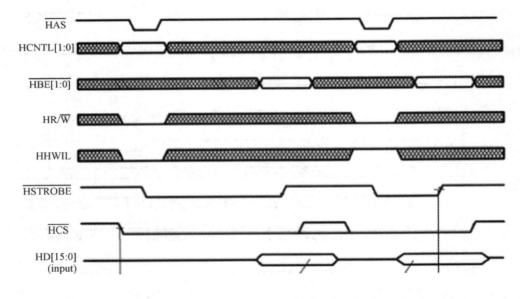

图 8-7   在 TMS320C64x HPI32 模式下的 HPI 有 $\overline{\text{HAS}}$ 参与的写时序图

8.1.5   HPI 的操作

主机对 HPI 的一次总线访问周期分为主机发起访问、HPI 响应、主机结束访问周期三个阶段。

(1) 主机发起访问：对 HPI 寄存器的读或者写命令。主机送出的硬件信号为 $\overline{\text{HSTROBE}}$

(由 $\overline{HCS}$、$\overline{HDS1}$ 或 $\overline{HDS2}$ 产生)、HR/$\overline{W}$、HCNTL0/1、HHWIL 以及 HD[0:n]。HPI 在 $\overline{HSTROBE}$ 的下降沿采样控制信号 HR/$\overline{W}$、HCNTL0/1、HHWIL，判断主机的操作命令。

(2) HPI 响应：HPI 在 $\overline{HSTROBE}$ 的下降沿采样控制信号，根据控制信号做出相应的响应。如果是写命令(HR/$\overline{W}$ 为低)，则在 $\overline{HSTROBE}$ 的上升沿将数据线上的信号锁存到 HCNTL0/1 和 HHWIL 指向的寄存器。如果是读命令(HR/$\overline{W}$ 为高)，若读 HPIC 或者 HPIA 寄存器，则 HPI 将寄存器的值直接送到数据总线上；若读 HPID 寄存器，则 HPI 先将 $\overline{HRDY}$ 置为忙状态，HPI DMA 将数据从 HPIA 指向的内存单元读到 HPID，再送到数据线上，并清除 $\overline{HRDY}$ 忙状态，当读 HPID 后半字时，数据从寄存器直接送到数据总线上，不会出现 $\overline{HRDY}$ 信号忙状态。

(3) 主机结束访问周期：对于写操作，主机将数据送出后，只要满足芯片手册中 HPI 对 $\overline{HCS}$ 的最小宽度要求，即可结束访问周期。对于读 HPID 操作，要等 $\overline{HRDY}$ 信号由忙状态变为不忙状态，主机才能结束访问周期。两次连续的 HPI 操作的间隔，在芯片手册的 HPI 时序参数表里有要求，最小间隔为两个 HPI 功能模块时钟周期。

主机按照以下步骤实现对 HPI 的访问：

(1) 初始化 HPI 控制(HPIC)寄存器；

(2) 初始化 HPI 地址(HPIA)寄存器；

(3) 写数据到 HPID 或从 HPID 读取数据。

HPID 寄存器的读或写启动一次内部访问周期，实现期望数据在 HPID 寄存器 TMS320C64x DSP 内地址产生硬件之间的传输。对于 16 位的 HPI，任何 HPI 寄存器的主机访问都要求 HPI 总线上通过两个半字访问：HHWIL 为低电平时表示第一个半字；HHWIL 为高电平时表示第二个半字。主机不能破坏第一个半字/第二个半字的顺序(HHWIL 低/高)。如果顺序被破坏，数据可能会丢失，并且可能导致不确定的操作。

1. HPIC 寄存器和 HPIA 寄存器的初始化

在访问任何数据之前，必须初始化 HPIC 寄存器和 HPIA 寄存器。对于 TMS320C64x DSP，主机或 CPU 都可以用于初始化 HPIC 寄存器和 HPIA 寄存器。下面分别介绍 16 位主机接口(TMS320C64x DSP 的 HPI16)及 32 位主机接口(TMS320C64x DSP 的 HPI32)的主机初始化顺序。

1) HPI16 情况下 HPIC 寄存器和 HPIA 寄存器的初始化

由于 HPI 为 16 位数据总线，而其内部数据宽度为 32 位，因此必须首先设置 HPIC 寄存器中的 HWOB 位，然后初始化 HPIA 寄存器。访问数据之前，HPIC 寄存器的 HWOB 位和 HPIA 寄存器必须以先后顺序初始化(因为 HPIC 寄存器的 HWOB 位影响 HPIA 寄存器访问)。初始化 HWOB 位后，主机(或 TMS320C64x DSP CPU)可以用正确的半字对齐方式写 HPIA 寄存器。

2) HPI32 情况下 HPIC 寄存器和 HPIA 寄存器的初始化

对于 TMS320C64x DSP 的 HPI32，主机或 CPU 都可以初始化 HPIC 寄存器和 HPIA 寄存器。所有访问都是 32 位宽的，不使用 HPIC 寄存器的 HWOB 位。因此，如果使用默认值，则不必初始化 HPIC 寄存器。在完成 HPIC 寄存器和 HPIA 寄存器的初始化后，主机就可以从 DSP 中读取数据了。

2. 固定地址模式下的 HPID 读取

1) 固定地址模式下的 HPID 读取——HPI16

主机必须以两个 16 位半字来读取 32 位 HPID。在进行第一个半字读访问时，HPI 等待以前的请求完成。在此期间，$\overline{\text{HRDY}}$ 引脚保持高电平。此后，HPI 向 DMA 辅助通道或内部地址产生器发送读请求。如果以前的请求没有延迟，该读访问将在 $\overline{\text{HSTROBE}}$ 的下降沿被触发，在请求的数据加载到 HPID 之前，$\overline{\text{HRDY}}$ 引脚保持高电平。由于所有的内部读操作都是字读操作，因此在进行第二个半字读访问时，数据已经出现在 HPID 中。所以，第二个半字读操作不会遇到未就绪的情况，$\overline{\text{HRDY}}$ 引脚一直为低电平。在该情况下，字节使能并不重要，因为 HPI 只执行字读操作。

2) 固定地址模式下的 HPID 读取——HPI32

对 HPI32 的 HPID 的访问顺序与对 HPI16 的类似，差别在于 HPI32 主机访问是在一个 32 位字而不是 16 位半字下进行的。

3. 地址自增模式下的 HPID 读取

所有的 HPI 外设都具有提高 HPI 数据吞吐量的特性，这个特性也称为地址自增模式。在当前访问完成后，HPI 预先获取数据并指向下一个高位数据单元，该特性自动修改 HPIA 寄存器。若要使用地址自增模式，则需要设置 HCNTL。

地址自增模式能获得有效的连续主机访问。对于 HPID 寄存器读和写访问，该模式可以去掉主机加载增加的地址到 HPIA 寄存器的过程。对于读访问，在当前读操作完成后，指向下一个地址的数据立刻被捕获。因为连续的读之间的间隔用于预取指数据，所以会减少下一次访问的延迟。地址自增模式便于访问一段连续的片内 RAM。在使能地址自增后，每完成一次数据访问，HPIA 寄存器能够自动增加为下一次访问的数据地址。虽然访问次数不变，但在访问存储器期间，由于主机不需要更新 HPIA 的值，因此极大地提高了系统的性能。

使能地址自增模式后，因为 HPIA 在每次读操作后增加 1，在每次写操作前增加 1，所以在进行写操作时，HPIA 寄存器的值应该初始化为目标地址减 1，地址自增功能会影响 HPIA 寄存器所有的 32 位，自增功能也会影响扩展寻址。例如，如果 HPIA 被初始化为 0FFFFFFFFh，并且使能地址自增，那么下次访问将把 HPI 的地址变为 0100000000h。由于一些芯片的地址自增功能不影响扩展 HPI 地址，因此上面的例子将把其 HPI 地址变为 00000000h。

由于地址自增模式具有预先获取的特性，因此预先修改的读访问可能会使主机读取无效的数据。这通常发生在主机执行一次读访问后，DSP 更新了下一个数据所在位置的高位，由于预获取和预修改的特性，主机所读取的下一个数据并不是更新后的数据。如果主机和 DSP 都向同一位置执行写操作，则最好在读访问之前先执行一次 FETCH 操作，然后开始读取数据。在从 HPI 读取数据之前，先读取 HPIC 寄存器来确定 $\overline{\text{HRDY}}$ 的状态。对于使用地址自增模式的初始读操作和没有使用地址自增模式的其他读操作，在访问开始时(内部 $\overline{\text{HSTROBE}}$ 的下降沿)，$\overline{\text{HRDY}}$ 信号并没有处于准备好的状态，接下来的读操作(地址自增模式)才执行数据的预获取。

4. 固定地址模式下的 HPID 写入

对于 TMS320C6000 系列的 DSP，在主机对 HPI 的访问期间，HPID 寄存器的第一个半字部分被来自主机的数据覆盖，并且当 HHWIL 引脚为低电平时，锁存第一个 HBE[1:0]。HPID 寄存器的第二个半字部分被来自主机的数据覆盖，并且当 HHWIL 引脚为高电平时，在 $\overline{\text{HSTROBE}}$ 上升沿处锁存第二个 HBE[1:0]。在该次写访问的末端，HPID 将作为一个 32 位字传输到由 HPIA 指定的地址处。

对于 TMS320C620x/C670x DSP HPI，HBE[1:0]引脚只在低 16 位传输时使能，而 TMS320C621x/C671x DSP HPI 和 TMS320C64x DSP HPI16 没有 HBE[1:0]引脚。因为只允许字写访问，所以 16 位写访问必须成对出现，这样才能有效完成数据写入。

HPI32 的主机访问 HPID 寄存器的顺序与 HPI16 的类似，对于 32 位 HPI 的数据写入，可以一次写入 32 位的数据，写入过程更加简单。

5. 地址自增模式下的 HPID 写入

对于地址自增模式的 TMS320C64x DSP HPI16，主机所写的数据立刻从 HPID 寄存器复制到内部写缓冲区。另外，当内部写缓冲区半满时，或当写周期被终止时，DSP 只服务于地址自增模式下的 HPI 写访问。

对于地址自增模式的 TMS320C64x DSP HPI32，主机所写的数据也立刻从 HPID 寄存器复制到内部写缓冲区。因此，如果内部写缓冲区没有满，则 $\overline{\text{HRDY}}$ 保持低电平(准备好)。

8.1.6　HPI 寄存器

表 8-3 列出了 TMS320C64x DSP 的 HPI 寄存器。通过这些寄存器，可以实现主机器件和 CPU 之间的通信。

表 8-3　TMS320C64x DSP 的 HPI 寄存器

缩　写	寄存器名称	读/写访问		地　址
		主机	CPU	
HPID 寄存器	HPI 数据寄存器	R/W	—	—
HPIC 寄存器	HPI 控制寄存器	R/W	R/W	01880000
HPIAW 寄存器	HPI 地址写寄存器	R/W	R/W	01880004
HPIAR 寄存器	HPI 地址读寄存器	R/W	R/W	01880008
TRCTL 寄存器	HPI 传输请求控制寄存器	—	R/W	018A0000

1. HPID 寄存器

HPID 寄存器用于存放主机从存储空间读取的数据，或者主机要向 DSP 存储空间写入的数据。如果当前进行读操作，则 HPID 中存放的是要从 HPI 存储器中读取的数据；如果当前进行写操作，则 HPID 中存放的是将要写到 HPI 存储器中的数据。

2. HPIA 寄存器

HPIA 寄存器包含了 HPI 所访问的存储器地址。该地址是一个 32 位的字，所有 32 位是可读/写的。无论从 HPIA 的位置读取的值是多少，最低两位总为 0。

TMS320C64x HPIA 寄存器既可以被主机访问，又可以被 CPU 访问。TMS320C64x HPIA 寄存器在内部分为两个寄存器，即 HPI 地址写(HPIAW)寄存器和 HPI 地址读(HPIAR)寄存器，CPU 可以独立地更新读和写存储器地址，以允许主机对不同地址范围执行读和写。

当从 CPU 读 HPIA 寄存器时，返回的值与当前 HPI 和 DMA 在 DSP 内部传输数据所使用的地址相关。对于一次 HPI 写，HPIAR 寄存器包含了传输的起始地址，而 HPIAW 寄存器包含了当前被使用的地址并且在传输的每次数据突发后更新。对于一次 HPI 读，HPIAW 寄存器包含了传输的起始地址，而 HPIAR 寄存器包含了当前被使用的地址并且在传输的每次数据突发后更新。HPIA 寄存器并不包含外部引脚上的当前传输的地址，所以读 HPIA 寄存器不能表示一个传输的状态。

HCNTL[1:0]控制位设置为 01b，表示一个对 HPI 寄存器的访问。一次主机写 HPIA 寄存器在内部更新 HPIAW 寄存器和 HPIAR 寄存器。一次主机读 HPIA 返回最近使用的 HPI Ax 寄存器中的值。例如，如果最近 HPID 寄存器访问是一次读，则外部主机的一次 HPIA 寄存器写返回 HPIAR 寄存器中的值；如果最近 HPID 寄存器访问是一次写，则外部主机的一次 HPIA 寄存器写返回 HPIAW 寄存器中的值。

通过 CPU 内部更新 HPIAR/HPIAW 寄存器的系统不允许通过外部主机更新 HPIA 寄存器。同样，通过外部主机更新 HPIAR/HPIAW 寄存器的系统不允许通过 CPU 更新 HPIA 寄存器。HPIAR/HPIAW 寄存器可以独立地被 CPU 和外部主机读取。当 DSP 正在更新 HPIAR/HPIAW 寄存器时，系统不允许外部主机访问 HPID 寄存器。这可以通过任何方便的方式进行控制，包括使用通用目标输入/输出(GPIO)引脚来执行主机和 DSP 之间的传输。

3. HPIC 寄存器

从主机端看，HPIC 是一个 32 位的寄存器，其高 16 位和低 16 位是一样的，分别表示高位半字和低位半字内容，如图 8-8(a)所示。当次主机写时，除 HPI16 模式下写 DSPINT 位以外，两个半字必须是一样的。在 HPI16 模式下，当设置 DSPINT=1 时，主机必须向低 16 位半字或高 16 位半字写(但不能同时写) 1。在 TMS320C64x DSP 的 HPI16 模式下，当第一个半字写时，DSPINT 的值被锁存；当第二个半字写时，DSPINT 位必须清除为 0。在 HPI32 模式下，高半字和低半字必须一致。从 DSP 端看，HPIC 是一个 32 位的寄存器，但是只有 16 位有用，所以仅当 CPU 向低位半字写操作时影响 HPIC 的值和 HPI 操作，如图 8-8(b)所示。

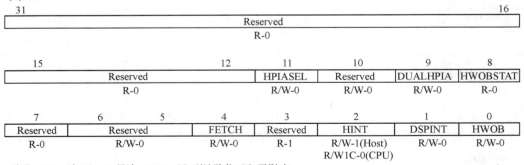

31		16
Reserved		
R-0		

15			12	11	10	9	8
Reserved				HPIASEL	Reserved	DUALHPIA	HWOBSTAT
R-0				R/W-0	R/W-0	R/W-0	R-0

7	6	5	4	3	2	1	0
Reserved	Reserved		FETCH	Reserved	HINT	DSPINT	HWOB
R-0	R/W-0		R/W-0	R-1	R/W-1(Host) R/W1C-0(CPU)	R/W-0	R/W-0

说明：R/W=读/写；R=只读；W1C=写1到清除位 (写0无影响)。

(a)

31						16
Reserved						
R-0						

15			12	11	10	9	8
Reserved				HPIASEL	Reserved	DUALHPIA	HWOBSTAT
R-0				R-0	R-0	R-0	R-0

7	6	5	4	3	2	1	0
Reserved	Reserved		FETCH	Reserved	HINT	DSPINT	HWOB
R/W-0	R-0		R-0	R-1	R/W-1(Host) R/W1C-0(CPU)	R/W-0	R-0

说明：R/W=读/写；R=只读；W1C=写1到清除位 (写0无影响)。

(b)

图 8-8　HPIC 寄存器

HPIC 寄存器各字段描述如表 8-4 所示。

表 8-4　HPIC 寄存器各字段描述

位	域	值	描　　述
31～12	Reserved	0	保留位，地址总读为 0
11	HPIASEL		HPI 地址寄存器选择位。当 DUALHPIA = 1 时，HPIASEL 位用于选择 HPI 要访问的地址寄存器。
		0	0：选择 HPI 读地址寄存器 (HPIAR)。
		1	1：选择HPI 写地址寄存器 (HPIAW)
10	Reserved	0	保留位，地址总读为 0
9	DUALHPIA		双 HPIA 模式配置位。CPU 可以分别访问两个 HPI 地址寄存器，无论 DUALHPIA 设置如何(无论此位如何，CPU 拥有 HPI 地址寄存器的所有权)。
		0	0：两个 HPI 地址寄存器(HPIAW 和 HPIAR)作为单个 HPI 地址寄存器在主机访问条款。
		1	1：启用双HPIA模式操作
8	HWOBSTAT		HWOB 状态位。HWOB 位的值也存储在此，写入 HWOB 位还更新 HWOBSTAT。
		0	0：HWOB 位 0。
		1	1：HWOB 位1
7～5	Reserved	0	保留位，地址总读为 0
4	FETCH		主机数据提取请求位。只有主机可以写入 FETCH。当主机将 1 写入 FETCH 时，一个请求发布在 HPI 中，以将数据预取到读取的 FIFO 中。获取的主机和 CPU 读取返回 0
3	Reserved	1	保留位
2	HINT		处理器到主机中断位。CPU 将 1 写入 HINT 以生成主机中断，提示有一个反相逻辑电平至 HINT 引脚；主机将 1 写入 HINT 以清除中断。写 0 到 HINT 对主机或处理器没有影响。

续表

位	域	值	描　述
2	HINT	0 1	0：无影响。 1：CPU写入，生成主机中断(HINT信号变为低电平)；主机写入，清除中断
1	DSPINT	 0 1	主机到处理器中断位。主机将 1 写入 DSPINT 以生成处理器中断，主机或处理器将 0 写入 DSPINT 不起作用。 0：无影响。 1：主机写入，生成处理器中断
0	HWOB	 0 1	半字排序位。HWOB 会影响数据和地址传输，必须在第一个数据或地址注册访问之前初始化 HWOB。 0：前半个字是最重要的。 1：前半个字不重要

8.1.7　HPI 的中断

1. 主机使用 DSPINT 中断 CPU

通过对 HPIC 寄存器中的 DSPINT 位进行写操作，主机就可以中断 CPU。DSPINT 位直接连接到内部的 DSPINT 信号上，当 DSPINT=0 时，将 DSPINT 置 1，主机将在 DSPINT 信号上产生一个由低到高的跳变。如果用户使用中断选择器来选取 DSPINT 中断，则 CPU 检测到跳变并把它作为一个中断条件。与主机写不同，当 DSPINT=0 时，CPU 将 DSPINT 置 1 没有任何影响；当 DSPINT=1 时，CPU 将 DSPINT 置 1 可以清除 DSPINT 位。无论是主机还是 CPU，将 DSPINT 置 0 在任何情况下都不会影响 DSPINT 位或 DSPINT 信号。

2. CPU 使用 HINT 中断主机

通过写 HPIC 寄存器中的 HINT 位，CPU 可以在 $\overline{\text{HINT}}$ 信号中发送一个有效的中断。HINT 位被取反后直接连到 $\overline{\text{HINT}}$ 引脚上。CPU 可以通过将 HINT 位置 1 使 $\overline{\text{HINT}}$ 生效，而主机通过将 HINT 位置 1 使 $\overline{\text{HINT}}$ 失效。无论是主机还是 CPU，将 HINT 置 0 在任何情况下都不会影响 HINT 位或 HINT 信号。

在主机接口端，HINT 位被读取两次。如果 CPU 在两次读操作中改变了 HINT 的状态，则主机第一个与第二个半字读操作可以产生不同的数据。

8.2　多通道缓冲串口(McBSP)

8.2.1　McBSP 概述

多通道缓冲串口(McBSP)是 TMS320C6x DSP 最基本的片内外设之一，每一种型号的

TMS320C6x DSP 都有 1～3 个数目不等的多通道缓冲串口，其中 TMS320DM6437 包含 2 个多通道缓冲串口。多通道缓冲串口主要用于串口通信，一般用于连接串行接口的外设，如串行 A/D 和 D/A，串行 EE、SPI 设备等。此外，多通道缓冲串口还可以实现 DSP 之间的连接。McBSP 具有以下功能：

(1) 全双工通信，McBSP 的数据传输速率最高为 DSP 指令周期的一半。

(2) 允许连续的数据流传输的双缓冲数据寄存器。

(3) 为数据收发提供独立的帧同步和位同步时钟，可设置帧同步和位同步时钟的极性和延迟时间。

(4) 可与工业标准的编/解码器、模拟接口芯片(AIC)以及串行 A/D、D/A 设备相连。

(5) 数据传输可利用外部时钟或者内部可编程时钟。

(6) 支持以下方式的直接接口：① TI/EI 帧方式；② MVIP 兼容的交换方式和 ST-BUS 兼容设备，包括 MVIP 帧方式、H.100 帧方式和 SCSA 帧方式；③ IOM-2 兼容设备；④ AC97 兼容设备；⑤ IIS 兼容设备；⑥ SPI 设备。

(7) 可与多达 128 个通道进行多通道收发。

(8) 支持各种数据宽度的外设，例如 8 位、12 位、16 位、20 位、24 位和 32 位。

(9) 支持硬件内置的 μ-律和 A-律数据压缩和数据解压。

(10) 对 8 位数据的传输，可以选择 LSB 先传送或者 MSB 先传送。

(11) 可编程设置帧同步信号和数据时钟信号的极性。

(12) 高度可编程的内部传输时钟和帧同步信号。

8.2.2　McBSP 结构与接口

多通道缓冲串口由链接外部设备的一个数据通道和一个控制通道组成，其结构框图如图 8-9 所示。表 8-5 给出了相关的引脚描述。

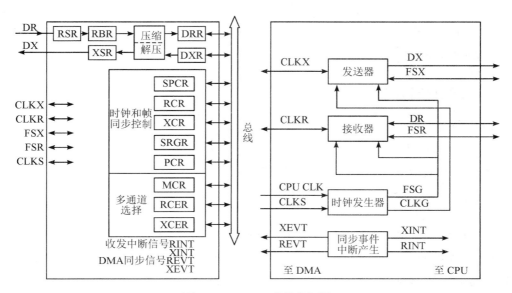

图 8-9　McBSP 的结构框图

表 8-5 McBSP 引脚描述

引　脚	I/O/Z	描　　述
CLKR	I/O/Z	接收时钟
CLKX	I/O/Z	发送时钟
CLKS	I	外部时钟
DR	I	接收的串行数据
DX	O/Z	发送的串行数据
FSR	I/O/Z	接收帧同步
FSX	I/O/Z	发送帧同步

McBSP 通过数据发送(DX)引脚和数据接收(DR)引脚与连接到 McBSP 的设备完成通信，控制信息(时钟和帧同步)通过 CLKX、CLKR、FSX 和 FSR 引脚通信。TMS320C6000 系列 CPU 使用 32 位宽的控制寄存器与 McBSP 进行通信，CPU 或者 DMA/EDMA 控制器从数据接收寄存器(DRR)读取数据，把要发送的数据写入数据发送寄存器(DXR)。写入到 DXR 的数据通过发送移位寄存器(XSR)移出到 DX 引脚。同样，DR 引脚先将接收到的数据移入接收移位寄存器(RSR)内，然后复制到接收缓冲寄存器(RBR)，再复制到 DRR，最后等待 CPU 或者 DMA/EDMA 控制器把数据取走。这就允许内部数据移动和外部数据通信能够同步进行。

对于带有 EDMA 的设备，任何 EDMA 总线地址的访问和相应 McBSP 的 DRR 或 DXR 的访问是相同的。读取 3000 0000h～33FF FFFFh 地址等价于读取 McBSP0 的 DRR(地址为 018C 0000h)，写操作 3000 0000h～33FF FFFFh 地址等价于写 McBSP0 的 DXR(地址为 018C 0004h)。可以选择 3xxx xxxxh 或者 018C xxxxh/019C xxxxh 两种不同地址分别对 DRR 和 DXR 进行读/写操作。建议在 EDMA 访问串行端口时使用 3xxx xxxxh 地址，这样可以释放外设总线给其他模块使用。

8.2.3 McBSP 寄存器

RBR 是接收缓冲寄存器，RSR 是接收移位寄存器，XSR 是发送移位寄存器。这三个寄存器是 DSP 内部固化的寄存器，不允许用户读/写，也没有对应的物理内存地址。

DRR 和 DXR 是 McBSP 的数据接收寄存器和数据发送寄存器。McBSP 的接收中断之后，去读取相应的 DRR 的值，就可以读入接收数据。同样写数据到 DXR，打开串口发送，串口就会将数据发送到外部器件。

McBSP 的控制寄存器及存储映射地址如表 8-6 所示。McBSP 的控制寄存器只能通过外部设备总线进行访问。用户应该在改变串口控制寄存器(SPCR)、引脚控制寄存器(PCR)、接收控制寄存器(RCR)和发送控制寄存器(XCR)之前暂停 McBSP，否则会导致不确定状态。

表 8-6　McBSP 的控制寄存器及存储映射地址

缩　写	McBSP 寄存器名称	十六进制地址		
		McBSP0	McBSP1	McBSP2
RBR	接收缓冲寄存器	—	—	—
RSR	接收移位寄存器	—	—	—
XSR	发送移位寄存器	—	—	—
DRR	数据接收寄存器	018C 0000	0190 0000	01A4 0000
DXR	数据发送寄存器	018C 0004	0190 0004	01A4 0004
SPCR	串口控制寄存器	018C 0008	0190 0008	01A4 0008
RCR	接收控制寄存器	018C 000C	0190 000C	01A4 000C
XCR	发送控制寄存器	018C 0010	0190 0010	01A4 0010
SRGR	采样率发生器寄存器	018C 0014	0190 0014	01A4 0014
MCR	多通道控制寄存器	018C 0018	0190 0018	01A4 0018
RCER	接收通道使能寄存器	018C 001C	0190 001C	01A4 001C
RCERE0	增强型接收通道使能寄存器 0			
XCER	发送通道使能寄存器	018C 0020	0190 0020	01A4 0020
XCERE0	增强型发送通道使能寄存器 0			
PCR	引脚控制寄存器	018C 0024	0190 0024	01A4 0024
RCERE1	增强型接收通道使能寄存器 1	018C 0028	0190 0028	01A4 0028
XCERE1	增强型发送通道使能寄存器 1	018C 002C	0190 002C	01A4 002C
RCERE2	增强型接收通道使能寄存器 2	018C 0030	0190 0030	01A4 0030
XCERE2	增强型发送通道使能寄存器 2	018C 0034	0190 0034	01A4 0034
RCERE3	增强型接收通道使能寄存器 3	018C 0038	0190 0038	01A4 0038
XCERE3	增强型发送通道使能寄存器 3	018C 003C	0190 003C	01A4 003C

8.2.4　McBSP 数据传输

McBSP 的接收操作采用三级缓冲方式，发送操作采用两级缓冲方式。接收的数据到达 DR 引脚后移位到 RSR。当整个数据单元(8 位、12 位、16 位、20 位、24 位或 32 位)接收完毕时，如果 RBR 未满，则 RSR 被复制到 RBR 中。如果 DRR 中的数据已经被 CPU/DMA 控制器读取，则 RBR 将被复制到 DRR 中。

发送数据首先由 CPU 或 DMA 控制器写 DXR。若 XSR 为空，则 DXR 中的值被复制到 XSR 并准备移位输出；否则，DXR 会等待 XSR 中旧数据的最后一位被移位输出到 DX 引脚后，才将数据复制到 XSR 中。

1. 串口的复位

McBSP 的复位方式包括器件复位和串行模块复位。这两种复位方式都可以将器件的状态恢复到初始状态，复位所有的计数器和状态位。状态位包括接收状态位(RFULL、RRDY、RSYNCERR)和发送状态位(XEMPTY、XRDY、XSYNCERR)。

1) 器件复位

器件复位就是通常意义上的整个芯片的复位。当 $\overline{\text{RESET}}$ 引脚接收到低电平时，接收器、发送器和采样率发生器处于复位状态；当 $\overline{\text{RESET}}$ 引脚上的电平恢复为高电平时，FRST、GRST、RRST、XRST 标志位都为 0，整个串口处于复位状态。

当 McBSP 模块发生器件复位时，内部串行接口(包括发送部分、接收部分、采样率发生部分)都被复位，所有输入引脚和三态引脚都应该处于一个可预知的状态，而输出引脚 DX 则是高阻态。当 McBSP 模块退出器件复位时，串行接口保持复位状态(即 RRST、XRST、FRST、CRST 都为 0)。在这个复位状态，串行接口可以作为 GPIO(通用输入/输出接口)使用。

2) 串行模块复位

串行模块复位是指 McBSP 模块自身的复位，而芯片内部的其他模块不会复位。当发生串行模块复位时，串行接口发送部分、接收部分通过设置 SPCR 的两个字位 XRST、RRST 实现复位，而采样率生成部分则通过设置 SPCR 中的 GRST 位使采样率发生器复位。

当接收器与发送器的复位 $\overline{\text{RRST}}=\overline{\text{XRST}}$ 写为 0 时，McBSP 中各部分分别复位，相应部分的有效状态停止，所有的输入引脚处于可知的状态。如果 FS(R/X)作为输出，则被驱动为非有效状态；如果 CLK(R/X)作为输出，假设 $\overline{\text{GRST}}=1$，则 CLK(R/X)由 CLKG 来驱动。发送器复位时，DX 引脚处于高阻状态。在通常的操作中，向 $\overline{\text{GRST}}$ 写入 0 将令采样率发生器复位。只有当发送器与接收器都未使用采样率发生器时，$\overline{\text{GRST}}$ 才为低电平，在该情况下，内部采样率发生器时钟 CLKG 及其帧同步信号 FSG 被驱动为无效状态。如果采样率发生器没有处于复位状态，则当串口引脚 $\overline{\text{RRST}}$ 与 $\overline{\text{XRST}}$ 分别为 0 时，即使它们被 FSG 驱动为输出，FSR 与 FSX 也处于无效状态，这就保证了当 McBSP 的一部分复位时，其他部分可以在 $\overline{\text{FRST}}=1$ 和 FSG 驱动帧同步时继续工作，使采样率发生器复位。如前所述，当芯片复位或复位 $\overline{\text{GRST}}=0$ 时，采样率发生器复位。

2. 确定准备状态

RRDY 与 XRDY 分别表示 McBSP 接收器和发送器的就绪状态，对串口的读/写操作可以通过以下的任意方法获得同步：

(1) 轮询 RRDY 与 XRDY；

(2) 使用发送到 DMA 或 EDMA 控制器的事件；

(3) 使用事件产生的 CPU 中断(RINT 与 XINT)。

注：读 DRR 与写 DXR 分别影响 RRDY 与 XRDY。

1) 接收就绪状态

RRDY=1 表示 RBR 中的内容已搬移到 DRR，并且 CPU 或 DMA/EDMA 控制器可以读取该数据，一旦 CPU 或 DMA/EDMA 控制器读取了此数据，RRDY 将被清零。同样，当设备复位或串口接收器复位时，RRDY 也清零，表明还没有数据接收并载入 DRR，RRDY 位直接驱动 DMA/EDMA 控制器(通过 REVT)的 McBSP 接收事件。同样，如果 SPCR 中的

RINTM=00b，则 RRDY 能够驱动 CPU 的 McBSP 接收中断。

2) 发送就绪状态

XRDY＝1 表示 DXR 的内容已经搬移到 XSR 中，并且 DXR 已经准备好载入新数据。当发送器从复位状态变化到非复位状态时，XRDY 也从 0 变为 1，说明 DXR 已经就绪，一旦新数据被 CPU 或 DMA/EDMA 控制器加载，XRDY 即被清零。但是，当该数据从 DXR 中搬移到 XSR 中时，XRDY 再从 0 变为 1，这样即使 XSR 中的数据没有搬移到 DX 引脚，CPU 或 DMA/EDMA 控制器也可以向 DXR 写入数据，XRDY 直接驱动 DMA/EDMA 控制器的 McBSP 发送同步事件。同样，如果 SPCR 中的 XINTM=00b，则 XRDY 可以驱动 CPU 的 McBSP 发送中断。

3. CPU 的中断

CPU 的接收中断信号与发送中断信号(RINT 与 XINT)随着串口状态的变化而变化，可以使用以下 4 种方式配置这些中断，也可以通过 SPCR 的接收/发送中断模式位配置这些中断。

(1) (R/X)INTM = 00b：通过跟踪 SPCR 中的(R/X)RDY 对每个串行单元产生中断。

(2) (R/X)INTM = 01b：在一个帧内部的子帧结束时产生中断。

(3) (R/X)INTM = 10b：当检测到帧同步脉冲时产生中断；仅当发送/接收器处于复位时，也可产生一个中断，这是通过同步输入帧同步脉冲并通过 INT 将同步脉冲发送到CPU 实现的。

(4) (R/X)INTM = 11b：帧同步错误时产生中断。注意，如果选择任一个其他中断模式，当响应检测该条件的中断时，可以读取(R/X)SYNCERR。

8.2.5　McBSP 的标准操作

在串行传输期间，每次串行传输都要求接收和发送帧同步脉冲。当 McBSP 不处于复位状态，并且已经为期望的操作做好设置时，可以令(R/X)PHASE = 0，设置单相帧，在(R/X)FRLEN1 中设置所需的数据单元数来进行串行传输，数据单元数可以是 1～128，数据单元的长度在(R/X)CR 的 WDLEN1 字段中配置。如果要传输双相帧，RPHASE＝1，每个(R/X)FRLEN(1/2)可以设置为 00h 到 7Fh 中的任意值。下面讨论的标准 McBSP 串口传输操作中，假设串口使用以下设置：

(1) (R/X)PHASE = 0，指定单相帧；

(2) (R/X)FRLEN1 = 0b，每帧一个数据单元；

(3) (R/X)WDLEN1=000b，每个数据单元字长 8 位；

(4) (R/X)FRLEN2 和(R/X)WDLEN2 字段无效，可为任意值；

(5) CLK(R/X)P = 0，时钟下降沿接收数据，上升沿发送数据；

(6) FS(R/X)P = 0，帧同步信号高有效；

(7) (R/X)DATDLY = 01b，1 位数据延迟。

1. 数据接收

McBSP 串行接收时序如图 8-10 所示。如果接收帧同步信号(FSR)有效，则其有效状态在一个接收时钟的下降沿会被检测到,然后 DR 引脚上的数据经过相应的数据延迟,移位进入接收移位寄存器(RSR)。如果 RBR 为空,则在时钟的上升沿,每个数据单元的末尾,RBR 的内容被复制到 DRR 中,这个复制操作会在下一个时钟下降沿处设置 RRDY 状态为1,这表示接收数据寄存器(DRR)准备好。当 CPU 或者 DMA 控制器读取完 DRR 后,RRDY 重新变为无效。

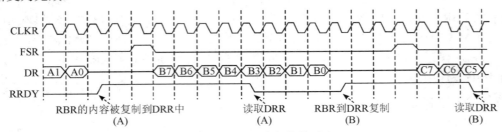

图 8-10 McBSP 串行接收时序

2. 数据发送

McBSP 数据发送操作时序如图 8-11 所示。一旦产生了发送帧同步信号,发送移位寄存器(XSR)中的数据经过数据延迟(由 XDATDLY 设置),依次移位输出到 DX 引脚。在每个数据单元发送的结束时刻,即 CLKX 时钟的上升沿处,如果 DXR 中新的数据已经就绪,则 DXR 中的数据会被复制到 XSR。DXR 到 XSR 的数据复制操作完成后,在下一个 CLKX 下降沿处激活 XRDY 位,表示可以将新的待发送的数据写入发送数据寄存器(DXR)。CPU 或 DMA 控制器写入数据后,XRDY 变为无效。

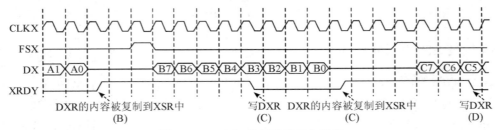

图 8-11 McBSP 数据发送操作时序

3. 最高帧频率

帧频率可以由以下公式计算:

$$帧频率 = \frac{位时钟频率}{帧同步信号之间的位时钟数}$$

减少帧同步信号之间的位时钟数将增加帧频率。随着发送帧频率的增加,相邻数据帧之间的空闲时间间隔将减小到 0。此时帧同步脉冲之间的最小时间就是每帧传输的位数,这就定义了最大帧频率:

$$最大帧频率 = \frac{位时钟频率}{每帧的位数}$$

图 8-12 说明了最大帧频率的 McBSP 操作时序。相邻帧传输的数据位是连续的,位与位之间没有空闲间隔。如果设置了 1 位的数据延迟,帧同步脉冲将和前一帧数据的最后 1 位重叠在一起。

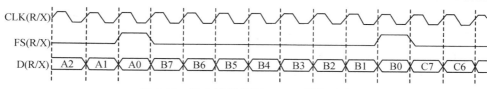

图 8-12　最大帧频率的 McBSP 操作时序

8.2.6　μ-律/A-律压扩硬件操作

McBSP 中内置了硬件电路，支持以 μ-律/A-律格式对数据进行压缩和扩展。μ-律和 A-律 PCM 编码规范是 CCITT 推荐的 G.711 协议的一部分。美国和日本采用 μ-律压扩，动态范围为 14 位；欧洲国家和中国等采用 A-律压扩，动态范围为 13 位。为了更好地实现压扩，CPU/DMA 控制器与 McBSP 之间传输的数据必须至少是 16 位的。

μ-律和 A-律格式都是将数据编码为 8 位的码元。由于压扩数据总是 8 位的，因此相应的(R/X)WDLEN1/2 控制位必须设置为 0，表明 8 位的串行数据流。当压扩被使能时，如果一帧中任何一个相位的数据单元长度小于 8 位，则数据压扩将按照 8 位长度进行。

使用压扩时，发送的数据将按照指定的压扩律进行编码，接收的数据被解码为补码格式。设置(R/X)CR 的(R/X)COMPAND 位，使能压扩的同时选择所需的格式。图 8-13 为压扩流框图，数据在从 DXR 复制到 XSR 的过程中被压缩，从 RBR 到 DRR 时被扩展。

图 8-13　压扩流框图

被压缩的数据应该是 16 位的，左对齐的数据有效值是 13 位或 14 位的，这取决于采用的压扩方式。图 8-14 为压扩数据的格式。16 位数据在 DXR 中的排列方式如图 8-15 所示。

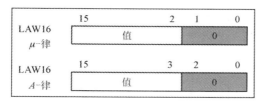

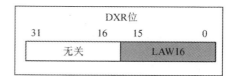

图 8-14　压扩数据的格式　　　　图 8-15　16 位数据在 DXR 中的排列方式

图 8-16 为 McBSP 硬件对片内数据进行压扩的两种实现方法，分别由 non-DLB 和 DLB 两条路径表示。

(1) non-DLB：当串口的发送/接收部分均被复位时，DRR 和 DXR 通过压扩模块在内部相连。DXR 中的数据按照 XCOMPAND 指定的方式进行压缩，按照 RCOMPAND 指定的方式进行扩展。数据写入 DXR 4 个 CPU 时钟后，DRR 中出现新的有效数据。RRDY 和 XRDY 位不受影响。该方法的优点是速度快，缺点是不会产生同步信号送往 CPU 和 DMA/EDMA 控制器，对数据流进行控制。

(2) DLB：McBSP 被设置为数字反馈环路(DLB)模式，RCOMPAND 和 XCOMPAND 位

使能相应的压扩方式。CPU 或 DMA 控制器利用发送/接收中断(XINT/RINT)或同步事件(REVT/XEVR)进行同步。在这种方式下，压扩操作的时间取决于选择的串行比特率。

　　通常，McBSP 的所有传输都是 MSB 先发送或先接收的。但是，一些 8 位数据协议需要首先发送 LSB。通过设置(R/X)CR 的(R/X)COM PAND＝01b，在传输到串口之前，8 位数据单元的位顺序翻转，与压扩特性类似，只有当 (R/X)WDLEN1/2 为 0，即选择 8 位数据单元时才使能该特性。

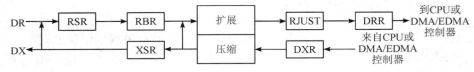

图 8-16　McBSP 硬件对片内数据进行压扩的实现方法

8.2.7　McBSP 的 SPI 协议

　　SPI(Series Protocol Interface)是一个利用 4 条信号线的串行接口协议，包括主、从两种模式。4 个接口信号分别为串行数据输入(MISO，主设备输入，从设备输出)、串行数据输出(MOSI，主设备输出，从设备输入)、移位时钟(SCK)、从设备使能($\overline{SS}$)。SPI 最大的特点是由主设备时钟信号出现与否来界定主/从设备间的通信。一旦检测到主设备时钟信号，数据开始传输，时钟信号无效时，传输结束。在此期间，要求从设备必须被使能($\overline{SS}$ 信号保持有效)。当 McBSP 为主设备时，从设备使能来自主设备发送帧同步脉冲(FSX)。McBSP 作为主设备和从设备的实例分别如图 8-17 和图 8-18 所示。

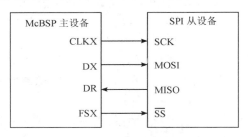

图 8-17　McBSP 作为主设备的实例

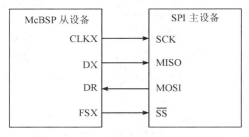

图 8-18　McBSP 作为从设备的实例

　　McBSP 的时钟停止模式和 SPI 协议兼容。McBSP 支持两种 SPI 传输格式，由 SPCR 中时钟停止模式位(CLKSTP)指定。CLKSTP 和 PCR 中的 CLKXP 相配合，配置串口时钟工作模式，如表 8-7 所示。

表 8-7　SPI 协议时钟工作模式配置

CLKSTP	CLKXP	时 钟 方 案
0×	×	禁用时钟停止模式，时钟使能为非 SPI 模式
10	0	无延迟的低电平非有效状态。MsBSP 在 CLKX 的上升沿发送数据，在 CLKR 的下降沿接收数据
11	0	有延迟的低电平非有效状态。MsBSP 在 CLKX 的上升沿之前一个半周期发送数据
10	1	无延迟的高电平非有效状态。McBSP 在 CLKX 的下降沿发送数据，在 CLKR 的上升沿接收数据
11	1	有延迟的高电平非有效状态。McBSP 在 CLKX 的下降沿之前一个半周期发送数据，在 CLKR 的下降沿接收数据

图 8-19 和图 8-20 为在两种 SPI 传输格式下的 4 种传输接口的时序。

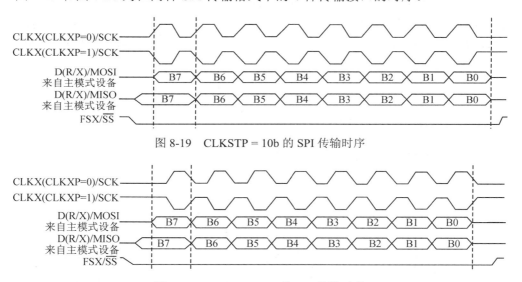

图 8-19　CLKSTP = 10b 的 SPI 传输时序

图 8-20　CLKSTP = 11b 的 SPI 传输时序

1. McBSP 作为 SPI 主设备

McBSP 作为 SPI 主设备时，产生主设备时钟 CLKX 和从设备使能 FSX。因此，CLKX 应该配置为输出(CLKXM = 1)，FSX 应该配置为能够连接从设备上的从设备使能($\overline{SS}$)输入的输出(FSXM = 1)。每个单元的 DXR 到 XSR 的传输产生从设备使能 FSX(SRGR 中的 FSGM = 0)。因此，在 SPI 主模式下，每接收一个数据单元，McBSP 必须同时发送一个单元(写 DXR)，以便产生必需的从设备 FSX。在 McBSP 开始将数据在 DX 引脚移出之前，FSX 需要变为有效(低电平)，以使能从设备。因此 XDATDLY 和 RDATDLY 位必须设置为 1。当 McBSP 作为主设备时，一个为 0 或 2 的 XDATDLY 会产生未定义的操作，RDATDLY 的值为 0 时会导致接收数据移位错误。

2. McBSP 作为 SPI 从设备

当 McBSP 作为 SPI 从设备时，主设备时钟 CLKX 和从设备使能 FSX 由外部的 SPI 主设备产生。因此，通过把 PCR 中的 CLKXM 和 FSXM 位清零，将 CLKX 和 FSX 引脚配置为输入。输入的 CLKX 和 FSX 信号作为 McBSP 数据接收 CLKR 和 FSR 信号。数据进行传输之前，外部设备需要先将 FSX 设为有效(低电平)。

当 McBSP 作为 SPI 从设备时，RCR 和 XCR 中的(R/X)DATDLY 位应设为 0。XDATDLY=0 保证发送的第一个数据在 DX 引脚可用，RDATDLY=0 保证一旦检测到串行时钟 CLKX，就可以准备从 SPI 主设备接收数据。

3. SPI 的初始化

McBSP 在 SPI 主或从模式下工作时，需要进行以下初始化：

(1) 设置 SPCR 的 XRSR=RRST=0。

(2) 当串口处于复位状态(XRST=RRST=0)时，按照需要设置 McBSP 配置寄存器，为 SPCR 中的 CLKSTP 位设置所期望的值。

(3) 设置 SPCR 的 GRST=1，使采样率发生器退出复位。

(4) 为 McBSP 的再次初始化等待两个时钟周期。

(5) 如果 CPU 服务于 McBSP，则设置 XRST=RRST=1，使能串口；如果用 DMA 控制器执行访问，则先对 DMA 初始化，DMA 等待同步事件的发生，此时，设置 XRST=RRST=1，使 McBSP 退出复位。

(6) 等待两个数据时钟周期，使接收器和发送器变为有效。

8.2.8　McBSP 引脚作为通用 I/O 引脚

以下两种情况允许 McBSP 引脚(CLKX、FSX、DX、CLKR、FSR、DR 和 CLKS)用作通用 I/O 引脚。

(1) 串口的相关部分(发送器或接收器)处于复位状态：SPCR 的(R/X)RST = 0。

(2) 将串口的相关部分使能为通用的 I/O：PCR 的(R/X)IOEN = 1。

McBSP 的各引脚配置为通用 I/O 或输出的 PCR 位实现见表 8-8。

表 8-8　McBSP 的各引脚配置为通用 I/O 或输出的 PCR 位实现

引脚	使能设置位	输出		输入	
		输出使能位	输出信号位	输入使能位	读取信号位
CLKX	XRST = 0，XIOEN = 1	CLKXM = 1	CLKXP	CLKXM=0	CLKXP
FSX	XRST = 0，XIOEN = 1	FSXM = 1	FSXP	FSXM=0	FSXP
DX	XRST = 0，XIOEN = 1	Always	DX_STAT	Never	N/A
CLKR	RRST = 0，RIOEN = 1	CLKXM = 1	CLKRP	CLKXM = 0	CLKRP
FSR	RRST = 0，RIOEN = 1	FSRM = 1	FSRP	FSRM = 0	FSRP
DR	RRST = 0，RIOEN = 1	Never	N/A	Always	DX_STAT
CLKS	RRST = XRST = 0，RIOEN = XIOEN = 1	Never	N/A	Always	CLKS_STAT

8.3　实验和程序实例

8.3.1　图像锐化的 MATLAB 实现

图像分析和理解是图像处理的一个重要分支，主要研究从图像中提取有用的信息，以及如何利用这些信息解释图像。图像分析和理解的第一步常常是边缘检测。边缘检测是人们研究得比较多的一种方法，因为边缘是目标和背景的分界线，只有提取出边缘，才能将目标和背景区分开来。在图像中，边缘表明一个特征区域的终结和另一个特征区域的开始，边缘所分开区域内部的特征或属性是不同的。边缘检测正是利用目标和背景在某种图像特性上的差异来实现的，这些差异包括灰度、颜色和纹理特征。

边缘检测的实质是采用某种算法来提取图像中目标和背景的交界线。边缘是图像中灰度发生急剧变化的区域边界。图像灰度的变化情况可以用图像灰度分布的梯度来反映，因此可以用局部图像微分技术来获得边缘检测算子。常用的图像边缘检测算子有 Robert 算子、Sobel 算子、Prewitt 算子、Laplacian 算子和 Log 算子。

通常，边缘上的灰度变化平缓，而边缘两侧的灰度变化比较快，所以边缘上的数据量变化很小，垂直于边缘两侧的数据量变化很大。图像的边缘是指局部不连续的图像特征，一般是局部亮度变化最显著的部分，灰度值的变化、颜色分量的突变、纹理结构的突变都可以构成边缘信息。

边缘是有方向的，一个物体的边缘可能是水平的，也可能是垂直的。垂直于边缘的数据量变化很大，与边缘一致的数据量变化很小。因此，我们必须沿着垂直于边缘的方向才能找到最大的数据量变化。

本节基于常用的图像边缘检测算子对原始图像进行边缘提取，并对这些仿真结果所呈现的边缘提取和增强效果进行对比分析。

1. Robert 算子

Robert 算子是一种利用斜向偏差分的梯度计算方法来寻找边缘的算子，梯度的大小代表边缘的强度，梯度的方向与边缘走向垂直。求 Robert 算子实际上是求旋转 ±45°两个方向上微分值的和。Robert 算子定位精度高，在水平和垂直方向效果较好，但对噪声敏感。

原始彩色图像经灰度变换、Robert 算子边缘检测和锐化的 MATLAB 程序如下：

```
I=imread('a3.jpg');              %读取图像
I1=rgb2gray(I);                  %将彩色图变成灰色图
subplot(1, 3, 1), imshow(I1), title('原图');
model=[0, -1; 1, 0];
[m,n]=size(I1);
I2=double(I1);
for i=2:m-1
```

```
    for j=2:n-1
            I2(i, j)=I1(i+1, j)-I1(i, j+1);
        end
    end
    subplot(1, 3, 2), imshow(I2), title('边缘提取后的图像');
    I2 = I2 + double(I1);
    subplot(1, 3, 3), imshow(uint8(I2)), title('锐化后的图像');
```

程序运行结果如图 8-21 所示。

原图   边缘提取后的图像   锐化后的图像

图 8-21   图像灰度变换、Robert 算子边缘检测和锐化效果

2. Sobel 算子

Sobel 算子是像素图像边缘检测中最重要的算子之一。在技术上，它是一个离散的一阶差分算子，用来计算图像亮度函数的一阶梯度的近似值。Sobel 算子是一组方向算子，可以从不同的方向检测边缘。求 Sobel 算子不是简单地求平均再差分，而是加强了中心像素上、下、左、右 4 个方向像素的权重，运算结果是一幅边缘图像。Sobel 算子通常对灰度渐变和噪声较多的图像处理效果较好。

原始彩色图像经灰度变换、Sobel 算子边缘检测和锐化的 MATLAB 程序如下：

```
I=imread('a3.jpg');                %读取图像
I1=rgb2gray(I);                    %将彩色图变成灰色图
subplot(1, 3, 1), imshow(I1), title('原图');
model=[-1, 0, 1; -2, 0, 2; -1, 0, 1];
[m,n]=size(I1);
I2=double(I1);
for i=2:m-1
    for j=2:n-1
            I2(i,j)=I1(i+1,j+1)+2*I1(i+1,j)+I1(i+1,j-1)-I1(i-1,j+1)-2*I1(i-1,j)-I1(i-1,j-1);
        end
end
subplot(1, 3, 2), imshow(I2),
title('边缘提取后的图像');
I2 = I2 + double(I1);
subplot(1, 3, 3),
imshow(uint8(I2)),
title('锐化后的图像');
```

程序运行结果如图 8-22 所示。

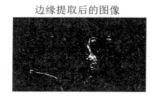

图 8-22　图像灰度变换、Sobel 算子边缘提取和锐化效果

3. Prewitt 算子

Prewitt 算子是一种边缘样板算子，它利用像素点上下、左右邻点的灰度差在边缘处达到极值来检测边缘，去掉部分伪边缘，对噪声具有平滑作用。其检测是通过在图像空间利用两个方向模板与图像进行邻域卷积来完成的，这两个方向模板一个检测水平边缘，一个检测垂直边缘。由于边缘点像素的灰度值与其邻域点像素的灰度值有显著不同，因此在实际应用中通常采用微分算子和模板匹配方法检测图像的边缘。Prewitt 算子不仅能检测边缘点，而且还能抑制噪声的影响，对灰度和噪声较多的图像处理效果较好。

原始彩色图像经灰度变换、Prewitt 算子边缘检测和锐化的 MATLAB 程序如下：

```
I=imread('a3.jpg');              %读取图像
I1=rgb2gray(I);                  %将彩色图变成灰色图
subplot(1, 3, 1), imshow(I1), title('原图');
model=[-1, 0, 1; -1, 0, 1; -1, 0, 1];
[m,n]=size(I1);
I2=I1;
for i=2:m-1
      for j=2:n-1
              tem=I1(i-1:i+1, j-1:j+1);
              tem=double(tem).*model;
              I2(i, j)=sum(sum(tem));
      end
end
subplot(1, 3, 2), imshow(uint8(I2)), title('边缘提取后的图像');
I2=I2+I1;
subplot(1, 3, 3), imshow(I2), title('锐化后的图像');
```

程序运行结果如图 8-23 所示。

图 8-23　图像灰度变换、Prewitt 算子边缘提取和锐化效果

4. Laplacian 算子

Laplacian 算子是 n 维欧几里得空间中的一个二阶微分算子，定义为梯度的散度。Laplacian 算法是图像邻域内像素灰度差分计算的基础，是通过二阶微分推导出的一种图像邻域增强算法。它的基本思想是当邻域的中心像素灰度低于它所在邻域内的其他像素的平均灰度时，此中心像素的灰度应进一步降低；当邻域的中心像素灰度高于它所在邻域内的其他像素的平均灰度时，此中心像素的灰度应进一步提高，从而实现图像锐化处理。在算法实现过程中，通过对邻域中心像素的四方向或八方向求梯度，并将梯度和相加来判断中心像素灰度与邻域内其他像素灰度的关系，最后用梯度运算的结果对像素灰度进行调整。

原始彩色图像经灰度变换、Laplacian 算子边缘检测和锐化的 MATLAB 程序如下：

```
I=imread('a3.jpg');              %读取图像
I1=mat2gray(I);                  %实现图像矩阵的归一化操作
[m,n]=size(I1);
newGrayPic=I1;                   %为保留图像边缘的一个像素
LaplacianNum=0;                  %经 Laplacian 算子计算得到的每个像素的值
LaplacianThreshold=0.2;          %设定阈值
for j=2:m-1                      %进行边界提取
    for k=2:n-1
        LaplacianNum=abs(4*I1(j, k)-I1(j-1, k)-I1(j+1, k)-I1(j, k+1)-I1(j, k-1));
        if(LaplacianNum > LaplacianThreshold)
            newGrayPic(j,k)=255;
        else
            newGrayPic(j,k)=0;
        end
    end
end
I2=rgb2gray(I);                  %将彩色图变成灰色图
subplot(1, 3, 1), imshow(I2), title('原图');
subplot(1, 3, 2), imshow(newGrayPic), title('边缘提取后的图像');
t=I1+newGrayPic; subplot(1, 3, 3), imshow(t), title('锐化后的图像');
```

程序运行结果如图 8-24 所示。

图 8-24 图像灰度变换、Laplacian 算子边缘提取和锐化效果

5. Log 算子

Laplacian 算子检测方法常常产生双像素边界，而且对图像中的噪声相当敏感，不能检

验边缘方向，所以一般很少直接使用 Laplacian 算子进行边缘检测；通常将高斯滤波和 Laplacian 边缘检测结合在一起，形成 Log 算子(也称为拉普拉斯-高斯算子)进行边缘检测。Log 算子是对 Laplacian 算子的一种改进，它需要考虑 5×5 邻域的处理，从而可以获得更好的检测效果。由于 Laplacian 算子对噪声非常敏感，因此 Log 算子引入了平滑滤波，有效地去除了服从正态分布的噪声，从而使边缘检测的效果更好。

　　求 Log 算子的运算需要计算图片在空间上的二阶导数。这意味着当图片中某个区域的强度是固定值时，其 Log 变换的响应值为 0。而在图片的强度发生变化的区域，较暗的一侧 Log 的响应值是正数，较亮的一侧 Log 的响应值则为负数，这意味着在两个强度均匀但不同的区域中间会有一条相对锐利的边，而 Log 函数对于这一部分区域的响应情况为：在连续强度不变的区域响应值为 0，在边的一侧响应值为正数，在边的另一侧响应值为负数，在边中间的某一点响应值为 0。

　　通常我们可以用两个大小不同的高斯函数的差值来近似 Log 滤波器。这种滤波器称为 DoG(Difference of Gaussians)过滤器，它只是两个大小不同的均值滤波器之间的差值，可以产生 Log 滤波器的一种平方近似，但其计算速度更快。

　　原始彩色图像经灰度变换、Log 算子边缘检测和锐化的 MATLAB 程序如下：

```
t=imread('a3.jpg');
t=rgb2gray(t);
[m,n]=size(t);
subplot(1, 3, 1), imshow(t), title('原图');
tt=t;
model=[0, 0, 1, 0, 0; 0, 1, 2, 1, 0; 1, 2, -16, 2, 1; 0, 0, 1, 0, 0; 0, 1, 2, 1, 0] ;
for i=3:m-2
    for j=3:n-2
        tem=double(t(i-2:i+2,j-2:j+2)).*model;
        x=sum(sum(tem));
        tt(i, j)=x;
    end
end
subplot(1, 3, 2), imshow(tt), title('边缘提取后的图像');
t_1=double(tt)+double(t);
subplot(1, 3, 3), imshow(uint8(t_1)), title('锐化后的图像');
```

程序运行结果如图 8-25 所示。

原图

边缘提取后的图像

锐化后的图像

图 8-25　图像灰度变换、Log 算子边缘提取和锐化效果

Sobel 算子与 Prewitt 算子的思路相同，属于同一类型，因此处理效果基本相同。Robert 算子的模板为 2×2，提取信息较弱，单方向锐化经过处理之后，也可以对边界进行增强。Laplacian 算子对噪声比较敏感，但是它对图像中的某些边缘会产生双重响应，所以图像一般先进行平滑处理。通常把 Laplacian 算子和平滑算子结合起来生成一个新的模板——Log 算子。

Robert 算子只考虑源像素点和右下角 3 个相邻像素点的突变程度；Prewitt 算子考虑了源像素点周围 8 个相邻像素点的值对比；Sobel 算子是对 Prewitt 算子的进一步优化，把邻域像素点的权重增大，不过它只考虑 8 个相邻像素点在水平和垂直方向的突变，没有加入像素点自身的比较；Laplacian 算子综合考虑了源像素点和 8 个相邻像素点。

这几个算子的实现是从简单到复杂的渐变过程，达到的效果也不同。总体来说，Robert 算子是 2×2 的模板，计算速度相对较快；Sobel 算子、Prewitt 算子和 Laplacian 算子都是 4×4 的模板，而且需要对二阶求导的结果进行像素点的映射，比 Robert 算子复杂度高，但是 Laplacian 算子比 Sobel 算子和 Prewitt 算子的计算量少。所以，如果侧重速度，可以考虑 Robert 算子；如果想要锐化效果更好，牺牲掉一些计算量，可以考虑 Laplacian 算子。

8.3.2　图像锐化的 DSP 实现

1. 实验原理

图像锐化处理的目的是使模糊的图像变得清晰起来。图像模糊是图像受到平均或积分运算造成的，因此可以对图像进行逆运算(如微分运算)来使图像清晰化。从频谱角度来分析，图像模糊的实质是其高频分量被衰减，因而可以通过高通滤波操作使图像清晰化。但要注意，能够进行锐化处理的图像必须有较高的信噪比，否则锐化后的图像信噪比会更低，从而使噪声增加得比信号还要多，因此一般先去除或减轻噪声后再进行锐化处理。

图像锐化一般有微分锐化方法和高通滤波锐化方法两种。拉普拉斯锐化法是一种常用的微分锐化方法。拉普拉斯运算是偏导数运算的线性组合，而且是一种各向同性(旋转不变)的线性运算。

设 $\nabla^2 f$ 为拉普拉斯算子，定义为

$$\nabla^2 f = \frac{\partial^2 f}{\partial x^2} + \frac{\partial^2 f}{\partial y^2}$$

对于离散数字图像 $f(i, j)$，其一阶偏导数为

$$\begin{cases} \dfrac{\partial f(i,j)}{\partial x} = \Delta_x f(i,j) = f(i,j) - f(i-1,j) \\ \dfrac{\partial f(i,j)}{\partial y} = \Delta_y f(i,j) = f(i,j) - f(i,j-1) \end{cases}$$

其二阶偏导数为

$$\begin{cases} \dfrac{\partial^2 f(i,j)}{\partial x^2} = \Delta_x f(i+1,j) - \Delta_x f(i,j) = f(i+1,j) + f(i-1,j) - 2f(i,j) \\ \dfrac{\partial^2 f(i,j)}{\partial y^2} = \Delta_y f(i,j+1) - \Delta_y f(i,j) = f(i,j+1) + f(i,j-1) - 2f(i,j) \end{cases}$$

所以，拉普拉斯算子$\nabla^2 f$为

$$\nabla^2 f = \frac{\partial^2 f}{\partial x^2} + \frac{\partial^2 f}{\partial y^2} = f(i-1,j) + f(i+1,j) + f(i,j+1) + f(i,j-1) - 4f(i,j)$$

对于扩散现象引起的图像模糊，可以用下式来进行锐化：

$$g(i,j) = f(i,j) - k\tau \nabla^2 f(i,j)$$

这里 $k\tau$ 是与扩散效应有关的系数，该系数的取值要合理。如果 $k\tau$ 过大，则图像轮廓边缘会产生过冲；如果 $k\tau$ 过小，则锐化效果不明显。

如果令 $k\tau = 1$，则变换公式为

$$g(i,j) = 5f(i,j) - f(i-1,j) - f(i+1,j) - f(i,j+1) - f(i,j-1)$$

用模板表示如下：

$$\begin{bmatrix} 0 & -1 & 0 \\ -1 & 5 & -1 \\ 0 & -1 & 0 \end{bmatrix}$$

这样拉普拉斯锐化运算可以转换为模板运算。

实验程序流程图如图 8-26 所示。

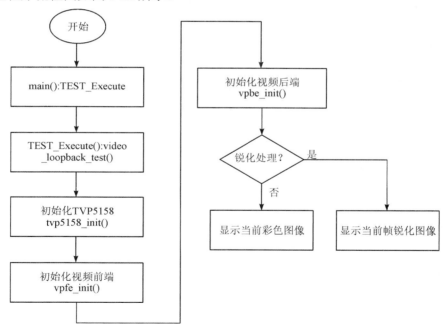

图 8-26　实验程序流程图

2. 实验步骤

1) 仿真连接

检查 ICETEK-XDS100 仿真器插头是否连接到 ICETEK-DM6437-AF 板的仿真插头 J1 上。确保正确连接后，将所有插针都插入插座中。使用实验箱附带的 USB 电缆连接 PC 的

USB 插座和仿真器的 USB 接口插座，ICETEK-XDS100 仿真器上的红色电源指示灯点亮。

(1) 连接实验箱电源：关闭实验箱左上角的电源总开关后，使用实验箱附带的电源线连接实验箱左侧的电源插座和电源接线板。

(2) 接通电源：将实验箱左上角电源总开关拨到"开"的位置，将实验箱右下角控制 ICETEK-DM6437-AF 板电源的评估板电源开关拨到"开"的位置。接通电源后，ICETEK-DM6437-AF 板上的电源模块指示灯(红色)D2 点亮。同时，信号源上的红色电源指示灯也点亮。

2) 启动 CCS5

点击桌面上的相应图标，启动 CCS5。

3) 导入实验工程

(1) 在 CCS5 窗口中选择菜单项 Project→Import Existing CCS Eclipse Project；

(2) 点击 Select search-directory 右侧的 Browse 按钮；

(3) 选择 C:\ICETEK\ICETEK-DM6437-AF\Lab0605-VideoLaplaceSharp，点击 OK 按钮；

(4) 点击 Finish 按钮，CCS5 窗口左侧的工程浏览窗口中会增加一项：Lab0605-VideoLaplaceSharp，点击它使之处于激活状态，项目激活时会显示成粗体的 Lab0605-VideoLaplaceSharp [Active - Debug]；

(5) 展开工程，双击其中的 main.c 和 videolaplaceSharp.c，打开这两个源程序文件，浏览内容。

4) 运行程序

(1) 编译程序：选择菜单项 Project→Build Project，注意观察编译完成后，Console 窗口有没有编译错误提示，最终显示 Finished building target：videolaplaceSharp.out。

(2) 启动 Debug 并下载程序：选择菜单项 Run→Debug，程序正确下载后可以观察到当前程序停止在 main.c 的第 16 行的 main 函数入口处。

(3) 运行程序：在 Debug 窗口中选择菜单项 Run→Resume。

5) 视频图像 Loopback 显示测试

右击 Texas Instruments XDS100v2 USB Emulation_0/C64XP_0(Running)，点击 Open File GEL View，在 GEL Files 页面右击，选择 Remove All，再次右击，选择 Load GEL，在灰度变换工程文件夹下选择 LaplaceSharp.gel 。

点击菜单栏 Scripts→Sharp→ChangeOneFrame，在弹出页面输入 1，点击 Execute，模拟显示屏上显示摄像头捕获的视频的当前帧锐化图像。按照上述步骤在弹出页面输入 0 时，显示屏显示当前摄像头捕获的视频图像。

6) 结束实验

(1) 停止程序运行：在 Debug 窗口中选择菜单项 Run→Suspend。

(2) 退出 Debug 方式：在 Debug 窗口中选择菜单项 Run→Terminate。

(3) 退出 CCS5。

3. 实验结果

实验结果如图 8-27 所示。其中(a)、(b)两图方框处分别为摄像头捕获的实时图像和经过锐化处理的图像。通过对比，可以看到经过锐化处理的图 8-27(b)，其天花板上的线条更加明显。

(a)　　　　　　　　　　　　　　　　　(b)

图 8-27　图像锐化结果

由此可知，图像锐化突出了图像上地物的边缘、轮廓，或某些线性目标要素的特征。

4. C 源程序

C 源程序如下：

```
/****************************************************************
//该实验首先将摄像头采集到的图像显示在显示器上(显示器分辨率为720*576)
//更改特定参数后进行图像锐化，然后将部分锐化后的图像显示在显示器上，比较锐化前后的
效果
****************************************************************/
#include "stdio.h"
#include "evmdm6437.h"
/****************************************************************
/* 函数名称:TEST_execute()
/* 函数功能:执行测试功能，并打印测试信息
/* 参数:                                                    */
/* 返回值: 无
/****************************************************************/
void TEST_execute( Int16 ( *funchandle )( ), char *testname, Int16 testid )
{
        Int16 status;
        printf( "%02d    Testing %s...\n", testid, testname );
        status = funchandle( );
}

extern Int16 video_loopback_test();
/*----------------------------------------------------------------
*
  *main( )                                                        *
```

```
-------------------------------------------------------------------- */
void main( void )
{
    /* Initialize BSL */
    EVMDM6437_init( );
    TEST_execute( video_loopback_test,    "Video Loopback", 1 );
}
/**********************************************************************
/*  函数名称:video_loopback_test( )
/*  函数功能:图像采集后显示在显示器上
/*  参数: 无
/*  返回值: 无
**********************************************************************/
Int16 video_loopback_test( )
{
    Int16 ntsc_pal_mode;
    Int16 output_mode;
    Uint32 video_capture_buffer = (DDR_BASE + ( DDR_SIZE/2));      //存储一帧摄像头采集的
图像数据到输入缓冲区
    Uint32 video_display_buffer = (DDR_BASE + ( DDR_SIZE / 2 ) + ( DDR_SIZE / 4 ));
                                //存储一帧 TV 显示器显示的图像数据到输出缓冲区
    Uint32 video_buffer = (DDR_BASE + ( DDR_SIZE / 2 ) + ( DDR_SIZE / 4 ) + ( DDR_SIZE / 8 ));
                                //存储图像处理过程数据的数据缓冲区

    Uint16 width;
    Uint16 height;
    /* 设置视频制式和视频格式*/
    ntsc_pal_mode = PAL;
    output_mode = COMPOSITE_OUT;
    if ( ntsc_pal_mode == NTSC )
    {
        width = 720;
        height = 480;
        if ( output_mode == COMPOSITE_OUT )
            printf( " Video Loopback test: [NTSC][COMPOSITE]\n" );
        else if ( output_mode == SVIDEO_OUT )
            printf( " Video Loopback test: [NTSC][S-VIDEO]\n" );
        else
            return -1;
    }
```

```
else if ( ntsc_pal_mode == PAL )
{
        width = 720;
        height= 576;
        if ( output_mode == COMPOSITE_OUT )
            printf( " Video Loopback test:   [PAL][COMPOSITE]\n" );
        else if ( output_mode == SVIDEO_OUT )
            printf( " Video Loopback test:    [PAL][S-VIDEO]\n" );
        else
            return -1;
}
else
        return -2;
/*配置解码器和视频处理前端(VPFE)*/
tvp5146_init( ntsc_pal_mode, output_mode);
vpfe_init( ntsc_pal_mode, (Uint32)video_capture_buffer );
/* 配置显示设备的后端(VPBE)*/
vpbe_init( LOOPBACK, ntsc_pal_mode, output_mode, (Uint32)video_capture_buffer);
while ( 1 )
{
    if(start)
    {
            /*功能:将之前存储的一帧图像数据进行灰度变换
             *参数:待处理图像的数据空间位置, 图像处理之后的数据空间位置,图像每行
           像素点的个数,图像的宽度,图像的高度
             *   */
            ICETEKDM6437B2Gray((unsigned char *)video_capture_buffer, (unsigned char *)
        video_display_buffer, width, width, height);
            /*功能:将得到的灰度图像数据进行锐化变换
             *参数:待处理图像的数据空间位置, 图像处理之后的数据空间位置, 图像处理
         过程的数据空间位置, 图像的宽度, 图像的高度, 图像每行像素点的个数
             *   */
ICETEKDM6437B2LaplaceSharp((unsigned char *)video_capture_buffer + 100 *width * 2, unsigned
char *) video_display_buffer + 100 * width * 2, (unsigned char *)video_buffer, width, 200, width);
            /*将处理后的图像数据输出到输出缓冲区*/
            vpbe_init( LOOPBACK, ntsc_pal_mode, output_mode, (Uint32)video_display_
        buffer);
            while(start);
            /*重新存储一帧摄像头采集的图像数据到输入缓冲区  */
```

```
        vpbe_init( LOOPBACK, ntsc_pal_mode, output_mode, (Uint32)video_capture_
    buffer);
        }
    }
    return 0;
}
```

//函数功能:利用拉普拉斯微分法进行图像的锐化处理

//函数名称:ICETEKDM6437B2LaplaceSharp(unsigned char * src, unsigned char * dst, unsigned char * buffer, int nWidth, int nHeight, int nPixelLine)

/*参数:*src: 经过 5146 转换后的原始图像

*   *dst: 经过算法处理后的数据存放位置

*   *buffer: 图像处理过程中的存放位置

*   nWidth: 图像的宽度

*   nHeight: 图像的高度

*   nPixelLine: 此实验中图像每行的像素点=图像的宽度=720

*///实验中处理的是对 Y 分量进行拉普拉斯变换

```
void ICETEKDM6437B2LaplaceSharp(unsigned char * src, unsigned char * dst, unsigned char *
buffer, int nWidth, int nHeight, int nPixelLine)
{
    int i,j;
    dbTargetImage =buffer;
    pImg=dbTargetImage;              //pImg 是要处理的图片
    //pImg=buffer;
    for ( i=0; i<IMAGEWIDTH; i++,pImg++ )
        (*pImg)=0;
    (*pImg)=0;                       //pImg 代表的地址初始位设置为 0
    pImg1=src + 1;                   //地址向后移动一位的取值，取到 Y 的分量
    pImg2=pImg1+nPixelLine * 2;      //一个像素点占用两个字节，所以像素点乘 2，表示
                                       提取的是下一行的像素点
    pImg3=pImg2+nPixelLine * 2;      //取下一行的像素点
    for ( i=2; i<nHeight; i++ )      //遍历所有高度
    {   //一共取 9 个像素点进行计算，分别为 3×3 矩阵对应的拉普拉斯系数
        pImg++;
        x1=(*pImg1); pImg1+=2; x2=(*pImg1); pImg1+=2; //取得矩阵对应的第一行前两个像
素点后, 记录下第一行第三个像素点的位置
            x4=(*pImg2); pImg2+=2; x5=(*pImg2); pImg2+=2; //取得矩阵对应的第二行前两个像
素点后, 记录下第二行第三个像素点的位置
            x7=(*pImg3); pImg3+=2; x8=(*pImg3); pImg3+=2; //取得矩阵对应的第三行前两个像
素点后, 记录下第三行第三个像素点的位置
```

```
for ( mi=2; mi<nWidth; mi++,pImg++,pImg1+=2,pImg2+=2,pImg3+=2 )
{        //根据矩阵,计算公式如下:y=5x5-x2-x4-x6-x8
        x3=(*pImg1); x6=(*pImg2); x9=(*pImg3);        //取得三行的第三个像素点
        m_nWork1=x5<<2; m_nWork1+=x5;        //将 x5 乘 5
        m_nWork2=x2+x4+x6+x8;
        m_nWork1-=m_nWork2;
        if ( m_nWork1>255 )  m_nWork1=255;        //设置像素点上限
        else if ( m_nWork1<0 )        m_nWork1=0;        //设置像素点下限
        (*pImg)=m_nWork1;
        x1=x2; x2=x3;        //第一行向后移动一个像素点, 用以进行上述重复处理
        x4=x5; x5=x6;        //第二行向后移动一个像素点, 用以进行上述重复处理
        x7=x8; x8=x9;        //第三行向后移动一个像素点, 用以进行上述重复处理
}
pImg1+=(nPixelLine - nWidth ) * 2;    //换行
pImg2+=(nPixelLine - nWidth ) * 2;    //换行
pImg3+=(nPixelLine - nWidth ) * 2;    //换行
(*pImg)=0; pImg++;                //清 0, 进行下次变换
}
pImg = dbTargetImage;                //以下将处理后的图片显示出来
for ( j = 0 ; j < nHeight ; j++ )
{
        for( i = 0; i < nWidth ; i++)
        {
                dst[j * nWidth * 2 + i * 2] = 0x80;        //灰度值像素点存放位置, 非 Y 分量
                                                        则赋值为 0x80
                dst[j * nWidth * 2 + i * 2 + 1] = *pImg++;    //灰度值像素点存放位置, 处理后 Y
                                                        分量的存放位置
        }
        dst += (nPixelLine - nWidth ) * 2;            //换行
}
}
```

本 章 小 结

　　本章主要介绍 TMS320DM6437 的主机接口(HPI)与多通道缓冲串口(McBSP), 内容包括主机接口(HPI)的结构、引脚与接口信号、读/写时序、操作、寄存器、中断以及多通道缓冲串口(McBSP)的结构与接口、寄存器、数据传输、标准操作、μ-律/A-律压扩硬件操作、SPI 协议等。TI 各个系列的 DSP 都配置有 HPI, 但不同的芯片 HPI 的设置与操作方法均有

不同之处，要针对不同芯片所采用的不同的 HPI，结合具体问题具体分析。

习　题　8

一、填空题

1. 通用主机接口(HPI)是一个与主机通信的高速_____接口，外部主机掌管该接口的主要控制权。在 TMS320DM6437 DSP 中，主机接口是一个_____位宽度的并行接口。

2. TMS320C64x DSP 具有_____条外部引脚 HD[31:0]。因此，TMS320C64x DSP HPI 支持 16 位或 32 位的外部引脚接口。当用于 16 位宽的主机接口时，TMS320C64x DSP HPI 称为_____；当用于 32 位宽的主机接口时，TMS320C64x DSP HPI 称为_____。

3. HPI32 具有 32 位的数据总线，使用增强宽度的数据总线，所有传输均为一个 32 位的_____，而不是两个连续的 16 位_____。因此，HPI32 模式的 HPI 操作吞吐量比 HPI16 的大。

4. 在复位时，TMS320C64x DSP 的 HPI 可以配置为 HPI16 或 HPI32 模式。HPI 的读/写时序主要由_____引脚控制。在 $\overline{\text{HSTROBE}}$ 引脚下降沿锁存 HCNTL1、HR/$\overline{\text{W}}$ 和 HHWIL 信号，同时_____信号变低。此时，HPI 就锁存了各种控制信号，得到的控制信号包括读/写信息、字节信息、寄存器信息等。

5. 主机按照以下步骤实现对 HPI 的访问：① 初始化 HPI 的_____；② 初始化 HPI 的_____；③ 写数据到 HPID 或从 HPID 读取数据。

6. 主机和 DSP 都使用 HPIC 寄存器中的一些位来相互申请中断。主机向 HPIC 寄存器的 DSPINT 写入_____，产生一个 DSP 中断。当 DSP 向 HPIC 寄存器的 HIPN 写入_____时，DSP 产生一个向主机的有效中断。

7. 多通道缓冲串口(Multi-channel Buffered Serial Port，McBSP)是 TMS320C6x DSP 最基本的片内外设之一。TMS320DM6437 包含_____个多通道缓冲串口。多通道缓冲串口主要用于串口通信，一般用于连接_____外设，如串行 A/D 和 D/A，串行 EE、SPI 设备等。此外，多通道缓冲串口还可以实现 DSP 之间的连接。

8. McBSP 可以进行_____工通信，McBSP 的数据传输速率最高为 DSP 指令周期的一半，可与多达_____个通道进行多通道收发。

9. McBSP 的复位方式包括_____和_____。

10. McBSP 在发送帧同步的有效位被检测到之后，_____寄存器中的数据经过一定的数据延迟(由 XDATDLY 设置)，依次移位输出到_____引脚。

二、选择题

1. 在 HPIC 寄存器和 HPIA 寄存器初始化完成后，主机就可以从 DSP 读取数据。以下说法错误的是(　　)。

A. HPI16 固定地址模式下，主机通过两个 16 位的半字来读取 32 位的 HPID 寄存器

B. HPI32 固定地址模式下，主机可以一次读取 32 位的数据

C. HPI16 地址自增模式下，主机利用两次读周期读取一个 32 位数据，之后 HPIA 地址加 1

  D.　HPI32 地址自增模式下，主机利用两次读周期读取一个 32 位数据，之后 HPIA 地址加 1

 2. 关于 HPI 中断，以下说法正确的是(　　)。

 A. 主机向 HPIC 寄存器的 DSPINT 写入 1 时，产生一个 DSP 中断

 B. DSP 向 HPIC 寄存器的 DSPINT 写入 1 时，产生一个 DSP 中断

 C. DSP 向 HPIC 寄存器的 DSPINT 写入 1 时，产生一个主机中断

 D. 主机向 HPIC 寄存器的 DSPINT 写入 0 时，产生一个主机中断

 3. 关于 McBSP 的 SPI 协议的初始化过程，下列说法正确的是(　　)。

 A. 设置 XRST 和 RRST 为 0，禁止 McBSP 的接收和发送

 B. 设置 CLKSTP 为 0×，禁止时钟停止模式

 C. 设置 GRST 为 0，使采样时钟发生器开始

 D. 等待两个以上时钟周期，确保 McBSP 的初始化完成

 4. 下面关于允许串口引脚(CLKX、FSX、DX、CLKR、FSR、DR 和 CLKS)用作通用 I/O 引脚的说法错误的是(　　)。

 A. 串口的相关部分(发送器或接收器)处于复位状态：SPCR 的(R/X)RST=0

 B. 将串口的相关部分使能为通用的 I/O：PCR 的(R/X)IOEN=1

 C. 串口的相关部分(发送器或接收器)处于复位状态：SPCR 的(R/X)RST=1

 D. 将 McBSP SPCR 中的 RRST 和 XRST 位清零，禁止 McBSP 发送和接收数据，然后将 RIOEN 和 XIOEN 位置 1

 5. McBSP 中断设置中，下列设置方法错误的是(　　)。

 A. (R/X)INTM=00b：通过跟踪 SPCR 中的(R/X)RDY 对每个串行单元产生中断

 B. (R/X)INTM=01b：在一个帧内部的子帧结束中断

 C. (R/X)INTM=10b：当探测到帧同步脉冲时产生中断；仅当发送/接收器处于置位时，也可产生一个中断

 D. (R/X)INTM=11b：帧同步错误时产生中断

三、问答与思考题

 1. 简述 HPI 的组成。HPI 的工作方式有哪些？它们有什么区别？

 2. 主机对 HPI 的访问分为哪几个步骤？

 3. 简述 HPI 的外部接口信号。

 4. McBSP 作为 SPI 主设备和从设备，在操作上有何区别？

 5. 简述 McBSP 的标准操作。

 6. μ-律和 A-律数据压缩分别是怎样实现的？两者之间有何区别？

 7. 查阅相关资料，了解同步串口、异步串口、SPI、I²C 等各种串行口协议，说明它们的协议内容、实现方法和应用。

第 9 章 通用输入/输出接口(GPIO)与定时器

 学习导读

本章介绍 TMS320DM6437 的通用输入/输出接口(GPIO)与 32 位定时器。通用输入/输出接口包括输入和输出引脚，用于获取外界状态或输出特定电平信号。定时器在应用系统设计中起着重要的作用，可用于定时控制、延时、外部事件的计数等。在嵌入式系统中，常利用定时器来实现任务管理调度、时间控制以及特定波形输出等。

 学习目标

1. 知识目标

(1) 理解并掌握 GPIO 的结构、功能与中断控制。

(2) 掌握 GPIO 寄存器的结构、配置与应用。

(3) 理解 32 位定时器的结构、功能与工作模式控制。

(4) 掌握定时器寄存器的结构、配置与应用。

2. 能力目标

通过对 TMS320DM6437 的 GPIO 和定时器的学习，能够在 DSP 硬件系统设计、软件设计中注重其应用，并在此基础上理解微处理器的架构中各种相关技术的应用。

3. 素质目标

本课程是一门工程实践特色非常鲜明的专业基础课，要求学生具备较强的实践动手能力，必须通过大量的上机实验来巩固和验证所学理论知识，并且要求能够举一反三，综合运用所学知识来解决工程实践问题，真正做到从工程实践中来，回到工程实践中去。学习过程中注重三观(即实践观、数字观、时频观)培养。实践观：作为紧密结合工程实践的课程，课程教学中的理论和方法需要得到工程实践应用的验证。数字观：要对数字域与模拟域有所区分，比如数字信号、数字频率、圆周卷积、频谱分析、数字滤波等。时频观：信

号的处理可以在时域和频域两个域进行观测、分析、处理、设计与应用。

在学习的过程中注重体会"夯实基础、拓宽口径、重视设计、突出综合、强化实践"的原则,通过"DSP 原理及应用"理论课、实验课、课程设计、课程论文、毕业设计等的学习,对自身进行系统化的工程项目训练,培养工程意识、工程素养、工程研究与工程创新能力,树立正确的人生观、世界观与社会主义核心价值观,力争做到知识与能力、创新与创业、理论与实践、科学性与价值性的辩证统一,铸就科学精神、工匠精神与社会主义核心价值观。

9.1　通用输入/输出接口(GPIO)

9.1.1　GPIO 概述

TMS320DM6437 的 GPIO 提供了通用输入/输出引脚,既可配置为输出,又可配置为输入。当配置为输出时,用户通过写内部寄存器来控制输出引脚状态;当配置为输入时,用户通过读内部寄存器来检测输入状态。此外,GPIO 还可通过不同的中断或事件产生模式来触发 CPU 中断和 EDMA(增强型直接存储器存取)事件。TMS320DM6437 有多达 111 个 GPIO 信号引脚,这些引脚提供了与外部设备的通用连接。GPIO 分为 7 组(Banks),前 6 组各包含 16 位,如 0 组为 GP[0:15];第 7 组包含 15 位,即 GP[96:110]。图 9-1 是具有通用输入/输出引脚的 TMS320DM6437 的结构框图。图 9-2 是通用输入/输出引脚框图。

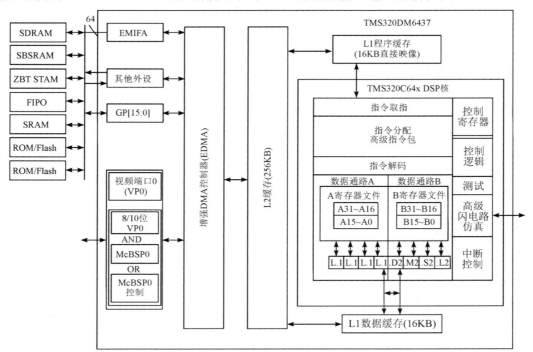

图 9-1　具有通用输入/输出引脚的 TMS320DM6437 的结构框图

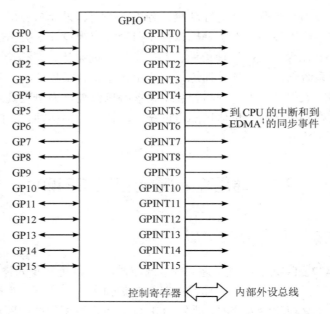

↑详见指定设备数据表，一些 GPIO 管脚能和其他元件信号多路复用。

↕所有 GPINTx 对 EDMA 来说都是同步事件，只有 GPINT0 和 GPINT[4:7]对 CPU 来说可作为中断。

图 9-2 通用输入/输出引脚框图

GPIO 外设的输入时钟表示为锁相环(PLL1)的 6 分频，最大的运行速度为 10 MHz。TMS320DM6437 通过引脚的多路复用来实现在尽可能小的封装上容纳尽可能多的外设功能。引脚的多路复用可通过硬件配置器件复位和寄存器软件编程设置来控制。

9.1.2 GPIO 功能

GPIO 内部结构如图 9-3 所示。TMS320DM6437 支持如下 GPIO 功能：

(1) 有多达 111 个 3.3 V 的 GPIO 引脚，即 GP[0:110]。

(2) 中断：① 有多达 8 个位于 0 组的独立的中断，即 GP[0:7]；② 所有 GPIO 信号都可作为中断源，7 组 GPIO 都有各自的中断信号；③ 可规定每组 GPIO 中断使能信号，通过上升沿或下降沿来触发中断。

(3) 直接内存存取 EDMA 事件：① 有多达 8 个位于 0 组的独立的 GPIO EDMA 事件；② 7 组 GPIO 都有各自的 EDMA 事件信号。

(4) 设置/清除功能位：通过固件写 1 到对应的位来设置或清除 GPIO 信号，这允许多个固件进程在没有临界区保护(禁用中断、编程 GPIO、重启中断、防止上下文在 GPIO 编程中切换到另一个进程)的情况下切换 GPIO 输出信号。

(5) 独立的输入/输出寄存器：通过读输入/输出寄存器可反映输入/输出引脚状态。

(6) 输出寄存器除了设置/清除，还可以通过直接写输出寄存器来切换 GPIO 输出信号。

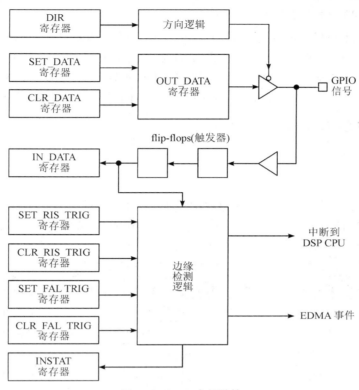

图 9-3　GPIO 内部结构

下面分别介绍使用 GPIO 信号作为输入或输出的设置方法。

1. 使用 GPIO 信号作为输出

GPIO 信号可通过写 GPIO 方向寄存器(DIR)来配置输入或输出操作。要将给定的 GPIO 信号配置为输出，需在 DIR 中清除该 GPIO 相关的位信号。当 GPIO 被配置为输出时，共有 3 个寄存器用来控制 GPIO 输出驱动状态：

(1) GPIO 设置数据寄存器(SET_DATA)，控制驱动 GPIO 信号为高；

(2) GPIO 清除数据寄存器(CLR_DATA)，控制驱动 GPIO 信号为低；

(3) GPIO 输出数据寄存器(OUT_DATA)，包含当前的输出信号状态。

读 SET_DATA、CLR_DATA 和 OUT_DATA 返回的输出状态不一定是真正的信号状态，因为一些信号可能被配置为输入。实际的信号状态通过 GPIO 相关的输入数据寄存器(IN_DATA)读取，IN_DATA 包含外部信号的实际逻辑状态。

驱动 GPIO 信号为高，可选以下任一种方法：一是将逻辑 1 写入该 GPIO 相关的 SET_DATA 位，SET_DATA 中包含 0 的比特位不影响相关输出信号的状态；二是通过使用读-修改-写(Read-Modify-Write)操作，修改该 GPIO 相关的 OUT_DATA 位，在 GPIO 输出信号上驱动的逻辑状态与写入到 OUT_DATA 所有位的逻辑值相匹配。

同样，驱动 GPIO 信号为低，可选以下任一种方法：一是将逻辑 1 写入该 GPIO 相关的 CLR_DATA 位，CLR_DATA 中包含 0 的比特位不影响相关输出信号的状态；二是通过使用读-修改-写(Read-Modify-Write)操作，修改该 GPIO 相关的 OUT_DATA 位，在 GPIO 输出信号上驱动的逻辑状态与写入到 OUT_DATA 所有位的逻辑值相匹配。

2. 使用 GPIO 信号作为输入

要将给定的 GPIO 信号配置为输入信号,需在方向寄存器(DIR)中设置所需 GPIO 的相关位,可以将给定的 GPIO 信号配置为输入。使用 GPIO 输入数据寄存器(IN_DATA)读取 GPIO 信号的当前状态:对于配置为输入的 GPIO 信号,读取 IN_DATA 返回与 GPIO 外设时钟同步的输入信号状态;对于配置为输出的 GPIO 信号,读取 OUT_DATA 返回由设备驱动的输出值。

9.1.3 中断和 EDMA 事件产生

1. 中断

1) 中断源

所有 GPIO 信号都可以通过配置来产生中断,GPIO 中断的同时产生对 EDMA 的同步事件。

TMS320DM6437 支持单一的 GPIO 信号中断、GPIO 组信号中断,或者两种形式混合的中断。GPIO 外设到 DSP CPU 的中断映射如表 9-1 所示。

表 9-1　GPIO 外设到 DSP CPU 的中断映射

中断源	缩　写	DSP 中断号	中断源	缩　写	DSP 中断号
GP[0]	GPIO0	64	GPIO Bank0	GPIOBNK0	72
GP[1]	GPIO1	65	GPIO Bank1	GPIOBNK1	73
GP[2]	GPIO2	66	GPIO Bank2	GPIOBNK2	74
GP[3]	GPIO3	67	GPIO Bank3	GPIOBNK3	75
GP[4]	GPIO4	68	GPIO Bank4	GPIOBNK4	76
GP[5]	GPIO5	69	GPIO Bank5	GPIOBNK5	77
GP[6]	GPIO6	70	GPIO Bank6	GPIOBNK6	78
GP[7]	GPIO7	71			

2) 配置 GPIO 中断的边沿触发

每个 GPIO 中断源可以配置为在 GPIO 信号上升沿、下降沿、两者兼具或两者均无(无事件)下产生中断,边沿检测与 GPIO 外设模块时钟同步,寄存器控制 GPIO 中断的边沿检测方式如下:

(1) 配置 GPIO 设置上升沿中断寄存器(SET_RIS_TRIG),写逻辑 1 到 SET_RIS_TRIG 的相关位,当 GPIO 信号中出现一个上升沿时允许 GPIO 中断;

(2) 配置 GPIO 清除上升沿中断寄存器(CLR_RIS_TRIG),写逻辑 1 到 CLR_RIS_TRIG 的相关位,当 GPIO 信号中出现一个上升沿时禁止 GPIO 中断;

(3) 配置 GPIO 设置下降沿中断寄存器(SET_FAL_TRIG),写逻辑 1 到 SET_FAL_TRIG 的相关位,当 GPIO 信号中出现一个下降沿时允许 GPIO 中断;

(4) 配置 GPIO 清除下降沿中断寄存器(CLR_FAL_TRIG),写逻辑 1 到 CLR_FAL_TRIG 的相关位,当 GPIO 信号中出现一个下降沿时禁止 GPIO 中断。

GPIO 中断发生在 GPIO 信号的上升沿和下降沿:

(1) 写逻辑 1 到 SET_RIS_TRIG 的相关位;

(2) 写逻辑 1 到 SET_FAL_TRIG 的相关位。

3) GPIO 中断状态

GPIO 中断事件的状态可以通过读取 GPIO 中断状态寄存器(INTSTAT)来监控。在相关比特位上用逻辑 1 表示等待 GPIO 中断，不被等待的中断用逻辑 0 表示。对于直接到 DSP 子系统的独立 GPIO 中断，中断状态可以通过相关的 CPU 中断标志读取。对于 GPIO 组中断，INTSTAT 可以用于确定是哪个 GPIO 中断发生。等待 GPIO 中断标志位清除是通过写逻辑 1 到 INTSTAT 中相关的比特位实现的。

2. EDMA 事件产生

通过在 GPIO 中断使能寄存器(BINTEN)中设置适当的比特位来使能 GPIO 中断事件。例如，为了使能 Bank0(GP[15:0])中断，置位 BINTEN 的位 0；为了使能 Bank3(GP[63:48])中断，置位 BINTEN 的位 3。表 9-2 列出了 GPIO 的 EDMA 同步事件源、事件名和 EDMA 同步事件号。

表 9-2　GPIO 的 EDMA 同步事件

EDMA 事件源	事件名	EDMA 同步事件号	EDMA 事件源	事件名	EDMA 同步事件号
GP[0]中断	GPINT0	32	GPIO Bank0 中断	GPBNKINT0	40
GP[1] 中断	GPINT1	33	GPIO Bank1 中断	GPBNKINT1	41
GP[2] 中断	GPINT2	34	GPIO Bank2 中断	GPBNKINT2	42
GP[3] 中断	GPINT3	35	GPIO Bank3 中断	GPBNKINT3	43
GP[4] 中断	GPINT4	36	GPIO Bank4 中断	GPBNKINT4	44
GP[5] 中断	GPINT5	37	GPIO Bank5 中断	GPBNKINT5	45
GP[6] 中断	GPINT6	38	GPIO Bank6 中断	GPBNKINT6	46
GP[7] 中断	GPINT7	39			

9.1.4　GPIO 寄存器

TMS320DM6437 有 7 组 GPIO 信号，这些 GPIO 信号通过与其相关的多个寄存器来控制。对每个 GPIO 信号组，GPIO 控制寄存器被组织为 1 个 32 位寄存器，这些控制寄存器进一步被分组，每组又含有一系列控制寄存器。表 9-3 列出了用于配置 GPIO 外设的寄存器。

表 9-3　用于配置 GPIO 外设的寄存器

地　　址	缩　　写	寄 存 器 名
0x01C6 7000	PID	外设识别寄存器
0x01C6 7004	PCR	外设控制寄存器
0x01C6 7008	BINTEN	中断使能寄存器
第 0、1 组 GPIO		
0x01C6 700C	-	保　　留
0x01C6 7010	DIR01	0 组和 1 组 GPIO 方向寄存器(GP[0:31])
0x01C6 7014	OUT_DATA01	0 组和 1 组 GPIO 输出数据寄存器(GP[0:31])
0x01C6 7018	SET_DATA01	0 组和 1 组 GPIO 设置数据寄存器(GP[0:31])
0x01C6 701C	CLR_DATA01	0 组和 1 组 GPIO 清除数据寄存器(GP[0:31])
0x01C6 7020	IN_DATA01	0 组和 1 组 GPIO 输入数据寄存器(GP[0:31])
0x01C6 7024	SET_RIS_TRIG01	0 组和 1 组 GPIO 设置上升沿中断寄存器(GP[0:31])

地　　址	缩　　写	寄 存 器 名
0x01C6 7028	CLR_RIS_TRIG01	0 组和 1 组 GPIO 清除上升沿中断寄存器(GP[0:31])
0x01C6 702C	SET_FAL_TRIG01	0 组和 1 组 GPIO 设置下降沿中断寄存器(GP[0:31])
0x01C6 7030	CLR_FAL_TRIG01	0 组和 1 组 GPIO 清除下降沿中断寄存器(GP[0:31])
0x01C6 7034	INSTAT01	0 组和 1 组 GPIO 中断状态寄存器(GP[0:31])
第 2、3 组 GPIO		
0x01C6 7038	DIR23	2 组和 3 组 GPIO 方向寄存器(GP[32:63])
0x01C6 703C	OUT_DATA23	2 组和 3 组 GPIO 输出数据寄存器(GP[32:63])
0x01C6 7040	SET_DATA23	2 组和 3 组 GPIO 设置数据寄存器(GP[32:63])
0x01C6 7044	CLR_DATA23	2 组和 3 组 GPIO 清除数据寄存器(GP[32:63])
0x01C6 7048	IN_DATA01	2 组和 3 组 GPIO 输入数据寄存器(GP[32:63])
0x01C6 704C	SET_RIS_TRIG23	2 组和 3 组 GPIO 设置上升沿中断寄存器(GP[32:63])
0x01C6 7050	CLR_RIS_TRIG23	2 组和 3 组 GPIO 清除上升沿中断寄存器(GP[32:63])
0x01C6 7054	SET_FAL_TRIG23	2 组和 3 组 GPIO 设置下降沿中断寄存器(GP[32:63])
0x01C6 7058	CLR_FAL_TRIG23	2 组和 3 组 GPIO 清除下降沿中断寄存器(GP[32:63])
0x01C6 705C	INSTAT23	2 组和 3 组 GPIO 中断状态寄存器(GP[32:63])
第 4、5 组 GPIO		
0x01C6 7060	DIR45	4 组和 5 组 GPIO 方向寄存器(GP[64:95])
0x01C6 7064	OUT_DATA45	4 组和 5 组 GPIO 输出数据寄存器(GP[64:95])
0x01C6 7068	SET_DATA45	4 组和 5 组 GPIO 设置数据寄存器(GP[64:95])
0x01C6 706C	CLR_DATA45	4 组和 5 组 GPIO 清除数据寄存器(GP[64:95])
0x01C6 7070	IN_DATA45	4 组和 5 组 GPIO 输入数据寄存器(GP[64:95])
0x01C6 7074	SET_RIS_TRIG45	4 组和 5 组 GPIO 设置上升沿中断寄存器(GP[64:95])
0x01C6 7078	CLR_RIS_TRIG45	4 组和 5 组 GPIO 清除上升沿中断寄存器(GP[64:95])
0x01C6 707C	SET_FAL_TRIG45	4 组和 5 组 GPIO 设置下降沿中断寄存器(GP[64:95])
0x01C6 7080	CLR_FAL_TRIG45	4 组和 5 组 GPIO 清除下降沿中断寄存器(GP[64:95])
0x01C6 7084	INSTAT45	4 组和 5 组 GPIO 中断状态寄存器(GP[64:95])
第 6 组 GPIO		
0x01C6 7088	DIR6	第 6 组 GPIO 方向寄存器(GP[96:110])
0x01C6 708C	OUT_DATA6	第 6 组 GPIO 输出数据寄存器(GP[96:110])
0x01C6 7090	SET_DATA6	第 6 组 GPIO 设置数据寄存器(GP[96:110])
0x01C6 7094	CLR_DATA6	第 6 组 GPIO 清除数据寄存器(GP[96:110])
0x01C6 7098	IN_DATA6	第 6 组 GPIO 输入数据寄存器(GP[96:110])
0x01C6 709C	SET_RIS_TRIG6	第 6 组 GPIO 设置上升沿中断寄存器(GP[96:110])
0x01C6 70A0	CLR_RIS_TRIG6	第 6 组 GPIO 清除上升沿中断寄存器(GP[96:110])
0x01C6 70A4	SET_FAL_TRIG6	第 6 组 GPIO 设置下降沿中断寄存器(GP[96:110])
0x01C6 70A8	CLR_FAL_TRIG6	第 6 组 GPIO 清除下降沿中断寄存器(GP[96:110])
0x01C6 70AC	INSTAT6	第 6 组 GPIO 中断状态寄存器(GP[96:110])

1. GPIO 外设识别寄存器(PID)

GPIO 外设识别寄存器(PID)包含外设的识别数据(类型、类和版本)，如图 9-4 所示，寄存器描述如表 9-4 所示。

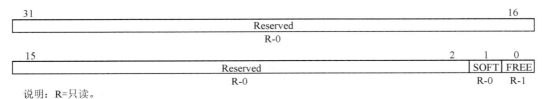

31 30	29 28	27			16
SCHEME	Reserved		FUNCTION		
R-1	R-0		R-483h		

15		11 10	8 7 6	5	0
RTL		MAJOR	CUSTOM	MINOR	
R-0		R-1	R-0	R-5h	

说明：R=只读。

图 9-4　GPIO 外设识别寄存器(PID)

表 9-4　GPIO 外设识别寄存器(PID)描述

位	域	取值	描　　述
31～30	SCHEME	1	PID 编码方案，该域值固定为 01
29～28	Reserved	0	保留
27～16	FUNCTION	0～FFFh	功能区，GPIO = 0
15～11	RTL	0～1Fh	RTL 识别，GPIO = 0
10～8	MAJOR	0～Fh	Major Revision 代码格式。GPIO 代码的修订由采用以下格式的修订代码指示：MAJOR_REVISION.MINOR_REVISION
7～6	CUSTOM	0～3h	自定义标识，GPIO = 0
5～0	MINOR	0～Fh	Minor Revision 代码格式。GPIO 代码的修订由采用以下格式的修订代码指示：MAJOR_REVISION.MINOR_REVISION Minor Revision = 5h

2. GPIO 外设控制寄存器(PCR)

GPIO 外设控制寄存器(PCR)可确定仿真暂停模式，FREE 固定为 1。因此，GPIO 忽略仿真暂停请求信号，允许在仿真暂停模式下运行。GPIO 外设控制寄存器(PCR)如图 9-5 所示，寄存器描述如表 9-5 所示。

31		16
	Reserved	
	R-0	

15		2	1	0
	Reserved		SOFT	FREE
	R-0		R-0	R-1

说明：R=只读。

图 9-5　GPIO 外设控制寄存器(PCR)

表 9-5　GPIO 外设控制寄存器(PCR)描述

位	域	取值	描　　述
31～2	Reserved	0	保留
1	SOFT	0	软件使能模式位。这一位与 FREE 位一起使用，以确定仿真暂停模式。因为 FREE = 1，所以这一位没有影响
0	FREE	1	不同步使能模式位。FREE = 1，GPIO 在仿真时不同步

3. GPIO 中断使能寄存器(BINTEN)

GPIO 中断使能寄存器(BINTEN)如图 9-6 所示，寄存器描述如表 9-6 所示。

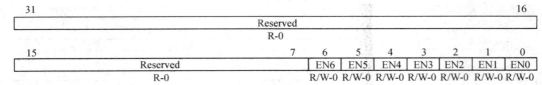

说明：R/W = 读/写；R = 只读。

图 9-6　GPIO 中断使能寄存器(BINTEN)

表 9-6　GPIO 中断使能寄存器(BINTEN)描述

位	域	取值	描　　述
31~7	Reserved	0	保留
6	EN6	0 1	第 6 组中断使能用于禁止或开启第 6 组 GPIO 中断(GP[110:96])。 0：第 6 组中断禁用。 1：第 6 组中断开启
5	EN5	0 1	第 5 组中断使能用于禁止或开启第 5 组 GPIO 中断(GP[95:80])。 0：第 5 组中断禁用。 1：第 5 组中断开启
4	EN4	0 1	第 4 组中断使能用于禁止或开启第 4 组 GPIO 中断(GP[79:64])。 0：第 4 组中断禁用。 1：第 4 组中断开启
3	EN3	0 1	第 3 组中断使能用于禁止或开启第 3 组 GPIO 中断(GP[63:48])。 0：第 3 组中断禁用。 1：第 3 组中断开启
2	EN2	0 1	第 2 组中断使能用于禁止或开启第 2 组 GPIO 中断(GP[47:32])。 0：第 2 组中断禁用。 1：第 2 组中断开启
1	EN1	0 1	第 1 组中断使能用于禁止或开启第 1 组 GPIO 中断(GP[31:16])。 0：第 1 组中断禁用。 1：第 1 组中断开启
0	EN0	0 1	第 0 组中断使能用于禁止或开启第 0 组 GPIO 中断(GP[15:0])。 0：第 0 组中断禁用。 1：第 0 组中断开启

4. GPIO 方向寄存器(DIRn)

GPIO 方向寄存器(DIRn)决定了第 *l* 组 GPIO 中的第 *n* 个引脚是输入还是输出，每组 GPIO 有多达 16 个引脚。默认方式下，所有的 GPIO 引脚均被配置为输入(位值 = 1)。GPIO 方向寄存器 DIR01、DIR23、DIR45 和 DIR6 如图 9-7 所示，寄存器描述如表 9-7 所示。

31	30	29	28	27	26	25	24	23	22	21	20	19	18	17	16
DIR31	DIR30	DIR29	DIR28	DIR27	DIR26	DIR25	DIR24	DIR23	DIR22	DIR21	DIR20	DIR19	DIR18	DIR17	DIR16

R/W-1

15	14	13	12	11	10	9	8	7	6	5	4	3	2	1	0
DIR15	DIR14	DIR13	DIR12	DIR11	DIR10	DIR9	DIR8	DIR7	DIR6	DIR5	DIR4	DIR3	DIR2	DIR1	DIR0

R/W-1

(a) DIR01

31	30	29	28	27	26	25	24	23	22	21	20	19	18	17	16
DIR63	DIR62	DIR61	DIR60	DIR59	DIR58	DIR57	DIR56	DIR55	DIR54	DIR53	DIR52	DIR51	DIR50	DIR49	DIR48

R/W-1

15	14	13	12	11	10	9	8	7	6	5	4	3	2	1	0
DIR47	DIR46	DIR45	DIR44	DIR43	DIR42	DIR41	DIR40	DIR39	DIR38	DIR37	DIR36	DIR35	DIR34	DIR33	DIR32

R/W-1

(b) DIR23

31	30	29	28	27	26	25	24	23	22	21	20	19	18	17	16
DIR95	DIR94	DIR93	DIR92	DIR91	DIR90	DIR89	DIR88	DIR87	DIR86	DIR85	DIR84	DIR83	DIR82	DIR81	DIR80

R/W-1

15	14	13	12	11	10	9	8	7	6	5	4	3	2	1	0
DIR79	DIR78	DIR77	DIR76	DIR75	DIR74	DIR73	DIR72	DIR71	DIR70	DIR69	DIR68	DIR67	DIR66	DIR65	DIR64

R/W-1

(c) DIR45

31															16
Reserved															

R-0

15	14	13	12	11	10	9	8	7	6	5	4	3	2	1	0
Rsvd	DIR110	DIR109	DIR108	DIR107	DIR106	DIR105	DIR104	DIR103	DIR102	DIR101	DIR100	DIR99	DIR98	DIR97	DIR96

R/W-1

说明：R/W=读/写。   (d) DIR6

图 9-7   GPIO 方向寄存器(DIRn)

表 9-7   GPIO 方向寄存器(DIRn)描述

位	域	取值	描　　述
31～16	DIRn		DIRn 位用来控制第 $2l+1$ 组中引脚 n 的方向(输出 = 0，输入 = 1)，其位域用来配置第 1、3、5 组的 GPIO 引脚。
		0	0：GPIO 引脚 n 为输出。
		1	1：GPIO 引脚 n 为输入
15～0	DIRn		DIRn 位用来控制第 $2l$ 组中引脚 n 的方向(输出 = 0，输入 = 1)，其位域用来配置第 0、2、4、6 组的 GPIO 引脚。
		0	0：GPIO 引脚 n 为输出。
		1	1：GPIO 引脚 n 为输入

5. GPIO 输出数据寄存器(OUT_DATAn)

如果引脚被配置为输出(DIRn = 0)，GPIO 输出数据寄存器(OUT_DATAn)决定了在相应的第 1 组 GPIO 引脚 n 上驱动的值，此时写入不会影响未配置为 GPIO 输出的引脚。OUT_DATAn 中的位通过直接写入此寄存器来设置或清除。读 OUT_DATAn 返回的寄存器值不是引脚的值(其可能被配置为输入)。GPIO 输出数据寄存器(OUT_DATAn)如图 9-8 所示，寄存器描述如表 9-8 所示。

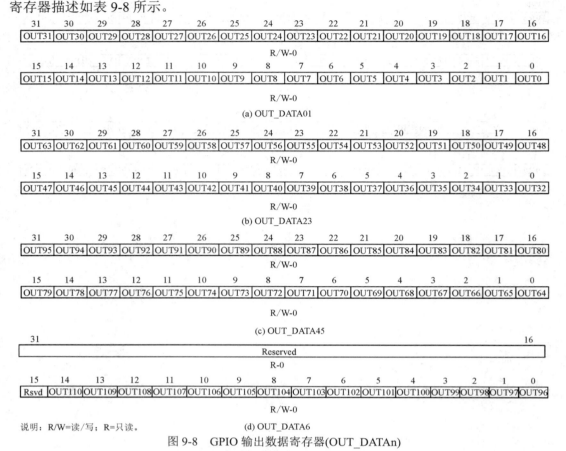

图 9-8 GPIO 输出数据寄存器(OUT_DATAn)

表 9-8 GPIO 输出数据寄存器(OUT_DATAn)描述

位	域	取值	描 述
31~16	OUTn		当 GPIO 引脚 n 配置为输出(DIRn = 0)，OUTn 位用来驱动第 $2l$ + 1 组中引脚 n 的输出(低 = 0，高 = 1)；当 GPIO 引脚 n 配置为输入，忽略 OUTn 位，该位域用来配置第 1、3、5 组的 GPIO 引脚。
		0	0：GPIO 引脚 n 驱动为低。
		1	1：GPIO 引脚 n 驱动为高
15~0	OUTn		当 GPIO 引脚 n 配置为输出(DIRn = 0)，OUTn 位用来驱动第 $2l$ 组中引脚 n 的输出(低 = 0，高 = 1)；当 GPIO 引脚 n 配置为输入，忽略 OUTn 位，该位域用来配置第 0、2、4、6 组的 GPIO 引脚。
		0	0：GPIO 引脚 n 驱动为低。
		1	1：GPO 引脚 n 驱动为高

6. GPIO 设置数据寄存器(SET_DATAn)

如果引脚被配置为输出(DIRn = 0)，GPIO 设置数据寄存器(SET_DATAn)控制相应的第 l 组 GPIO 引脚 n 上的值驱动为高，此时写入不会影响未配置为 GPIO 输出的引脚。SET_DATAn

中的位通过直接写入此寄存器来设置或清除。读 SETn 位返回相应的 GPIO 引脚 n 的输出驱动状态。GPIO 设置数据寄存器(SET_DATAn)如图 9-9 所示，寄存器描述如表 9-9 所示。

31	30	29	28	27	26	25	24	23	22	21	20	19	18	17	16
SET31	SET30	SET29	SET28	SET27	SET26	SET25	SET24	SET23	SET22	SET21	SET20	SET19	SET18	SET17	SET16

R/W-0

15	14	13	12	11	10	9	8	7	6	5	4	3	2	1	0
SET15	SET14	SET13	SET12	SET11	SET10	SET9	SET8	SET7	SET6	SET5	SET4	SET3	SET2	SET1	SET0

R/W-0

(a) SET_DATA01

31	30	29	28	27	26	25	24	23	22	21	20	19	18	17	16
SET63	SET62	SET61	SET60	SET59	SET58	SET57	SET56	SET55	SET54	SET53	SET52	SET51	SET50	SET49	SET48

R/W-0

15	14	13	12	11	10	9	8	7	6	5	4	3	2	1	0
SET47	SET46	SET45	SET44	SET43	SET42	SET41	SET40	SET39	SET38	SET37	SET36	SET35	SET34	SET33	SET32

R/W-0

(b) SET_DATA23

31	30	29	28	27	26	25	24	23	22	21	20	19	18	17	16
SET95	SET94	SET93	SET92	SET91	SET90	SET89	SET88	SET87	SET86	SET85	SET84	SET83	SET82	SET81	SET80

R/W-0

15	14	13	12	11	10	9	8	7	6	5	4	3	2	1	0
SET79	SET78	SET77	SET76	SET75	SET74	SET73	SET72	SET71	SET70	SET69	SET68	SET67	SET66	SET65	SET64

R/W-0

(c) SET_DATA45

31															16
Reserved															

R-0

15	14	13	12	11	10	9	8	7	6	5	4	3	2	1	0
Rsvd	SET110	SET109	SET108	SET107	SET106	SET105	SET104	SET103	SET102	SET101	SET100	SET99	SET98	SET97	SET96

R/W-1

(d) SET_DATA6

说明：R/W=读/写；R=只读。

图 9-9　GPIO 设置数据寄存器(SET_DATAn)

表 9-9　GPIO 设置数据寄存器(SET_DATAn)描述

位	域	取值	描　　述
31～16	SETn	 0 1	当 GPIO 引脚 n 配置为输出(DIRn = 0)，SETn 位用来设置第 $2l + 1$ 组中引脚 n 的输出；当 GPIO 引脚 n 配置为输入，忽略 SETn 位。将 1 写入 SETn 位设置相应的 GPIO 引脚 n 的输出驱动状态；读取 SETn 位会返回相应的 GPIO 引脚 n 的输出驱动器状态。该位域用来配置第 1、3、5 组的 GPIO 引脚。 0：无影响。 1：设置 GPIO 引脚 n 输出 1
15～0	SETn	 0 1	当 GPIO 引脚 n 配置为输出(DIRn = 0)，SETn 位用来设置第 $2l$ 组中引脚 n 的输出；当 GPIO 引脚 n 配置为输入，忽略 SETn 位。将 1 写入 SETn 位设置相应的 GPIO 引脚 n 的输出驱动状态；读取 SETn 位会返回相应的 GPIO 引脚 n 的输出驱动器状态。该位域用来配置第 0、2、4、6 组的 GPIO 引脚。 0：无影响。 1：设置 GPIO 引脚 n 输出 1

7. GPIO 清除数据寄存器(CLR_DATAn)

如果引脚被配置为输出(DIRn = 0)，GPIO 清除数据寄存器(CLR_DATAn)控制相应的第 l 组 GPIO 引脚 n 上的值驱动为低，此时写入不会影响未配置为 GPIO 输出的引脚。CLR_DATAn 中的位通过直接写入此寄存器来设置或清除。读 CLRn 位返回相应的 GPIO 引脚 n 的输出驱动状态。GPIO 清除数据寄存器(CLR_DATAn)如图 9-10 所示，寄存器描述如表 9-10 所示。

31	30	29	28	27	26	25	24	23	22	21	20	19	18	17	16
CLR31	CLR30	CLR29	CLR28	CLR27	CLR26	CLR25	CLR24	CLR23	CLR22	CLR21	CLR20	CLR19	CLR18	CLR17	CLR16

R/W-0

15	14	13	12	11	10	9	8	7	6	5	4	3	2	1	0
CLR15	CLR14	CLR13	CLR12	CLR11	CLR10	CLR9	CLR8	CLR7	CLR6	CLR5	CLR4	CLR3	CLR2	CLR1	CLR0

R/W-0

(a) CLR_DATA01

31	30	29	28	27	26	25	24	23	22	21	20	19	18	17	16
CLR63	CLR62	CLR61	CLR60	CLR59	CLR58	CLR57	CLR56	CLR55	CLR54	CLR53	CLR52	CLR51	CLR50	CLR49	CLR48

R/W-0

15	14	13	12	11	10	9	8	7	6	5	4	3	2	1	0
CLR47	CLR46	CLR45	CLR44	CLR43	CLR42	CLR41	CLR40	CLR39	CLR38	CLR37	CLR36	CLR35	CLR34	CLR33	CLR32

R/W-0

(b) CLR_DATA23

31	30	29	28	27	26	25	24	23	22	21	20	19	18	17	16
CLR95	CLR94	CLR93	CLR92	CLR91	CLR90	CLR89	CLR88	CLR87	CLR86	CLR85	CLR84	CLR83	CLR82	CLR81	CLR80

R/W-0

15	14	13	12	11	10	9	8	7	6	5	4	3	2	1	0
CLR79	CLR78	CLR77	CLR76	CLR75	CLR74	CLR73	CLR72	CLR71	CLR70	CLR69	CLR68	CLR67	CLR66	CLR65	CLR64

R/W-0

(c) CLR_DATA45

31															16
Reserved															

R-0

15	14	13	12	11	10	9	8	7	6	5	4	3	2	1	0
Rsvd	CLR110	CLR109	CLR108	CLR107	CLR106	CLR105	CLR104	CLR103	CLR102	CLR101	CLR100	CLR99	CLR98	CLR97	CLR96

R/W-0

说明：R/W=读写；R=只读。   (d) CLR_DATA6

图 9-10   GPIO 清除数据寄存器(CLR_DATAn)

表 9-10   GPIO 清除数据寄存器(CLR_DATAn)描述

位	域	取值	描　述
31～16	CLRn		当 GPIO 引脚 n 配置为输出(DIRn = 0)，CLRn 位用来清除第 $2l + 1$ 组中引脚 n 的输出；当 GPIO 引脚 n 配置为输入，忽略 CLRn 位。将 1 写入 CLRn 位，清除相应的 GPIO 引脚 n 的输出驱动状态；读取 CLRn 位会返回相应的 GPIO 引脚 n 的输出驱动器状态。该位域用来配置第 1、3、5 组的 GPIO 引脚。
		0	0：无影响。
		1	1：清除 GPIO 引脚 n 输出为 0
15～0	CLRn		当 GPIO 引脚 n 配置为输出(DIRn = 0)，CLRn 位用来清除第 $2l$ 组中引脚 n 的输出；当 GPIO 引脚 n 配置为输入，忽略 CLRn 位。将 1 写入 CLRn 位，清除相应的 GPIO 引脚 n 的输出驱动状态；读取 CLRn 位会返回相应的 GPIO 引脚 n 的输出驱动器状态。该位域用来配置第 0、2、4、6 组的 GPIO 引脚。
		0	0：无影响。
		1	1：清除 GPIO 引脚 n 输出为 0

8. GPIO 输入数据寄存器(IN_DATAn)

通过使用 GPIO 输入数据寄存器(IN_DATAn)读取 GPIO 信号的当前状态。对于配置为输入的 GPIO 信号，读取 IN_DATAn 返回与 GPIO 外设时钟同步的输入信号状态。对于配置为输出的 GPIO 信号，读取 IN_DATAn 将返回设备驱动的输出值。GPIO 输入数据寄存器(IN_DATAn)如图 9-11 所示，寄存器描述如表 9-11 所示。

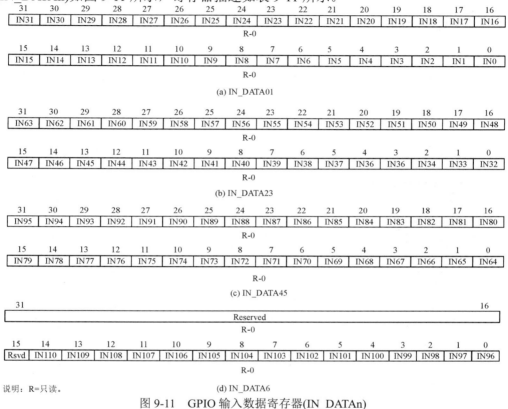

图 9-11　GPIO 输入数据寄存器(IN_DATAn)

表 9-11　GPIO 输入数据寄存器(IN_DATAn)描述

位	域	取值	描　　述
31～16	INn		读 INn 位返回第 2l+1 组 GPIO 中引脚 n 的状态。该位域用来配置第 1、3、5 组的 GPIO 引脚。
		0	0：GPIO 引脚 n 为逻辑低。
		1	1：GPIO引脚 n 为逻辑高
15～0	INn		读 INn 位返回第 2l 组 GPIO 中引脚 n 的状态。该位域用来配置第 0、2、4、6 组的 GPIO 引脚。
		0	0：GPIO 引脚 n 为逻辑低。
		1	1：GPIO 引脚 n 为逻辑高

9. GPIO 设置上升沿中断寄存器(SET_RIS_TRIGn)

GPIO 设置上升沿中断寄存器(SET_RIS_TRIGn)使能 GPIO 引脚上升沿生成一个 GPIO 中断。GPIO 设置上升沿中断寄存器(SET_RIS_TRIGn)如图 9-12 所示，寄存器描述如表 9-12 所示。

31	30	29	28	27	26	25	24
SETRIS31	SETRIS30	SETRIS29	SETRIS28	SETRIS27	SETRIS26	SETRIS25	SETRIS24
R/W-0	R/W-0	R/W-0	R/W-0	R/W-0	R/W-0	R/W-0	R/W-0

23	22	21	20	19	18	17	16
SETRIS23	SETRIS22	SETRIS21	SETRIS20	SETRIS19	SETRIS18	SETRIS17	SETRIS16
R/W-0	R/W-0	R/W-0	R/W-0	R/W-0	R/W-0	R/W-0	R/W-0

15	14	13	12	11	10	9	8
SETRIS15	SETRIS14	SETRIS13	SETRIS12	SETRIS11	SETRIS10	SETRIS9	SETRIS8
R/W-0	R/W-0	R/W-0	R/W-0	R/W-0	R/W-0	R/W-0	R/W-0

7	6	5	4	3	2	1	0
SETRIS7	SETRIS6	SETRIS5	SETRIS4	SETRIS3	SETRIS2	SETRIS1	SETRIS0
R/W-0	R/W-0	R/W-0	R/W-0	R/W-0	R/W-0	R/W-0	R/W-0

(a) SET_RIS_TRIG01

31	30	29	28	27	26	25	24
SETRIS63	SETRIS62	SETRIS61	SETRIS60	SETRIS59	SETRIS58	SETRIS57	SETRIS56
R/W-0	R/W-0	R/W-0	R/W-0	R/W-0	R/W-0	R/W-0	R/W-0

23	22	21	20	19	18	17	16
SETRIS55	SETRIS54	SETRIS53	SETRIS52	SETRIS51	SETRIS50	SETRIS49	SETRIS48
R/W-0	R/W-0	R/W-0	R/W-0	R/W-0	R/W-0	R/W-0	R/W-0

15	14	13	12	11	10	9	8
SETRIS47	SETRIS46	SETRIS45	SETRIS44	SETRIS43	SETRIS42	SETRIS41	SETRIS40
R/W-0	R/W-0	R/W-0	R/W-0	R/W-0	R/W-0	R/W-0	R/W-0

7	6	5	4	3	2	1	0
SETRIS39	SETRIS38	SETRIS37	SETRIS36	SETRIS35	SETRIS34	SETRIS33	SETRIS32
R/W-0	R/W-0	R/W-0	R/W-0	R/W-0	R/W-0	R/W-0	R/W-0

(b) SET_RIS_TRIG23

31	30	29	28	27	26	25	24
SETRIS95	SETRIS94	SETRIS93	SETRIS92	SETRIS91	SETRIS90	SETRIS89	SETRIS88
R/W-0	R/W-0	R/W-0	R/W-0	R/W-0	R/W-0	R/W-0	R/W-0

23	22	21	20	19	18	17	16
SETRIS87	SETRIS86	SETRIS85	SETRIS84	SETRIS83	SETRIS82	SETRIS81	SETRIS80
R/W-0	R/W-0	R/W-0	R/W-0	R/W-0	R/W-0	R/W-0	R/W-0

15	14	13	12	11	10	9	8
SETRIS79	SETRIS78	SETRIS77	SETRIS76	SETRIS75	SETRIS74	SETRIS73	SETRIS72
R/W-0	R/W-0	R/W-0	R/W-0	R/W-0	R/W-0	R/W-0	R/W-0

7	6	5	4	3	2	1	0
SETRIS71	SETRIS70	SETRIS69	SETRIS68	SETRIS67	SETRIS66	SETRIS65	SETRIS64
R/W-0	R/W-0	R/W-0	R/W-0	R/W-0	R/W-0	R/W-0	R/W-0

(c) SET_RIS_TRIG45

31							16
Reserved							
R-0							

15	14	13	12	11	10	9	8
Reserved	SETRIS110	SETRIS109	SETRIS108	SETRIS107	SETRIS106	SETRIS105	SETRIS104
	R/W-0	R/W-0	R/W-0	R/W-0	R/W-0	R/W-0	R/W-0

7	6	5	4	3	2	1	0
SETRIS103	SETRIS102	SETRIS101	SETRIS100	SETRIS99	SETRIS98	SETRIS97	SETRIS96
R/W-0	R/W-0	R/W-0	R/W-0	R/W-0	R/W-0	R/W-0	R/W-0

说明：R/W=读/写；R=只读。

(d) SET_RIS_TRIG6

图 9-12　GPIO 设置上升沿中断寄存器(SET_RIS_TRIGn)

表 9-12　GPIO 设置上升沿中断寄存器(SET_RIS_TRIGn)描述

位	域	取值	描　　述
31～16	SETRISn		读取 SETRISn 位返回一个指示，显示是否第 $2l+1$ 组中引脚 n 的上升沿中断生成函数被启用。如果中断函数被启用，SET_RIS_TRIGn 和 CLR_RIS_TRIGn 寄存器中的该位为 1；如果中断函数被禁用，则这两个寄存器中该位都为 0。该位域用来配置第 1、3、5 组的 GPIO 引脚。
		0	0：无影响。
		1	1：GPIO 引脚 n 由低到高的电位变化将触发中断

位	域	取值	描　　述
15～0	SETRISn		读取 SETRISn 位返回一个指示，显示是否第 2*l* 组中引脚 *n* 的上升沿中断生成函数被启用。如果中断函数被启用，SET_RIS_TRIGn 和 CLR_RIS_TRIGn 寄存器中的该位为 1；如果中断函数被禁用，则这两个寄存器中该位都为 0。该位域用来配置第 0、2、4、6 组的 GPIO 引脚。
		0	0：无影响。
		1	1：GPIO 引脚 *n* 由低到高的电位变化将触发中断

10. GPIO 清除上升沿中断寄存器(CLR_RIS_TRIGn)

GPIO 清除上升沿中断寄存器(CLR_RIS_TRIGn)禁用 GPIO 引脚上升沿生成一个 GPIO 中断。GPIO 清除上升沿中断寄存器(CLR_RIS_TRIGn)如图 9-13 所示，寄存器描述如表 9-13 所示。

31	30	29	28	27	26	25	24
CLRRIS31	CLRRIS30	CLRRIS29	CLRRIS28	CLRRIS27	CLRRIS26	CLRRIS25	CLRRIS24
R/W-0	R/W-0	R/W-0	R/W-0	R/W-0	R/W-0	R/W-0	R/W-0
23	22	21	20	19	18	17	16
CLRRIS23	CLRRIS22	CLRRIS21	CLRRIS20	CLRRIS19	CLRRIS18	CLRRIS17	CLRRIS16
R/W-0	R/W-0	R/W-0	R/W-0	R/W-0	R/W-0	R/W-0	R/W-0
15	14	13	12	11	10	9	8
CLRRIS15	CLRRIS14	CLRRIS13	CLRRIS12	CLRRIS11	CLRRIS10	CLRRIS9	CLRRISS8
R/W-0	R/W-0	R/W-0	R/W-0	R/W-0	R/W-0	R/W-0	R/W-0
7	6	5	4	3	2	1	0
CLRRIS7	CLRRIS6	CLRRIS5	CLRRIS4	CLRRIS3	CLRRIS2	CLRRIS1	CLRRIS0
R/W-0	R/W-0	R/W-0	R/W-0	R/W-0	R/W-0	R/W-0	R/W-0

(a) CLR_RIS_TRIG01

31	30	29	28	27	26	25	24
CLRRIS63	CLRRIS62	CLRRIS61	CLRRIS60	CLRRIS59	CLRRIS58	CLRRIS57	CLRRIS56
R/W-0	R/W-0	R/W-0	R/W-0	R/W-0	R/W-0	R/W-0	R/W-0
23	22	21	20	19	18	17	16
CLRRIS55	CLRRIS54	CLRRIS53	CLRRIS52	CLRRIS51	CLRRIS50	CLRRIS49	CLRRIS48
R/W-0	R/W-0	R/W-0	R/W-0	R/W-0	R/W-0	R/W-0	R/W-0
15	14	13	12	11	10	9	8
CLRRIS47	CLRRIS46	CLRRIS45	CLRRIS44	CLRRIS43	CLRRIS42	CLRRIS41	CLRRIS40
R/W-0	R/W-0	R/W-0	R/W-0	R/W-0	R/W-0	R/W-0	R/W-0
7	6	5	4	3	2	1	0
CLRRIS39	CLRRIS38	CLRRIS37	CLRRIS36	CLRRIS35	CLRRIS34	CLRRIS33	CLRRIS32
R/W-0	R/W-0	R/W-0	R/W-0	R/W-0	R/W-0	R/W-0	R/W-0

(b) CLR_RIS_TRIG23

31	30	29	28	27	26	25	24
CLRRIS95	CLRRIS94	CLRRIS93	CLRRIS92	CLRRIS91	CLRRIS90	CLRRIS89	CLRRIS88
R/W-0	R/W-0	R/W-0	R/W-0	R/W-0	R/W-0	R/W-0	R/W-0
23	22	21	20	19	18	17	16
CLRRIS87	CLRRIS86	CLRRIS85	CLRRIS84	CLRRIS83	CLRRIS82	CLRRIS81	CLRRIS80
R/W-0	R/W-0	R/W-0	R/W-0	R/W-0	R/W-0	R/W-0	R/W-0
15	14	13	12	11	10	9	8
CLRRIS79	CLRRIS78	CLRRIS77	CLRRIS76	CLRRIS75	CLRRIS74	CLRRIS73	CLRRIS72
R/W-0	R/W-0	R/W-0	R/W-0	R/W-0	R/W-0	R/W-0	R/W-0
7	6	5	4	3	2	1	0
CLRRIS71	CLRRIS70	CLRRIS69	CLRRIS68	CLRRIS67	CLRRIS66	CLRRIS65	CLRRIS64
R/W-0	R/W-0	R/W-0	R/W-0	R/W-0	R/W-0	R/W-0	R/W-0

(c) CLR_RIS_TRIG45

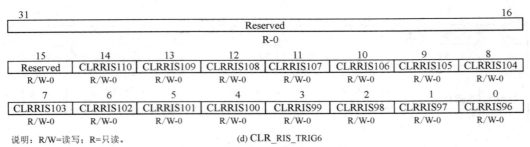

31							16
Reserved							
R-0							

15	14	13	12	11	10	9	8
Reserved	CLRRIS110	CLRRIS109	CLRRIS108	CLRRIS107	CLRRIS106	CLRRIS105	CLRRIS104
R/W-0	R/W-0	R/W-0	R/W-0	R/W-0	R/W-0	R/W-0	R/W-0

7	6	5	4	3	2	1	0
CLRRIS103	CLRRIS102	CLRRIS101	CLRRIS100	CLRRIS99	CLRRIS98	CLRRIS97	CLRRIS96
R/W-0	R/W-0	R/W-0	R/W-0	R/W-0	R/W-0	R/W-0	R/W-0

说明：R/W=读写；R=只读。
(d) CLR_RIS_TRIG6

图 9-13　GPIO 清除上升沿中断寄存器(CLR_RIS_TRIGn)

表 9-13　GPIO 清除上升沿中断寄存器(CLR_RIS_TRIGn)描述

位	域	取值	描　述
31～16	CLRRISn		读取 CLRRISn 位返回一个指示，显示是否第 $2l+1$ 组中引脚 n 的上升沿中断生成函数被启用。如果中断函数被启用，则 SET_RIS_TRIGn 和 CLR_RIS_TRIGn 寄存器中的该位为 1；如果中断函数被禁用，则这两个寄存器中该位都为 0。该位域用来配置第 1、3、5 组的 GPIO 引脚。
		0	0：无影响。
		1	1：GPIO 引脚由低到高的电位变化不触发中断
15～0	CLRRISn		读取 CLRRISn 位返回一个指示，显示是否第 $2l$ 组中引脚 n 的上升沿中生成函数被启用。如果中断函数被启用，则 SET_RIS_TRIGn 和 CLR_RIS_TRIGn 寄存器中的该位为 1；如果中断函数被禁用，则这两个寄存器中该位都为 0。该位域用来配置第 0、2、4、6 组的 GPIO 引脚。
		0	0：无影响。
		1	1：GPIO 引脚由低到高的电位变化不触发中断

11. GPIO 设置下降沿中断寄存器(SET_FAL_TRIGn)

GPIO 设置下降沿中断寄存器(SET_FAL_TRIGn)使能 GPIO 引脚下降沿生成一个 GPIO 中断。GPIO 设置下降沿中断寄存器(SET_FAL_TRIGn)如图 9-14 所示，寄存器描述如表 9-14 所示。

31	30	29	28	27	26	25	24
SETFAL31	SETFAL30	SETFAL29	SETFAL28	SETFAL27	SETFAL26	SETFAL25	SETFAL24
R/W-0	R/W-0	R/W-0	R/W-0	R/W-0	R/W-0	R/W-0	R/W-0

23	22	21	20	19	18	17	16
SETFAL23	SETFAL22	SETFAL21	SETFAL20	SETFAL19	SETFAL18	SETFAL17	SETFAL16
R/W-0	R/W-0	R/W-0	R/W-0	R/W-0	R/W-0	R/W-0	R/W-0

15	14	13	12	11	10	9	8
SETFAL15	SETFAL14	SETFAL13	SETFAL12	SETFAL11	SETFAL10	SETFAL9	SETFAL8
R/W-0	R/W-0	R/W-0	R/W-0	R/W-0	R/W-0	R/W-0	R/W-0

7	6	5	4	3	2	1	0
SETFAL7	SETFAL6	SETFAL5	SETFAL4	SETFAL3	SETFAL2	SETFAL1	SETFAL0
R/W-0	R/W-0	R/W-0	R/W-0	R/W-0	R/W-0	R/W-0	R/W-0

(a) SET_FAL_TRIG01

31	30	29	28	27	26	25	24
SETFAL63	SETFAL62	SETFAL61	SETFAL60	SETFAL59	SETFAL58	SETFAL57	SETFAL56
R/W-0	R/W-0	R/W-0	R/W-0	R/W-0	R/W-0	R/W-0	R/W-0

23	22	21	20	19	18	17	16
SETFAL55	SETFAL54	SETFAL53	SETFAL52	SETFAL51	SETFAL50	SETFAL49	SETFAL48
R/W-0	R/W-0	R/W-0	R/W-0	R/W-0	R/W-0	R/W-0	R/W-0

15	14	13	12	11	10	9	8
SETFAL47	SETFAL46	SETFAL45	SETFAL44	SETFAL43	SETFAL42	SETFAL41	SETFAL40
R/W-0	R/W-0	R/W-0	R/W-0	R/W-0	R/W-0	R/W-0	R/W-0

7	6	5	4	3	2	1	0
SETFAL39	SETFAL38	SETFAL37	SETFAL36	SETFAL35	SETFAL34	SETFAL33	SETFAL32
R/W-0	R/W-0	R/W-0	R/W-0	R/W-0	R/W-0	R/W-0	R/W-0

(b) SET_FAL_TRIG23

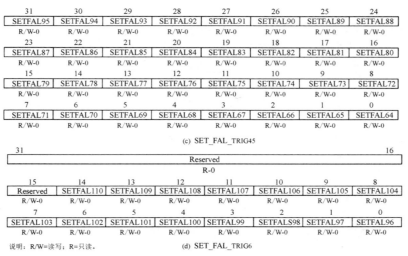

31	30	29	28	27	26	25	24
SETFAL95	SETFAL94	SETFAL93	SETFAL92	SETFAL91	SETFAL90	SETFAL89	SETFAL88
R/W-0	R/W-0	R/W-0	R/W-0	R/W-0	R/W-0	R/W-0	R/W-0
23	22	21	20	19	18	17	16
SETFAL87	SETFAL86	SETFAL85	SETFAL84	SETFAL83	SETFAL82	SETFAL81	SETFAL80
R/W-0	R/W-0	R/W-0	R/W-0	R/W-0	R/W-0	R/W-0	R/W-0
15	14	13	12	11	10	9	8
SETFAL79	SETFAL78	SETFAL77	SETFAL76	SETFAL75	SETFAL74	SETFAL73	SETFAL72
R/W-0	R/W-0	R/W-0	R/W-0	R/W-0	R/W-0	R/W-0	R/W-0
7	6	5	4	3	2	1	0
SETFAL71	SETFAL70	SETFAL69	SETFAL68	SETFAL67	SETFAL66	SETFAL65	SETFAL64
R/W-0	R/W-0	R/W-0	R/W-0	R/W-0	R/W-0	R/W-0	R/W-0

(c) SET_FAL_TRIG45

31							16
Reserved							
R-0							

15	14	13	12	11	10	9	8
Reserved	SETFAL110	SETFAL109	SETFAL108	SETFAL107	SETFAL106	SETFAL105	SETFAL104
	R/W-0	R/W-0	R/W-0	R/W-0	R/W-0	R/W-0	R/W-0
7	6	5	4	3	2	1	0
SETFAL103	SETFAL102	SETFAL101	SETFAL100	SETFAL99	SETFALS98	SETFAL97	SETFAL96
R/W-0	R/W-0	R/W-0	R/W-0	R/W-0	R/W-0	R/W-0	R/W-0

说明：R/W=读写；R=只读。　　　(d) SET_FAL_TRIG6

图 9-14　GPIO 设置下降沿中断寄存器(SET_FAL_TRIGn)

表 9-14　GPIO 设置下降沿中断寄存器(SET_FAL_TRIGn)描述

位	域	取值	描　　述
31～16	SETFALn		读取 SETFALn 位返回一个指示，显示是否第 $2l+1$ 组中引脚 n 的下降沿中断生成函数被启用。如果中断函数被启用，SET_FAL_TRIGn 和 CLR_FAL_TRIGn 寄存器中的该位为 1；如果中断函数被禁用，则这两个寄存器中该位都为 0。该位域用来配置第 1、3、5 组的 GPIO 引脚。
		0	0：无影响。
		1	1：GPIO 引脚 n 由高到低的电位变化将触发中断
15～0	SETFALn		读取 SETFALn 位返回一个指示，显示是否第 $2l$ 组中引脚 n 的下降沿中断生成函数被启用。如果中断函数被启用，SET_FAL_TRIGn 和 CLR_FAL_TRIGn 寄存器中的该位为 1；如果中断函数被禁用，则这两个寄存器中该位都为 0。该位域用来配置第 0、2、4、6 组的 GPIO 引脚。
		0	0：无影响。
		1	1：GPIO 引脚 n 由高到低的电位变化将触发中断

12. GPIO 清除下降沿中断寄存器(CLR_FAL_TRIGn)

GPIO 清除下降沿中断寄存器(CLR_FAL_TRIGn)禁用 GPIO 引脚下降沿生成一个 GPIO 中断。GPIO 清除下降沿中断寄存器(CLR_FAL_TRIGn)如图 9-15 所示，寄存器描述如表 9-15 所示。

31	30	29	28	27	26	25	24
CLRFAL31	CLRFAL30	CLRFAL29	CLRFAL28	CLRFAL27	CLRFAL26	CLRFAL25	CLRFAL24
R/W-0	R/W-0	R/W-0	R/W-0	R/W-0	R/W-0	R/W-0	R/W-0
23	22	21	20	19	18	17	16
CLRFAL23	CLRFAL22	CLRFAL21	CLRFAL20	CLRFAL19	CLRFAL18	CLRFAL17	CLRFAL16
R/W-0	R/W-0	R/W-0	R/W-0	R/W-0	R/W-0	R/W-0	R/W-0
15	14	13	12	11	10	9	8
CLRFAL15	CLRFAL14	CLRFAL13	CLRFAL12	CLRFAL11	CLRFAL10	CLRFAL9	CLRFAL8
R/W-0	R/W-0	R/W-0	R/W-0	R/W-0	R/W-0	R/W-0	R/W-0
7	6	5	4	3	2	1	0
CLRFAL7	CLRFAL6	CLRFAL5	CLRFAL4	CLRFAL3	CLRFAL2	CLRFAL1	CLRFAL0
R/W-0	R/W-0	R/W-0	R/W-0	R/W-0	R/W-0	R/W-0	R/W-0

(a) CLR_FAL_TRIG01

31	30	29	28	27	26	25	24
CLRFAL63	CLRFAL62	CLRFAL61	CLRFAL60	CLRFAL59	CLRFAL58	CLRFAL57	CLRFAL56
R/W-0	R/W-0	R/W-0	R/W-0	R/W-0	R/W-0	R/W-0	R/W-0
23	22	21	20	19	18	17	16
CLRFAL55	CLRFAL54	CLRFAL53	CLRFAL52	CLRFAL51	CLRFAL50	CLRFAL49	CLRFAL48
R/W-0	R/W-0	R/W-0	R/W-0	R/W-0	R/W-0	R/W-0	R/W-0
15	14	13	12	11	10	9	8
CLRFAL47	CLRFAL46	CLRFAL45	CLRFAL44	CLRFAL43	CLRFAL42	CLRFAL41	CLRFAL40
R/W-0	R/W-0	R/W-0	R/W-0	R/W-0	R/W-0	R/W-0	R/W-0
7	6	5	4	3	2	1	0
CLRFAL39	CLRFAL38	CLRFAL37	CLRFAL36	CLRFAL35	CLRFAL34	CLRFAL33	CLRFAL32
R/W-0	R/W-0	R/W-0	R/W-0	R/W-0	R/W-0	R/W-0	R/W-0

(b) CLR_FAL_TRIG23

31	30	29	28	27	26	25	24
CLRFAL95	CLRFAL94	CLRFAL93	CLRFAL92	CLRFAL91	CLRFAL90	CLRFAL89	CLRFAL88
R/W-0	R/W-0	R/W-0	R/W-0	R/W-0	R/W-0	R/W-0	R/W-0
23	22	21	20	19	18	17	16
CLRFAL87	CLRFAL86	CLRFAL85	CLRFAL84	CLRFAL83	CLRFAL82	CLRFAL81	CLRFAL80
R/W-0	R/W-0	R/W-0	R/W-0	R/W-0	R/W-0	R/W-0	R/W-0
15	14	13	12	11	10	9	8
CLRFAL79	CLRFAL78	CLRFAL77	CLRFAL76	CLRFAL75	CLRFAL74	CLRFAL73	CLRFAL72
R/W-0	R/W-0	R/W-0	R/W-0	R/W-0	R/W-0	R/W-0	R/W-0
7	6	5	4	3	2	1	0
CLRFAL71	CLRFAL70	CLRFAL69	CLRFAL68	CLRFAL67	CLRFAL66	CLRFAL65	CLRFAL64
R/W-0	R/W-0	R/W-0	R/W-0	R/W-0	R/W-0	R/W-0	R/W-0

(c) CLR_FAL_TRIG45

31							16
Reserved							
R-0							
15	14	13	12	11	10	9	8
Reserved	CLRFAL110	CLRFAL109	CLRFAL108	CLRFAL107	CLRFAL106	CLRFAL105	CLRFAL104
	R/W-0	R/W-0	R/W-0	R/W-0	R/W-0	R/W-0	R/W-0
7	6	5	4	3	2	1	0
CLRFAL103	CLRFAL102	CLRFAL101	CLRFAL100	CLRFAL99	CLRFAL98	CLRFAL97	CLRFAL96
R/W-0	R/W-0	R/W-0	R/W-0	R/W-0	R/W-0	R/W-0	R/W-0

说明: R/W=读/写; R=只读。   (d) CLR_FAL_TRIG6

图 9-15   GPIO 清除下降沿中断寄存器(CLR_FAL_TRIGn)

表 9-15   GPIO 清除下降沿中断寄存器(CLR_FAL_TRIGn)描述

位	域	取值	描 述
31~16	CLRFALn		读取 CLRFALn 位返回一个指示,显示是否第 2l+1 组中引脚 n 的下降沿中断生成函数被启用。如果中断函数被启用,SET_FAL_TRIGn 和 CLR_FAL_TRIGn 寄存器中的该位为 1;如果中断函数被禁用,则这两个寄存器中该位都为 0。该位域用来配置第 1、3、5 组的 GPIO 引脚。
		0	0:无影响。
		1	1:GPIO 引脚 n 由高到低的电位变化不触发中断
15~0	CLRFALn		读取 CLRFALn 位返回一个指示,显示是否第 2l 组中引脚 n 的下降沿中断生成函数被启用。如果中断函数被启用,SET_FAL_TRIGn 和 CLR_FAL_TRIGn 寄存器中的该位为 1;如果中断函数被禁用,则这两个寄存器中该位都为 0。该位域用来配置第 0、2、4、6 组的 GPIO 引脚。
		0	0:无影响。
		1	1:GPIO 引脚 n 由高到低的电位变化不触发中断

13. GPIO 中断状态寄存器(INSTATn)

GPIO 中断事件的状态可以通过读取 GPIO 中断状态寄存器(INSTATn)来监控。在相关比特位上，GPIO 中断挂起用逻辑 1 表示，而 GPIO 中断未挂起用逻辑 0 表示。GPIO 中断状态寄存器(INSTATn)如图 9-16 所示，寄存器描述如表 9-16 所示。

31	30	29	28	27	26	25	24
STAT31	STAT30	STAT29	STAT28	STAT27	STAT26	STAT25	STAT24
R/W1C-0	R/W1C-0	R/W1C-0	R/W1C-0	R/W1C-0	R/W1C-0	R/W1C-0	R/W1C-0
23	22	21	20	19	18	17	16
STAT23	STAT22	STAT21	STAT20	STAT19	STAT18	STAT17	STAT16
R/W1C-0	R/W1C-0	R/W1C-0	R/W1C-0	R/W1C-0	R/W1C-0	R/W1C-0	R/W1C-0
15	14	13	12	11	10	9	8
STAT15	STAT14	STAT13	STAT12	STAT11	STAT10	STAT9	STAT8
R/W1C-0	R/W1C-0	R/W1C-0	R/W1C-0	R/W1C-0	R/W1C-0	R/W1C-0	R/W1C-0
7	6	5	4	3	2	1	0
STAT7	STAT6	STAT5	STAT4	STAT3	STAT2	STAT1	STAT0
R/W1C-0	R/W1C-0	R/W1C-0	R/W1C-0	R/W1C-0	R/W1C-0	R/W1C-0	R/W1C-0

(a) INSTAT01

31	30	29	28	27	26	25	24
STAT63	STAT62	STAT61	STAT60	STAT59	STAT58	STAT57	STAT56
R/W1C-0	R/W1C-0	R/W1C-0	R/W1C-0	R/W1C-0	R/W1C-0	R/W1C-0	R/W1C-0
23	22	21	20	19	18	17	16
STAT55	STAT54	STAT53	STAT52	STAT51	STAT50	STAT49	STAT48
R/W1C-0	R/W1C-0	R/W1C-0	R/W1C-0	R/W1C-0	R/W1C-0	R/W1C-0	R/W1C-0
15	14	13	12	11	10	9	8
STAT47	STAT46	STAT45	STAT44	STAT43	STAT42	STAT41	STAT40
R/W1C-0	R/W1C-0	R/W1C-0	R/W1C-0	R/W1C-0	R/W1C-0	R/W1C-0	R/W1C-0
7	6	5	4	3	2	1	0
STAT39	STAT38	STAT37	STAT36	STAT35	STAT34	STAT33	STAT32
R/W1C-0	R/W1C-0	R/W1C-0	R/W1C-0	R/W1C-0	R/W1C-0	R/W1C-0	R/W1C-0

(b) INSTAT 23

31	30	29	28	27	26	25	24
STAT95	STAT94	STAT93	STAT92	STAT91	STAT90	STAT89	STAT88
R/W1C-0	R/W1C-0	R/W1C-0	R/W1C-0	R/W1C-0	R/W1C-0	R/W1C-0	R/W1C-0
23	22	21	20	19	18	17	16
STAT87	STAT86	STAT85	STAT84	STAT83	STAT82	STAT81	STAT80
R/W1C-0	R/W1C-0	R/W1C-0	R/W1C-0	R/W1C-0	R/W1C-0	R/W1C-0	R/W1C-0
15	14	13	12	11	10	9	8
STAT79	STAT78	STAT77	STAT76	STAT75	STAT74	STAT73	STAT72
R/W1C-0	R/W1C-0	R/W1C-0	R/W1C-0	R/W1C-0	R/W1C-0	R/W1C-0	R/W1C-0
7	6	5	4	3	2	1	0
STAT71	STAT70	STAT69	STAT68	STAT67	STAT66	STAT65	STAT64
R/W1C-0	R/W1C-0	R/W1C-0	R/W1C-0	R/W1C-0	R/W1C-0	R/W1C-0	R/W1C-0

(c) INSTAT45

31							16
Reserved							
R-0							

15	14	13	12	11	10	9	8
Reserved	STAT110	STAT109	STAT108	STAT107	STAT106	STAT105	STAT104
R/W1C-0	R/W1C-0	R/W1C-0	R/W1C-0	R/W1C-0	R/W1C-0	R/W1C-0	R/W1C-0
7	6	5	4	3	2	1	0
STAT103	STAT102	STAT101	STAT100	STAT99	STAT98	STAT97	STAT96
R/W1C-0	R/W1C-0	R/W1C-0	R/W1C-0	R/W1C-0	R/W1C-0	R/W1C-0	R/W1C-0

说明：R/W=读/写；R=只读；W1C=写1到清除位(写0无影响)。 (d) INSTAT6

图 9-16　GPIO 中断状态寄存器(INSTATn)

表 9-16　GPIO 中断状态寄存器(INSTATn)描述

位	域	取值	描　述
31～16	STATn		STATn 位用于监视第 2l+1 组中引脚 n 的 GPIO 中断是否被挂起。该位域返回第 1、3、5 组的 GPIO 引脚状态。写 1 到 STATn 位来清除 STATn 位，写 0 没有影响。
		0	0：GPIO 引脚 n 无中断挂起。
		1	1：GPIO 引脚 n 中断挂起
15～0	STATn		STATn 位用于监视第 2l 组中引脚 n 的 GPIO 中断是否被挂起。该位域返回第 0、2、4、6 组的 GPIO 引脚状态。写 1 到 STATn 位来清除 STATn 位，写 0 没有影响。
		0	0：GPIO 引脚 n 无中断挂起。
		1	1：GPIO 引脚 n 中断挂起

9.2　定　时　器

9.2.1　定时器概述

TMS320DM6437 有 3 个 64 位软件可编程通用定时器，分别是定时器 0(Timer0)、定时器 1(Timer1)和定时器 2(Timer2)。定时器支持 4 种操作模式：64 位通用定时器模式、双 32 位非链接模式(独立操作)、双 32 位链接模式(相互配合操作)、用作看门狗定时器(Watchdog Timer)。定时器 0 和定时器 1 可在 64 位通用定时器模式、双 32 位非链接模式(独立操作)和双 32 位链接模式(相互配合操作)下编程，定时器 2 用作看门狗定时器。定时器结构框图如图 9-17 所示，其特性如下：

(1) 64 位加法计数器。

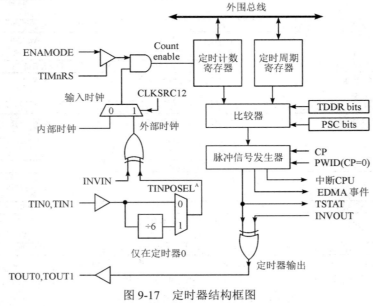

图 9-17　定时器结构框图

(2) 4 种定时模式。

(3) 2 个时钟源：定时器 0 和定时器 1 可以通过引脚 TIN0 和 TIN1 实现内部时钟输入和外部时钟输入。

(4) 2 种输出模式：脉冲模式和时钟模式。

(5) 2 种操作模式：一次操作(定时器运行一个周期停止)和连续操作模式(定时器运行一个周期后自动重置)。

(6) 64 位通用定时器模式可生成 DSP 中断和 EDMA 同步事件。

1．时钟控制

定时器 0 和定时器 1 可选择内部或外部时钟源作为计数周期，定时器 2 只能选择内部时钟源作为计数周期。图 9-18 显示了定时器时钟源选择。通过定时器控制寄存器(TCR)中的时钟源 CLKSRC12 位来选择定时器时钟源。在重置时，时钟源为内部时钟。

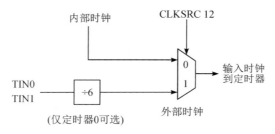

图 9-18　定时器时钟源选择

(1) 内部时钟，设置 CLKSRC12 = 0。

(2) 设置 CLKSRC12 = 1，此时定时器 0 和定时器 1 选择外部时钟输入(TIN0 和 TIN1)作为计数周期。

有关每个时钟源的详细配置如下。

1) 使用内部时钟源

内部时钟源是一个固定在片上的 27 MHz 的时钟。由于定时器计数上限基于时钟源的每个周期，因此，该时钟源决定了定时器的速度。在确定定时器的周期和预分频器设置时，根据 27 MHz 时钟的周期数来选择所需的周期。

定时器控制寄存器中的 CLKSRC12 位控制内部或外部时钟用作定时器的时钟源。如果定时器配置为 64 位通用定时器模式或双 32 位链接模式，则 CLKSRC12 位控制整个定时器的时钟源。如果定时器配置为双 32 位非链接模式(定时器全局控制寄存器 TGCR 中 TIMMODE = 1)，则 CLKSRC12 位控制 Timer 1:2，Timer 3:4 必须使用内部时钟源。若要选择内部时钟作为定时器的时钟源，则 CLKSRC12 位必须清除为 0。

2) 使用外部时钟源(仅定时器 0 和 1)

可以提供一个外部时钟源，通过 TIN0 和 TIN1 引脚对定时器计时。定时器控制寄存器(TCR)中的 CLKSRC12 位控制内部或外部时钟用作定时器的时钟源。如果定时器配置为 64 位通用定时器模式或双 32 位链接模式，则 CLKSRC12 位控制整个定时器的时钟源。如果定时器配置为双 32 位链接模式(TGCR 中的 TIMMODE = 1)，则 CLKSRC12 位控制 Timer1:2，Timer3:4 必须使用外部时钟。为了选择外部时钟作为定时器的时钟源，CLKSRC12 位必须设置为 1。

2. 信号描述

输入信号可用于定时器 0 和定时器 1。定时器 0 输入(TIN0)和定时器 1 输入(TIN1)连接到输入时钟电路以允许定时器同步。对于音频应用程序，定时器 0 提供了一个"÷6"分频器，确保音频时钟满足小于 CLK/4 的定时器模块要求，此时 CLK 等于 27 MHz 定时器外设时钟。定时器 0 的"÷6"分频器可以通过设置定时器 0 输入选择位(TINP0SEL)为 1 来启用，TINP0SEL 位位于系统模块内的定时器控制寄存器(TIMERCTL)。当 TINP0SEL = 1 时，使能"÷6"选项，并且定时器控制寄存器(TCR)中的定时器输入反相控制(INVINP)选项设置为 1，那么"÷6"信号的结果被反相。如果 TINP0SEL 位被清除为 0，并且设置 INVINP 选项，那么输入信号将直接来自定时器 0 的输入引脚(TINP0L)，而 INVINP 选项转换为输入源信号。

定时器 0 和定时器 1 提供了外部时钟输出，输出模式包括脉冲模式和时钟模式。定时器输出模式通过设置 TCR 中的时钟/脉冲模式位(Clock/Pulse，CP)来选择。在脉冲模式(CP = 0)下，脉冲宽度(PWID)位可以配置为 1、2、3 或 4 个定时器时钟周期。定时器状态(TSTAT)变为闲置前，脉冲宽度设置决定了定时器时钟周期的数量。通过设置位于 TCR 中的定时器输出反相控制(INVOUT)位为 1，可以反转脉冲。在时钟模式(CP = 1)下，定时器输出引脚上的信号有 50%的占空比，每次信号触发(从高到低或从低到高)定时器计数器达到零，输出引脚的值位于 TCR 中的 TSTAT 位。

9.2.2 定时器工作模式控制

通过设置定时控制寄存器(TCR)、定时全局控制寄存器(TGCR)和 PRD12、PRD34 位可实现定时器工作模式的选择。

TCR 主要实现以下功能：

(1) 选择时钟源(设置 TCR 中的 CLKSRC12 位)；

(2) 选择输出模式(设置 TCR 中的 CP 位)；

(3) 选择脉冲宽度模式(设置 TCR 中的 PWID 位)；

(4) 考虑"÷6"需求设置(设置系统模块 TIMERCTL 中的 TINP0SEL 位)；

(5) 考虑反相器需求设置(设置 TCR 中的 INVINP 和 INVOUTP 位)；

(6) 启用定时器(设置 TCR 中的 ENAMODE12)。

TGCR 主要实现以下功能：

(1) 模式选择(设置 TGCR 中的 TIMMODE 位)；

(2) 从 RESET 中移除定时器(设置 TGCR 中的 TIM12RS 和 TIM34RS 位)。

此外，选择需要的定时周期(设置 PRD12 和 PRD34 位)。

1. 64 位通用定时器模式(定时器 0 和定时器 1)

定时器 0 和定时器 1 在下列设置时可配置为 64 位通用定时器：

(1) 通过清除定时器全局控制寄存器(TGOR)中的 TIMMODE 位为 0。

(2) TGCR 中 TIM12RS = 1，TIM34RS = 1。

各个寄存器配置如表 9-17 所示。

表 9-17　64 位通用定时器模式下各个寄存器配置

64 位定时器配置	TGCR 位		TCR 位
	TIM12RS	TIM34RS	ENAMODE12
64 位定时器重置	0	0	0
64 位定时器启用	1h	1h	0
64 位定时器一次操作	1h	1h	1h
启动 64 位定时器连续操作	1h	1h	2h

通用定时器 0 和定时器 1 均可配置为 64 位定时器。在重置时，TIMMODE 位的默认设置为 64 位定时器。在这种模式下，定时器作为一个 64 位加法计数器运行。计数寄存器(TIM12 和 TIM34)形成 64 位定时器计数寄存器，周期寄存器(PRD12 和 PRD34)形成 64 位定时器周期寄存器。当启用定时器时，定时计数器在每个输入时钟周期内开始以 1 递增。当定时器计数器与定时器周期相匹配时，生成一个可屏蔽的定时器中断(TINTLn)、一个定时器 EDMA 同步事件(TEVTLn)和一个输出信号(TOUT)。当定时器配置为连续模式，定时计数器达到定时周期后，定时计数器重置为 0。通过使用 TGCR 中的控制位来停止、重启、重置或禁用定时器。

(3) 设置 TGCR 中的 TIMMODE = 3h，通用定时器设置为一个双 32 位链接模式定时器。TGCR 中的 TIMMODE = 1 设置为链接模式。在链式模式中，一个 32 位定时器(Timer3：4)用作 32 预分频器，另一个 32 位定时器(Timer1:2)用作 32 位定时。

32 位预分频器用来记录 32 位定时，32 位预分频器使用定时计数寄存器(TIM34)来形成一个 32 位的预分频计数寄存器，使用一个定时周期寄存器(PRD34)来形成一个 32 位的预分频周期寄存器。

32 位定时器(Timer1:2)使用计数寄存器(TIM12)来形成一个 32 位定时计数寄存器，周期寄存器(PRD12)形成一个 32 位的定时器周期寄存器。该定时器通过预分频器的输出时钟来计时，在每个预分频器输出时钟周期内，定时计数器增加 1。当定时计数器匹配定时周期时，可屏蔽的定时器中断(TINTLn)、定时器 EDMA 事件(TEVTLn)以及输出信号(TOUT)被生成。当定时器配置为连续模式时，在定时计数器达到定时周期后，定时计数器置为 0。使用 CR 中 TIMRS 和 TIM4RS 可以停止、重新启动、重置或禁用定时器。在链接模式下，不使用定时器控制寄存器(TCR)的高 16 位。

(4) 设置 TGCR 中的 TIMMODE = 1，通用定时器设置为一个双 32 位非链接模式定时器。在非链接模式中，定时器可作为 2 个独立的 32 位定时器操作；4 位预分频器必须被内部时钟控制，外部时钟源不能用于 Timer 3:4。在 TGCR 中，4 位预分频器使用定时器分频比(TDDR34)位形成一个 4 位的预分频计数寄存器，预分频计数器(PSC34)位形成一个 4 位的预分频周期寄存器。当启用定时器时，预分频计数器开始在每个定时器输入时钟周期内递增 1。在预分频计数器匹配一个预分频周期后，32 位定时器生成一个时钟信号。

32 位定时器使用 TIM34 作为 32 位定时计数寄存器，使用 PRD34 作为 32 位定时周期寄存器。32 位定时器通过来自 4 位预分频器的输出时钟来计时，定时计数器在每个预分频输出时钟周期内增加 1。当定时计数器匹配定时周期时，可屏蔽的定时器中断(TINTHn)、定时器 EDMA 同步事件(TEVTHn)以及输出信号(TOUT)被生成。当定时器配置为连续模式时，在定时计数器达到定时周期后，定时计数器重置为 0。通过使用 TGCR 中的 TIM34RS 位可以停止、重新启动、重置或禁用定时器。对于 Timer3:4，不使用定时器控制寄存器(TCR) 的低 16 位。

32 位定时器(Timer1:2)使用计数寄存器(TIM12)形成一个 32 位计数寄存器，周期寄存器 (PRD12)形成一个 32 位的定时器周期寄存器。当启用定时器后，在每个输入时钟周期内，定时计数器增加 1。当定时计数器匹配定时周期时，可屏蔽的定时器中断(TINTLn)、定时器 EDMA 事件(TEVTLn)以及输出信号(TOUT)被生成。当定时器配置为连续模式时，在定时计数器达到定时周期后，定时计数器重置为 0。通过使用 TGCR 中的 TIM12RS 位可以停止、重新启动、重置或禁用定时器。对于 Timer 1:2，不使用定时器控制寄存器(TCR)的高 16 位。双 32 位定时器非链接模式启用和配置可参考 64 位定时器模式。

2. 看门狗定时器模式(定时器 2)

定时器 2 只能配置为 64 位看门狗定时器模式。定时器 2 作为一个看门狗定时器，可用于使失控的程序摆脱"死循环"。

硬件复位后，看门狗定时器禁用。看门狗定时器没有外部时钟源和一次使能操作。当 TGCR 中的 TIMMODE = 2h，WDTCR 中的 WDEN = 1 时，选择并启动看门狗定时器模式。

当超时事件发生时，看门狗定时器依赖定时器控制寄存器(TIMERCTL)中的看门狗重置(WDRST)位，通过系统模块编程可以重置整个处理器。如果将 WDRST 位设置为 1，则看门狗定时器事件会导致设备重置。如果 WDRST 位被清除为 0，则看门狗定时器事件不会导致设备重置。

计数寄存器(TIM12 和 TIM34)形成 64 位定时计数寄存器，周期寄存器(PRD12 和 PRD34)形成 64 位周期寄存器。当定时计数器匹配定时周期时，定时器生成信号(WDINT)和看门狗中断事件。如果系统模块的 TIMERCTL 寄存器中的 WDRS 位被设置，则看门狗定时器可以重置整个处理器。

3. 定时器中断

每个定时器都可发送两个独立的中断事件(TINTn)给 DSP，发送哪两个取决于定时器的操作模式。当定时计数器中的计数值达到周期寄存器中指定的值时，会产生定时器中断。表 9-18 显示了各种定时器模式下产生的中断示例。

表 9-18　定 时 器 中 断

定 时 器 模 式	定时器 0	定时器 1	定时器 2
64 位通用定时器模式	TINTL0	TINTL1	—
32 位链接模式	TINTL0	TINTL1	—
不带预分频的 32 位非链接模式(Timer1:2)	TINTL0	TINTL1	—
带预分频的 32 位非链接模式(Timer3:4)	TINTL0	TINTL1	—
看门狗定时器模式	—	—	WDINT

4. EDMA 事件

定时器 0 和定时器 1 可以将两个独立的定时器事件(TEVTn)中的一个发送给 EDMA，

发送哪个取决于定时器的操作模式。当计数器中的计数值达到周期寄存器中指定的值时，会生成定时器事件。表 9-19 显示了各种模式下产生的 EDMA 事件。

表 9-19 定时器 EDMA 事件

定 时 器 模 式	定时器 0	定时器 1	定时器 2
64 位通用定时器模式	TEVTL0	TEVTL1	—
32 位链接模式	TEVTL0	TEVTL1	—
不带预分频的 32 位非链接模式(Timer1:2)	TEVTL0	TEVTL1	—
带预分频的 32 位非链接模式(Timer3:4)	TEVTH0	TEVTH1	—
看门狗定时器模式	—	—	—

9.2.3 定时器寄存器

定时器寄存器主要有 9 个，如表 9-20 所示。表中列出了 64 位定时器模式下定时寄存器的偏移地址。其中，定时器 0 寄存器的起始地址为 0x01C21400h，定时器 1 寄存器的起始地址为 0x01C21800h，定时器 2 寄存器的起始地址为 0x01C21C00h。下面对其中 7 个寄存器的结构组成和功能进行分析。

表 9-20 64 位定时器寄存器

偏 移 地 址	缩 写	寄 存 器 名
00h	PID12	外设识别寄存器 12
04h	EMUMGT	仿真管理寄存器
10h	TIM12	定时计数寄存器 12
14h	TIM34	定时计数寄存器 34
18h	PRD12	定时周期寄存器 12
1Ch	PRD34	定时周期寄存器 34
20h	TCR	定时控制寄存器
24h	TGCR	定时全局控制寄存器
28h	WDTCR	看门狗定时器控制寄存器

1. 外设识别寄存器 12(PID12)

外设识别寄存器 12(PID12)包含外围设备的识别数据(类型、类和版本)等，其结构组成如图 9-19 所示，功能描述如表 9-21 所示。

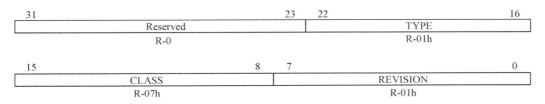

说明：R=只读。

图 9-19 外设识别寄存器 12(PID12)结构组成

表 9-21 外设识别寄存器 12(PID12)功能描述

位	域	值	描　　述
31～23	Reserved	0	保留
22～16	TYPE	01h	识别外设类型定时器
15～8	CLASS	07h	识别外设类型定时器
7～0	REVISION	01h	识别外设版本当前外设版本

2. 仿真管理寄存器(EMUMGT)

仿真管理寄存器 (EMUMGT)结构组成如图 9-20 所示，功能描述如表 9-22 所示。

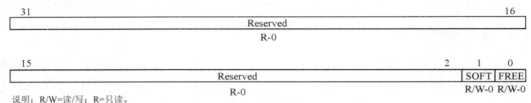

说明：R/W=读/写；R=只读。

图 9-20　仿真管理寄存器 (EMUMGT)结构组成

表 9-22　仿真管理寄存器 (EMUMGT)功能描述

位	域	值	描　　述
31～2	Reserved	0	保留
1	SOFT	0 1	确定定时器的仿真模式功能。当 FREE 位被清 0 时，SOFT 位选择定时器模式。 0：定时器立即停止。 1：当计数器增加到定时周期寄存器(PRDn)中的值时，定时器停止
0	FREE	0 1	确定定时器的仿真模式功能。当 FREE 位被清 0 时，SOFT 位选择定时器模式。 0：SOFT 位选择定时器模式。 1：定时器可忽略SOFT位自由运行

3. 定时计数寄存器(TIM12 和 TIM34)

定时计数寄存器是一个 64 位寄存器，被划分为两个 32 位寄存器：TIM12 和 TIM34。这两个寄存器可配置为链接或非链接模式。定时计数寄存器(TIM12 和 TIM34)的结构组成如图 9-21 所示，功能描述如表 9-23 所示。

表 9-23　定时计数寄存器(TIM12 和 TIM34)功能描述

位	域	值	描　　述
31～0	TIM12	0～FFFF FFFFh	TIM12 计数位，该 32 位值是主计数器的当前计数
31～0	TIM34	0～FFFF FFFFh	TIM34 计数位，该 32 位值是主计数器的当前计数

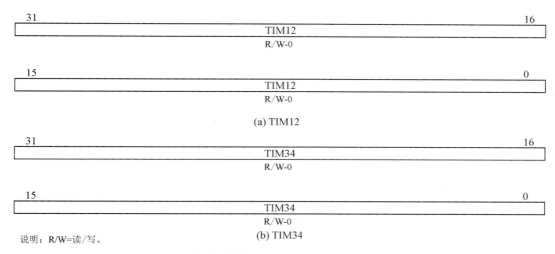

(a) TIM12

(b) TIM34

说明：R/W=读/写。

图 9-21　定时计数寄存器(TIM12 和 TIM34)结构组成

4. 定时周期寄存器(PRD12 和 PRD34)

定时周期寄存器是一个 64 位寄存器，被划分为两个 32 位寄存器，即 PRD12 和 PRD34。类似于双 32 位定时器模式中的 TIMn，PRDn 可划分为 2 个寄存器，分别对应 Timer1:2 的 PRD12 和对应 Timer3:4 的 PRD34。这两个寄存器可与两个定时计数寄存器(TIM12 和 TIM34)一起使用。定时周期寄存器(PRD12 和 PRD34)的结构组成如图 9-22 所示，功能描述如表 9-24 所示。

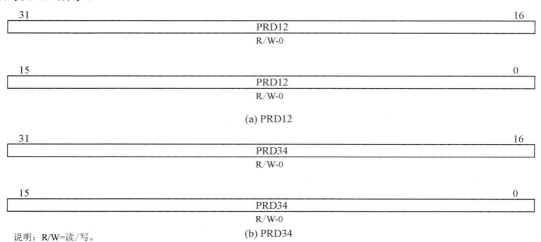

(a) PRD12

(b) PRD34

说明：R/W=读/写。

图 9-22　定时周期寄存器(PRD12 和 PRD34)结构组成

表 9-24　定时周期寄存器(PRD12 和 PRD34)功能描述

位	域	值	描　述
31～0	PRD12	0～FFFF FFFFh	PRD12 周期位，该 32 位值是定时器输入时钟周期数
31～0	PRD34	0～FFFF FFFFh	PRD34 周期位，该 32 位值是定时器输入时钟周期数

5. 定时控制寄存器(TCR)

定时控制寄存器(TCR)的结构组成如图 9-23 所示，功能描述如表 9-25 所示。

31		24	23　22	21		16
	Reserved		ENAMODE34		Reserved	
	R-0		R/W-0		R-0	

15		9	8	7　6	5　4	3	2	1	0
	Reserved		CLKSRC12	ENAMODE12	PWID	CP	INVINP	INVOUTP	TSTAT
	R-0		R/W-0	R/W-0	R/W-0	R/W-0	R/W-0	R/W-0	R-0

说明：R/W=读/写；R=只/读。

图 9-23　定时控制寄存器(TCR)结构组成

表 9-25　定时控制寄存器(TCR)功能描述

位	域	值	描　述
31～24	Reserved	0	保留
23～22	ENAMODE34	0～3h	确定定时器的启动模式。ENAMODE34 只可用于双 32 位非链接模式(TGCR 中 TIMMODE = 1h)
		0	定时器禁用(不计数)，保持当前值
		1h	定时器一次操作，计数值达到周期，定时器停止
		2h	定时器连续操作，TIMn 累加，直到计数值达到周期，重置计数器为 0 并继续
		3h	保留
21～9	Reserved	0	保留
8	CLKSRC12	0 1	确定定时器选择的时钟源。 0：内部时钟。 1：定时器输入引脚
7～6	ENAMODE12	0～3h	确定定时器的启动模式
		0	定时器禁用(不计数)，保持当前值
		1h	定时器一次操作，计数值达到周期，定时器停止
		2h	定时器连续操作，TIMn 累加，直到计数值达到周期，重置计数器为 0 并继续
		3h	保留
5～4	PWID	0～3h	脉冲宽度位，PWID 只用于脉冲模式(CP = 0)。PWID 控制定时器的输出信号宽度。脉冲的极性由 INVOUT 位控制。定时器输出信号记录在 TSTAT 位上，可在定时器输出引脚上看到
		0	脉冲宽度为 1 个定时时钟周期
		1h	脉冲宽度为 2 个定时时钟周期
		2h	脉冲宽度为 3 个定时时钟周期
		3h	脉冲宽度为 4 个定时时钟周期

续表

位	域	值	描　　述
3	CP	0	用于定时器输出的时钟/脉冲模式位。 0：在看门狗定时器模式中(TGCR 中的 TIMMODE = 2h)，自动选择脉冲模式，不考虑 CP 位脉冲模式。当定时计数器达到定时周期时，定时器输出为一个脉冲，其宽度由 PWID 位定义，极性由 INVOUT 位定义。
		1	1：时钟模式。定时器输出信号有 50%的占空比。当定时计数器达到定时周期时，定时器输出信号电平切换(从高到低或从低到高)
2	INVINP		定时器输入反相器控制。只有当 CLKSRC12 = 1 时才影响操作。这种模式受到"÷6"影响(在系统模块 TIMERCTL 中 TINP0SEL = 1)，这会导致结果反相。
		0	0：非反相定时器输入驱动定时器。
		1	1：反相定时器输入驱动定时器
1	INVOUTP		定时器输出反相器控制。
		0	0：定时器输出非反相。
		1	1：定时器输出反相
0	TSTAT		定时器状态位。这是一个只读位，显示了定时器输出值。TSTAT 驱动定时器输出引脚，可以通过设置 INVOUTP = 1 来反相。
		0	0：定时器输出低电平。
		1	1：定时器输出高电平

6. 定时全局控制寄存器(TGCR)

定时全局控制寄存器(TGCR)的结构组成如图 9-24 所示，功能描述如表 9-26 所示。

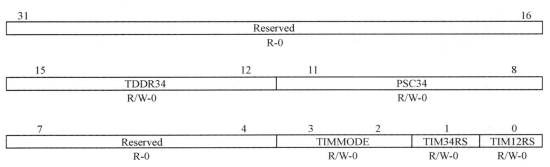

说明：R/W=读/写；R=只读。

图 9-24　定时全局控制寄存器(TGCR)结构组成

表 9-26　定时全局控制寄存器(TGCR)功能描述

位	域	值	描　述
31~16	Reserved	0	保留
15~12	TDDR34	0~Fh	定时器线性分度比为 Timer3:4 指定定时器分度比。当定时器启用，TDDR34 在每个定时器时钟累加，当 TDDR34 匹配 PSC34 后，TIM34 在每个时钟周期累加，TDDR34 重置为 0 并继续。如果 Timer3:4 启用一次操作，当 TIM34 匹配 PRD34 时，Timer3:4 停止；如果 Timer3:4 启用连续操作，TIM34 匹配 PRD34 后，TIM34 重置为 0，Timer3:4 继续
11~8	PSC34	0~Fh	TIM34 预分频计数器，为 Timer3:4 指定计数
7~4	Reserved	0	保留
3~2	TIMMODE	0~3h	确定定时器模式
		0	64 位通用定时器模式
		1h	双 32 位非链接定时器模式
		2h	64 位看门狗定时器模式
		3h	双 32 位链接定时器模式
1	TIM34RS		Timer 3:4 可用作 32 位定时器。在 64 位定时器模式下，必须将 TIM34RS 和 TIM12RS 都设置为 1。如果定时器处于看门狗活动状态，改变这一位不会影响定时器。
		0	0：Timer 3:4 重置。
		1	1：Timer 3:4 不重置
0	TIM12RS		Timer 1:2 可用作 32 位定时器。在 64 位定时器模式下，必须将 TIM34RS 和 TIM12RS 都设置为 1。如果定时器处于看门狗活动状态，改变这一位不会影响定时器。
		0	0：Timer1:2 重置。
		1	1：Timer 1:2 不重置

7. 看门狗定时器控制寄存器(WDTCR)

看门狗定时器控制寄存器(WDTCR)的结构组成如图 9-25 所示，功能描述如表 9-27 所示。

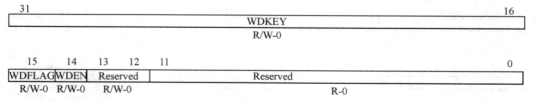

说明：R/W=读/写；R=只/读。

图 9-25　看门狗定时控制寄存器(WDTCR)结构组成

表 9-27 看门狗定时控制寄存器(WDTCR)功能描述

位	域	值	描 述
31～16	WDKEY	0～FFFFh	16 位看门狗定时器服务键。只有 A5C6h 紧跟 DA7Eh 序列服务看门狗定时器。不适用于通用定时器模式
15	WDFLAG		看门狗标志位。通过启用看门狗定时器、重置或写入 1 来清除 WDFLAG。通过看门狗超时置位 WDFLAG。
		0	0：无看门狗超时发生。
		1	1：看门狗超时发生
14	WDEN		看门狗定时器使能位。
		0	0：看门狗定时器禁用。
		1	1：看门狗定时器启用
13～12	Reserved	0～3h	保留，该位必须写入 00b
11～0	Reserved	0	保留

9.3 实验和程序实例——直流电动机控制实验

直流电动机控制实验中应用到了本章所学的 TMS320DM6437 通用输入/输出接口(GPIO)和 32 位定时器的结构、中断映射和 EDMA 事件产生、GPIO 各个寄存器的结构及配置方法。学习好本实验的内容对巩固所学知识十分重要。

1. 实验原理

1) 定时器的配置

DM6437 内部有 3 个定时器，其中 Timer0 和 Timer1 是 64 位定时器，Timer0 和 Timer1 也可以配置成双 32 位定时器。Timer2 用作看门狗定时器。

本实验采用定时器 0 的双 32 位模式。在对定时器进行配置时，TIM12 用来配置定时器计数值，PRD12 用来存储定时器的输入时钟的计数周期值，TGCR 用来对定时器进行全局配置。本实验中把定时器配置成双 32 位非链接模式。TCR 是定时器控制寄存器，在本例中定时器被配置成内部时钟和连续工作模式。

定时器工作原理如图 9-26 所示。当定时器使能时，每经过一个输入时钟周期定时计数寄存器的数值加 1。当定时计数寄存器的值等于定时周期寄存器的值时，产生 1 个定时器中断(TINTLn)、1 个 EDMA 同步事件(TEVTLn)和 1 个输出信号(TOUT)。当定时器配置成连续工作模式，定时计数寄存器的值等于定时周期寄存器的值时，定时计数寄存器的值复位为 0，周而复始地循环下去。

定时器定时的时间为

$$T = \frac{PRD12 + 1}{Inputclock}$$

其中，PRD12 为定时周期寄存器的值；Inputclock 配置为内部时钟 27 MHz。

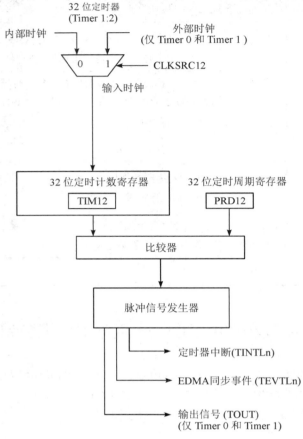

图 9-26   定时器工作原理框图

例如：

定时器 0 的计数寄存器 TIM12，32 位，TIMER0_TIM12＝0x00000000；

定时器 0 的周期寄存器 PRD12，32 位，TIMER0_PRD12＝0x00003000；

根据公式计算可得定时器定时的时间为 455.148 μs，电机频率为 11 Hz(1/(455.148×200))。

2) 定时器中断配置

中断：由硬件和软件驱动事件，中断使 CPU 暂停当前的程序，并转而执行一个中断服务子程序。

异常：跟中断类似，同样改变程序的流向，但异常是由系统错误条件产生的正常现象。

如图 9-27 所示，中断控制寄存器将系统事件连接到 CPU 的中断和异常，中断控制器支持 128 个系统事件作为中断控制器的输入，128 个系统事件由内部事件和片级事件产生。除了 128 个系统事件，中断控制器也接收不可屏蔽和复位信号。

本实验中用的是中断控制器中的中断选择器，它将定时器中断事件(EVT4)和中断14(INT14)连接起来。当定时器中断提出请求时，其在中断标志寄存器(IFR)中的中断标志位自动置位。CPU 检测到该中断标志位被置位后，接着会检测该中断是否被使能，也就是去读中断使能寄存器(IER)相应位的值。如果中断未使能，那么 CPU 将不会理会中断，直到中断被使能为止。如果中断已经被使能，则 CPU 会继续检查全局中断(即 CSR 中的 GIE)是否被使能。如果 CSR 中的 GIE 没有被使能，则 CPU 不会响应中断；如果 CSR 中的 GIE 已经被使能，则 CPU 会响应中断，暂停主程序并转向执行相应的中断服务子程序。CPU 响应中断后，IFR 中的中断标志位自动清零，这样 CPU 就能响应其他的中断或该中断的下一次中断。中断响应过程如图 9-28 所示。

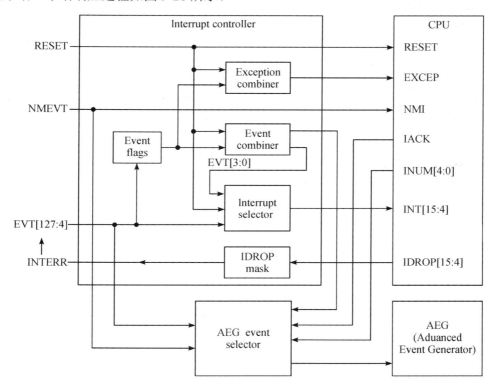

图 9-27　C64x+中断控制器框图

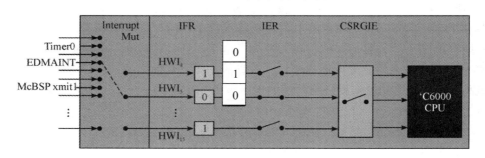

图 9-28　中断响应过程

3) 直流电动机控制

直流电动机是最早出现的电动机，也是最早能实现调速的电动机。近年来，直流电动机的结构和控制方式都发生了很大的变化。随着计算机进入控制领域，以及新型的电力电子功率元器件的不断出现，采用全控型的开关功率元件进行脉宽调制(Pulse Width Modulation，PWM)的控制方式已成为主流。

(1) PWM 调压调速原理。

直流电动机转速 n 的表达式为

$$n = \frac{U - IR}{K\Phi}$$

其中，U 为电枢端电压；I 为电枢电流；R 为电枢电路总电阻；Φ 为每极磁通量；K 为电动机结构参数。

因此，直流电动机的转速控制方法可分为对励磁磁通进行控制的励磁控制法和对电枢端电压进行控制的电枢控制法两类。其中，励磁控制法在低速时受磁极饱和的限制，在高速时受换向火花和换向器结构强度的限制，并且励磁线圈电感较大，动态响应较差，所以这种控制方法用得很少。现在，大多数应用场合都使用电枢控制法。绝大多数直流电动机采用开关驱动方式。开关驱动方式是使半导体功率器件工作在开关状态，通过 PWM 来控制电动机电枢端电压，从而实现调速的一种方式。图 9-29 是利用开关管对直流电动机进行 PWM 调速控制的原理图和输入/输出电压波形。

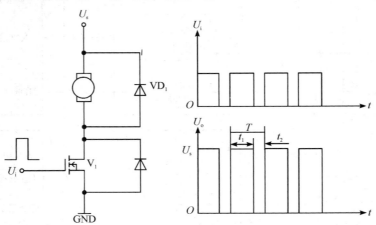

图 9-29　利用开关管对直流电动机进行 PWM 调速控制的原理图和输入/输出电压波形

图 9-29 中，当开关管 MOSFET 的栅极输入高电平时，开关管导通，直流电动机电枢绕组两端有电压 U_s。t_1 秒后，栅极输入变为低电平，开关管截止，电动机电枢两端电压为 0。t_2 秒后，栅极输入重新变为高电平，开关管的动作重复前面的过程。这样，对应着输入的电平高低，直流电动机电枢绕组两端的电压波形如图 9-29 所示。电动机的电枢绕组两端的电压平均值 U_o 为

$$U_o = \frac{t_1 U_s + 0}{t_1 + t_2} = \frac{t_1}{T} U_s = \alpha U_s \tag{9-1}$$

式中，α 为占空比，$\alpha = \frac{t_1}{T}$。占空比 α 表示在一个周期 T 里，开关管导通的时间与周期的比值。α 的变化范围为[0，1]。

由式(9-1)可知，在电源电压 U_s 不变的情况下，电枢端电压的平均值 U_o 取决于占空比 α 的大小，改变 α 值就可以改变电枢端电压的平均值，从而达到调速的目的，这就是 PWM 调速原理。

(2) PWM 调速方法。

在 PWM 调速时，占空比 α 是一个重要参数。以下 3 种方法都可以改变占空比的值：

① 定宽调频法。这种方法保持 t_1 不变，只改变 t_2，这样使周期 T(或频率)也随之改变。

② 调宽调频法。这种方法保持 t_2 不变，只改变 t_1，这样使周期 T(或频率)也随之改变。

③ 定频调宽法。这种方法保持周期 T(或频率)不变，而改变 t_1 和 t_2。

前两种方法由于在调速时改变了控制脉冲的周期(或频率)，当控制脉冲的频率与系统的固有频率接近时，将会引起振荡，因此这两种方法用得很少。目前，在直流电动机的控制中，主要使用定频调宽法。

(3) ICETEK-CTR 直流电动机模块。

ICETEK-CTR 即显示/控制模块上直流电动机部分的原理图如图 9-30 所示。图中的 PWM 输入对应 ICETEK-DM6437-A 板上 P4 外扩插座第 26 引脚的信号，由 GPIO[24]控制，DSP 将在此引脚上给出 PWM 信号，用来控制直流电动机的转速；图中的 DIR 输入对应 ICETEK-DM6437-A 板上 P4 外扩插座第 29 引脚的信号，由 GPIO[30]控制，DSP 将在此引脚上给出高电平或低电平来控制直流电动机的方向。从 DSP 输出的 PWM 信号和转向信号经过 2 个与门和 1 个非门后与各个开关管的栅极相连。

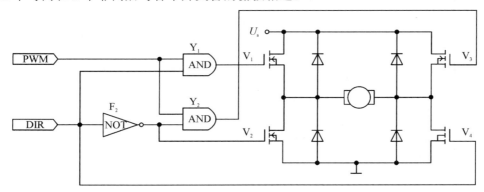

图 9-30　ICETEK-CTR 即显示/控制模块上直流电动机部分的原理图

(4) 控制原理。

当电动机要求正转时，GPIO[30]给出高电平信号，该信号分成 3 路：第 1 路接与门 Y_1 的输入端，使与门 Y_1 的输出由 PWM 决定，所以开关管 V_1 的栅极受 PWM 控制；第 2 路直接与开关管 V_4 的栅极相连，使 V_4 导通；第 3 路信号分两路，一路经非门 F_1 连接到与门 Y_2 的输入端，使与门 Y_2 输出为 0，这样使开关管 V_3 截止；从非门 F_1 输出的另一路与开关管 V_2 的栅极相连，其低电平信号也使 V_2 截止。

同样，当电动机要求反转时，GPIO[30]给出低电平信号，经过 2 个与门和 1 个非门组成的逻辑电路后，开关管 V_3 受 PWM 信号控制，V_2 导通，V_1、V_4 全部截止。

(5) 实验程序流程图。

程序中采用定时器中断产生固定频率的 PWM 波，在每个中断中根据当前占空比来判断应输出波形的高低电平。主程序用轮询方式读入键盘输入，得到转速和方向控制命令。

实验程序流程图如图 9-31 所示。

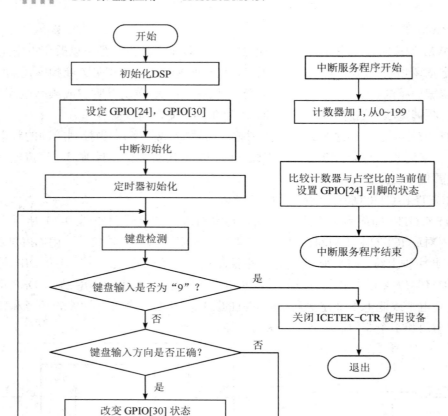

图 9-31 实验程序流程图

2. 实验步骤

本实验的程序已经安装到 C:\ICETEK\ICETEK-DM6437-AF\Lab0204-Timer 目录中。如果未发现实验程序目录或相关实验程序文件，则请重新安装 ICETEK-DM6437-AF 板实验。

1) 仿真连接

检查 ICETEK-XDS100 v2+仿真器插头是否连接到 ICETEK-DM6437-AF 板的仿真插头 J1 上。确保正确连接后，将所有插针都插入到插座中。使用实验箱附带的 USB 电缆连接 PC 的 USB 插座和仿真器 USB 接口插座，ICETEK-XDS100 仿真器上的红色电源指示灯点亮。

(1) 连接示波器：将示波器探头地线连到实验箱右下角的 GND 测试点，接通示波器电源。

(2) 连接实验箱电源：关闭实验箱左上角的电源总开关后，使用实验箱附带的电源线连接实验箱左侧的电源插座和电源接线板。

(3) 接通电源：将实验箱左上角电源总开关拨动到"开"的位置，将实验箱右下角控制 ICETEK-DM6437-AF 板电源的评估板电源开关拨动到"开"的位置。接通电源后，ICETEK-DM6437-AF 板上的电源模块指示灯(红色)D2 点亮。

2) CCS5 启动

点击桌面上相应图标启动 CCS5。

3) 导入实验工程

(1) 在 CCS5 窗口中选择菜单项 Project→Import Existing CCS Eclipse Project。

(2) 点击 Select search-directory 右侧的 Browse 按钮。

(3) 选择 C:\ICETEK\ICETEK-DM6437-AF\Lab0306-DCMotor，点击 OK 按钮。

(4) 点击 Finish 按钮，CCS5 窗口左侧的工程浏览窗口中会增加一项：Lab0306-DCMotor，点击它使之处于激活状态，项目激活时会显示成粗体的 Lab0306-DCMotor [Active - Debug]。

(5) 展开工程，双击其中的 main.c，打开这个源程序文件，浏览内容。main.c 实验程序入口函数 main()位于此文件的 15 行。

① 程序调用 EVMDM6437_init()对 ICETEK-DM6437-AF 进行初始化工作。这个函数属于 ICETEK-DM6437-AF 的板级支持库(BSL)，在编译链接时使用这个库文件：C:\ICETEK\ICETEK-DM6437-AF\common\lib\Debug\evmdm6437bsl.lib，EVMDM6437_init() 函数位于源文件 C:\ICETEK\ICETEK-DM6437-AF\common\lib\evmdm6437.c。

② 初始化完成后，main()函数调用函数 InitCTR()对 ICETEK-CTR 进行初始化工作。

③ 初始化中断系统，参照如下中断响应过程，完成中断系统的配置：

```
CSR=0x00;                    //禁止全局中断
IER=0x03;                    //禁止所有中断, 除了 NMI 和 RESET
ICR=0xffff;                  //清除所有中断标志位
ISTP=0x10800400;             //记录中断向量表的首地址
IER=0x00004000;              //使能第 14 个中断
CSR=0x01 ;                   //开启全局中断
INTC_INTMUX3=0x00040000;
//事件选择寄存器, 定时 0 事件(EVT4)与中断 14(INT14)相连接
```

其中 ISTP 的地址由文件 link.cmd 中的中断向量(.vectors)的存放位置决定。

④ 设置定时器：定时器 0 使用内部时钟，工作模式为双 32 位非链接模式。

⑤ 程序进入循环。每隔 233 ms 扫描键盘一次，根据获取的键盘值控制电动机的速度和方向。

⑥ 中断服务程序：每产生 200 次中断，即完成一个 PWM 周期，根据"uN"在 200 次中断中所占次数比例来控制 PWM 的占空比。

(6) vecs_timer.asm：设置 DM6437 的中断服务程序入口，其中第 87 行指定使用 main.c 中提供的 extint14_isr 函数。

4) 程序运行

(1) 编译程序：选择菜单项 Project→Build Project，注意观察编译完成后，Problems 窗口有没有编译错误提示。

(2) 启动 Debug 并下载程序：选择菜单项 Run→Debug，如果程序正确下载到 DM6437，则当前程序指针应停留在 main.c 的 main()函数入口处等待操作。

(3) 运行程序：在 Debug 窗口中选择菜单项 Run→Resume，开始运行程序。

① 程序开始运行后，电动机以中等速度转动。

② 在小键盘上按数字 1～5 键将分别控制电动机从低速到高速转动。

③ 在小键盘上按数字 7 或 8 键切换电动机的转动方向。如果程序退出或中断时电动机不停转动，可以将控制 ICETEK-CTR 模块的电源开关关闭再开启一次。有时键盘控制不是非常灵敏，这是因为程序采用了轮询方式读取键盘输入的结果，此时可以多按几次按键。

④ 在小键盘上按数字 9 键停止电动机转动并退出程序。

5) 结束实验

(1) 停止程序运行：在 Debug 窗口中选择 Run→Suspend；

(2) 退出 Debug 方式：在 Debug 窗口中选择菜单 Run→Terminate；

(3) 退出 CCS5。

3. 实验结果

通过实验可以发现，直流电动机受控改变转速和方向。电动机是一个电磁干扰源，它的启停还会影响电网电压的波动，其周围的电器开关也会引发火花干扰。因此，除了采用必要的隔离、屏蔽和电路板合理布线等措施，看门狗定时器的功能显得格外重要。看门狗定时器在工作时不断地监视程序运行的情况，一旦程序"跑飞"，就会立刻使 DSP 复位。

4. C 源程序

```c
#include "stdlib.h"
#include "evmdm6437.h"
#include "evmdm6437_gpio.h"
#include "ICETEK-DM6437-AF.h"
extern far cregister volatile unsigned int IER;
extern far cregister volatile unsigned int CSR;
extern far cregister volatile unsigned int ICR;
extern far cregister volatile unsigned int ISTP;
extern far cregister volatile unsigned int ISR;
extern far cregister volatile unsigned int IFR;
void timer_init(void);
void main(void)
{
    int dbScanCode;
    unsigned char dbOld;
    dbScanCode=dbOld=0;
    nCount=nCount1=0;
    EVMDM6437_init( );                     //BSL 初始化 ICETEK-DM6437-AF
    EVMDM6437_GPIO_init();                 // BSL 初始化 GPIO
    EVMDM6437_GPIO_setDir(30,0);           // 设置 GPIO 引脚为输出
    EVMDM6437_GPIO_setDir(24,0);
```

```
    EVMDM6437_GPIO_setOutput(24,0);        // 设置 GPIO 引脚为输出
    InitCTR();                             //初始 CTR
    CSR=0x100;                             //禁止全局中断
    IER=0x03;                              //禁止所有中断
    ICR=0xffff;                            //清除所有中断标志位
    ISTP = 0x10800400;                     //记录中断向量表的首地址
    INTC_INTMUX3 = 0x00040000;             //事件选择寄存器, 定时 0 事件(EVT4)与中断
                                             14(INT14)相连接
    IER |= 0x00004002;                     //使能第 14 个中断
    CSR=0x01 ;                             //开启全局中断
    TIMER0_TGCR=0x00000001;                //控制 TGCR 和 TRC 寄存器禁止定时器 0
    TIMER0_TRC=0x00000000;
    timer_init();                          //初始化定时器, 配置定时器相关寄存器
    CTRGR=1;                               //直流电动机使能
    while ( 1 )
    {
        if ( nCount1==0 )
        {
            dbScanCode=GetKey(); //获取按键值
            //根据按键的值控制电动机执行不同的动作
            //1～5 控制电动机的速度
            //7、8 控制电动机的方向
            //9 退出程序
            if ( dbScanCode!=dbOld )
            {
                dbOld=dbScanCode;
                if ( dbScanCode==SCANCODE_9 )
                    break;
                else if ( dbScanCode==SCANCODE_7 )
                {
                    EVMDM6437_GPIO_setOutput(30,1);
                }
                else if ( dbScanCode==SCANCODE_8)
                {
                    EVMDM6437_GPIO_setOutput(30,0);
                }
                else if ( dbScanCode==SCANCODE_1 )
                    uN=170;
                else if ( dbScanCode==SCANCODE_2 )
```

```
                        uN=140;
                    else if ( dbScanCode==SCANCODE_3 )
                        uN=100;
                    else if ( dbScanCode==SCANCODE_4 )
                        uN=60;
                    else if ( dbScanCode==SCANCODE_5 )
                        uN=20;
            }
        }
    }
    CloseCTR(); //关闭 CTR
    exit(0);
}
void timer_init(void)
{
    TIMER0_TIM12 = 0x00000000;
    TIMER0_PRD12 = 0x00003000;
    TIMER0_TGCR = 0x00000005;
    TIMER0_TRC   = 0x00000080;
}
interrupt void extint14_isr(void)
{
    nCount++; nCount%=200;
    if ( nCount>uN )
        EVMDM6437_GPIO_setOutput(24,1);
    else
        EVMDM6437_GPIO_setOutput(24,0);
    nCount1++; nCount1%=512;
    return;
}
```

本 章 小 结

本章重点介绍了 TMS320DM6437 的通用输入/输出接口(GPIO)和 32 位定时器的结构、功能及正确配置方法。内容主要包括 GPIO 的功能、中断映射和 EDMA 事件产生,GPIO 各个寄存器的结构及配置方法;32 位定时器的结构、工作模式及选择,定时器的各个寄存器的结构及配置方法。要求通过本章的学习,能在 DSP 系统设计中注重其应用,并在此基础上理解微处理器的架构中各种相关技术的应用。

习　题　9

一、填空题

1. TMS320DM6437 的 GPIO 提供了通用输入/输出引脚，既可配置为输出，又可配置为输入。当配置为输出时，用户通过写内部寄存器来_____；当配置为输入时，用户通过读内部寄存器来_____。

2. TMS320DM6437 有多达_____个 GPIO 信号引脚，这些引脚提供了与外部设备的通用连接。GPIO 接口分为 7 组，前 6 组各包含 16 位，如 0 组为 GP[0:15]；第 7 组 GPIO 包含 15位，即 GP[_____]。

3. GPIO 外设的输入时钟表示为锁相环(PLL1)的_____分频，最大运行速度为 10 MHz。TMS320DM6437 通过引脚_____来实现在尽可能小的封装上容纳尽可能多的外设功能。

4. 所有 GPIO 信号都可作为中断源，7 组 GPIO 都有其各自的中断信号，可规定每组GPIO 中断使能信号，通过_____来触发中断，可产生多达_____个位于 Bank0 的独立的 GPIO EDMA 事件，7 组 GPIO 都有其各自的 EDMA 事件信号。

5. 当 GPIO 被配置为输出时，共有 3 个寄存器控制 GPIO 输出驱动状态：

(1) GPIO 设置数据寄存器(SET_DATA)控制驱动 GPIO 信号为_____；

(2) GPIO 清除数据寄存器(CLR_DATA)控制驱动 GPIO 信号为_____；

(3) GPIO 输出数据寄存器(OUT_DATA)包含当前的输出信号状态。

6. 通过在 GPIO 中断使能寄存器(BINTEN)中设置适当的比特位来使能 GPIO 中断事件。例如，为了使能 Bank0 中断，置位 BINTEN 的位_____；为了使能 Bank3 中断，置位 BINTEN 的位_____。

7. TMS320DM6437 有 3 个 64 位软件可编程通用定时器，分别是定时器 0(Timer0)、定时器 1(Timer1)和定时器 2(Timer2)。_____只能配置为看门狗定时器。为了选择外部时钟作为定时器的时钟源，定时器控制器(TCR)的 CLKSRC12 位必须设置为_____。

8. 通过设置_____、_____和 PRD12 和 PRD34 位可实现定时器工作模式的选择。

9. 定时器寄存器主要有____个，定时全局控制寄存器(TGCR) 的 CLKSRC12 = ____时，定时器选择内部时钟，同时看门狗定时器控制寄存器(WDTCR)的 WDEN = ____时，看门狗定时器启用。

10. 定时器 2 只能配置为_____位看门狗(Watchdog)定时器模式。定时器 2 作为一个看门狗定时器，可用于使失控的程序摆脱"死循环"。硬件复位后，看门狗定时器_____。

二、选择题

1. 每个 GPIO 中断源可以配置为在 GPIO 信号上升沿、下降沿、两者兼具或两者均无(无事件)下产生中断，边沿检测与 GPIO 外设模块时钟同步。以下寄存器控制 GPIO 中断的边沿检测方式中，错误的是(　　　)。

A. 配置 GPIO 设置上升沿中断寄存器(SET_RIS_TRIG)，写逻辑 1 到 SET_RIS_TRIG 的相关位，当 GPIO 信号中出现一个上升沿时允许 GPIO 中断

B. 配置 GPIO 清除上升沿中断寄存器(CLR_RIS_TRIG)，写逻辑 1 到 CLR_RIS_TRIG 的相关位，当 GPIO 信号中出现一个上升沿时禁止 GPIO 中断

C. 配置 GPIO 设置下降沿中断寄存器(SET_FAL_TRIG)，写逻辑 0 到 SET_FAL_TRIG 的相关位，当 GPIO 信号中出现一个下降沿时允许 GPIO 中断

D. 配置 GPIO 清除下降沿中断寄存器(CLR_FAL_TRIG)，写逻辑 1 到 CLR_FAL_TRIG 的相关位，当 GPIO 信号中出现一个下降沿时禁止 GPIO 中断

2. 关于 GPIO 设置上升沿中断寄存器(SET_RIS_TRIGn)和 GPIO 清除上升沿中断寄存器(CLR_RIS_TRIGn)的配置，下列说法正确的是(　　　)。

A. 如果中断函数被启用，SET_RIS_TRIGn=1 和 CLR_RIS_TRIGn=0

B. 如果中断函数被启用，SET_RIS_TRIGn=0 和 CLR_RIS_TRIGn=0

C. 如果中断函数被启用，SET_RIS_TRIGn=0 和 CLR_RIS_TRIGn=1

D. 如果中断函数被启用，SET_RIS_TRIGn=1 和 CLR_RIS_TRIGn=1

3. 关于 GPIO 的方向寄存器(DIRn)和中断状态寄存器(INSTATn)，下列说法正确的是(　　　)。

A. 当 DIR15 = 0，STAT15 = 0，GP15 设置为输出，无中断挂起

B. 当 DIR15 = 0，STAT15 = 1，GP15 设置为输出，无中断挂起

C. 当 DIR15 = 1，STAT15 = 1，GP15 设置为输入，无中断挂起

D. 当 DIR15 = 1，STAT15 = 1，GP15 设置为输入，无中断挂起

4. 定时全局控制寄存器(TGCR)中，配置定时器为 64 位通用定时器，则 TIMMODE 的配置为(　　　)。

A. 0　　　　　　　B. 1 h　　　　　　　C. 2 h　　　　　　　D. 3 h

5. 关于看门狗定时控制寄存器(WDTCR)，下列配置正确的是(　　　)。

A. WDFLAG= 0，WDEN = 0，看门狗超时发生，看门狗定时器启用

B. WDFLAG = 0，WDEN = 1，看门狗超时发生，看门狗定时器启用

C. WDFLAG = 1，WDEN = 0，看门狗超时发生，看门狗定时器启用

D. WDFLAG = 1，WDEN = 1，看门狗超时发生，看门狗定时器启用

三、问答与思考题

1. 说明 GPIO 中断和事件产生的过程。

2. 说明 GPIO 控制寄存器设置方式。

3. 说明定时器的结构组成。

4. 说明定时器有哪几种工作模式及对应的设置方式。

5. 说明看门狗定时器控制寄存器的结构组成及设置方式。

6. 定时器最大定时时间如何确定？定时精度由什么决定？在 500 MHz 的主频下，最高定时精度能达到多少？请说明原因。

参 考 文 献

[1] 郑阿奇，孙承龙. DSP 开发宝典[M]. 北京：电子工业出版社，2012.

[2] 邹彦，唐冬，宁志刚. DSP 原理及应用(修订版)[M]. 北京：电子工业出版社，2012.

[3] 李方慧，王飞，何佩琨. TMS320C6000 系列 DSPs 原理与应用[M]. 2 版. 北京：电子工业出版社，2003.

[4] 张雪英，李鸿燕，贾海蓉，等. DSP 原理及应用：TMS320DM6437 架构、指令、功能模块、程序设计及案例分析[M]. 北京：清华大学出版社，2019.

[5] 韦金辰，李刚，王臣业. 零点起步：TMS320C6000 系列 DSP 原理与应用系统设计[M]. 北京：机械工业出版社，2012.

[6] 王鹏，简秦勤，范俊锋. 基于 TMS320C6000 DSP 及 DSP/BIOS 系统的 Flash 引导自启动设计[J]. 电子元器件应用，2012，12(14)：35-39.

[7] 薛雷，张金艺，彭之威，等. DSPs 原理及应用教程[M]. 北京：清华大学出版社，2007.

[8] 陈建佳. TMS320C64x 指令集模拟器的设计与实现[D]. 西安：西安电子科技大学出版社，2012.

[9] 董言治，娄树理，刘松涛. TMS320C6000 系列 DSP 系统结构原理与应用教程[M]. 北京：清华大学出版社，2014.

[10] 韩非，胡春海，李伟. TMS320C6000 系列 DSP 开发应用技巧：重点与难点剖析[M]. 北京：中国电力出版社，2008.

[11] 汪安民，张松灿，常春藤. TMS320C6000 DSP 实用技术与开发案例[M]. 北京：人民邮电出版社，2008.

[12] 符晓，朱洪顺. TMS320F28335 DSP 原理、开发及应用[M]. 北京：清华大学出版社，2017.

[13] 郑红，刘振强，李振. 嵌入式 DSP 应用系统设计及实例剖析[M]. 北京：北京航空航天大学出版社，2012.

[14] 邓琛，陈益平，滕旭东. DSP 芯片技术及工程实例[M]. 北京：清华大学出版社，2010.

[15] 程佩青. 数字信号处理教程：MATLAB 版[M]. 5 版. 北京：清华大学出版社，2017.

[16] 姚天任. 数字信号处理[M]. 2 版. 北京：清华大学出版社，2018.

[17] 胡广书. 数字信号处理：理论、算法与实现[M]. 孙洪，等译. 3 版. 北京：清华大学出版社，2012.

[18] MITRA S K. 数字信号处理：基于计算机的方法[M]. 3 版. 北京：清华大学出版社，2006.

[19] 张旭东，崔晓伟，王希勤. 数字信号分析与处理[M]. 北京：清华大学出版社，2014.

[20] 高西全，丁玉美. 数字信号处理[M]. 5 版. 西安：西安电子科技大学出版社，2022.

[21] 王艳芳，王刚，张晓光，等. 数字信号处理原理及实现[M]. 3 版. 北京：清华大学出版社，2017.

[22] 伍永峰. 数字信号处理[M]. 郑州：郑州大学出版社，2022.

[23] 谢平，林洪彬，刘永红，等. 信号处理原理与应用[M]. 北京：清华大学出版社，2017.

[24] BAESE U M. 数字信号处理的 FPGA 实现 [M]. 刘凌，译. 3 版. 北京：清华大学出版社，2011.

[25] 刘成龙. MATLAB 图像处理[M]. 北京：清华大学出版社，2017.

[26] 宋知用. MATLAB 数字信号处理 85 个实用案例精讲：入门到进阶[M]. 北京：北京航空航天大学出版社，2016.

[27] 沈再阳. 精通 MATLAB 信号处理[M]. 北京：清华大学出版社，2015.

XDUP 732900

封面设计：倚天

DSP原理及应用
——TMS320DM6437

教学资源

ISBN 978-7-5606-7027-0

9 787560 670270 >

定价：55.00元

心理

健康手书

主 编 宋宝萍

西安电子科技大学出版社
http://www.xduph.com

微 课